de Gruyter Lehrbuch
Dieter Richter
Allgemeine Geologie

Dieter Richter

Allgemeine Geologie

4., verbesserte und erweiterte Auflage

W DE G

Walter de Gruyter · Berlin · New York 1992

Autor
Dr. Dieter Richter
Professor für Allgemeine Geologie, Ingenieur- und Hydrogeologie
an der Fachhochschule Aachen
sowie apl. Professor für Geologie und Paläontologie
an der Universität Frankfurt/Main

Mit 210 Abbildungen und 21 Tabellen

Die Deutsche Bibliothek – CIP-Einheitsaufnahme

Richter, Dieter:
Allgemeine Geologie / von Dieter Richter. – 4., verb. und erw.
Aufl. – Berlin ; New York : de Gruyter, 1992
  (de-Gruyter-Lehrbuch)
  ISBN 3-11-010416-4

Satz und Druck: Druckerei Tutte, Salzweg. – Bindung: Dieter Mikolai, Berlin.

Inhalt

Vorwort zur 4. Auflage

Das vorliegende Buch ist die 4., erheblich erweiterte Auflage der bisher in der Sammlung Göschen erschienenen „Allgemeinen Geologie". Es soll den interessierten Kreisen, insbesondere den Studenten des Haupt- und Nebenfaches Geologie eine moderne, allgemein verständliche Darstellung der Allgemeinen Geologie an die Hand geben. Sie schließt sich der weithin vertrauten und bewährten Stoffgliederung an, um die Verwendung des vorliegenden Buches unabhängig vom Studienort und der Fachrichtung zu ermöglichen. Eine Worterklärung der wichtigsten Fachausdrücke findet der Leser am Ende des Buches.

Meinem Mitarbeiter am Geologischen Department der Fachhochschule Aachen, Herrn W. Voigt, danke ich für technische Mitarbeit. Ferner gilt mein Dank Frau S. Kohs für die Erstellung des Sachregisters und meiner Ehefrau Claire für ihre Hilfe bei den Korrekturen.

Aachen, im Januar 1992   Professor Dr. Dieter Richter

Einleitung

Das Erscheinungsbild der Erde ist das Ergebnis einer langen und wechselvollen Entwicklung, die auch heute immer noch nicht abgeschlossen ist. Die Geologie stellt daher sowohl eine historische als auch gegenwartsbezogene Naturwissenschaft dar. Die *Historische Geologie* erforscht die Veränderungen der Erde, insbesondere ihrer Kruste, die sich nicht während der Dauer eines Menschenlebens beobachten lassen, sondern sich über Jahrmilliarden erstrecken. Die erdgeschichtliche Forschung bedarf vor allem der Urkunden und Zeugnisse, um die Begebenheiten der Vergangenheit aufzudecken. Solche Urkunden früherer Zeiten sind die Gesteine, aus denen sich die Erdkruste zusammensetzt, und die Fossilien, d. h. versteinerte Reste meist ausgestorbener Tiere und Pflanzen. Zum Erfahrungsstoff der Historischen Geologie trägt daher im hohen Maße die *Paläontologie* bei, die als eigene Wissenschaft die Fossilien beschreibt und ordnet und so die Biologie um die Kenntnis vieler und langer Entwicklungsreihen vorzeitlicher Lebewesen erweitert. Ihre Wechselbeziehungen zur Geologie sind dabei so eng, daß keiner der beiden Wissenszweige ohne den anderen auskommt. Aufgabe der *Stratigraphie* ist es, die abgelagerten Gesteinsschichten zu beschreiben sowie nach ihrer Entstehungsabfolge zu ordnen und hinsichtlich ihrer Bedeutung für die Vorzeit zu entziffern. Die geologische Untersuchung bestimmter, abgegrenzter Gebiete (Kontinente und Länder) wird von der *Regionalen Geologie* wahrgenommen. Die *Angewandte Geologie* beschäftigt sich mit nutzbaren Stoffen, wie Wasser-Vorkommen und Lagerstätten jeder Art (Erdöl, Kohle, Salze, Erze, Steine und Erden), oder der technischen Beherrschung der geologischen Umwelt (Baugrund, Erdarbeiten, Verkehrsbauten, Fels- und Tunnelbau, Talsperren sowie Müll-Deponien).

Die Grundlage für alle diese Teilgebiete stellt die *Allgemeine Geologie* dar. Sie ist die Lehre von den Baustoffen und -prinzipien der Erde, insbesondere ihrer Kruste, von den Vorgängen, die sich auf ihr und in ihr vollziehen und vollzogen haben und von den Kräften, welche diese Veränderungen bewirken. Ihr Ziel ist die Erkenntnis bzw. Ableitung allgemeingültiger, den Geschehensablauf bestimmender Gesetzmäßigkeiten, d. h. die Anwendung von Gesetzen der exakten Naturwissenschaften, vor allem der Physik und Chemie, auf die geologischen Erscheinungen. Daher ist die Allgemeine Geologie mit ihren Nachbargebieten, der Mineralogie, der Petrologie, der Geophysik und Geochemie eng verflochten. Die *Mineralogie* ist die Lehre von den Mineralen, ihrer Zusammensetzung und Bildung; die *Petrologie* untersucht den Aufbau und die Entstehung der Gesteine. Die *Geophysik* befaßt sich mit den seismischen, gravitativen, magnetischen und thermischen Eigenschaften sowie dem physikalischen Aufbau der Erde. Die *Angewandte Geophysik* macht die geophysikalischen Erkenntnisse für das Aufsuchen von Lagerstätten und die Lösung von Problemen der Angewandten Geologie nutzbar. Die *Geochemie* erforscht Stoffbestand und -wechsel der Erde. Bei dem Werdegang eines Landschaftsbildes ergibt sich eine enge Verflechtung der Allgemeinen Geologie mit der *Geographie*.

Die größte didaktische Schwierigkeit für den Anfänger ist die Einsicht, daß die Erde kein starrer Körper ist, sondern das Ergebnis einer ständigen Veränderung, die noch heute weitergeht. Eine unmittelbare Beobachtung dieser verändernden Vorgänge ist nur in seltenen Fällen möglich, da sich die meisten unvorstellbar langsam vollziehen. Rasche Veränderungen wie Bergstürze, Sturmfluten, Vulkan-Ausbrüche und Erdbeben mit ihren Begleiterscheinungen treten zwar häufig auf, bleiben jedoch Einzelerscheinungen der Allgemeinen Geologie von kleinstem Zu- und Ausschnitt. Je größer und gestaltreicher zeitlich und regional gesehen der Ausschnitt wird, desto mehr rückt er in das Gebiet der Historischen (oder Regionalen) Geologie. Insofern ist die Grenze zwischen der Allgemeinen Geologie als exakter Naturwissenschaft und der beschreibenden geschichtlichen Beobachtung fließend und eine Frage der Arbeitsziele.

Zwei große Energie- und Kräftegruppen bestimmen in ständiger Wechselwirkung den Ablauf aller Erscheinungen auf und in der Erde und führen zu einem fortwährenden Kreislauf der Stoffe (s. Abb. 13). Die außenbürtigen Kräfte (exogene Dynamik) sind kosmischen Ursprungs, während die innenbürtigen Kräfte (endogene Dynamik) in der Erde selbst wirken. Wenn auch die Einzelbeträge all dieser Kräfte in der Gegenwart gering sein mögen, so führen sie doch im Laufe der langen geologischen Zeiten zu bedeutenden Veränderungen an der Erdoberfläche.

A. Bau, Physik und Stoff des Erdkörpers

I. Der Planet Erde

Von den neun Planeten des Sonnensystems ist die Erde der fünftgrößte. Sie gehört zur Gruppe der inneren kleinen Planeten, die alle durch hohe Dichte und geringe Abplattung an den Polen gekennzeichnet sind. Vom Zentralgestirn des Gesamtsystems, der Sonne, werden unaufhörlich gewaltige Energiemengen in Form elektromagnetischer Wellen ausgesandt, von denen die Erde nur einen geringen Teil erhält. Dieser stellt jedoch ihre wichtigste Energiequelle dar, die Luft und Wasser in Bewegung hält und somit die Vorgänge der exogenen Dynamik (s. S. 36 ff.) ermöglicht.

Die Erde besitzt eine Oberfläche von $510 \cdot 10^6$ km², ein Volumen von $1,083 \cdot 10^{12}$ km³ und eine Gesamtmasse von $5,98 \cdot 10^{24}$ kg. Ihre mittlere Dichte läßt sich daraus mit 5,52 g/cm³ berechnen. Da die Dichte an der Erdoberfläche nur 2,7 g/cm³ beträgt und ihr größerer Teil von Wasser mit der Dichte 1 bedeckt ist, muß das Erdinnere entsprechend dichter sein (s. S. 8 f.). Der Äquator-Radius mißt 6378,26 km, der Pol-Radius 6356,912 km. Die Figur der Erde („*Geoid*") nähert sich damit einem kugelähnlichen Rotationsellipsoid, dessen Abplattung nur $^1/_{298}$ des Äquator-Durchmessers beträgt. Die Auswertungen der Umlaufbahnen verschiedener Erdsatelliten führten zu dem überraschenden Ergebnis, daß das Geoid von dem durch vorstehende Zahlen gegebenen „idealen Rotationsellipsoid" unregelmäßig abweicht, da seine Oberfläche ganz weitgespannte Verbiegungen, d. h. positive und negative Höhen-Abweichungen, zeigt, die mit der Verteilung der Kontinente und Ozeane nicht zusammenhängen. So ist beispielsweise die Erde – verglichen mit dem Ellipsoid – am Südpol um ca. 26 m „eingedrückt" und am Nordpol um fast 20 m „ausgebeult", d. h. sie hat die Form einer „Birne". Diese Deformationen der Erdoberfläche sind vermutlich das Ergebnis von Massenverlagerungen im Erdmantel (s. S. 11 ff.).

Die Erde bewegt sich mit einer Geschwindigkeit von ca. 30 km/s auf einer nahezu kreisförmigen, etwa 940 Mio. km messenden Ellipse um die Sonne, die in einem der beiden Brennpunkte steht. Der mittlere Abstand Sonne–Erde beträgt 149,6 Mio. km; er ist Anfang Januar um 2,5 Mio. km geringer, Anfang Juli um 2,5 Mio. km größer. Die Erde rotiert um eine Achse, die gegen die Erdbahn um 66°33′ geneigt ist, entgegengesetzt zum Uhrzeigersinn, wobei die Drehgeschwindigkeit am Äquator 465 m/s beträgt. Die Rotationsachse der Erde fällt nicht mit der Figurenachse zusammen, sondern bewegt sich auf einem Kegelmantel. Die Verlagerung der Rotationsachse bedingt dauernde

Polhöhenschwankungen, wobei die Polbahn jedes Jahr anders, und zwar spiralförmig verläuft.

Die Erde dreht sich in 24 Stunden um ihre Achse. In einer Umdrehung steckt die Energie von $6 \cdot 10^{25}$ J[1], was einer Sonneneinstrahlungsenergie auf die Erde von 40000 Jahren entspricht. Die Rotationsgeschwindigkeit nimmt um winzige, jedoch meßbare Beträge ab. Dies beruht auf einer Bremswirkung durch die Luft- und Wasserhülle sowie das Magnetfeld der Erde (s. unten). Größere Sonneneruptionen verlängern beispielsweise infolge ihrer Wirkung auf das irdische Magnetfeld die Umdrehungszeit um einige Millisekunden. Die ständige Bremswirkung aller dieser Faktoren hat zur Folge, daß der Tag in 100 Jahren um 1–2 Millisekunden länger wird.

Sonne, Mond und andere Himmelskörper wirken auf die Erde nicht nur durch Zustrahlung von Licht und Wärme, sondern auch durch *gravitative Anziehung* ein. Letztere ruft die Gezeiten der irdischen Wassermassen hervor. Die gezeitenbewirkende Kraft des Mondes beträgt $1,1 \cdot 10^{-6}$ N[1], der Sonne $0,5 \cdot 10^{-6}$ N. Auch der Erdkörper wird durch diese Anziehungskräfte deformiert, und zwar insbesondere entlang der Linie Erdschwerpunkt–Mond gestreckt und durchgewalkt. Die Festigkeit der Gesteine verhindert ein 100%iges Mitgehen mit der Gezeitenwelle, so daß die elastische Deformation an verschiedenen Orten unterschiedlich stark ist. Die Gezeitenschwingung beträgt beispielsweise in Köln ca. 50 cm.

Die *Schwerkraft* auf der Erde hängt von der Entfernung vom Erdmittelpunkt ab. Daher beträgt die Fallbeschleunigung am Äquator 9,78 m/s² und am Pol 9,82 m/s², d. h. sie ändert sich geringfügig mit der geographischen Breite. Örtliche Abweichungen des Schwerefeldes der Erde treten auf (s. S. 247f.).

Neben der Schwerkraft ist der *Erd-Magnetismus* eine bedeutende physikalische Erscheinung. Das magnetische Kraftfeld, dessen Entstehung bis heute noch nicht widerspruchsfrei gedeutet werden konnte, wird dadurch angezeigt, daß eine frei bewegliche Magnetnadel eine bestimmte Richtung einnimmt. Da gleichnamige Pole sich abstoßen, ungleichnamige sich aber anziehen, kann der auf der Nord-Halbkugel liegende Magnetpol als magnetischer Südpol bezeichnet werden und umgekehrt. Zwischen der Achse einer Magnetnadel und der geographischen N/S-Richtung besteht eine Abweichung. Sie wird als *magnetische Mißweisung* oder *Deklination* bezeichnet und beruht darauf, daß die magnetischen Pole nicht mit den Rotationspolen zusammenfallen und nicht einmal genaue Antipoden bilden. Linien gleicher Deklination, die *Isogonen*, und Linien gleicher Inklination (Winkel zwischen der Horizontalen und der Magnetnadel-Achse), die *Isoklinen*, verlaufen daher nicht parallel zu den Meridianen bzw. den Breitenkreisen, sondern weichen von diesen ab.

Das *erdmagnetische Feld* hat seinen Sitz zu 98 % im Inneren der Erde. Dieser Teil wird als das *Innere Magnetfeld* bezeichnet. Die restlichen 2 % (*Äußeres Feld*) sind tägliche, jährliche oder noch längerfristige periodische Schwankungen, die ihre Ursache in elektrischen Strom-Systemen der Ionosphäre (s. S. 36) haben. Der größte Teil des Inneren Feldes läßt sich als Dipol betrachten, der im Erd-Mittelpunkt liegt und dessen

---

[1] 1 N = 1 kg·m/s²; 1 J = 1 Nm; 1 Pa = 1 N/m²; 1 bar = 10^5 Pa

Achse z. Zt. 11,5° gegen die Rotationsachse geneigt ist. Dieses theoretische Dipolfeld wird von *Anomalien* verschiedener Stärke und verschiedenen Ausmaßes (s. S. 257) überlagert. Das magnetische Feld an einem Punkt wird durch die Totalintensität und den Verlauf der Feldlinien beschrieben. In der absoluten Einheit der magnetischen Flußdichte, dem Tesla (= 1 T), mißt das erdmagnetische Feld am Äquator $3 \cdot 10^{-5}$ T und an den Polen $6 \cdot 10^{-5}$ T.

Richtung und Stärke des Inneren Feldes sind einer langsamen Änderung unterworfen (Säkularvariationen). Beispielsweise wandern die Zentren der regionalen Anomalien (s. S. 257) um 0,32°/a nach Westen. Diese Westverlagerung geht offenbar darauf zurück, daß sich die Erdoberfläche etwas schneller dreht als der äußere Erdkern, der Hauptsitz des Magnet-Dipols (in ca. 1200 Jahren einmal mehr). Man schließt aus diesen Unterschieden in der Rotationsgeschwindigkeit auf horizontale Scherbewegungen im (Unteren) Erdmantel (s. S. 11).

II. Oberflächengestalt

Etwa 70,85 % der *Erdoberfläche* sind vom Meer bedeckt. Die Verteilung von Land und Wasser ist sehr ungleich. Im Norden lagern sich um das nördliche Eismeer die weiten Kontinentalbereiche Nordamerikas, Asiens und Europas. Nord- und Südamerika, Afrika, Vorderindien oder Grönland zeigen eine Dreiecksform, die in einer Spitze nach Süden zu ausläuft. Auffallend ist der übereinstimmende Verlauf der atlantischen Küsten Westafrikas und Ost-Südamerikas (s. S. 262). Der Erdteil Antarktis bildet einen ausgedehnten Kontinent im Bereich des Südpols. Von den großen Ozeanen wie Pazifik, Atlantik und Indik dringen Nebenmeere zwischen die Kontinentalblöcke. Diese Nebenmeere werden in *Mittelmeere*, welche die Kontinentalblöcke in Erdteile gliedern, und in *Randmeere* eingeteilt. Letztere lassen sich in Außenrand-Meere (wie z. B. Nordsee, Japanisches Meer) und Binnenmeere (z. B. Ostsee) untergliedern.

> Gegenwärtig liegt die Oberfläche des Indischen Ozeans bei den Malediven 100 Meter zu tief und die des Pazifiks vor der Nordküste von Neuguinea um mehr als 70 Meter zu hoch. Bei Barbados befindet sich ein 50-Meter-Tief und ein 60-Meter-Hoch. Solche Abweichungen werden durch Veränderungen des außerirdischen Schwerefeldes, der Rotationsgeschwindigkeit der Erde und der Massenverteilung infolge der Plattentektonik (s. S. 267 ff.) verursacht.

Die *Hypsographische Kurve* (s. Abb. 1) veranschaulicht die vertikale Gliederung der Erdoberfläche. In ihr sind die Flächen, die von den einzelnen Höhen-Abstufungen der Kontinente und Tiefen-Abstufungen der Meere eingenommen werden, in Quadratkilometern ausgedrückt, graphisch dargestellt. Aus der Darstellung geht hervor, daß zwei Stufen, die *Kontinentalplattform* (*Kontinentaltafel*) und der *Tiefsee-Boden*, auffallend große Räume einnehmen, während Höhen über 1000 m (maximale Höhe: Mount Everest 8882 m) sehr selten sind. Die bei 1000 m beginnende Kontinentaltafel reicht noch bis zu einer Tiefe von 200 m unter den Meeresspiegel. Dieser vom Wasser bedeckte Teil wird *Schelf* oder *Festland-Sockel* genannt und noch zu den Kontinenten gerechnet. Der Untergrund der Nordsee gehört zum Schelf Europas, das Gelbe und das Ostchinesische Meer (mit der Insel Taiwan) bedecken den Schelf Ostasiens.

Der *Kontinentalhang* begrenzt die Schelfe und fällt bis etwa 4000 m ab. Es folgt die *Tiefsee*, deren ausgedehnte Flächen bis 5750 m unter NN reichen. Dem Tiefsee-Boden sitzen Berge und Hügel, die *Seamounts*, bis 20 km Breite und 1000 m Höhe auf. Bekannt sind die *Guyots*, die südlich Hawaii als basaltische submarine Tafelberge bis nahe 1000 m unter NN aufragen (s. S. 195). *Submarine Schwellen*, die sich über Tausende von Kilometern erstrecken, bestehen aus magmatischen Gesteinen, vorwiegend Basalt (s. S. 264). Die Schmelzen stiegen in tiefreichenden Bruch- und Dehnungszonen der Erdkruste empor (s. S. 265). Die bedeutendste submarine Schwelle ist der *Mittelatlantische Rücken*, der den gesamten Atlantik durchzieht und Höhenunterschiede von mehr als 3000 m besitzt. Auf ihm liegen Island, die Azoren, Ascension und andere Inseln. In den Mittelatlantischen Rücken ist ein 20 bis 50 km breiter und meist über 3000 m tiefer,

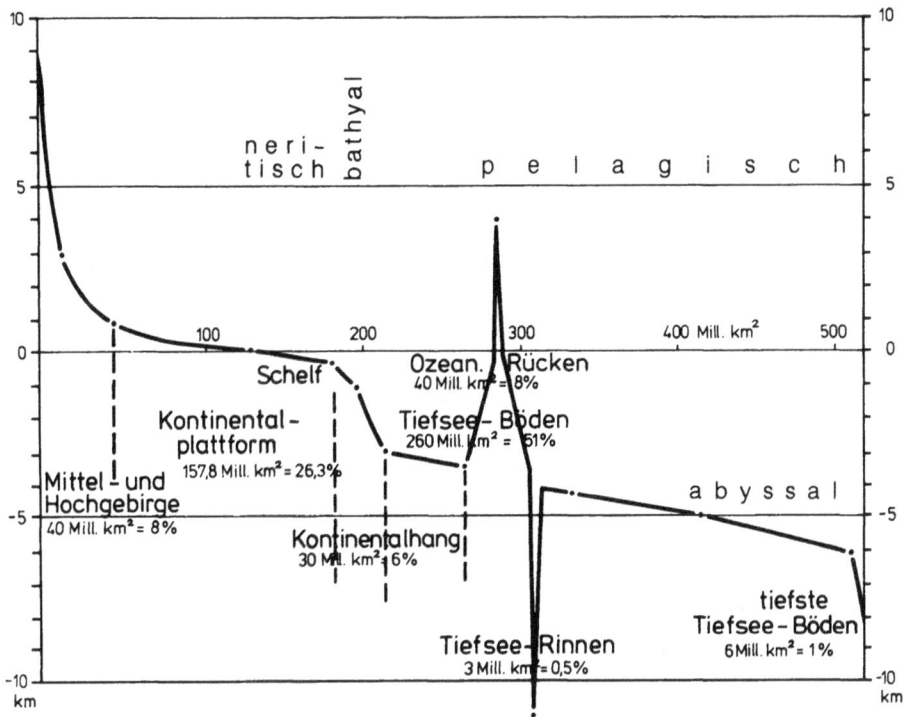

Abb. 1. Hypsographische Kurve der Erd-Oberfläche (nach LOUIS & FISCHER, geändert).
Die Kurve gibt einen Überblick über die Flächen-Anteile der geomorphologischen
Großstrukturen der Erde.

sedimentfreier *Zentralgraben* (*Scheitelgraben*) eingesenkt. Nach Osten und Westen
leiten Schollentreppen (s. S. 168) zum Tiefsee-Boden über.

Die größten Tiefen des Meeresbodens erreichen die *Tiefsee-Gräben* oder -*Rinnen*, so
z. B. das *Emden-Tief* im Philippinen-Graben mit 10 497 m unter NN und die tiefsten
Bereiche des Marianen-Grabens mit 11 034 m unter NN (*Vitjas-Tiefe*). Sie stellen
verhältnismäßig schmale Senkungszonen dar, die Hunderte oder sogar Tausende von
Kilometern lang sind und sich im allgemeinen unmittelbar vor Kontinenten oder
Inselbögen mit jungen Gebirgen hinziehen.

Die gemittelte Höhe der gesamten Landoberfläche beträgt 875 m ü. NN. Dabei hat
Europa eine mittlere Höhe von 365 m, Afrika von 650 m und Asien von 920 m. Diese
Werte sind nicht zufällig, sondern Ausdruck der geologischen Entwicklung der einzelnen
Kontinentalbereiche im Verlauf der Erdgeschichte. Die mittleren Höhen entsprechen
einem Gleichgewichtszustand im Kampf der innenbürtigen mit den außenbürtigen
Kräften (s. S. 36 ff.).

III. Aufbau und Zusammensetzung

Der Aufbau der Erde ist konzentrisch-schalig. Die äußere Schale bildet die gasförmige *Atmosphäre*. Sie hat eine Mindesthöhe von 1000 km und ihre Dichte wird nach außen geringer, daher sind 90 % der Luftmassen in den untersten 20 km enthalten. Unter der Atmosphäre liegt der vom Wasser eingenommene Bereich, die *Hydrosphäre*, bzw. der höchste Teil der Erdkruste. Die tiefsten Schächte erreichen eine Tiefe von 3000 m, die tiefsten Bohrungen in den Vereinigten Staaten von 9700 m (Bertha Rogers) und in Nord-Rußland von 12000 m (Halbinsel Kola). Diese Tiefen sind nur unbedeutend im Vergleich zum Erdradius ($^1/_{600}$), so daß unmittelbare Beobachtungen über das Erdinnere nicht zur Verfügung stehen. Einen Einblick in tiefere Bereiche der Erdkruste bis zu 10–20 km Tiefe und deren Zusammensetzung gewähren nur Gesteine, die im Laufe von Gebirgsbildung und Abtragung an die Erdoberfläche gelangt sind.

Mit Hilfe geophysikalischer Methoden, insbesondere durch Auswertung der Laufzeiten von Erdbeben-Wellen lassen sich Aussagen über den Aufbau von tieferliegenden Teilen des Erdkörpers machen. Sprunghafte Änderungen der Geschwindigkeit von *P-Wellen* (s. S. 8) in bestimmten Tiefen sowie Berechnung und Reflexion (s. S. 255) an Unstetigkeitsflächen belegen das Vorhandensein eines Schalen-Aufbaues (s. Abb. 2).

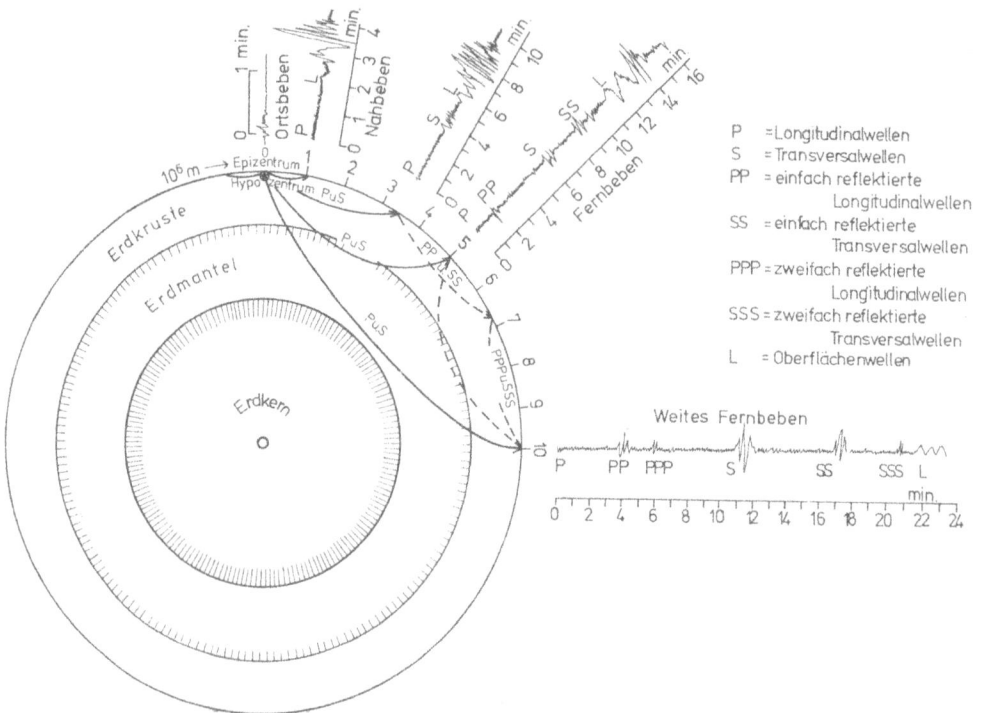

Abb. 2. Verlauf der Erdbeben-Wellen in der Erde und typische Laufzeit-Diagramme (Seismogramme) (nach SIEBERG, geändert).

Tabelle 1. Schalen-Gliederung, stofflicher Aufbau und physikalischer Zustand des Erdkörpers

Tiefe		Schalen-Gliederung	Stoffliche Zusammensetzung	Dichte in g/cm³	Zustand	Temperatur in °C	Druck in kbar	Geschwindigkeit der P-Wellen in km/s
10–30 km	**K r u s t e**	Obere Kruste (Oberkruste) (Kontinentale Kruste)	Sedimente Gneise, Granite, Granodiorite, (saure Silicate)	2,7	inhomogen lokal granitische Magma-Kammern, Metamorphose, Aufschmelzung	< 25	> 0	< 5,6–6,3
		Conrad-Diskontinuität				670–740	~ 9	
6–50 km		Untere Kruste (Unterkruste) (Ozeanische Kruste)	Gabbro (basische Silicate)	3,0	kristallin		~ 15	6,4–7,4
		Mohorovičić-Diskontinuität						
100 km	**M a n t e l**	*Diskontinuität Oberer Gutenberg-Zone*	Peridotit (Eklogit)	3,3	lokale basische und ultrabasische Magmenherde	1400		8,0–8,3 Geschwindigkeitsumkehrung
200 km		Mantel						
400 km							~ 400	8,2–8,4
900 km		Mittlerer Mantel	Sulfide und Oxide	4,6				
		Unterer Mantel	(ultrabasische Silicate in Hochdruck-Modifikationen)	5,7	kristallin	2500		13,6
		Wiechert-Gutenberg-Diskontinuität						
2900 km	**K e r n**	*Diskontinuität Äußerer Kern*	Hochdruck-Minerale mit metallischen Eigenschaften oder Eisen und Nickel	9,4	flüssigkeits-ähnlich	2500–3000	> 1300	8,1 / 9,4
		Innerer Kern	Eisen und Nickel	11–13,5	fest	3000–5000	> 3500	11,3

Seitliche Zuordnungen: Lithosphäre (Kruste bis oberer Mantel); Asthenosphäre (Oberer Gutenberg-Zone).

Man unterscheidet Erdkruste, Erdmantel und Erdkern; die sich ihrerseits noch in weitere Schalen untergliedern lassen (s. Tab. 1).

Die *P-Wellen* (undae primae) kommen zuerst an. Sie nehmen ihren Weg als Longitudinalwellen mit hoher Geschwindigkeit quer durch den Erdkörper. Ihre Fortpflanzungsgeschwindigkeit hängt vom Gestein ab, das sie durchlaufen. Je härter und schwerer ein Gestein ist, um so höher ist ihre Geschwindigkeit.

Die *S-Wellen* (undae secundae) sind Transversalwellen, die den P-Wellen mit etwa halber Geschwindigkeit folgen. Die *L-Wellen* (undae longae) treffen zuletzt ein, da sie entlang der Erdoberfläche laufen. Nach der Art der speziellen Teilchenbewegungen lassen sich *Rayleigh-* und *Love-Wellen* unterscheiden.

Die *Erdkruste* läßt sich mit Hilfe der Laufzeit-Unterschiede von P-Wellen in zwei Stockwerke einteilen. Zum oberen gehört die Sedimentdecke, die nicht überall vorhanden ist. Darunter liegt das Grundgebirge, das dort, wo die Sedimentdecke abgetragen worden ist, so z. B. in den „Alten Schilden" (s. S. 137), zutage tritt. Es besteht aus magmatischen (s. S. 213 ff.) und metamorphen Gesteinen (s. S. 238 ff.) mit hohem Silicium- und Aluminium-Gehalt. Man hat daher dieses Stockwerk der Kruste frühzeitig mit dem Kurzwort „*Sial*" bezeichnet; heute verwendet man daneben auch die Begriffe *Oberkruste* oder *Kontinentale Kruste*. Da letztere im Stoffbestand weitgehend Gesteine von granitischer Zusammensetzung enthält, hat man sie auch *Granitische Schale* genannt. In ihr beträgt die Geschwindigkeit der P-Wellen 5,6–6,3 km/s. Ihre Dichte liegt bei 2,7 g/cm³. Die Dicke der Oberkruste mißt in den Kontinenten 10–30 km und schwillt unter den jungen Gebirgen sogar bis auf 50 km an (s. S. 244). In den ozeanischen Bereichen nimmt sie im Schelfgebiet ab und fehlt dann völlig, wenn nicht eine dünne Sedimentlage (bis zu 1 km) über dem Ozeanboden vorhanden ist.

Geschwindigkeit der P-Wellen und Dichte erhöhen sich an der Unterfläche der Oberkruste, der *Conrad-Diskontinuität*. Darunter liegt die *Unterkruste* oder *Ozeanische Kruste*, in der Silicium und Aluminium ab-, Magnesium sowie Eisen aber zunehmen und daher schwerere Gesteine vorliegen, die stofflich und physikalisch dem Basalt oder Gabbro (s. Tab. 13 a) entsprechen. Man hat diese Schale daher auch „*Sima*" oder *Basaltische Kruste* bzw. *Gabbro-Schale* genannt. Unter den Ozeanen ist die Unterkruste 5–6 km mächtig. Sie schwillt unter den Kontinenten auf 15–20 km an, so daß ihre Unterfläche dort in durchschnittlich 30–35 km Tiefe liegt (s. Abb. 3, 4 u. 5). Diese Unterfläche erweist sich für die P-Wellen im allgemeinen als deutliche Unstetigkeitsfläche, die als *Mohorovičić-Diskontinuität* (kurz „Moho") bezeichnet wird. Noch tiefer reicht die Moho unter den jungen Gebirgen (Gebirgswurzel). Hier bildet sie auch keine scharfe Diskontinuitätsfläche, sondern eine mehrere Kilometer breite Übergangszone.

Die Bohrung auf der Halbinsel Kola zeigt, daß dort die sehr hoch liegende Conrad-Diskontinuität keine Grenze zwischen basaltischen und granitischen Gesteinen, sondern die Basis einer ca. 4000 m mächtigen Zone von Mikrorissen in granitischen Gesteinen in ca. 9000 m Tiefe bildet. Durch die Risse-Bildung ist das Gefüge gelockert und dasselbe Gestein, das unter 9000 m Tiefe eine Dichte von 3,1 g/cm³ hat, weist oberhalb dieser Tiefe eine Dichte von 2,8 g/cm³ auf. Eine echte Gesteinsgrenze liegt hier also nicht vor.

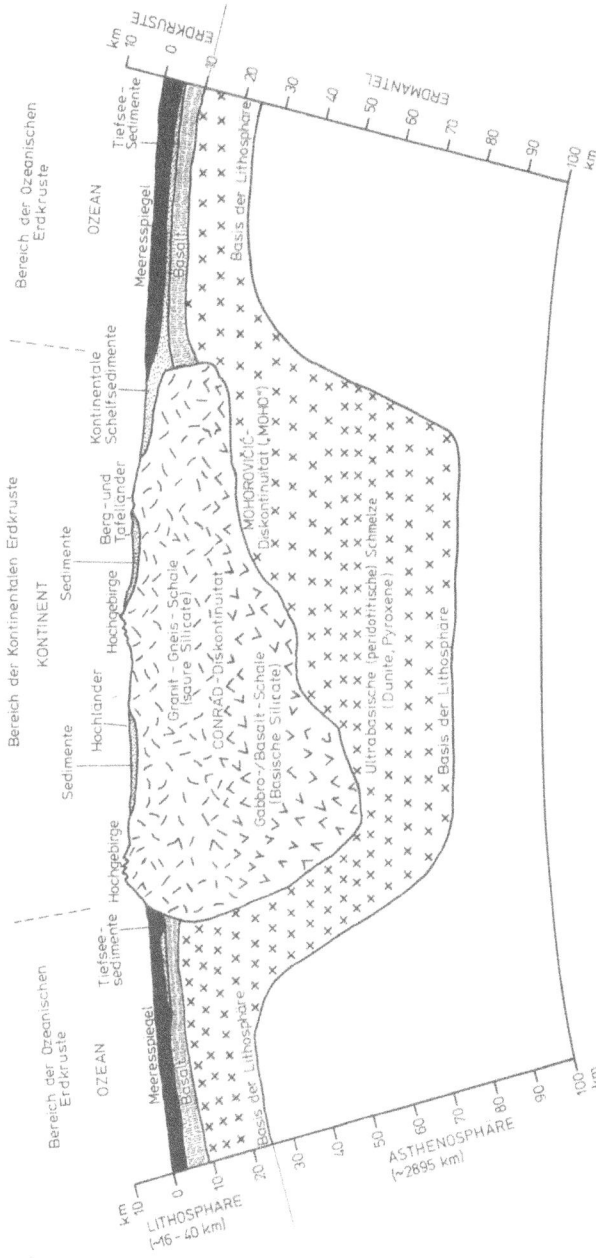

Abb. 3. Aufbau und Mächtigkeit der Lithosphäre unter den Kontinenten und Ozeanen (nach LESER & PANZER, geändert).

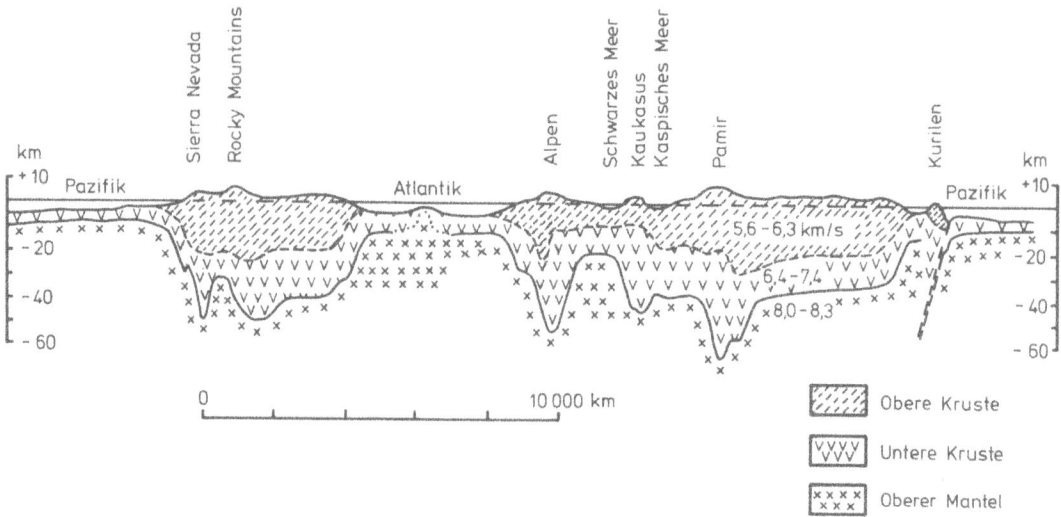

Abb. 4. Stark überhöhter West/Ost-Schnitt durch die Erdkruste entlang 45° nördlicher Breite. Dargestellt sind die Erdoberfläche, die Untergrenze der Oberkruste (Conrad-Diskontinuität), die Untergrenze der Kruste (Moho-Diskontinuität) sowie die durchschnittliche Geschwindigkeit der P-Wellen (nach BERCKHEMER, geändert).

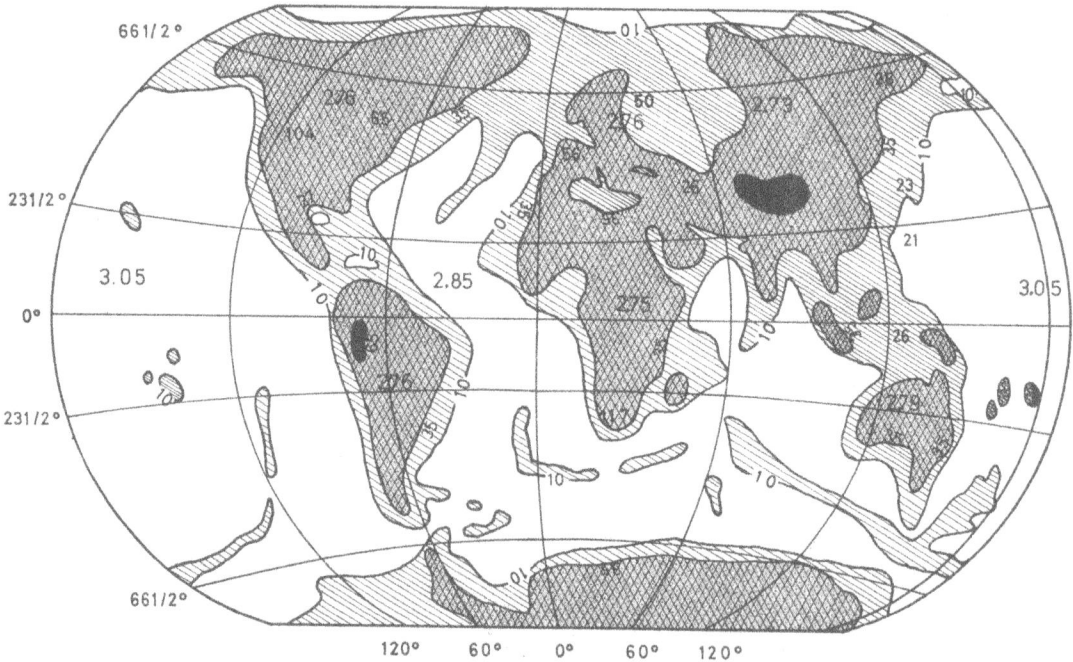

Abb. 5. Dicke der Erdkruste und Geothermische Tiefenstufe. Die Linien gleicher Dicke entsprechen 10, 35 und 65 km. Die fetten Zahlen mit Dezimalstellen geben die mittlere Dichte der Kruste für ganze Kontinente bzw. Ozeane, die übrigen Zahlen die Geothermische Tiefenstufe bestimmter Gebiete an.

Der *Erdmantel* läßt sich in drei Schalen aufgliedern. Der *Obere Mantel* dürfte im wesentlichen aus Silicaten von basaltisch-peridotitischer Zusammensetzung (s. Tab. 11a) bestehen. In Tiefen zwischen 100 und 220 km tritt eine Geschwindigkeitsumkehr der P-Wellen in der *Gutenberg-Zone* auf, die unter den Ozeanen bereits bei 25 km Tiefe beginnt. Viele Forscher neigen dazu, hierfür vertikale und laterale Inhomogenitäten physikalischer und chemischer Natur infolge von Mantelströmungen (s. S. 267) als Ursache anzunehmen. In diesem Zusammenhang gewinnt die Tatsache Bedeutung, daß in der Gutenberg-Zone der Unterschied zwischen der dort herrschenden Temperatur (s. Tab. 1) und den Schmelztemperaturen silicatischer Gesteine im Vergleich zu anderen Bereichen des Mantels am geringsten ist. Dadurch können bei lokalen Temperaturerhöhungen Aufschmelzungen eintreten und Gesteinsschmelzen (s. S. 183ff.) entstehen.

Der Obere Mantel bis zur Gutenberg-Zone wird mit der Erdkruste aus geomechanischen Gründen (s. S. 267) zur *Lithosphäre* (*Sklerosphäre*) zusammengefaßt. Die darunter (noch im Oberen Mantel) liegende Zone geringerer Materialfestigkeit heißt *Asthenosphäre*. Die Asthenosphäre steht mit der Lithosphäre im Massenaustausch, besonders den mittelozeanischen Rücken (s. S. 265), wo Material der Asthenosphäre aufsteigt, abkühlt und zu Lithosphäre erstarrt (s. S. 267). Der umgekehrte Vorgang spielt sich in den Subduktionszonen ab (s. S. 267). Der unterste Teil des Oberen Mantels wird als *Mesosphäre* bezeichnet. In ihr sind noch Inhomogenitäten nachweisbar (*Benioff-Zonen* durch abtauchende Lithosphärenplatten, s. S. 272).

Im *Mittleren Mantel* steigt die Dichte auf 4,6 g/cm^3 an. Man erklärt diesen Sachverhalt durch den Übergang isochemischen Materials in eine dichtere Packung. So wird auch die starke Geschwindigkeitszunahme der P-Wellen mit Beginn des Mittleren Mantels dem Übergang in Hochdruck-Phasen zugeschrieben.

Im *Unteren Mantel* scheinen die Elemente und Verbindungen bereits Halbleiter-Eigenschaften zu besitzen, und die gute elektrische Leitfähigkeit dieser Schale dürfte auf freien Elektronen beruhen. Die Geschwindigkeit der P-Wellen steigt von der Gutenberg-Zone mit zunehmender Tiefe auf 13,6 km/s an. In 2900 km Tiefe fällt sie auf 8,1 km/s zurück, damit ist die Grenze gegen den Erdkern erreicht. An dieser, der *Wiechert-Gutenberg-Diskontinuität*, nimmt die Dichte auf 9,4 g/cm^3 zu.

Viele Forscher (BULLEN, HAALCK, ANDERSON) nehmen an, daß der Erdkern aus gediegenem Eisen und Nickel mit Beimengungen möglicherweise von Silicaten des Eisens und Magnesiums besteht. Diese Annahme eines metallischen Kerns und eines silicatischen Mantels der Erde wird durch Beobachtungen an Meteoriten unterstützt. Letztere zeigen als Trümmer anderer Himmelskörper beide Arten der Zusammensetzung. Beispielsweise treten Eisen-Meteorite aus Nickel-Eisen-Legierungen mit ca. 9% Ni und Stein-Meteorite aus Silicaten auf.

Transversalwellen gehen durch den Erdkern nicht hindurch. Da diese bekanntlich grundsätzlich keine Flüssigkeiten durchqueren, wird daraus geschlossen, daß äußere Teile des Erdkerns flüssig sind. Ob es sich dabei um eine echte Flüssigkeit von hoher Temperatur (s. S. 13), also eine Schmelze handelt, oder ob ein Aggregatzustand vorliegt, den man an der Erdoberfläche nicht kennt, ließ sich bisher nicht feststellen. Der innere Teil des Kerns, der anhand von Wellen-Laufzeiten vom äußeren unterschieden wird, kann einen festen Zustand besitzen.

Nach ANDERSON „friert" an der Oberfläche des festen Inneren Erdkerns langsam, aber beständig reines Eisen aus dem darüberliegenden „Ozean" flüssigen und verunreinigten Eisens des Äußeren Kerns an, da am Grund des „eisernen Ozeans" ein so hoher Druck herrscht, daß dort Eisen trotz der hohen Temperatur in den festen Zustand übergeht. Durch diese Vorgänge soll der Innere Kern um ca. 1 cm/a wachsen. Die beim Erstarrungsprozeß freiwerdende Wärme soll Konvektionsströme im Äußeren Kern und damit das Magnetfeld der Erde erzeugen sowie weitere Konvektionsströme in aus geschmolzenem Gestein bestehenden Bereichen des Erdmantels verursachen (s. S. 267).

Der Erdkern ist keine Kugel, sondern seine Oberfläche weist nach Analysen von Erdbeben-Wellen Aufwölbungen und Einbuchtungen auf, die mit der Höhe des Mount Everest (s. S. 4) und der Tiefe des Marianen-Grabens (s. S. 5) vergleichbar sind. Unter solchen Stellen der Erdoberfläche, wo die Schwerkraft ansteigt, ist der Erdkern besonders stark aufgewölbt. Als Ursache für die unregelmäßige Form des Erdkerns kommen Vorgänge im Erdmantel in Frage, der aus verformbarem Gestein besteht. Dort, wo „kühles" dichteres Gestein nach unten sinkt, bilden sich vermutlich die Einbuchtungen, während sich in den Bereichen, in denen heißes Mantelgestein aufsteigt, der Erdkern nach oben wölben kann. Andere Forscher vermuten gewaltige nach außen und innen gerichtete Strömungen im flüssigen Erdkern selbst als Ursache. Diese werden möglicherweise vom Magnetfeld der Erde und dessen Anomalien gesteuert.

Eine andere Hypothese (RAMSEY, NEUHAUS) besagt aufgrund moderner Hochdruck- und Hochtemperatur-Versuche, daß im Erdkern keine anderen Mineralarten als in der Kruste vorhanden sein müssen, sondern daß dort dieselben Minerale mit dichterer „metallischer" Gitterbindung aufträten. Die Elektronen-Schalen der Atome seien unter dem hohen Druck zusammengebrochen. Dadurch würden die Atome auf kleinstem Raum zusammengedrängt und eine sprunghafte Zunahme der Dichte sei die Folge.

Allen Hypothesen über die Beschaffenheit des Erdinneren ist die Anerkennung des Schalenaufbaues gemeinsam; ihre Verschiedenheit zeigt jedoch, wie schwierig es ist, das physikalische Verhalten der Stoffe im Erdinneren unter den dort herrschenden p-T-Bedingungen abzuschätzen. So nimmt bereits der Druck in der Kruste um 270 bar pro Kilometer Gesteinsdecke zu. Der im Erdinneren herrschende Druck hängt eng mit der Dichte und mit der sich mit der Tiefe ändernden Schwerkraft zusammen. Bei Annahme einer sprunghaften Dichte-Zunahme müßte auch der Druck zum Erdkern hin unstetig ansteigen. Nimmt man an, daß dieser nur durch das Gewicht der überlagernden Gesteinsmassen bestimmt wird, läßt sich für das Erdinnere ein Druck von 3,5 Mbar errechnen.

Das Verhalten der Gesteine ist druckabhängig. In der Nähe der Erdoberfläche reagieren sie wie normale feste und großenteils wie spröde Körper. Mit zunehmender Tiefe, d.h. mit stetig größer werdenden Umschließungsdruck und zunehmender Temperatur, bewirkt das vorhandene Wasser zusammen mit dem hier zirkulierenden Gasen wie Methan und Kohlendioxid, daß selbst die härtesten Gesteine verformbar oder fließfähig („duktil") werden. Dabei entstehen im Grenzbereich zwischen Ober- und Unterkruste (aber auch noch tiefer) Gleitflächen, auf denen ganze Gebirgszüge über viele Hunderte von Kilometern hinweg verschoben werden können.

IV. Wärme

Die Temperatur der Kruste nimmt pro 33 m Tiefe im Mittel um 1 °C zu, wie man aus Bohrungen, Schächten und Tunnelbauten weiß. Dieser *Temperatur-Gradient* (°C/m bzw. °C/km) oder sein reziproker Wert, die *Geothermische Tiefenstufe* (m/°C), ist jedoch nicht überall gleich hoch, sondern hängt von radioaktiver Aufheizung[2], chemischen Prozessen in Kohle- und Erdöl-Revieren, vulkanischen Vorgängen, jungen Gebirgsbildungen sowie von der Wärme-Leitfähigkeit der Gesteine ab. Gute Wärmeleiter sind z. B. Salze, daher werden in Salzstöcken (s. S. 180) meist höhere Temperaturen festgestellt als in ihrer Umgebung. Großräumige Temperaturerhöhungen treten insbesondere während einer Regionalmetamorphose (s. S. 227 ff.) auf; solche „Wärmedome" findet man z. B. im Tessin und in den Tauern. Der Temperatur-Gradient schwankt daher zwischen 90 °/km (jungvulkanische Gebiete wie z. B. Schwäbische Alb und Toscana, s. S. 14) und 9 °/km (in Südafrika). Im zweiten Wert kommt die seit der letzten Gebirgsbildung lange Ruhezeit zum Ausdruck, die für alle alten Landmassen charakteristisch ist (s. Abb. 5).

Mit zunehmender Krustentiefe wird der Temperatur-Gradient größer, die Temperatur nimmt rascher zu. Es gibt jedoch auch Beobachtungen, die das Umgekehrte zeigen. In 60 km Tiefe vermutet man im allgemeinen eine Temperatur von 1000–1200 °C, denn Diamanten, die Gesteinsschmelzen dieser Tiefe entstammen, wären bei höheren Entstehungstemperaturen zu Graphit geworden. Die Temperaturen tieferer Erdschalen sind nur schwer zu extrapolieren. Sicher ist, daß der im höchsten Krustenbereich ermittelte Temperatur-Gradient sich nicht mit gleichbleibendem Wert bis zum Erdmittelpunkt fortsetzt; es würden sich sonst dort Temperaturen von weit über 100 000 °C ergeben. Der Temperatur-Gradient muß also zur Tiefe hin abnehmen. Für den Erdkern nimmt man Werte von 3000–9000 °C an, Temperaturen zwischen 3000 und 5000 °C sind wohl am wahrscheinlichsten.

Man vermutet, daß die Wärme tieferer Schalen, insbesondere des Mantels, durch aufsteigende Schmelzmassen in Form von *Konvektionsströmen* (s. S. 267 ff.) nach oben transportiert wird. In der Kruste spielt dagegen Wärmeleitung die größere Rolle.

Zur vollständigen Erfassung der thermischen Verhältnisse an der Erdoberfläche ist neben der Angabe des Temperatur-Gradienten auch die Kenntnis des *Wärmeflusses* notwendig. Dieser wird gemessen in W/m^2 bzw. $J/m^2 \cdot s$ (das ist die Wärmemenge, die in einer Sekunde durch 1 m^2 der Erdoberfläche fließt). Aus den bisher vorliegenden *Wärmefluß-Messungen* ergibt sich ein Mittelwert von $6{,}3 \cdot 10^{-2}$ W/m^2. Die Beträge in den „Alten Schilden" (s. S. 137) und den Ozeanbecken liegen unter dieser Zahl, die Werte in den jungen Gebirgszonen und küstennahen Ozean-Bereichen sowie in den mittelozeanischen Rücken liegen im allgemeinen darüber. Insgesamt besteht kein wesentlicher Unterschied im Wärmefluß-Wert zwischen Kontinenten und Ozeanen, woraus zu folgern ist, daß unter den Ozeanen die Temperatur stärker zunehmen muß als unter den Kontinenten.

---

[2] Eine bedeutende Wärmequelle bildet der radioaktive Zerfall der Elemente Uran, Radium, Thorium und Kalium. Sie sind insbesondere in granitischen Schmelzen zu finden.

Sehr genaue Messungen der jüngsten Zeit ergaben, daß in Europa zwei Gebiete mit hohem Wärmefluß vorliegen: die Ungarische Tiefebene zwischen Ostalpen, Dinariden und Karpaten sowie das toskanische Hügelland südwestlich vom Nordapennin (s. Abb. 6). Während der Wärmefluß in Ungarn maximal $12 \cdot 10^{-2}$ W/m² beträgt, erreichen die Werte in der Toscana weithin 16 bis $20 \cdot 10^{-2}$ W/m². Vermutlich handelt es sich um eine regionale Wärme-Konzentration im Zusammenhang mit der jungen Alpidischen Orogenese (s. S. 298).

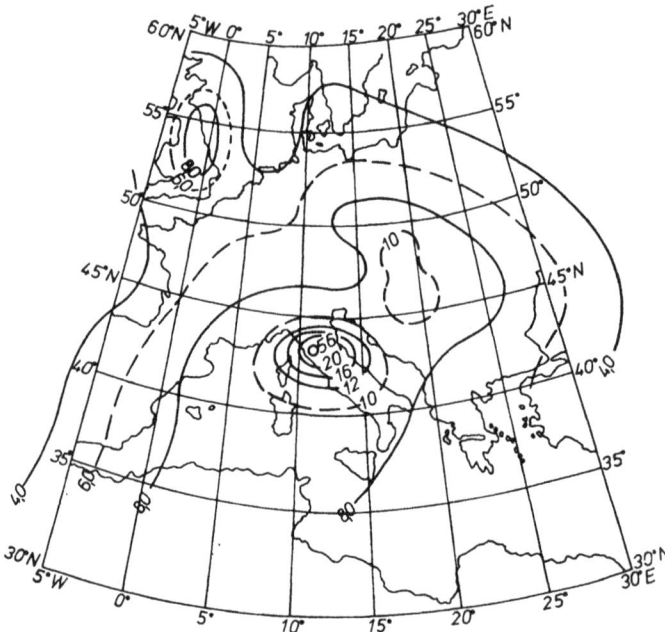

Abb. 6. Karte des Wärmeflusses in Europa (Äquidistanz-Linien $4 \cdot 10^{-2}$ W/m²) (nach SCHEFFER, geändert).

Wirtschaftlich kann man die Erdwärme nur dann nutzen, wenn man mit mäßigem Bohr-Aufwand, in geringer Tiefe also, so hohe Temperaturen antrifft, daß das in diesen Tiefen vorhandene Wasser als Dampf austritt und so zur Stromerzeugung verwendet werden kann. Eine solche Gewinnung geothermischer Energie mittels Dampf-Kraftwerken erfolgt bereits in der Ungarischen Tiefebene und der Toscana sowie an verschiedenen Stellen in den Vereinigten Staaten. Je höher die Dampftemperatur ist, desto günstiger wird der Wirkungsgrad. Ohne vorhandenes Wasser als Transport-Medium für die Erdwärme aus den heißen Gesteinen des Untergrundes läßt sich diese heute noch nicht gewinnen. Wenn man heiße, trockene Gesteine anbohrt, kann man zwar theoretisch Wasser in das Bohrloch injizieren und es erhitzt wieder hochpumpen; jedoch befindet sich diese Möglichkeit der Erdwärme-Nutzung im *„Hot Dry Rock"-Verfahren* noch im Entwicklungsstadium und ist sehr teuer.

Ein hoher Wärmefluß ist auch oft in aktiven vulkanischen Gebieten vorhanden, so z. B. auf Island, wo heiße Quellen oder Dampf austritt. In solchen Gebieten kann man in geringer Tiefe, also mit bescheidenen Bohrkosten, Erdwärme hoher Temperatur fördern. Doch nur auf etwa einem Prozent der Erdoberfläche ist eine derartige „geothermale Edelenergie" zu erschließen.

V. Chemischer Stoffbestand

Von den bisher bekannten Elementen spielen nur acht in und auf der Oberkruste (s. S. 8) eine ausschlaggebende Rolle. Sie sind nach ihrem Anteil in Gewichtsprozenten geordnet:

Sauerstoff	(O)	46,59 %
Silicium	(Si)	27,72 %
Aluminium	(Al)	8,23 %
Eisen	(Fe)	5,01 %
Calcium	(Ca)	3,63 %
Natrium	(Na)	2,85 %
Kalium	(K)	2,60 %
Magnesium	(Mg)	2,09 %

Mit fast 50 Gewichtsprozenten ist der *Sauerstoff* vorherrschend. Auf Volumenprozente umgerechnet, beträgt der Anteil des Sauerstoffes sogar 92,24 %. Dies bedeutet, daß die Oberkruste als eine Packung von Sauerstoff-Atomen erscheint, in welche die übrigen Atome mehr oder weniger regelmäßig eingelagert sind. Örtlich können seltene Elemente (Gold, Platin, Zinn, Kohlenstoff u. a.) besonders angereichert sein. Solche Anreicherungen bezeichnet man als *Lagerstätten*, wenn sie sich wirtschaftlich verwerten lassen. Auf Oxide umgerechnet, besteht die Oberkruste bis zu einer Tiefe von 16 km (10 Meilen) aus: 59,12 %, SiO_2, 15,34 % Al_2O_3, 5,08 % CaO, 3,84 % Na_2O, 3,81 % FeO, 3,49 % MgO, 3,13 % K_2O, 3,08 % Fe_2O_3, 1,15 % H_2O, 1,05 % TiO_2, 0,35 % CO_2 und 0,29 % P_2O_5.

An zweiter Stelle folgt das Element Silicium. Die wegen der Stellung in der 4. Gruppe des Periodischen Systems dem Kohlenstoff analoge Fähigkeit zur Ketten- und Ringbildung der Si-Verbindungen führt zur petrographisch so bedeutungsvollen Mannigfaltigkeit der Silicat-Minerale (s. S. 21 ff.). Das an dritter Stelle folgende *Aluminium* spielt eine große Rolle bei der Zusammensetzung dieser Minerale.

Über die Zusammensetzung der tieferen Erdschalen gehen die Ansichten auseinander. Legt man für den Erdaufbau die Nickeleisenkern-Hypothese zugrunde sowie Beobachtungen über geochemische Sonderungsvorgänge in Analogie zu Hochofenprozessen, so ergäbe sich, daß der Mantel in seinem mittleren Teil aus Metallsulfiden besteht. Im Kern befänden sich außer Eisen und Nickel Edelmetalle wie Gold und Platin.

VI. Minerale und Gesteine

Nur wenige Elemente vermögen unter den chemischen Bedingungen, die an der Erdoberfläche vorliegen, ungebunden zu existieren; in der Regel treten sie als Verbindungen auf, wobei Oxide stark vorherrschen (s. S.15). Die aus Elementen und chemischen Verbindungen bestehenden *anorganischen Naturkörper* werden als *Mineralien* oder *Minerale* bezeichnet. Minerale sind im allgemeinen homogen, d. h. chemisch und physikalisch einheitlich beschaffen, wenn nicht Entmischung und Umwandlungen sowie Einschlüsse verschiedener Art die Homogenität herabsetzen. Man kann daher für jedes Mineral eine bestimmte *Dichte, Schmelztemperatur* und *chemische Formel* angeben. Die meisten Minerale bestehen aus Silicaten; bisher sind über 2000 Minerale bekannt geworden, von denen etwa 10 Dutzend wesentlichen Anteil am Aufbau der Gesteine haben und nur etwa 10 Grundtypen sind von ausschlaggebender Bedeutung (s. S. 21 ff.). Überwiegend sind sie kristallisiert; dann gehorcht die Anordnung der Bauelemente, der Atome, Ionen oder Moleküle, bestimmten geometrischen Gesetzen, d. h. sie sind in einem *Raumgitter* (*Kristallgitter*) angeordnet, was sich in entsprechenden physikalischen Eigenschaften und meist auch in einer gesetzmäßigen äußeren Gestalt, dem „*Kristall*", ausprägt.

Der innere Aufbau der Kristalle ist durch die Durchleuchtung mit Röntgen-Strahlen bzw. Elektronen (Laue-Diagramm) inzwischen sehr genau bekannt. Diese Struktur-Untersuchungen erbrachten den Nachweis, daß man den Atomen bzw. Ionen je nach Element verschiedene Größen zuordnen muß, d. h., daß man sich die kleinsten Bauteile als Kugeln unterschiedlicher Größe vorstellen kann. Die Kristalle stellen (wie alle festen Körper) Packungen solcher Kugeln dar. Die einfachste Konfiguration ist diejenige dreier gleichgroßer Kugeln. Wenn diese sich berühren, bleibt ein kleiner Raum in ihrer Mitte frei. Soll er von einer weiteren Kugel ausgefüllt werden, die ihrerseits die drei großen berührt und deren Mittelpunkt in einer Ebene mit den Mittelpunkten der anderen liegt (s. Abb. 7a), so läßt sich ihr Durchmesser leicht bestimmen. Beträgt beispielsweise der Durchmesser der großen Kugeln 1,0, so ist derjenige der kleinen 0,155. Dieser Fall liegt in der CO_3-Gruppe vor, die u. a. im $CaCO_3$ (Calcit = Kalkspat) enthalten ist. Die (zweifach negativ geladenen) Sauerstoff-Ionen besitzen einen Radius von $1,32 \cdot 10^{-8}$ cm. Die Zentralkugel müßte demnach einen Radius von $0,2 \cdot 10^{-8}$ cm haben. In dieser Größenordnung liegt nun tatsächlich der Ionenradius des Kohlenstoffes, nämlich bei ca. $0,18 \cdot 10^{-8}$ cm.

Bei der nächsthöheren Gruppierung von vier Kugeln ist in der Mitte Platz für eine Kugel vom Radius 0,255 (s. Abb. 7b). Bestehen diese aus Sauerstoff, so ergäbe sich für den Radius der mittleren Kugel $0,34 \cdot 20^{-8}$ cm. Eine solche Abmessung besitzt ungefähr das vierwertige positive Silicium-Ion mit einem Radius von 0,39. Das Radikal SiO_4^{4-} ist daher eines der häufigsten und stabilsten in der Oberkruste. Weil die Anziehungskräfte gleichmäßig von der gesamten Oberfläche des Si-Ions ausgehen, stehen die O-Ionen in gleichen Abständen zueinander. Die Verbindung ihrer Mittelpunkte ergibt einen Tetraeder (SiO_4-Tetraeder = Vierflächner).

Eine noch größere Zentralkugel ist bei der Gruppierung von sechs Kugeln möglich. Hier würde der Radius, bezogen auf Sauerstoff, $0,547 \cdot 10^{-8}$ cm betragen. Eine solche Konfiguration ist die des AlO_6-Oktaeders (= Achtflächner), z. B. im Korund

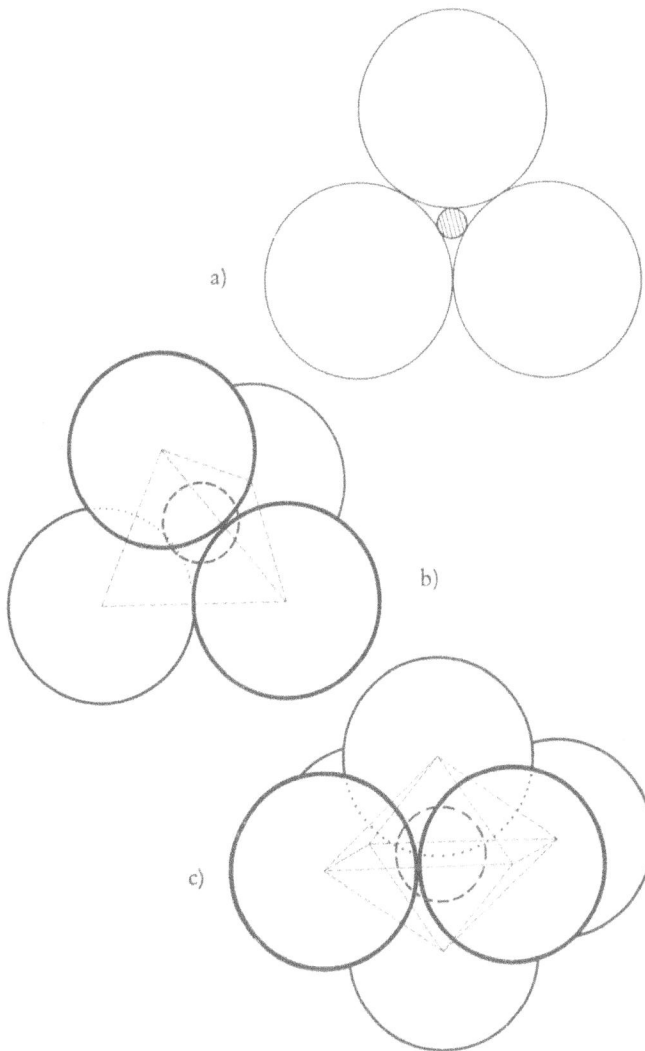

Abb. 7. Dichteste Kugelpackung von Atomen bzw. Ionen in a) Dreier-, b) Vierer- und c) Sechser-Gruppierung.

(s. Abb. 7c). Der Hexaeder (= Sechsflächner = Würfel) entsteht, wenn acht gleiche Kugeln das Zentral-Atom umgeben. Bei der letzten und höchsten Gruppierung ordnen sich zwölf Kugeln um die mittlere Kugel, die jetzt die gleiche Größe besitzt wie die umgebenden. Durch Verbindung der Mittelpunkte der zwölf Kugeln entsteht ein Rhombendodekaeder (= Zwölfflächner).

Diese Dreier-, Vierer- bis Zwölfer-Koordination bestimmt jeweils die Gitter-Anordnung und damit die *Kristall-Symmetrie*, wobei man unter letzterer die Wiederholung gleichartiger materieller und gedachter Einheiten (Punkte, Flächen, Spiegel-Ebenen u. a.) in einer geometrischen Periodizität versteht. Je nach ihrer chemischen Zusammensetzung zeigen Kristalle Formen mit bestimmten Symmetrie-Verhältnissen. Kristalle mit gemeinsamen Symmetrie-Elementen werden einer *Kristall-Klasse* zugeordnet. Insgesamt gibt es 32 Kristall-Klassen. Sie werden durch sieben verschiedene kristallographische Achsenkreuze charakterisiert. Diese sieben Systeme bezeichnet man als kubisch, hexagonal, trigonal-rhomboedrisch, tetragonal, rhombisch, monoklin, triklin (s. Abb. 8).

Die Winkelbeziehungen zwischen den Kristallflächen sowie die optischen Eigenschaften bieten (neben anderen Methoden) die Möglichkeit, die betreffenden Minerale zu bestimmen, d. h. mit Hilfe der geometrischen Anordnung eines kristallisierten Minerals seinen stofflichen Aufbau festzustellen. Diese mineralogische Untersuchung ersetzt und übertrifft sogar die chemische Analyse.

> Verschiedene Kristalle haben die Tendenz, gesetzmäßig miteinander zu verwachsen und *Zwillinge* zu bilden. Dies geschieht nach bestimmten Achsen oder Flächen des Kristalls (z. B. Schwalbenschwanz-Zwillinge beim Gips, s. Abb. 11 i). Zwillinge sind allgemein durch einspringende Winkel gekennzeichnet.

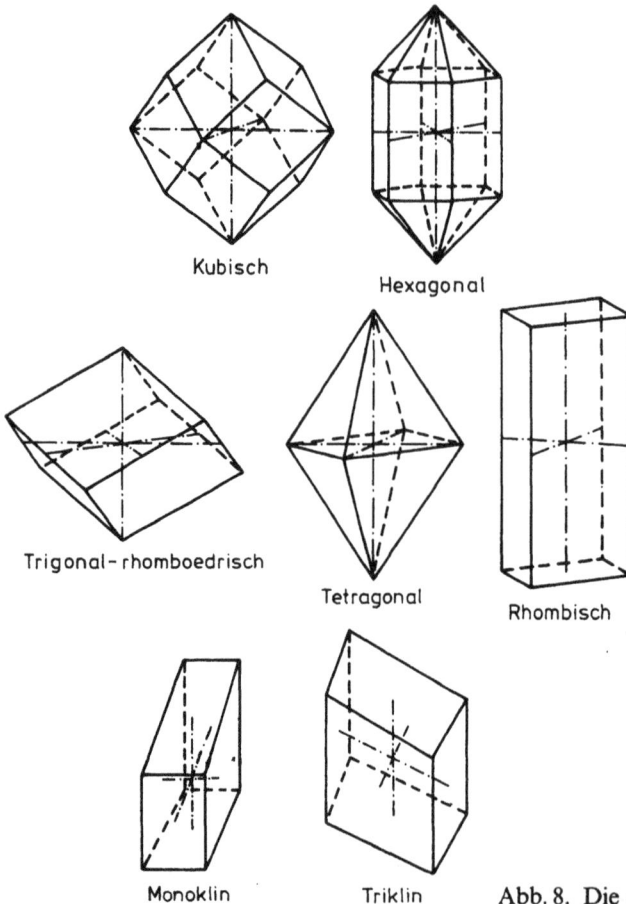

Kubisch

Hexagonal

Trigonal-rhomboedrisch

Tetragonal

Rhombisch

Monoklin

Triklin

Abb. 8. Die sieben Kristall-Systeme.

Im Gestein selbst hat nicht jedes Mineral die ihm zugehörige Kristallform. In einer Gesteinsschmelze (s. S. 206 ff.) können sich z. B. beim Abkühlen die zuerst ausscheidenden Minerale frei entwicklen: Sie besitzen ihre Eigengestalt und man nennt sie daher *idiomorph* (eigengestaltig). Die später kristallisierenden werden durch die Erstausscheidungen behindert, sie können deshalb ihre Eigengestalt nicht ausbilden. Man nennt sie *xenomorph* (fremdgestaltig). Die xenomorphen Minerale dürfen jedoch nicht verwechselt werden mit jenen trauben- oder nierenartigen Formen von gelartiger Entstehung, die man als *amorph* (ungestaltig) bezeichnet. Die amorphen Minerale zeigen nicht wie die kristallinen mit der Richtung wechselnde physikalische Eigenschaften (*Anisotropie*), sondern diese sind nach allen Richtungen gleich (*Isotropie*). Der amorphe Zustand ist instabil, daher versuchen alle amorphen Minerale im Laufe der Zeit in den kristallinen überzugehen, wobei sie ihre äußere Form beibehalten.

Neben der Kristallform sind zur Charakterisierung und Bestimmung eines Minerals am besten die physikalischen Eigenschaften geeignet, vor allem die Spaltbarkeit, die Dichte, die Härte und einige optische Merkmale (Brechung, Glanz, Farbe und Strich).

Viele Minerale lassen sich nach einer oder auch mehreren Richtungen besser trennen als nach anderen; ein solches Verhalten nennt man *Spaltbarkeit*. Sie geht oft einer vorhandenen oder möglichen Kristall-Fläche parallel. Eine ausgeprägte Spaltbarkeit nach einer Richtung haben z. B. die Glimmer (bedingt durch ihr Schichtgitter, s. Abb. 10). Glimmer lassen sich daher in dünnste Blättchen aufspalten. Eine Spaltbarkeit nach drei Richtungen, die senkrecht aufeinander stehen, hat beispielsweise Steinsalz. Beim Zerschlagen ergeben sich kleine Quader. Andere Minerale besitzen eine schlechte Spaltbarkeit, manche, wie z. B. Quarz, so gut wie gar keine. Letzterer zeigt beim Zerschlagen „muschelige Bruchflächen". Andere Bruchflächen sind splittrig (Feuerstein), körnig (Magnetit), hakig (Kupfer) oder faserig (Glaskopf).

Die *Dichte* von Mineralen wird ebenfalls zu ihrer genauen Bestimmung verwertet. Bei nichtmetallischen Mineralen liegt sie zwischen 2 und 5, bei den meisten metallischen zwischen 4 und 8, bei den gediegenen Metallen zwischen 8 und 23 g/cm^3.

Der für viele Minerale charakteristische *Glanz* ist der Art und der Stärke nach verschieden und von der Oberflächenbeschaffenheit sowie vom Reflexionsvermögen abhängig. Man unterscheidet Metall-Glanz (z. B. Bleiglanz), Diamant-Glanz (z. B. helle Zinkblende), Glas-Glanz (z. B. Bergkristall), Fett-Glanz (z. B. Quarz-Bruchflächen), Seiden-Glanz und Perlmutt-Glanz. Minerale können entweder eigenfarbig (bedingt durch den Gitterbau) oder durch Einschlüsse jeder Größenordnung gefärbt sein.

Unter der *Härte* eines Minerals versteht man im allgemeinen seine Ritzhärte, d. h. den Widerstand, den es dem Eindringen eines anderen Körpers entgegensetzt. MOHS (1773–1839) hat, um den Grad der Härte ungefähr angeben zu können, eine Reihe von Mineralen zusammengestellt, von denen das folgende immer härter ist als das vorhergehende. Mit dieser Härte-Skala kann man die relative Härte eines Minerals leicht bestimmen (s. Tab. 2). Dabei ist zu beachten, daß der Abstand zwischen den verschiedenen Härtegraden sehr ungleichmäßig ist.

Ritzhärten können am gleichen Mineral in verschiedenen Richtungen sehr unterschiedlich sein (s. oben).

Tabelle 2. Härte-Skala nach MOHS

Härte-Grad	Standard-Mineral		Prüfkörper
1	Talk	(wasserhaltiges Mg-Silicat)	Stearinkerze
2	Gips	$(CaSO_4 \cdot 2 H_2O)$	Fingernagel
3	Kalkspat	$(CaCO_3)$	Kupferdraht
4	Flußspat	(CaF_2)	Weichmetall-Münze
5	Apatit	$[Ca_5(PO_4)_3 (F, OH, Cl)]$	Taschenmesser
6	Feldspat	$(KAlSi_3O_8)$	Fensterglas
7	Quarz	(SiO_2)	
8	Topas	$[Al_2(F_2, SiO_4)]$	
9	Korund	(Al_2O_3)	
10	Diamant	(C)	

Andere Methoden zur Härtebestimmung sind *Schleif-* und *Bohrhärte* sowie die *Eindruckhärte* (Brinellhärte), bei der die durch Belastung mit einer Kugel erzeugte Eindruck-Fläche gemessen und ausgewertet wird. Bei der *Vickershärte* wird der Widerstand bestimmt, den das Mineral dem Eindringen eines scharfkantigen flachpyramidalen Diamanten entgegensetzt. Auch die *Schleif-Festigkeit* gehört zur Härte. Diese ist sehr verschieden, je nachdem, ob sich der Schleifvorgang in Luft, Wasser, Öl oder einem anderen Medium vollzieht. Das ist technisch von großer Bedeutung, denn man kann die Geschwindigkeit von Gesteinsbohrungen, die ja auf Schleifvorgängen beruhen, durch Wahl einer geeigneten Bohrflüssigkeit bedeutend erhöhen.

Die Minerale scheiden sich aus heißen Gesteinsschmelzen (s. S. 207 ff.), aus wässerigen Lösungen sowie aus Dämpfen aus, wenn diese Medien durch Änderung von Temperatur, Druck oder Chemismus unter neue Gleichgewichtsbedingungen geraten. Die Grundvorgänge der Mineralbildung waren in der geologischen Vergangenheit die gleichen wie heute.

In den *Gesteinen* sind Einzelminerale meist verschiedener, nicht selten auch gleicher Art zu *Mineral-Gesellschaften* vereint. Dieser Zusammenschluß kann schon bei der Bildung der Einzelminerale oder unmittelbar danach, aber noch in ursächlichem Zusammenhang mit dem Bildungsablauf eintreten. So entstehen Salzgesteine als Gemenge von einzelnen Salz-Kristallen, die sich aus wässerigen Lösungen abscheiden (s. S. 125 ff.). Der Zusammenschluß der Minerale kann aber auch in großem zeitlichen Abstand zu ihrer Bildung erfolgen, wenn z. B. Mineralkörner durch Verwitterung und Abtragung aus ihrem Ursprungsgestein ausgesondert und durch fließendes Wasser oder Strömungen im Meer zu neuen Mineral-Gesellschaften zusammengetragen werden wie beispielsweise zu Sandstein. Gesteine sind demnach räumlich abgrenzbare, wesensgleiche und natürliche Anhäufungen von Mineral-Substanz. Nach ihrer Bildungsart werden drei Gesteinsgruppen unterschieden:

Magmatite (Erstarrungsgesteine, Magmatische Gesteine) entstehen durch die Erstarrung heißer natürlicher Silicat-Schmelzen in oder auf der Erdkruste.

Sedimentite (Ablagerungsgesteine, Sedimentgesteine) sind mechanische oder chemische Absätze aus Wasser oder Luft. Hierzu gehören auch Anhäufungen organischer (tierischer oder pflanzlicher) Reste.

Metamorphite (Umwandlungsgesteine, Metamorphe Gesteine) entstehen aus den Gesteinen der vorgenannten beiden Gruppen durch mechanische und physiko-chemische Umwandlung, wobei der Mineralbestand durch Um- und Neukristallisation mehr oder weniger stark verändert werden kann.

Man kennt Gesteine jeder Festigkeit. Einige kann man zwischen den Fingern zerreiben, andere wiederum nur mit großem Kraftaufwand zerstören. Lockere Mineral-Anhäufungen sind also im geologischen Sinne ebenfalls Gesteine. Die Festigkeit der Gesteine hängt ab von der Zusammensetzung, dem Vorkommen, der Bildung und Umbildung.

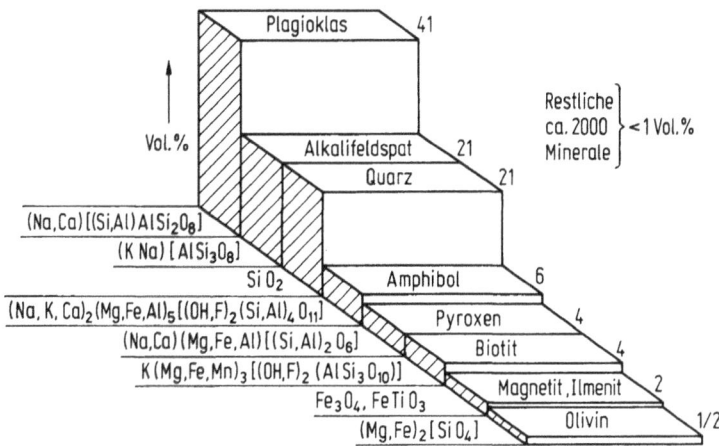

Abb. 9. Die häufigsten Minerale der Erdkruste.

Entsprechend der atomaren Zusammensetzung der Erdkruste herrschen *Silicate* bei den gesteinsbildenden Mineralen vor (s. Abb. 9). Die Silicat-Minerale bilden Strukturen vom Inselgitter-, Kettengitter-, Bandgitter-, Schichtgitter- und Gerüstgitter-Typ (s. Abb. 10).

Von den gesteinsbildenden Mineralen kommen folgende häufiger vor:

Quarz

Seine chemische Formel ist SiO_2 (allgemein „Kieselsäure[26]" [s. S. 214] genannt). Die Härte (nach MOHS) beträgt 7. In Gesteinen ist Quarz oft xenomorph; kann er sich jedoch frei entwickeln, so bildet er Säulen oder Pyramiden. Seine Spaltbarkeit ist schlecht, sein Bruch muschelig. Im Gestein erkennt man Quarz oft am ‚Fett-Glanz'. Seine Dichte beträgt 2,65 g/cm³. Je nach Färbung hat Quarz folgende Bezeichnungen:

Amethyst (violet)   Morion (schwarz)
Rauchquarz (braun)   Bergkristall (farblos)
Citrin (gelb)

Feldspäte

Feldspäte bilden eine große Familie, deren einzelne Mitglieder in sehr verschiedener Häufigkeit auftreten. Hauptkennzeichen sind die Spaltbarkeit nach zwei Flächenscha-

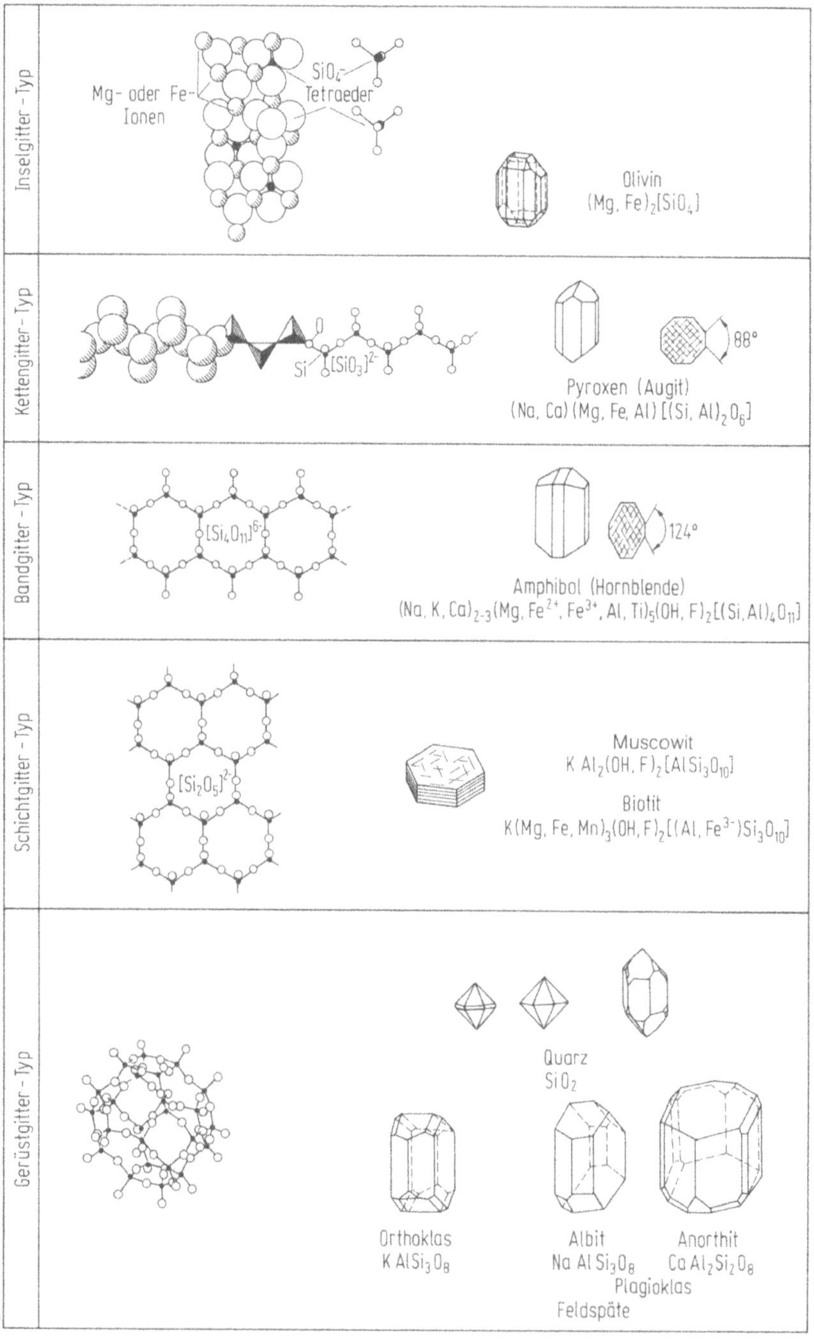

Inselgitter - Typ

Mg- oder Fe-
Ionen

SiO_4-
Tetraeder

Olivin
$(Mg, Fe)_2[SiO_4]$

Kettengitter - Typ

$Si \{[SiO_3]^{2-}$

$88°$

Pyroxen (Augit)
$(Na, Ca)(Mg, Fe, Al)[(Si, Al)_2O_6]$

Bandgitter - Typ

$[Si_4O_{11}]^{6-}$

$124°$

Amphibol (Hornblende)
$(Na, K, Ca)_{2-3}(Mg, Fe^{2+}, Fe^{3+}, Al, Ti)_5(OH, F)_2[(Si, Al)_4O_{11}]$

Schichtgitter - Typ

$[Si_2O_5]^{2-}$

Muscowit
$K Al_2(OH, F)_2[AlSi_3O_{10}]$

Biotit
$K(Mg, Fe, Mn)_3(OH, F)_2[(Al, Fe^{3-})Si_3O_{10}]$

Gerüstgitter - Typ

Quarz
SiO_2

Orthoklas
$K AlSi_3O_8$

Albit
$Na AlSi_3O_8$

Anorthit
$Ca Al_2Si_2O_8$

Plagioklas
Feldspäte

Abb. 10. Die Struktur-Typen der Silicate (nach WALTER).

ren sowie die Eigenschaft, Zwillinge zu bilden. In Erstarrungsgesteinen zeigen sie oft Eigengestalt. Die Härte (6) ist geringer als die des Quarzes. Ihre Dichte schwankt um 2,6 g/cm. Bei der Verwitterung der Felspäte entstehen durch Verlust der alkalischen Bestandteile Kaolinit und andere Ton-Minerale (s. S. 54). Man unterscheidet:

Kalifeldspäte

Am bekanntesten ist der Orthoklas, ein Kaliumalumosilicat mit der Formel $KAlSi_3O_8$. Zwei Spaltflächen bilden Winkel von 90°, so daß man rechtwinklige Spaltstücke beim Zerschlagen erhält. Orthoklas zeigt oft Zwillinge nach dem Karlsbader Gesetz (Karlsbader Zwillinge, Abb. 11 a). Seine Farbe kann weißlich oder rötlich sein.

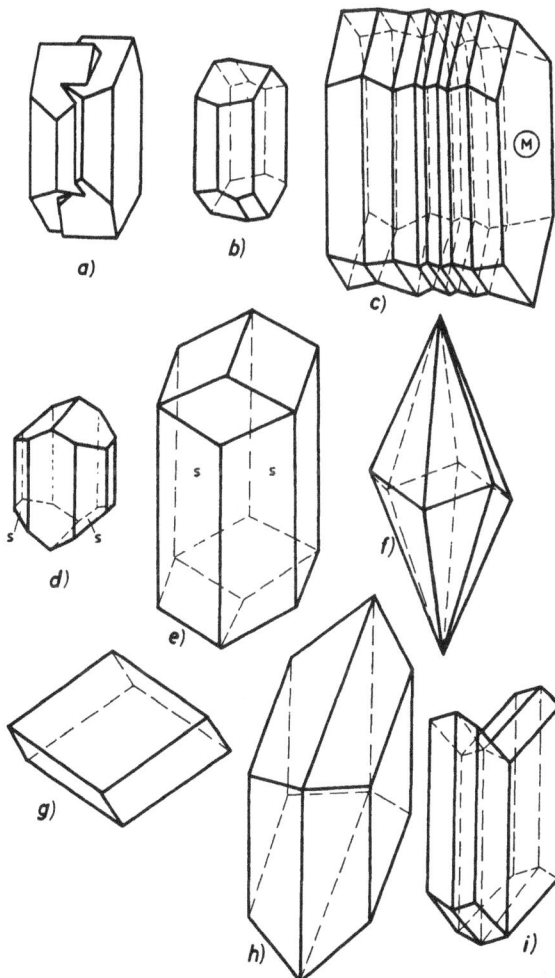

Abb. 11. Die Kristall-Formen einiger wichtiger gesteinsbildender Minerale a) Orthoklas (Karlsbader Zwilling), b) Plagioklas-Kristall, c) Plagioklas (Zwillingspaket), d) Augit-Kristall, e) Hornblende-Kristall, f) Kalkspat-Kristall, g) Kalkspat-Spaltstück, h) Gips-Kristall, i) Schwalbenschwanz-Zwilling von Gips.

Kalknatron-Feldspäte

Die Kalknatron-Feldspäte oder Plagioklase (schiefwinklig spaltend) stellen eine Mischung aus den zwei Alumosilicaten $Na\ AlSi_3O_8$ = Albit und $Ca\ Al_2Si_2O_8$ = Anorthit (s. S. 207) dar. Der Winkel, den die beiden Hauptspaltflächen bilden, weicht wenig von 90° ab (s. Abb. 11 b). Vom Orthoklas unterscheiden sich die Plagioklase durch die Eigenschaft, fast immer verzwillingt aufzutreten, und zwar meist nach dem „Albitgesetz" (s. Abb. 11 c). Die Teilindividuen liegen wie dünne Lamellen in großer Anzahl parallel einer Kristall-Fläche (M) fest verwachsen aneinander. Die Plagioklase zeigen daher Zwillingsstreifung. Meistens sind sie auch gefärbt, und zwar gelblich, grau oder grünlich.

Feldspat-Vertreter (Feldspatoide = Foide).

Sie sind seltener als die Feldspäte und scheiden sich aus Gesteinsschmelzen ab, deren Si-Gehalt nicht groß genug ist, Feldspäte zu bilden. An Stelle des Orthoklas entsteht der Leucit $[K\ AlSi_2O_8]$ und an Stelle des Albits der Nephelin $[Na\ AlSiO_4]$.

Glimmer und Chlorite

Sie sind ausgezeichnet durch eine extrem gute Spaltbarkeit. Von einem Stück Glimmer kann man immer feinere Blättchen ablösen. Härte und Dichte der beiden Mineral-Gruppen liegen um 3. Man unterscheidet:

Muscovit (oder heller Glimmer) hat die chemische Formel $KAl_2\ (OH, F)_2\ [AlSi_3O_{10}]$. Seine Farbe ist silberweiß („Fischschuppen").

Biotit (oder dunkler Glimmer) hat die chemische Formel $K\ (Mg, Fe)_3\ (OH, F)_2[AlSi_3O_{10}]$. Durch seinen Eisengehalt ist er dunkler als Muscovit, dunkelbraun bis schwarz.

Chlorite sind Mg- oder Fe-haltige Al-Silicate $[(Mg, Fe, Al)_3\ [(OH)_2Si_4O_{10}]\ Mg\ (OH)_6]$, die im Vergleich zu Glimmer frei von Alkalien und nicht elastisch sind. Sie spalten glimmerähnlich, aber nicht so vollkommen. Ihre Farbe ist dunkelgrün bis bläulich. Die wichtigsten Varietäten sind Pennin, Klinochlor, Prochlorit, Thuringit und Chamosit.

Pyroxene

Pyroxene stellen eine Gruppe analoger Silicate dar, von denen Augit $[Ca\ (Mg, Fe)\ Si_2O_6]$ häufig vorkommt (s. Abb. 11 d). Die Pyroxene bilden kleine, gedrungene Säulen oder Leisten und Stengel. Die Spaltflächen (S, S) schneiden sich unter 87°. Ihre Härte ist etwa 6, die Farbe meist braun bis schwarz und die Dichte 3,3 g/cm^3.

Amphibole (Hornblenden)

Beispiele sind Hornblende $[(Na, K, Ca)_2\ (Mg, Fe, Al)_5\ (OH, F)_2\ [(Si, Al)_4O_{11}]]$ und Aktinolith $[Ca_2Mg_5\ (OH)_2\ (Si_8O_{22})]$. Genau wie die Pyroxene bilden auch die Amphibole zwei Scharen von Spaltflächen (S, S), die sich in einem Winkel von 124° schneiden und noch ausgeprägter sind als bei den Pyroxenen (s. Abb. 11 e). Bei idiomorphen Kristallen haben die Pyroxene zwei, die Amphibole aber drei Kopfflächen. Die Härte der Hornblenden beträgt etwa 6 und die Dichte ca. 3 g/cm^3. Ihre Farbe ist allgemein grün-schwarz.

Peridote

Peridote, wie z. B. der Olivin, sind Eisenmagnesiumsilicate nach der Formel $(Mg, Fe)_2$

SiO_4, wobei das Verhältnis Mg:Fe schwankt. Ihre Spaltbarkeit ist sehr schlecht. Die Härte beträgt 6,5 und ihre Dichte liegt meist zwischen 3,2 und 4,2 g/cm^3. Charakteristisch ist ihre flaschengrüne Farbe.

Granate

Granate stellen Mischkristalle dar, die in der Form gleich, in der Zusammensetzung und Farbe aber verschieden sind. Die wichtigsten Vertreter sind Almandin [$Fe_3Al_2(SiO_4)_3$], Pyrop [$Mg_3\ Al_2(SiO_4)_3$], Grossular [$Ca_3\ Al_2(SiO_4)_3$] und Spessartin [$Mn_3\ Al_2(SiO_4)_3$].
Sie bilden kugelförmige Vielflächner und spalten sehr unvollkommen.
Ihre Härte ist 7, ihre Dichte größer als 3,4 g/cm^3. Sie sind meist rot, können aber auch grün, schwarz oder weiß sein.

Eisenoxid-hydroxid

Hämatit (= Roteisenstein = Eisenglanz) Fe_2O_3
läßt sich an seinem roten Strich erkennen, der sich ergibt, wenn man das Mineral über eine rauhe Porzellanplatte reibt. Hämatit hat keine Spaltbarkeit, seine Härte und Dichte sind etwa 5. Die Farbe ist schwarz-rot.
Limonit (Brauneisenstein) $Fe_2O_3 \cdot nH_2O$
hat einen braunen Strich. Die Dichte ist 4 g/cm^3, die Farbe ockerbraun. Hämatit und Limonit kommen oft als äußerst fein verteilte, färbende Bestandteile von Mineralen und Sedimentgesteinen vor.

Pyrit

Pyrit, ein Eisensulfid der Formel FeS_2, ist vorwiegend als Würfel ausgebildet und oft mit einer Streifung versehen. Er läßt sich schlecht spalten. Seine Härte ist 6 bis 6,5, die Dichte liegt um 5 g/cm^3. Charakteristisch sind seine gelbe Farbe und sein Metall-Glanz. Bei der Verwitterung wird er in Limonit umgewandelt.

Kalkspat

Kalkspat oder Calcit ($CaCO_3$) besitzt drei gleichwertige vollkommene Spaltbarkeiten (s. Abb. 11 f). Zerschlägt man ein Kalkspat-Stück, so entstehen Spaltkörper, die von sechs Rhombenflächen umgrenzt werden; je zwei von ihnen sind genau gleich groß und einander parallel (s. Abb. 11 g). Die Härte von Kalkspat ist 3, die Dichte 2,6 bis 2,8 g/cm^3 und die Farbe meist weißlich. Kalkspat reagiert mit Salzsäure nach der Gleichung $CaCO_3 + 2HCl \rightarrow CaCl_2 + H_2O + CO_2$. Es entwickelt sich Kohlendioxid („es braust").
Neben dem trigonal-rhomboedrischen Calcit kommt *Aragonit* als rhombische Modifikation des $CaCO_3$ vor.

Gips und Steinsalz

Gips ($CaSO_4 \cdot 2H_2O$) ist Calciumsulfat, das Wasser molekular gebunden hat. Er besitzt drei ungleichwertige Spaltbarkeiten, von denen eine fast so gut wie die der Glimmer ist. Gips-Kristalle (s. Abb. 11 h) findet man oft als sogenannte „Schwalbenschwanz-Zwillinge" (s. Abb. 11 i). Die Härte beträgt 2 und die Dichte 2,3 bis 2,4 g/cm^3. Die Farbe ist meist hell; Kristalle sind oft durchsichtig.
Steinsalz (NaCl) tritt in Würfeln auf. Die vorzügliche Spaltbarkeit verläuft parallel zu den Würfelflächen. Steinsalz ist glashell, seine Härte beträgt 2 und die Dichte 2,1 bis 2,2 g/cm^3.

VII. Geologische Zeitrechnung

Die geologische Zeitrechnung beginnt mit der Bildung der geschlossenen, bestandsfähigen Erstarrungskruste der Erde vor ca. 4,2 Mrd. Jahren (s. S. 30). Die vorausgegangene „vorgeologische" Zeit liegt im Dunkeln. Nur mit Theorien und Hypothesen kann man versuchen, sie aufzuhellen.

Die Bestimmung der relativen Altersfolge beruht auf dem Lagerungsgesetz von STENO (1638–1686), der als erster erkannte, daß jede höhere (hangende) Gesteinsschicht jünger ist als die darunter liegende. Da die Schichten Gesteinsplatten von beträchtlicher horizontaler Ausdehnung sind, kann man somit Schichtenfolgen in verschiedenen Aufschlüssen, d. h. an Stellen, wo sie der Beobachtung zugänglich werden, wie z. B. in Steinbrüchen, Straßen-Einschnitten usw., altersmäßig miteinander vergleichen und in Beziehung setzen.

Da der biologische Entwicklungsprozeß, d. h. die Veränderung der Arten, nicht umkehr- oder wiederholbar ist, sondern einsinnig gerichtet verläuft, kann das relative Alter von Gesteinsschichten durch *Fossilien* bestimmt werden. Man versteht darunter die im Gestein eingeschlossenen, vor der Zerstörung bewahrten Reste von Organismen, die konservierte Lebensformen eines bestimmten Zeitabschnittes der Erdgeschichte darstellen. Als Haupt-Datierungsmittel gelten „*Leitfossilien*", Stadien der Lebensentwicklung, die nur kurze Zeit existierten, also schnell durch neue Formen abgelöst wurden und die ferner während ihrer Existenzzeit eine möglichst weite Verbreitung erreichten (*Biochronologie*). Sowohl Mikro- als auch Makrofossilien (s. Tab. 21), insbesondere Foraminiferen (s. S. 128), Pollen usw. sowie Fossil-Vergesellschaftungen werden als Altersindikatoren herangezogen.

Petrologische Gegebenheiten können ebenfalls zur relativen Altersbestimmung benutzt werden. Aschen-Lagen aus großen Vulkan-Ausbrüchen, wie z. B. die Bimsstein-Schichten (s. S. 193) der Vulkanischen Eifel oder solche in Eis-Schichten Grönlands und der Antarktis, lassen sich über weite Gebiete feststellen und zueinander in Beziehung setzen. Jüngere Gesteinsschmelzen (s. S. 206) können ältere Gesteine durchbrechen und diese kontaktmetamorph (s. S. 235ff.) verändern (s. Abb. 12).

Die Methoden zur *Bestimmung des absoluten Alters* von Gesteinen sind geologischer, biologischer und physikalischer Art. Geologische Methoden gehen davon aus, daß sich manche Schichtenfolgen – wie Jahresringe von Bäumen – in jahreszeitlichen Rhythmen ablagern und damit die Möglichkeit bieten, ihre Entstehungszeit nach Jahren festzustellen. So wertete DE GEER für solche Altersbestimmungen die feingeschichteten Tone Schwedens aus, die in der jüngsten Erdgeschichte am Rande des zurückweichenden Inland-Eises in Tümpeln und Seen abgelagert wurden. In diesen Bändertonen wechseln dickere, helle, sandige Sommer-Lagen mit dünnen, dunklen, tonigen Winter-Lagen. Das beruht darauf, daß im Sommer viel und gröberes, im Winter, wenn kaum Eis schmolz, nur wenig und feines Material mit hohem Gehalt an organischen Resten abgelagert wurde. Durch Auszählen dieser ca. 1 cm dicken „*Warven*" konnte ein Jahres-

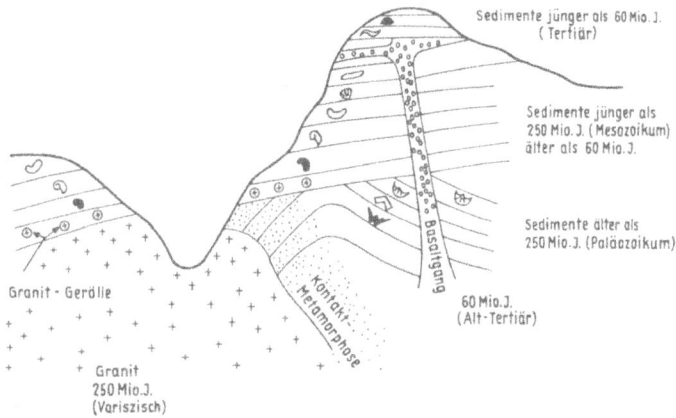

Abb. 12. Theoretisches Beispiel zur Bestimmung der relativen Altersabfolge: In einen gefalteten paläozoischen Schichtenkomplex drang eine granitische Schmelze ein und beeinflußte das Nebengestein kontaktmetamorph. Nach einer teilweisen Abtragung wurden mesozoische Schichten mit einem Basiskonglomerat abgelagert. Ein Basaltgang hat sie im Alt-Tertiär durchdrungen. Anschließend erfolgte Verkippung und teilweise Abtragung sowie die Ablagerung von tertiären Schichten (nach VANGEROW).

schichten-Profil für die letzten 20000 Jahre ermittelt werden. Indem DE GEER die Warven bis an den jeweiligen Rand des Eises bzw. dessen Moränen (s. S. 91 ff.) verfolgte und mit ihnen in Beziehung setzte, war es ihm möglich, den geologischen Vorgang des Zurückweichens der Gletscherfront auf seine nach Jahren zählende Zeitskala (Bänderton-Kalender) zu beziehen.

In ähnlicher Weise wie bei den Bändertonen geht man auch bei feingeschichteten Gesteinen sehr viel höheren Alters vor, z. B. den tertiären Molasse-Sandsteinen (s. S. 290) der Westschweiz, wo in jedem Herbst eine neue Blätterlage eingeschwemmt wurde. 1 m Sandstein entspricht dabei der Bildungszeit von 610 Jahren.

Pollenanalytische Untersuchungen, d. h. Bestimmungen von Abfolgen verschiedener Blütenstaub-Typen in Gesteinsschichten, erlauben Datierungen der jüngsten Erdgeschichte, so z. B. der nacheiszeitlichen Wald-Entwicklung.

Für sehr junge Datierungen, insbesondere archäologische Zeitbestimmungen innerhalb der letzten 3000 Jahre benutzt man die *Dendrochronologie*, bei der aus den Jahresringen von Bäumen nicht nur deren Alter festgestellt, sondern auch auf die klimatischen Verhältnisse ihres Wachstumsbereiches geschlossen wird (s. S. 194).

Man kann auch von einer aktualistischen[3] Betrachtungsweise ausgehen und feststellen, wie groß die *Sedimentationsrate* in einem See oder bestimmten Meeresraum ist, bzw. wie rasch ein Korallenriff wächst oder wieviel Kubikmeter Gestein etwa pro Jahr in einem bestimmten Fluß-Delta (s. S. 73) aufgeschüttet werden. Nach dieser Methode hat man die Entstehungsdauer der Deltas verschiedener Seen in der Nordschweiz berechnet, um

---

[3] Der Aktualismus (lat. actualitas = Wirklichkeit) beruht auf der Anschauung, daß das geologische Geschehen in der erdgeschichtlichen Vergangenheit sich in derselben Weise und unter Einwirkung der gleichen Kräfte vollzogen hat wie in der Gegenwart.

festzustellen, wieviel Jahre seit dem Beginn der Delta-Bildung, d. h. seit der letzten Vereisung, vergangen sind. Dabei kommt man zu übereinstimmenden Werten von 12000–13000 Jahren. Im allgemeinen ist die Intensität der Sedimentbildung jedoch nicht gleichbleibend, so daß man aus der Gesamtmächtigkeit der Sedimente nur selten eine absolute Zeitrechnung ableiten kann. Ähnliches gilt auch für die Geschwindigkeit des Wachstums der Riffe von Korallen und anderen Riffbildnern.

MILANKOVITCH berechnete aus den periodischen Änderungen der Erdbahn-Elemente [Neigung der Erdachse (= Schiefe der Ekliptik), Exzentrizität der Erdbahn und Präzession (= Vorrücken) der Tag- und Nachtgleiche (= Umlauf des Perihels)] die *Intensität der Sonnenstrahlung* für verschiedene Breitengrade während der letzten 600000 bis 1 Mio. Jahre. Beim Vergleich der nach ihm benannten *Strahlungskurve* mit der Eiszeit-Gliederung des Pleistozäns (s. Tab. 21) zeigt sich eine gute Übereinstimmung der Minima mit Kaltzeiten (Glaziale) und der Maxima mit Warmzeiten (Interglaziale).

Die wechselnde Polarität des magnetischen Erdfeldes hat in bestimmten Gesteinen durch Einregelung des ferromagnetischen Mineralbestandes eine unterschiedliche permanente Magnetisierung geschaffen (s. S. 257), die ebenfalls zur Altersbestimmung verwendet werden kann. Für die letzten Millionen Jahre sind beispielsweise 9 Umpolungen des irdischen Magnetfeldes bekannt.

Größte Bedeutung haben physikalische Altersbestimmungen mittels *radiometrischer Methoden*, welche auf Messungen des Zerfalls radioaktiver Elemente beruhen. *Radioaktivität* zeigen fast alle Elemente mit Ordnungszahlen zwischen 81 (Thallium) und 92 (Uran). Bei kleineren Ordnungszahlen kommen nur noch wenige schwach radioaktive Stoffe vor, so z. B. je ein Isotop des Kaliums, des Rubidiums usw. Unter Aussendung von Heliumkernen, Elektronen und elektromagnetischen Wellen (Wärme und sehr kurzwellige Strahlung) entstehen aus den instabilen Elementen solche mit niedrigerer Ordnungszahl. Diese können wiederum radioaktiv sein. Der Zerfall geht dann so lange weiter, bis sich ein Element mit stabilem Kern gebildet hat. Es ergeben sich bestimmte Zerfallsreihen, die für die absolute Zeitbestimmung benutzt werden können. Dabei ist wesentlich, daß der Zerfallsprozeß unabhängig von äußeren Bedingungen wie Druck, Temperatur oder chemischer Bindungsart verläuft und in der Erdgeschichte verlaufen ist. Die Zerfallsgeschwindigkeit, d. h. die Abnahme der Menge des radioaktiven Stoffes, ist dabei der in jedem Moment noch vorhandenen Menge proportional. Insgesamt verlangsamt sich also die Zerfallsgeschwindigkeit in dem Maße, wie die Menge der radioaktiven Muttersubstanz abnimmt. Während im allgemeinen dieser Prozeß der völligen Umwandlung in stabile Endstufen unvorstellbar langsam vor sich geht, liegt die *Halbwertzeit*[4] in der Größenordnung geologischer *Perioden* oder *Epochen* (s. Tab. 21).

Eine Reihe von Mineralen enthält radioaktive Isotope. Methodisch bestimmt man in solchen Mineralen quantitativ das Atomverhältnis vom im Zerfall begriffenen Mutter-Isotop zu den bisher entstandenen Zerfallsprodukten. Mit Hilfe der bekannten Halbwertzeit ergibt sich daraus die Zeit in Jahren oder Jahrmillionen, die seit Einbau des Mutter-Isotops in das Mineral, d. h. seit der Kristallisation des letzteren, vergangen ist.

---

[4] Man versteht darunter die Zeit, in der die Hälfte der radioaktiven Mutter-Substanz zerfallen ist.

Voraussetzung ist allerdings, daß bei der Kristallisation nur das radioaktive Mutter-Isotop und nicht schon Zerfallsprodukte in das Kristallgitter eingebaut wurden. Ferner dürfen seit der Bildung des Minerals Isotope, die der betreffenden Zerfallsreihe angehören, weder hineinwandern oder entweichen: das Mineral muß ein geschlossenes System bilden.

Für die Zeitmessung sind folgende Zerfallsreihen besonders wichtig:

Tabelle 3. Die wichtigsten Zerfallsreihen für die radiometrische Altersbestimmung

Mutter-Isotop	dessen Häufig-keit in %	Halbwertzeit in Jahren	Endglied der Zerfallsreihe
^{238}U	99,274	$4,51 \times 10^9$	^{206}Pb
^{235}U	0,72	$7,13 \times 10^8$	^{207}Pb
^{232}Th	100	$1,39 \times 10^{10}$	^{208}Pb
^{87}Rb	27,85	5×10^{10}	^{87}Sr
^{40}K	0,0119	$1,27 \times 10^9$	$< 89\%$ ^{40}Ca
			$< 11\%$ ^{40}Ar

Auf den ersten drei Reihen, die zu stabilem (radiogenem) Blei führen, beruhen die *Blei-Methoden*. Sie sind bei Uran-Mineralen anwendbar und ermöglichen gegenseitige Kontrollen. Die vierte und fünfte Reihe werden bei Kaliglimmern (s. S.24) und Kalifeldspäten (s. S.23) angewandt, Mineralen, die häufig in Erstarrungsgesteinen vorkommen und daher ebenfalls gegenseitige Kontrollen erlauben. Besondere Bedeutung besitzt in der letzten Reihe das Argon (*Kalium-Argon-Methode*). Es läßt sich leicht nachweisen; allerdings liefert diese Methode wegen der Flüchtigkeit des Gases häufig zu geringe Werte, die nicht dem wirklichen Alter der Gesteine entsprechen.

> Die angeführten Methoden geben nur das Alter der betreffenden Mineral-Kristallisation an, jedoch nicht die Zeit des Aufdringens bzw. der Platznahme und Erstarrung einer Gesteinsschmelze. Die letztgenannten Vorgänge können daher durchaus jünger sein. Erleiden Gesteine eine (oder mehrere) Metamorphosen, entstehen neue Minerale und folglich andere Gesteine. Dadurch werden die Strahlen-Uhren „auf Null" zurückgestellt. Somit bereitet zwar die Altersbestimmung der letzten Metamorphose keine Schwierigkeit, dafür aber die Feststellung der Bildungszeit des Ausgangsgesteins. Nur wenn Reliktminerale aus jener Epoche der Umbildung entgangen sind, kann man das ursprüngliche Alter mehr oder minder zutreffend bestimmen. Altersverfälschungen treten dabei allerdings häufig auf.

Radiometrische Altersbestimmungen werden vor allem für das Prä-Kambrium (s. Tab. 21) wichtig, für jene geologische Vorzeit, in der Fossilien weithin fehlen und auch andere Alterskriterien selten sind.

Bedeutungsvoll erscheinen auch die Ausblicke, welche die mit Hilfe radiometrischer Verfahren ermittelten Werte für das Gesamtalter der Erde geben, denn das Alter der ältesten Minerale muß ja als Mindestalter der Erde angesehen werden. Die ältesten Minerale sind aus magmatischen Restschmelzen entstandene Pegmatit-Minerale (s.

S. 209), die man im Norden Kanadas in der Sklaven-Provinz, d. h. im kanadischen „Alten Schild" (s. S. 301), gefunden hat. Ihre Altersbestimmung ergab einen Wert von 3,96 Mrd. Jahren. Da diese Restschmelzen in ältere, schon vorhandene Gesteine der Kruste eindrangen, kommt man zu noch höheren Werten für das Gesamtalter der Erde.

1983 sind im Gestein des Yilgarn Blocks in West-Australien Zirkon-Körner gefunden worden, die ein Alter von ca. 4,2 Mrd. Jahren aufweisen.

Diese Befunde sprechen dafür, daß die Erde vor etwa 4,5–4,6 Mrd. Jahren durch die Zusammenballung kosmischen Materials entstand. Durch gravitative Verdichtung und radioaktive Prozesse entwickelten sich offenbar so hohe Innentemperaturen, daß gravitative Differentiation und Saigerung sowie Konvektionsströmungen schließlich zur heutigen Stoffsonderung führten. Die Bildung einer festen Erdkruste liegt mindestens 4,2 Mrd. Jahre zurück.

Das Erdalter von ca. 4,6 Mrd. Jahren wird auch durch Altersbestimmungen an Meteoriten bestätigt. Diese kleinen Himmelskörper entstanden nach heutiger Kenntnis gleichzeitig mit der Erde, kühlten aufgrund ihrer geringen Größe sofort ab und waren seitdem keinen Veränderungen mehr unterworfen.

Mit Hilfe der *Radiocarbon-* und der *Tritium-Methode* kann man Altersbestimmungen an sehr jungen Bildungen vornehmen. Man benutzt dabei das *radioaktive Kohlen-*

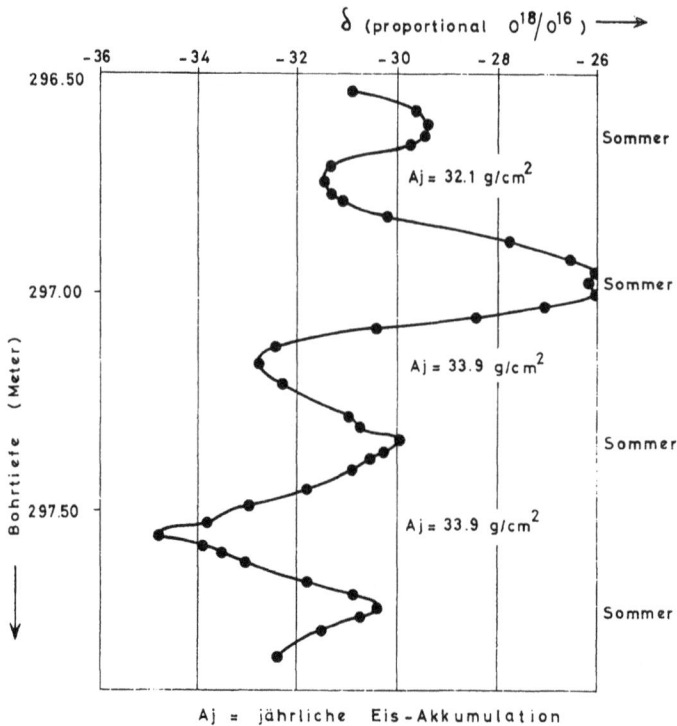

Abb. 13. Jahresschichtung in einem Bohrkern aus dem grönländischen Inland-Eis (nach LANGWAY).

stoff-Isotop ^{14}C bzw. das *Wasserstoff-Isotop Tritium* ^{3}H, die beide in der Stratosphäre durch kosmischen Neutronen-Beschuß erzeugt werden. ^{14}C steht mit dem stabilen ^{12}C in der Atmosphäre in einem gleichbleibenden Verhältnis $1:10^{12}$, so lange sein radioaktiver Zerfall und die Neubildung durch kosmische Strahlung sich die Waage halten. Als $^{14}CO_2$ gelangt der Kohlenstoff durch Assimilation in die Pflanzen und über diese in tierische Organismen. Stirbt der Organismus ab, so hört plötzlich die weitere Zulieferung von ^{14}C-Isotopen auf, und entsprechend dem Zerfallsgesetz nimmt der Gehalt an Radiocarbon in der toten organischen Substanz in 5570 Jahren (Halbwertzeit) auf die Hälfte ab. Die Strahlungsintensität der Probe ist damit ein Maß für die Zeit, die seit dem Absterben des Organismus vergangen ist. Der Anwendungsbereich dieser Methode bleibt unter der Voraussetzung, daß die Intensität der kosmischen Strahlung während der jüngsten erdgeschichtlichen Vergangenheit konstant geblieben ist, auf die letzten 50000–70000 Jahre beschränkt. Holz, Torf, Braunkohle und Mumien sind geeignetes Material für die Radiocarbon-Untersuchung.

Für sehr junge Bildungen wird die Tritium-Methode benutzt, weil die Halbwertzeit des Tritiums nur 12,5 Jahre beträgt. Da die Tritium-Konzentration im Wasser sehr gering ist, sind komplizierte Anreicherungsverfahren nötig.

Nicht nur absolute Zeiten können mit Hilfe von Isotopen-Verhältnissen bestimmt werden, sondern auch *Paläo-Temperaturen.* Beispielsweise hängt das Verhältnis, mit welchen ^{16}O und ^{18}O in die stöchiometrische Sauerstoff-Menge eines Minerals eingebaut werden, von dessen Bildungstemperatur ab. So ergaben $^{18}O/^{16}O$-Messungen im grönländischen Inland-Eis einen jahresschichtigen Aufbau, zu dessen Bildung die Temperatur während des Entstehens der gletscherbildenden Niederschläge in der Atmosphäre bestimmend war. Wenn auch die absolute Temperatur heute nicht mehr feststellbar ist, so kann man doch aus den Abständen der Sommer-Schichten im Bohrkern die jährliche Eis-Ablagerung nachträglich berechnen (s. Abb. 13). In ähnlicher Weise wurden bei der Untersuchung der Schalen von kreidezeitlichen Belemniten auf ihr $^{18}O/^{16}O$-Verhältnis Winter-Lagen mit einer Bildungstemperatur von 16 °C und Sommer-Lagen mit solchen von 21 °C festgestellt. Daraus konnten Rückschlüsse auf die Wasser-Temperatur der damaligen Meeresbereiche, in denen diese Tiere lebten, gezogen werden.

B. Exogene (außenbürtige) und endogene (innenbürtige) Vorgänge

I. Der Kreislauf der Stoffe

Das Vorhandensein der Umwandlungsgesteine (s. S. 21) zeigt deutlich, daß selbst die festesten Gesteine zu anderen umgeprägt werden können und demnach keineswegs als absolut stabil gelten dürfen. Sie sind im Gegenteil nur so lange beständig, wie ihre Stoffzusammensetzung mit den physikalischen und chemischen Bedingungen der Umwelt im Gleichgewicht ist. Ändern sich diese Bedingungen, so ändert sich auch entsprechend der Mineralbestand und damit die Gesteinsart. Die einzelnen Stoffe, wie etwa das Silicium (Si), können dabei räumlich und zeitlich verschieden lange Kreisprozesse durchlaufen, die sich insgesamt in besonders anschaulicher Weise zum *Kreislauf der Stoffe* zusammenstellen lassen (s. Abb. 14). So erfahren alle an der Erdoberfläche freiliegenden Gesteine unter Einfluß der Atmosphärilien eine Verwitterung (Zermürbung), die sie für die Abtragung vorbereitet. Unter dem Einfluß der Schwerkraft und vermittels der Transportmedien Wasser, Eis und Wind wandert das Abtragungsmaterial bis zu dem Ablagerungsort, an dem die Sedimentation zu anfangs noch lockeren Gesteinsbildungen führt. Deren tiefere Schichten erfahren unter der zunehmenden Auflast eine immer stärker werdende Verfestigung durch Schließung des Porenraumes und Auspressung eventuell vorhandener Porenflüssigkeit. Dabei stellen sich erste Veränderungen der chemischen und mineralogischen Gesteinszusammensetzung ein. Durch diesen Vorgang der Diagenese (s. S. 109 ff.) entstehen feste Sedimentgesteine.

Durch Hebung kann das verfestigte oder auch das lockere Gestein wiederum der Verwitterung und Abtragung ausgesetzt werden. Beim Transport werden die Minerale zerkleinert und schließlich erfolgt erneute Ablagerung. Eine oder mehrfache Wiederholung(en) dieses kurzen Kreislaufes ist (sind) möglich und in der Erdgeschichte häufig eingetreten.

Das diagenetisch verfestigte Sedimentgestein kann aber auch durch stärkere Absenkung oder infolge Erhöhung der Temperatur an Ort und Stelle durch Metamorphose umgewandelt werden. Das Umwandlungsgestein mag anschließend entweder der Hebung und Verwitterung unterliegen oder in einem langen Kreislauf der zunehmenden Erwärmung und Aufschmelzung unterworfen sein. Wenn der Aufschmelzungsvorgang nicht zur Gesteinsschmelze führt, sondern in einem Vorstadium steckenbleibt, entstehen migmatische Gesteine (Migmatite). Bei völliger Aufschmelzung (Diatexis) bilden sich

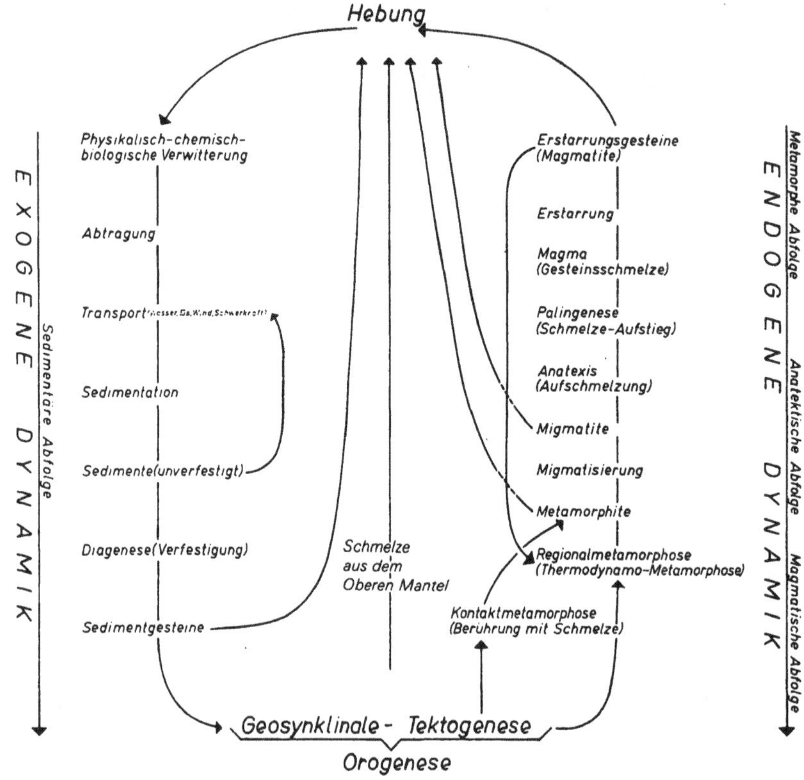

Abb. 14. Der Kreislauf der Stoffe.

magmatische Schmelzen. Sie können emporsteigen und in der Erdkruste zu Plutonen oder an der Erdoberfläche als vulkanische Förderprodukte erstarren und so Erstarrungsgesteine bilden.

Bei Hebung der Erstarrungsgesteine können diese in die Verwitterungszone kommen; es bleibt jedoch ein weiterer Weg offen, der sie einer erneuten Metamorphose und Aufschmelzung zuführt. Alle Gesteinsarten können durch Berührung mit einer glutflüssigen Schmelze der Kontaktmetamorphose unterworfen werden.

Dieser geschilderte Kreislauf der Stoffe ist nicht abgeschlossen. So geraten beispielsweise neue Stoffe wie Meteorite oder kosmischer Staub in den Kreislauf hinein.

Der Kreislauf der Stoffe wird von zwei großen Kräftegruppen gesteuert, in die sich der Ablauf aller Erscheinungen einordnen läßt, der endogenen und der exogenen Dynamik (s. S. XII). Während sich die exogenen Vorgänge wie Verwitterung, Abtragung und Sedimentation an oder nahe der Erdoberfläche vollziehen, ereignen sich die endogenen Vorgänge wie tektonische Vorgänge, Metamorphose, Aufschmelzung von Gesteinen und Schmelzen-Aufstieg in der Tiefe der Erdkruste (und im Mantel). Man kann die jeweiligen Vorgänge auch in Bezug auf die Wirkungen der Schwerkraft einteilen: Abtragung, Sediment-Transport und Sedimentation erfolgen entsprechend dem Gesetz der Schwerkraft, während Hebung, Faltung, Schmelzen-Aufstieg und Wärmefluß der Schwerkraft entgegengerichtet verlaufen.

Beim fortwährenden Kreislauf der Stoffe wirken die exogenen und endogenen Kräfte auf das engste miteinander verflochten zusammen. Im Wechselspiel beider Kräftegruppen geht es um das Erreichen eines Gleichgewichtszustandes. Der Stand dieses Kampfes läßt sich an der jeweiligen Gestaltung und Form der Erdoberfläche in jedem Stadium der Erdgeschichte wie auch in der geologischen Gegenwart ablesen.

II. Die Gestaltung der Erdoberfläche durch exogene Kräfte

Die Vorgänge der exogenen Dynamik sollen zuerst behandelt werden, da sie sich ständig abspielen und somit leicht überschaubar und einfach zu begreifen sind. Zu ihrem Verständnis sind Kenntnisse vom Geschehen in der Luft- und Wasserhülle unentbehrlich. Es folgen daher einige Grundlagen der Meteorologie und Meereskunde.

1 Das Geschehen in der Lufthülle der Erde

Die Zirkulation in der Erd-Atmosphäre erfolgt in mehreren Stockwerken. Der unterste Bereich, die *Troposphäre*, reicht von 9 (Pole) bis 17 km Höhe (Äquator) und beeinflußt das Witterungsgeschehen am nachhaltigsten, zumal er auch mit der Oberflächen-Zirkulation der Ozeane in enger Wechselbeziehung steht. In der Troposphäre nimmt die Temperatur mit zunehmender Höhe stark ab. In der darüberliegenden *Stratosphäre*, die bis etwa 45 km Höhe reicht und mit der *Ozon-Schicht*[5] abschließt, steigt die Temperatur wieder an, und zwar von Werten um $-55\,°C$ bis $-40\,°C$. Hier liegt keine nennenswerte Vertikal-Zirkulation vor, jedoch wieder in der *Mesosphäre* (45 bis 90 km Höhe). In dieser sinken die Temperaturen erneut ab, um in etwa 90 km Höhe, an der Grenze zur *Ionosphäre*[6], bei ca. $-70\,°C$ zu liegen.

Alle Luftbewegungen in der Atmosphäre gehen auf den von der Sonneneinstrahlung und der Erdwärme-Abstrahlung gesteuerten Gesamtwärme-Haushalt der Erde zurück. Die in der Sonne durch Umwandlung von ca. 700 Mio. t Wasserstoff in Helium pro Sekunde erzeugte Energie gelangt durch Lichtquanten und (im äußeren Bereich) durch Thermokonvektion in die Photosphäre. Diese randliche Schicht, die etwa 2 % des Sonnenradius beträgt und in der Temperaturen zwischen 4000 und 6000 °C herrschen, sendet elektromagnetische Wellen aus, die zusammen mit der UV-Strahlung der Chromosphäre, die eine Schicht von nahezu gleicher Dimension über dem Sonnenrand mit Temperaturen von ca. 10 Mio. °C darstellt, zum kleinen Teil auf die Erde auftreffen (s. S. 1). Dieser Energiestrom zur Erde beträgt nach Satelliten-Messungen ca. 0,133 W/m² (Solarkonstante). Davon gelangen jedoch nur das sichtbare Licht zwischen

---

[5] In der Ozon-Schicht führt die Ultraviolett-Strahlung der Sonne zur Bildung von O_3, das die UV-Strahlung weitestgehend absorviert.

[6] In der Ionensphäre sind die Gase durch Strahlung von außen stark ionisiert und dadurch elektrisch leitend. Die hier vorhandenen Ionen und Elektronen ordnen sich unter der Wirkung des erdmagnetischen Feldes zu zwei schalenförmigen Gürteln, den van Allenschen Strahlungsgürteln. Letztere halten die von der Sonne ausgestoßenen Wolken von Wasserstoff-Kernen und Elektronen wie ein Faraday-Käfig von der Erdoberfläche fern und lassen sich als Polarlichter erglühen.

0,36 und 0,78 µm und Radiowellen zwischen 1 cm und 1 m Wellenlänge auf den Erdboden; alle anderen Strahlungsanteile werden in der Ionosphäre und der Ozon-Schicht sowie dem Infrarot-Bereich der unteren Atmosphäre verschluckt. Somit hängt der Energie-Anteil der auf die Erdoberfläche treffenden Sonnenstrahlung weitestgehend von der spektralanalytischen Durchlässigkeit der Erd-Atmosphäre ab. Daß Veränderungen dieser Eigenschaft in der Erdgeschichte eingetreten sind und Überdosen von ungefilterter Strahlung zu Veränderungen im Gen-Bestand bestimmter Lebewesen (Mutationen) und damit zu sprunghaften Veränderungen (Faunen- oder Florenschnitte) geführt haben, wird heute vermutet, läßt sich aber nicht nachweisen.

Die Energie für die Luftbewegung in der unteren und mittleren Erd-Atmosphäre wird von den beiden Heizflächen geliefert, die Sonnenstrahlen in Wärme umwandeln, der *Oberfläche der Ozon-Schicht* einerseits und dem *Erdboden* andererseits. Im Bereich der oberen Heizfläche kommt es zur Bildung von Höhenwind-Systemen, die gelegentlich das Wetter in der Troposphäre beeinflussen. An der unteren Heizfläche, dem Erdboden, dringt die eingestrahlte Energie teilweise in diesen ein oder bringt Eis zum Schmelzen bzw. Wasser zum Verdunsten. Der überwiegende Teil der Energie wird allerdings als langwellige Wärmestrahlung in die Atmosphäre zurückgeworfen. Die Wärme-Rückstrahlung wird jedoch insbesondere in der Troposphäre durch Kohlendioxid (und Wasserdampf) stark absorbiert, d.h. das CO_2 in der Luft wirkt wie ein Glasdach (*„Treibhaus-Effekt"*).

> In der Erdgeschichte gab es einen ständigen Wechsel zwischen Warm- und Kaltzeiten. Damit einher ging eine Zu- und Abnahme der CO_2-Konzentration der Luft. Allerdings vollzog sich dieser Wandel in sehr großen Zeiträumen. Durch die Analyse fossiler Luft-Einschlüsse im Gletscher- und Polareis ist bekannt, daß gegen Ende der letzten Eiszeit (vor 15000 Jahren) der CO_2-Anteil in der Atmosphäre bei 200 ppm (parts per million) lag. Ein m^3 Luft enthielt damals 200 cm^3 Kohlendioxid. Bis zur nachfolgenden Warmzeit vor rund 5000 Jahren stieg dieser Anteil auf etwa 280 ppm an und blieb dann in dieser Größenordnung bis zum Jahr 1860 erhalten – der ständige natürliche Kreislauf eines CO_2-Austausches zwischen Vegetation, Atmosphäre und Meer regelte den Wert mit ziemlicher Konstanz ein.
>
> Erst mit der beginnenden Industrialisierung veränderte sich die Situation: Seit 1860 stieg der CO_2-Gehalt der Luft durch die Verfeuerung von Kohle, Öl und Gas deutlich an – zunächst um jährlich 0,002, später um 1,6 ppm pro Jahr – und liegt heute bei fast 350 ppm. Wenn diese Entwicklung so weitergeht, muß in 50 bis 100 Jahren von einem CO_2-Gehalt zwischen 500 und 600 ppm ausgegangen werden. Rechnet man das bei der Brand-Rodung von Wäldern entstehende CO_2 sowie die ebenfalls den Treibhaus-Effekt bewirkenden Spurengase (Fluor-Chlor-Kohlenwasserstoffe als Treibmittel in Sprühdosen usw.) hinzu, so kommt man sogar auf ein CO_2-Äquivalent von 600 bis 700 ppm, doppelt so viel wie gegenwärtig. Die damit verbundene Temperatur-Zunahme könnte zu einer erheblichen Klima-Veränderung führen (s. S. 304).

Durch den natürlichen Treibhaus-Effekt erwärmen sich bodennahe Luftschichten am stärksten, vorzugsweise im Äquatorialgürtel, wo der Einfall der Sonnenstrahlung am kräftigsten ist. Die erwärmte Luft dehnt sich in dieser äquatorialen *Tiefdruck-Furche* oder *Kalmen-Zone* aus und fließt in einigen Kilometern Höhe als *Antipassate* in kühlere Breiten ab. Dafür wird von den letzteren mit den *Passaten* ein etwas kälterer

Bodenstrom angesaugt. Dieser Kreislauf schließt sich in 30° bis 35° nördlicher und südlicher Breite, den *Roßbreiten*, zwei weiteren Kalmenzonen, in denen somit eine vertikale Luftbewegung mit absteigender Tendenz vorliegt. Während im Äquatorialgürtel tiefer Luftdruck vorherrscht, stellen die Roßbreiten Hochdruck-Gürtel dar (s. Abb. 15).

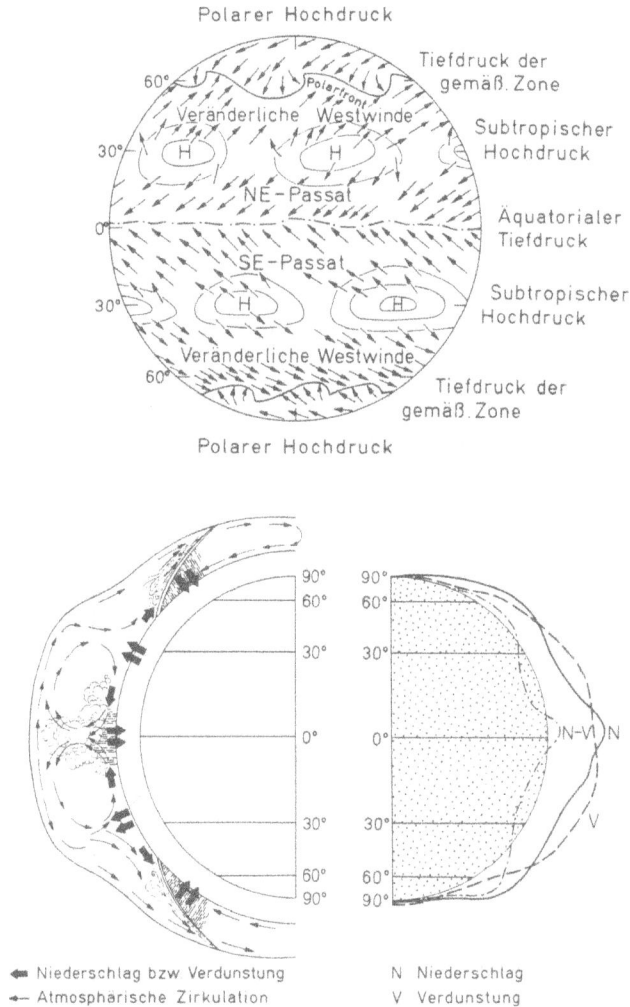

Abb. 15. Atmosphärische Zirkulation und Niederschlagsverteilung auf der Erde (nach STRAHLER, geändert).

Der Luft-Kreislauf Passat/Antipassat sei am Beispiel des Pazifiks näher erläutert: Im Gebiet Indonesiens und der Philippinen steigt Luft auf, gefördert durch die dort besonders starke Erwärmung der Erdoberfläche: sie strömt in 14 km Höhe in Richtung Südamerika als Antipassat, sinkt über dem kalten Ostpazifik ab und strömt über der Wasseroberfläche als Passat zurück nach Nordwesten. Die aufsteigende Luft über Indonesien ist mit einem Tiefdruck-Gebiet und schweren tropischen Gewittern verbunden; dagegen bildet sich in der absinkenden Luft vor Südamerika ein Hochdruck-Gebiet mit blauem Himmel und großer Trockenheit, nur selten fällt Regen. Dieser Kreislauf, zu Ehren seines Entdeckers „*Walker-Zirkulation*" genannt, ist der Normalzustand der tropischen Atmosphäre von Asien bis Südamerika.

Die Wärme-Abstrahlung führt bei fehlender Einstrahlung, d.h. nachts, zu starker Abkühlung der unteren Luftschichten. Dies gilt insbesondere für die *Polarregionen*, die wegen ihrer Polarnacht und -dämmerung nur wenig Energie empfangen. Daher entwickelt sich dort ein ausgedehnter *Bodenkaltluft-Bereich*, aus dem *arktische Kaltluft-Strömungen* äquatorwärts abfließen. Weil von den Roßbreiten Luft nicht nur zum Äquator, sondern auch polwärts strömt, stoßen polare Kaltluft und subtropische Warmluft bodennah zwischen etwa 40° und 50° nördlicher und südlicher Breite aufeinander. Durch Verwirbelung und Vermischung an dieser *Polarfront* entwickeln sich *Hoch- und Tiefdruck-Gebiete*.

Unter dem Einfluß der Erd-Drehung (s. S. 1) werden die Strömungen aus der meridionalen Richtung abgelenkt. Die vom Äquatorialgürtel abströmenden Warmluft-Massen eilen dem Drehungssinn voraus, die polaren bleiben zurück (*Coriolis-Beschleunigung*). Daher wehen die Passate auf der Nord-Halbkugel aus Nordost, auf der Süd-Halbkugel aus Südost. Der von den Roßbreiten nach Norden bzw. Süden abfließende Bodenluft-Strom wird nach Osten abgelenkt und erzeugt dadurch eine ständige *Westwind-Drift*, in der die Luftmassen-Wirbel, die sich von der Polarfront ablösen, nach Osten mitgeführt werden. Durch die Coriolis-Beschleunigung herrscht auf der Nord-Halbkugel in Hochdruck-Bereichen (bei absteigender Luftbewegung) ein allseitiges Ausströmen und eine Rotation entsprechend dem Uhrzeiger, in Tiefdruck-Wirbeln (Depressionen) ein allseitiges Einströmen der Luftmassen mit Drehsinn entgegen dem Uhrzeiger (und aufsteigender Bewegungstendenz). Für die Süd-Halbkugel gelten spiegelbildliche Rotationsbewegungen.

> Die höchsten Geschwindigkeiten mit Werten bis zu 450 km/h werden unterhalb der Tropopause (Obergrenze der Troposphäre) in zwei sogenannten Strahlströmen erreicht, von denen der eine als Subtropen-Jet im Bereich der subtropischen Hochdruck-Zone, der andere als Polarfront-Jet im Bereich dieser Luftmassen-Grenze (s. oben) verläuft. Störungen in schnellen Strahlströmen, 12000 Meter über der Erde, können die Erdoberfläche deformieren und zu wellenähnlichen Bewegungen der Erdkruste von äußerst langer Frequenz führen. Auch Wirbelstürme und Sturmfronten verursachen vorübergehende Verformungen der Erdoberfläche.

Die Luft enthält entsprechend ihrer Temperatur eine bestimmte Menge Wasserdampf. Die im Äquatorialgürtel aufsteigenden Luftmassen können bei ihrer Abkühlung in größerer Höhe wegen Zunahme der relativen Luftfeuchtigkeit den Wasserdampf nicht mehr halten und geben das Wasser in Tropfenform wieder ab (Regen-Reichtum der Tropen). Sinken diese relativ trockenen Luftmassen an den Roßbreiten nach unten, so enthalten sie für die dortigen Temperaturen viel zu wenig Wasserdampf und nehmen daher begierig Wasser auf. Die beiden Hochdruck-Gürtel zeichnen sich deshalb in den Festlandsbereichen durch große *Wüsten* aus: südlich des Äquators die Kalahari, weite Gebiete Australiens, Patagonien; nördlich des Äquators die Sahara, große Teile Arabiens und des Irans, Tibets und Mexikos.

Der durch Energie-Ein- und -Abstrahlung sowie Coriolis-Beschleunigung verursachte Luft-Kreislauf bewirkt gleichzeitig einen *Wärme-Transport* und mildert dadurch die Temperatur-Gegensätze zwischen Äquator und Polen. Weiterhin transportieren die Luftströmungen erhebliche Mengen von Wasser und tragen daher zu einem Ausgleich zwischen den wasserarmen Festlandsgebieten und dem Meere bei.

2 Die Wasser-Zirkulation und -Bewegung in den Ozeanen

Nicht nur die Lufthülle, sondern auch die Wasserhülle der Erde zeigt bestimmte Strömungen, die den Temperatur-Austausch in meridionaler Richtung ermöglichen. Sie werden in erheblichem Maße von der Verteilung der Kontinente und Meere beeinflußt. Die Bewegungen der Wasserhülle lassen sich in die windbedingten Driftströme, die auf Dichte-Unterschieden beruhenden sowie die durch Gezeiten-Wirkungen hervorgerufenen Strömungen einteilen.

Driftströme sind Oberflächen-Ströme, die von jahreszeitlichem Verlauf, Stärke und Richtung des Windes (Passate, Monsun- und Westwind-Gürtel) abhängig sind (s. Abb. 17). Wichtigste Driftströme stellen die durch die beständigen Passate erzeugten *Nord-* und *Südäquatorial-Ströme* der drei Ozeane dar. Der zwischen den beiden Äquatorialströmen in umgekehrter Richtung fließende *Äquatoriale Gegenstrom* ist nur im Pazifik deutlich ausgebildet. Beim Auftreffen auf die Ostküsten der Kontinente werden die Äquatorialströme jeweils polwärts (entsprechend dem Küstenverlauf) abgelenkt. Die warmen Ströme der Ozean-Westbereiche erfahren zunächst durch die Coriolis-Beschleunigung eine enge Bündelung und fließen daher, wie beispielsweise der Golfstrom, sehr schnell (s. unten).

So teilt sich der *Süd-Äquatorialstrom* an der NE-Spitze Brasiliens in den südwärts ziehenden *Brasil-Strom* und den nach NW gerichteten *Guayana-Strom*, der sich mit dem *Nord-Äquatorialstrom* vereinigt: Zwischen den kleinen Antillen gelangt er in das Karibische Meer und den Golf von Mexiko. Dort teilt er sich: Ein Teil geht nach Norden als *Antillen-Strom*, der andere Teil schießt mit so erheblicher Bewegungsenergie in das Karibische Meer, daß dort der Wasserspiegel durch die Stauwirkung 13 cm über NN liegt.

Aus dem Golf von Mexiko und dem Karibischen Meer strömen die Wassermassen (40 Mio. m³ Wasser/s) mit großer Geschwindigkeit (2–3 m/s)[7] durch die Florida-Straße als *Golfstrom-System* nach Nordosten, wobei sie sich mit dem Antillen-Strom mischen. Östlich von Kap Hatteras bewegen sich ca. 40 Mio. m² Wasser mit 1–2m/s nach Osten. Vor den Neuengland-Staaten schwillt das Golfstrom-System auf 100–130 Mio. m³ Wasser/s an. Durch die Westwind-Drift gelangt die 50 km breite Wasserströmung an die

---

[7] Vor der Chesapeake Bay sind in 500 m Tiefe noch 1 m/s und in 1000 m Tiefe 0,25 m/s gemessen worden. Diese Strömung verhindert einen Sediment-Absatz auf submarinen Plateaus bis ca. 1000 m Tiefe.

Küsten Nordeuropas und Spitzbergens, wobei Stämme und Früchte des tropischen Urwaldes bis dorthin transportiert werden. Ein Teil der Wassermassen biegt vor der Küste Westeuropas nach Südosten und Süden um, vereinigt sich als kalter *Kanaren-Strom* an der westafrikanischen Küste wieder mit dem *Nord-Äquatorialstrom* und schließt somit den Kreislauf. Ein anderer Teil des Golfstroms biegt auf der Höhe Islands zur grönländischen Küste ab, trifft als kalter *Labrador-Strom* bei Neufundland wieder auf den Golfstrom und bildet damit den zweiten Kreislauf im Atlantik. Der größte Strom ist der *Antarktische Zwischenstrom* (*Zirkumpolar-Strom*), der 100 Mio. m³ Wasser/s bewegt und damit weit über das Hundertfache der Wassermenge aller Süßwasser-Ströme der Erde führt.

Viele dieser Oberflächenströme beschränken sich auf einen Tiefenbereich bis maximal 100–200 m. Sie haben daher im allgemeinen nur sehr geringe geologische Wirkung; in der Flachsee kommt es allerdings oft zu beträchtlicher Erosion (s. S. 102). In einigen Driftströmen, wie z. B. im Golfstrom, treten Wirbel auf, die bis zum Tiefsee-Boden reichen und dort geologisch zu wirken vermögen (s. S. 108).

Durch die Driftströme werden bestimmten Gebieten, den *Konvergenzfeldern*, Wassermassen zugeführt, wodurch es nicht nur zu einem beschleunigten Abfluß, sondern auch zu einem Abtrieb mit tiefreichenden Ansammlungen von nährstoffarmem Oberflächenwasser kommen kann. Solche Bereiche zeigen daher die „Wüstenfarbe des Meeres", ein hartes Kobaltblau. Das ist insbesondere in der Sargasso-See der Fall. In den *Divergenzbereichen* wird Oberflächenwasser durch Auftrieb von nährstoffreichem Wasser aus der Tiefe ergänzt, was ihren Plankton- und Fisch-Reichtum bedingt, wie ihn etwa Benguela- oder Humboldt-Strom aufweisen. Geologisch wichtig sind die küstennahen Auftriebszonen, wo ablandige Winde das nährstoffarme Oberflächenwasser, etwa vor Kalifornien, über 100 km meerwärts treiben, während als Ergänzung nährstoffreiches Wasser aus ca. 200 m Tiefe aufquillt (engl. upwelling). Die Folge ist ein reiches pflanzliches und tierisches Leben, was sich auch in den Sedimenten widerspiegeln kann (s. S. 102 u. 129).

> Ein bisher ungeklärtes Phänomen sind sehr rasche Wasserströmungen, sogenannte *Jet-Strömungen*, die sich zwischen Wassermassen mit stark unterschiedlicher Temperatur ausbilden.

Rührte man das Wasser des Weltozeans kräftig durch, so hätte die Mischung eine Temperatur von nur 3,9 °C. Da der Wärme-Austausch mit dem Meeresboden sehr gering ist, bestimmt vor allem der Kontakt mit der Atmosphäre die Temperatur des Ozeans. Die geringe mittlere Temperatur des Meerwassers weist darauf hin, daß die kalten arktischen und antarktischen Regionen dabei einen entscheidenden Einfluß haben.

Nur in wenigen, eng begrenzten Regionen der hohen Breitengrade findet ein tiefreichender Austausch zwischen Ozean und Atmosphäre statt. Die horizontale Schichtung des Meerwassers in kalte und warme, salzreiche und salzarme Zonen behindert den Austausch von Wärme, Wasser und Gasen zwischen dem Oberflächenwasser, das im Austausch mit der Atmosphäre steht, und den Tiefenschichten der

Ozeane. Weltweit sind nur drei „Fenster" zwischen dem tiefen Ozean und der Atmosphäre bekannt, wo im Winter Kaskaden von kaltem, salzreichem Oberflächenwasser in die Tiefe strömen: die *Grönlandsee*, die *Labradorsee* und die antarktische *Weddellsee*. Dort findet ein effektiver Austausch zwischen Oberflächenschichten und Tiefenwasser statt. Die „Fenster" bestimmen mit einem Anteil von weniger als fünf Prozent der Meeresoberfläche die Eigenschaften von mehr als 75 Prozent der ozeanischen Wassermassen und sind die „Motoren" für den Antrieb der globalen *Tiefenzirkulation*. Diese wird somit durch Dichte-Unterschiede infolge der unterschiedlichen Temperatur und des unterschiedlichen Salz-Gehaltes in Gang gehalten. Nordatlantisches, nordpazifisches und antarktisches Tiefenwasser geringer Temperatur und hoher Dichte sinkt ständig und in sehr großem Umfang ab und breitet sich äquatorwärts am Meeresboden und in den der jeweiligen Dichte entsprechenden Tiefen weit in Gebiete niedriger Breiten aus. So liegen im äquatorialen Atlantik in 2500 m Tiefe Temperaturen unter 3°C vor. Während das arktische Bodenwasser durch die Beringsowie Grönland-Schottland-Schwelle am Süd-Vorstoß stark gehindert wird, dringt das antarktische Bodenwasser bis in den Bereich der Nord-Halbkugel vor (s. Abb. 65). Seine Ausbreitung wird dabei von Coriolis-Beschleunigung und vom Relief des Meeresbodens beeinflußt. Die mittlere Geschwindigkeit des Stromes in 4500 m Tiefe beträgt 7 cm/s und die Höchstgeschwindigkeit sogar 13 cm/s. Derartige Tiefenströme sind daher in der Lage, von Flüssen dem Meer zugeführtes Material (s. S. 73) zu verfrachten, den Meeresboden zu erodieren und bereits vorhandene Sedimente umzulagern.

Strömungen infolge von Dichte-Unterschieden treten auch dort auf, wo miteinander verbundene Meere oder Meeresteile unterschiedlichen Klima-Einflüssen ausgesetzt sind. So wird bei warmem Klima (s. S. 46) im Bereich eines Randbeckens, in dem mehr Wasser verdunstet als durch Niederschläge und Flüsse zugeführt wird, der Wasserspiegel ganz erheblich gesenkt, und es steigt der Salz-Gehalt wie beispielsweise im Mittelmeer. Dieses schwere Wasser sinkt ab, und vom offenen Ozean strömt frisches leichtes Wasser als Oberflächen-Wasser ein, während das schwere salzhaltige Wasser zungenförmig als Bodenwasser in den Atlantik abfließt, und zwar soweit, wie es seiner eigenen Dichte entspricht (s. Abb. 16). Die Strömungsgeschwindigkeiten betragen bis 2 m/s.

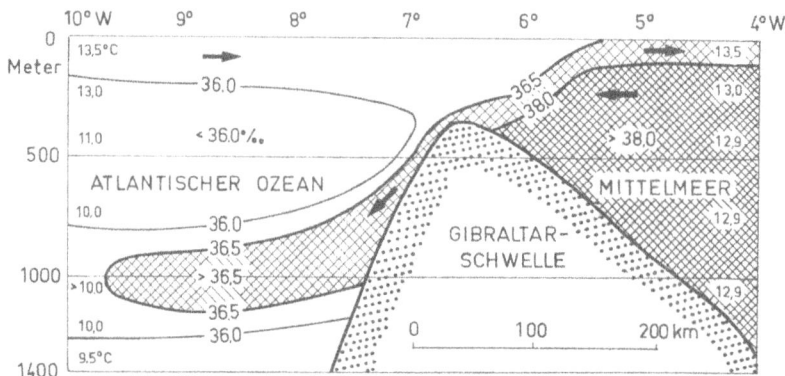

Abb. 16. Strömungsverlauf in der Straße von Gibraltar (nach SCHOTT).

An der Straße von Gibraltar macht die Wasser-Oberfläche gleichsam einen Höhensprung. Im östlich gelegenen Mittelmeer liegt der Meeresspiegel im Mittel um 15 cm niedriger als im Atlantik. Der tatsächliche Unterschied kann im Laufe des Jahres um mehr als 10 cm schwanken.

Die umgekehrten Stromrichtungen treten an den Auslässen solcher Randbecken auf, in denen Niederschlag und Zuflüsse die Verdunstung überwiegen. Schwarzes Meer und Ostsee „laufen über", daher strömt schweres Salzwasser über die Schwellen des Bosporus oder des Dänischen Belts in die „süßen" Nebenmeere. Das Tiefenwasser im Nebenbecken wird nicht mehr erneuert wie etwa im Schwarzen Meer (s. S. 105f.).

Unter dem Einfluß der Anziehung des Mondes (und untergeordnet auch der Sonne, s. S. 2) entstehen *Schwingungen der Wasserhülle*, die an den Küsten zweimal am Tage *Ebbe* (Niedrigwasser) und ebenso häufig *Flut* (Hochwasser) hervorrufen. Mit der Bewegung des Mondes laufen 2 Flutwellen um die Erde; davon befindet sich eine jeweils auf der dem Mond zugekehrten und eine auf der entgegengesetzten Seite. Besonders stark ist die Flutwelle (*Springflut*), wenn Sonne, Mond und Erde auf einer Linie liegen (Voll- und Neumond), dagegen sehr schwach, wenn diese einen rechten Winkel miteinander bilden (*Nippflut*). Der *Gezeitenstrom* erfaßt im Gegensatz zu den Oberflächen-Strömen die gesamte Wassersäule bis zum Meeresgrund. In der offenen See werden Geschwindigkeiten von maximal 10 cm/s bis zu Tiefen von 300 m gemessen. Der *Tidenhub* (Wasseranstieg bei Flut) beträgt in den Ozeanen einige Dezimeter, in den Nebenmeeren wenige Zentimeter (Ostsee: 2 cm, Schwarzes Meer: 8 cm). Gegen die Küste hin wächst der Tidenhub durch die Stauwirkung und erreicht in trichterförmigen Meeresbuchten beim Hineinpressen ganz erhebliche Werte (Jade-Busen: 4 m über NN, Ärmelkanal: 7 m über NN, St. Malo in der Bretagne: 15 m über NN, Fundy Bay in Nordamerika: 21 m über NN).

Boren entstehen, wenn die ankommende Flutwelle in einer Flußmündung über dem seichten Flußbett stark gebremst wird, so daß weitere Flutwellen auf sie auflaufen und sie zu einer gewaltigen Einzelwelle mit zerstörerischer Gewalt verstärken.

Die Gezeiten bewegen gewaltige Wassermengen hin und her. In dem 184 km^2 großen Jade-Busen strömen z. B. bei jeder Tide 0,45 km^3 ein und aus, d. h. bei Wilhelmshaven fließen dann jeweils 28 000 m^3/s mit einer mittleren Geschwindigkeit von 1,3 m/s. Dabei werden erhebliche Mengen von Schlick und Sand transportiert. Der Tidenstrom ist für die Seehäfen Emden, Bremen und Hamburg lebensnotwendig, weil er die Fahrrinnen von Versandung freihält.

In der Straße von Dover erreicht der Flut-Strom 15 m über dem Meeresgrund 55 cm/s, der Ebb-Strom 50 cm/s Geschwindigkeit. Somit bleibt ein Reststrom übrig, der bei jeder Tide beträchtliche Sedimentmengen (ca. 1000 t Sand und 2500 t Schlick, s. S. 103) in die Nordsee verfrachtet.

Die potentielle Energie des Tidenhubs wird bei St. Malo in der Bretagne erstmals wirtschaftlich in einem Gezeiten-Kraftwerk genutzt.

Da auf der Süd-Halbkugel rund um die Antarktis störende Barrieren fehlen, kann sich dort ein einfacher Verlauf der Flutwellen ausbilden. Im Gegensatz dazu schreiten die Flutwellen im Südatlantik von Süden nach Norden fort, gelangen vom Nordatlantik teils durch den Ärmelkanal, teils um Großbritannien in die Nordsee, so daß dort eine wirbelartige Strömung entsteht. In anderen Meeren pendeln die Flutwellen nur hin und her.

3 Die Klima-Bereiche

Trotz des vorstehend geschilderten Wärme-(und Wasser-)Ausgleichs durch die Luft- und Meereszirkulation sind die klimatischen Gegensätze auf der Erde so bedeutend, daß man verschiedene Klima-Bereiche unterscheiden kann. Verteilung und Art der Klimate spielen in der Geologie eine große Rolle. So sind insbesondere die Menge und der jahreszeitliche Verlauf des Niederschlages sowie die Temperaturen für die Verwitterung und Abtragung, d.h. die Bildung der Oberflächen-Formen (Georelief) der Erde (= Landschaftsentwicklung), von größter Bedeutung. Davon hängen weiterhin auch die Bodenbildung sowie die Art und Verteilung der Vegetation ab, die wiederum für manche geologische Vorgänge wichtig sind (s. S. 60 f.).

Da das Klima geologische Abläufe beeinflußt, kann man umgekehrt aus der Art und dem Vorkommen bestimmter Gesteine sowie ausgestorbener Lebewesen auf das *Paläo-Klima*, d.h. die Klimate vergangener Zeiten der Erdgeschichte, zurückschließen. Das vorzeitliche Klima war häufigen Änderungen unterworfen. So findet man eiszeitliche Spuren in heute tropischen Gebieten, frühere Wüsten in heute gemäßigt-feuchten Bereichen.

Man unterscheidet folgende Klima-Bereiche (s. Abb. 17).

3.1 Der nivale Bereich

Im nivalen Bereich erfolgen die Niederschläge überwiegend als Schnee. Dort, wo der Niederschlag die sommerliche Verdunstung bzw. das Abtauen überwiegt, häuft sich der Schnee zu Firn, Eis und Gletschern (s. S. 87 ff.) an. Niederschlagsarme Gebiete (z. B. Sibirien) werden durch gefrorenen Boden gekennzeichnet, der nur für kurze Zeit im Sommer an der Oberfläche auftaut. Der nivale Bereich auf Meereshöhe dehnt sich von den Polen bis zum Polarkreis aus. Äquatorwärts ist er nur in größeren Höhen anzutreffen (z. B. in den Alpen oberhalb 2000 m über NN, in Ostafrika oberhalb 4000 m über NN).

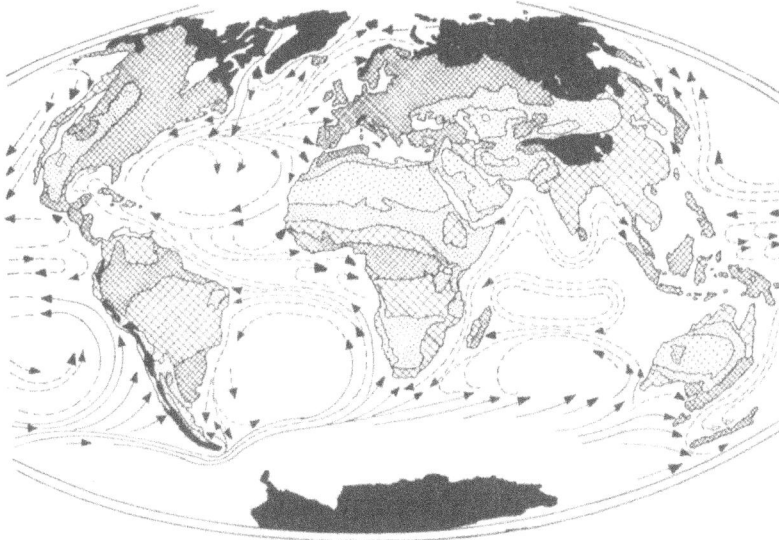

Abb. 17. Klima-Bereiche und Meeresströmungen der Erde (nach BRINKMANN u. SCHWARZBACH). Weitpunktiert: aride Zone, eng punktiert: semiaride Zone, weite Kreuzschraffur: gemäßigt-humide (semihumide) Zone, enge Kreuzschraffur: humide Zone, schwarze Flächen: nivale Zone, Pfeile mit ausgezogenen (gestrichelten) Linien: kalte (warme) Meeresströmungen.

3.2 Der humide Bereich

Im *humiden Bereich* sind die Niederschläge größer als die Verdunstung. Der Überschuß an Wasser fließt teils auf der Oberfläche ab, teils versickert er im Boden. Wegen der meist lückenlosen Pflanzendecke wird die mechanische Verwitterung stark behindert, so daß die chemische Verwitterung (s. S. 49 ff.) große Bedeutung erlangt. Man unterscheidet zwei gemäßigt-humide Zonen, die an die nivalen Bereiche äquatorwärts angrenzen, sowie eine tropische humide Zone, die einen Gürtel entlang des Äquators bildet (s. Abb. 15 u. 17).

Im tropischen Gürtel betragen die jährlichen Niederschlagsmengen in vielen Gegenden mehrere tausend Millimeter. Es sind dies die Regionen des tropischen Regenwaldes. Aber auch in den gemäßigt-humiden Zonen kommen recht hohe Niederschlagsmengen vor, z. B. an manchen Orten Großbritanniens Regenmengen von 3–4000 mm/a.

3.3 Der aride Bereich

Die Niederschläge sind im *ariden Bereich* nur gering und ungleichmäßig über das Jahr verteilt. Im *halbariden (semiariden) Bereich* fallen sie im ausgesprochen jahreszeitlichen Wechsel, im *vollariden* nur in sehr spärlichen und episodischen Güssen. Es entstehen dann Überschwemmungen und kurzzeitig fließende Flüsse. Insgesamt tritt die Tätigkeit des Wassers gegenüber der des Windes zurück; die Vegetation ist sehr gering oder fehlt ganz, so daß das nackte, meist schuttbedeckte Gestein vorherrscht. Die Verwitterung wirkt daher im wesentlichen physikalisch (s. unten).

Die regenarmen Bereiche, die Trockengürtel mit den großen Wüstengebieten der Erde, beginnen im allgemeinen bei etwa 15° nördlicher bzw. südlicher Breite und reichen auf der Nordhalbkugel bis etwa 40° nördlicher Breite, auf der Süd-Halbkugel, wo die Wüsten viel kleinere Räume einnehmen, bis etwa über 30° südlicher Breite. Nur in Asien, dessen Wüsten zumeist nördlicher liegen als die in Afrika, wird noch der 45. Breitengrad überschritten. So trennen, wenn auch mit großen Unterbrechungen, die beiden Gürtel des ariden Klimas den humiden Gürtel der Tropen von den beiden Gürteln der gemäßigt-humiden Zonen.

4 Exogene Vorgänge auf dem Festland

4.1 Verwitterung – Böden und ihre Bildung

Unter *Verwitterung* versteht man die Einwirkung des Wetters, d. h. der atmosphärischen Kräfte, auf die Gesteine und ihre dadurch bedingte Zerstörung. Die Verwitterung arbeitet mit physikalischen, chemischen und biologischen Mitteln. Sie wirkt besonders stark, wenn die Verwitterungsprodukte rasch weggeführt werden, so daß immer neues unverwittertes Gestein ihrem Angriff zugänglich wird; sich ansammelnde Verwitterungsrückstände bilden dagegen eine Schutzdecke, die dem Vordringen der Zerstörung in die Tiefe Einhalt gebietet.

4.1.1 Physikalische Verwitterung

Die *physikalische Verwitterung* bewirkt den mechanischen Zerfall des Gesteins. Sie ist besonders in solchen Gebieten zu finden, in denen das Gestein freiliegt (Hochgebirge, arktische Region und Wüstengebiete).

4.1.1.1 Thermische Verwitterung

Die *thermische Verwitterung* (*Temperatur-Verwitterung*) beruht auf dem wiederholten Wechsel zwischen Erwärmung und Abkühlung der Gesteine, der zu ihrer ständigen

Ausdehnung und Kontraktion im täglichen oder jährlichen Rhythmus führt. Diese Volumen-Schwankungen rufen Spannungen im Gesteinsinneren hervor, die besonders stark werden, wenn die Mineral-Komponenten verschiedene Ausdehnungskoeffizienten besitzen. Der an Quarz bei Temperatur-Erhöhung von 20° auf 60 °C gemessene Druck von 54,5 MPa reicht völlig aus, um Gestein zu zerstören. An bereits vorhandenen Unstetigkeitsflächen oder Flächen von geringerer Festigkeit, wie Schichtfugen (s. S. 112), Klüften (s. S. 159 f.) und Schieferflächen (s. S. 155 ff.), wirken sich die Spannungen bevorzugt aus. In massigen Gesteinen können neue Flächen entstehen; so zerfallen selbst große Blöcke durch „*Kernsprünge*".

Die thermische Verwitterung wirkt besonders stark in Gebieten mit intensiver Sonneneinstrahlung (*Insolationsverwitterung*). Dabei spielt eine große Rolle, daß die Wärme-Leitfähigkeit und -Kapazität der Gesteine nur sehr gering ist. So erreichen sie im gemäßigten Klima *Oberflächen-Temperaturen* von 60° bis 80 °C. Diese Wärme kann nur begrenzt in das Innere der Gesteine abfließen, so daß es im allgemeinen zu einer *Wärme-Speicherung* in ihrer Außenschale kommt. Dort können daher die Temperaturen den zweieinhalbfachen Wert der mittäglichen Luft-Temperaturen erreichen, vor allem bei dunkelfarbigen Gesteinen. Berücksichtigt man die nächtliche Abkühlung, so ergeben sich *Temperatur-Schwankungen* von über 100 °C. Die Isolationsverwitterung ist im allgemeinen auf die solch starker Schwankung ausgesetzte Außenschale des Gesteins konzentriert, die sich gegenüber dem gleichmäßig temperierten Kern ständig intern bewegt. Daher lösen sich fortwährend Schuppen und Schalen, bisweilen sogar mit lautem Knall, ein Vorgang, den man *Abschuppung* oder *Desquamation* nennt. Die Insolationsverwitterung wirkt am stärksten in dem als *Hammada* bezeichneten Typ von Schuttwüsten (Sahara, nördliches Arabien). Im Gebirge entstehen Schutthalden aus Verwitterungsmaterial.

4.1.1.2 Frost-Verwitterung

Die *Frost-Verwitterung* beruht auf Volumen-Zunahme, die bei der Kristallisation des Wassers eintritt. Wasser entwickelt bei − 22 °C einen Druck von 220 MPa, wobei die Volumen-Zunahme fast 10 % beträgt. Diese kann geologisch nur wirksam werden, wenn das frierende Wasser allseitig vom Gestein umgeben ist, vor allem also in Gesteinsspalten und -poren mit verstopfter Öffnung, die der Gefrier-Vorgang meist selbst bewirkt, indem der Hals der Pore sich zuerst schließt (s. Abb. 18). Beim Frieren tritt also eine von der Oberfläche nach innen fortschreitende Zerstörung des Gesteins, bei genügend tiefen Temperaturen sogar eine *Absprengung (Desquamation)* der gefrorenen Außenschale ein. Im allgemeinen führt jedoch der häufige Wechsel von Gefrieren und Wiederauftauen dazu, daß sich Risse, Fugen und Spalten immer mehr öffnen (*Spaltenfrost*) und das Gestein schließlich in scharfkantige Trümmer oder ein Haufwerk kleiner Brocken zerfällt. Die große Bedeutung des Spaltenfrostes belegen eindrucksvoll die *Schutthalden* und *Blockmeere* der polaren Gebiete und der Hochgebirge. Auch in den Mittelgebirgen

Sprünge

Eispfropf,
dahinter
Wasser

Gestein

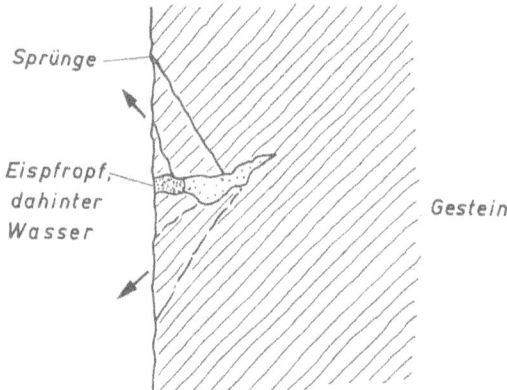

Abb. 18. Beginnende Zerstörung des
Gesteins durch Frost-Verwitterung
an einer wassergefüllten Gesteinspore
(nach SCHUMANN).

treten Blockmeere auf, deren Bildung eine Bewegung des Materials durch Schuttkriechen (s. S. 63) oder Solifluktion (s. S. 95) erfordert.

Allseitiger Druck setzt den Gefrierpunkt um 0,8 °C/bar herab, ebenso die in feinen
Poren toniger Sedimente wirksamen Oberflächen-Kräfte, so daß das Wasser erst bei
Temperaturen zwischen − 10° und − 20 °C gefriert. Die Sprengkraft des Frostes ist
demnach eine Funktion des Grades der Porosität und der Wasserfüllung der Poren. So
zeigen sich erste Risse in Sandsteinen mit 25 % Porenanteil[8] bereits nach dreimaligem
Gefrieren, dagegen in solchen mit nur 5 % Porenanteil erst nach 15maligen Gefrieren.
Bei Poren-Reserveraum tritt im allgemeinen keine Frostsprengung auf.

Der Frost dringt in Mitteleuropa zwischen 0,5 und 1,5 m tief in den Boden ein. Da der
Frostdruck die Bodenpressung eines Gebäudes weit übersteigen kann, ist eine frostfreie
Gründungstiefe für Bauvorhaben aller Art notwendig.

4.1.1.3 Verwitterung durch Salzsprengung

Bei der Salzsprengungsverwitterung treten in Zonen starker Verdunstung durch
Niederschläge gelöste Stoffe zusammen mit dem Lösungsmittel kapillar an die
Gesteinsoberfläche. Hier scheiden sich die Salze in Poren und Haarrissen ab, wobei sie
durch ihre Kristallisation einen erheblichen Druck ausüben. Die häufige Wiederholung
des Vorganges führt schließlich zur Zermürbung des Gesteins, insbesondere, wenn die
Salze durch Wasser-Zutritt unter Volumen-Zunahme in Hydrate übergehen (*Hydrata-
tionssprengung*). Es treten dann Drücke über 30 MPa auf. Die Salzsprengung ist in
ariden Gebieten von großer Bedeutung; in den gemäßigten Breiten spielt sie nur bei Gips
und Kalk enthaltenden Baustoffen im Hochbau eine größere Rolle, wenn Wasser bei
ungenügender Erd-Abdichtung oder auf Schlagwetter-Seiten in diese eindringt (Ausblü-
hungen).

---

[8] Unter „Porenanteil" (Porosität) wird das Verhältnis von Porenvolumen (Porenraum) zum
Gesamtvolumen eines Locker- oder Festgesteins – meist in Prozent ausgedrückt – verstanden.

4.1.1.4 Verwitterung durch Schwelldruck von unverfestigten Ton-Gesteinen

Der *Schwelldruck* von quellbarem Ton-Material, so z. B. in Gesteinsklüften (Kluft-letten), wirkt ähnlich wie der Spaltenfrost, wenn auch der auftretende Druck mit ca. 2 MPa erheblich unter dem des frierenden Wassers liegt. Die bei Trockenheit unter Wasser-Abgabe schrumpfende Ton-Substanz nimmt bei erneuter Durchfeuchtung ihr entsprechend vergrößertes Volumen wieder ein (s. S. 54) und übt dabei auf ihre Umgebung einen Druck aus.

Im wechselfeuchten Klima verursacht dieses Verhalten in unverfestigten Ton-Gestei-nen und bindigen Böden häufig eine Durchbewegung, die gelegentlich bis zur Fältelung führt (insbesondere bei genügendem Gehalt an Montmorillonit, einem Ton-Mineral, das besonders starkes Quellungsvermögen besitzt). Der Schwelldruck eines tonigen Untergrundes kann in der Zone langfristiger Wechseldurchfeuchtung zu schweren Schäden bei setzungsempfindlichen Bauwerken führen.

4.1.1.5 Verwitterung durch Wind

In pflanzenarmen Wüsten wirken die von Winden und Stürmen aufgewehten und mitgeführten Sand- und Staubmassen auf feste Gesteine durch schleifenden Abtrag (*Korrasion*). Felsgesteine und -brocken werden der vorherrschenden Windrichtung entsprechend in Stromlinien-Form mit deutlicher Luv- und Leeseite abgeschliffen. Lose Blöcke erhalten Schliff-Fazetten: Es entstehen *Windkanter* (s. Tab. 4).

4.1.2 Biologisch-physikalische Verwitterung

In den Untergrund sich ausbreitende *Wurzeln* lockern Gestein nicht nur durch den *Wachstumsdruck*, sondern auch durch *osmotische Sprengwirkung*, den *Turgor-Druck*, auf, welcher 1,5 MPa erreichen kann. Erwähnung verdienen auch die im Boden wühlenden Tiere, die zwar das Gestein nicht zerkleinern, aber infolge Durcharbeitung und Auflockerung den übrigen Verwitterungsarten besseren Zutritt gewähren.

4.1.3 Chemische Verwitterung

Die *chemische Verwitterung* beruht auf der Auflösung bzw. Zersetzung bestimmter Gesteinskomponenten beim Zutritt von *Bodenwasser*. Unter letzterem versteht man das durch Niederschläge in den Boden gelangte und darin zirkulierende Wasser. Seine zersetzende Eigenschaft wird erhöht durch gasförmige Stoffe wie freien Sauerstoff (O_2), Kohlendioxid (CO_2), Stickstoff (N_2) sowie anorganische und organische Säuren. Die chemische Verwitterung wird insbesondere durch die physikalische Verwitterung stark gefördert, die mittels Gesteinsauflockerung, Schuttbildung und Zerkleinerung des Verwitterungsmaterials eine große Reaktionsfläche schafft.

Durch enges Zusammenwirken von physikalischer und chemischer Verwitterung zerfallen auch die festesten Gesteine zu feinkörnigem, lockerem *Grus*. Vor allem bei grobkristallinen Gesteinen, wie z. B. Graniten oder groben klastischen Sedimentgesteinen, wird das Gefüge durch die physikalische Verwitterung gelockert und werden bestimmte Minerale durch die chemische Verwitterung zersetzt. Da die Vergrusung zunächst von den Oberflächen ausgeht, spricht man von *Abgrusen*. An den durch die physikalische Verwitterung entstandenen eckigen Gesteinskörpern werden Kanten und Ecken durch diesen Vorgang beseitigt, wodurch runde Blöcke entstehen (*Wollsack-Verwitterung*, s. S. 206).

Während die physikalische Verwitterung nur wenige Meter tief in die Erdkruste hineinwirkt, kann die chemische Verwitterung unter Umständen Hunderte von Metern hinunterreichen. Bei der chemischen Verwitterung zerfallen die Gesteine, wobei sich ihre Minerale teils in *lösliche Bestandteile*, teils in einen *unlöslichen Verwitterungsrest* umwandeln. Die löslichen Stoffe werden je nach Klima und Wasserbewegung ausgewaschen oder verbleiben an Ort und Stelle. Der Endzustand der chemischen Verwitterung ist ein unlösbarer *Verwitterungsboden* (*Residualboden* wie Ton, Lehm, Laterit oder Bauxit), der kein Sediment im strengen Sinne darstellt.

4.1.3.1 Hydratationsverwitterung

Hydratation bedeutet Wasser-Anlagerung im Molekular-Bereich. Sie ist in der Folge der chemischen Verwitterung der Prozeß, der eine erste chemische Gesteinszerlegung durch Mineral-Auflockerung bewirkt. Voraussetzung sind Spalten und Risse, die den Zutritt frei beweglicher Wasser-Moleküle erlauben. Diese greifen wegen ihres Dipol-Charakters das Gitter der Minerale von außen an, wobei die Grenzflächen-Kationen die Sauerstoff-Seite der Wasser-Moleküle an sich ziehen. Dadurch werden solche Außen-Ionen infolge der sich bildenden Hydrat-Hülle gegen ihre entgegengesetzt geladenen Nachbar-Ionen isoliert. Es tritt zwischen den randlichen Ionen des Kristallgitters eine Schwächung der elektrostatischen Bindungskräfte ein, wodurch eine allmähliche Auflockerung der Gitter-Festigkeit erfolgt. Anschließend setzt eine Abspaltung von Gitter-Fetzen sowie ein Aufreißen feinster Risse im Kristall ein, in die sofort weitere dipolare Wasser-Moleküle eindringen. Die Hydratation stößt derart immer weiter von Außen nach Innen vor und führt schließlich zum Zerfall des Kristalls (s. Abb. 19).

Durch die Hydratation der Grenzflächen-Kationen wirken die Grenzflächen bereits am Anfang des Prozesses wie isoliert, so daß sie den gegenseitigen Zusammenhalt der Minerale im Gestein nicht mehr sichern können. Der geschwächte Gesteinsverband zerfällt fortlaufend, weil ständig neue Oberflächen durch Risse-Bildung entstehen. Diese Risse bewirken dann ein immer häufigeres und weiterreichendes Eindringen von Wasser (flüssig oder gasförmig) sowie von Säuren (s. S. 52 f.). Die Hydratation schreitet nach dem Prinzip der Selbstverstärkung fort und erfaßt zunehmend weitere Gesteinsbereiche. Makroskopisch äußert sich dies im Zerfall der zunächst festen Gesteine, insbesondere der silicatischen. Die Hydratation bildet daher auch die erste Stufe der Silicat-Verwitterung (s. S. 53).

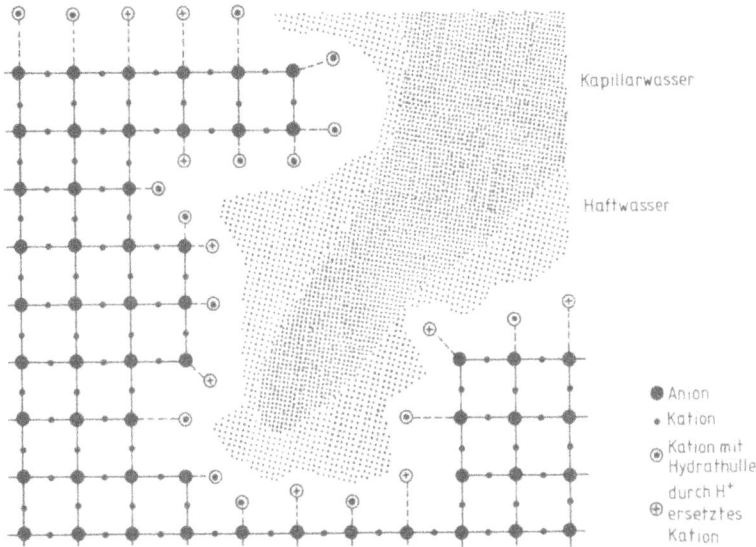

Abb. 19. Hydratation eines Silicat-Minerals (nach KUGLER & BILLWITZ, geändert). Die Grenzflä-chen-Ionen werden durch Wasserstoff-Ionen ersetzt. Das eindringliche Wasser bewirkt die Auflösung des Kristallgitters.

Neben dem Anlagern von Wasser-Molekülen erfolgt auch ihr Einbau in das Kristall-Gitter. Diese Verwitterungsbildungen zeigen gegenüber den Ausgangsminera-len bzw. -gesteinen veränderte Eigenschaften. So zählt beispielsweise die Umwandlung von Anhydrit ($CaSO_4$) in Gips ($CaSO_4 \cdot 2H_2O$), bei der Kristallwasser aufgenommen wird und eine Volumen-Zunahme (s. S. 53) eintritt, zur Hydratationsverwitterung.

4.1.3.2 Lösungsverwitterung

Unter Lösung wird der Übergang eines Minerals vom festen Zustand in die wässerige Verwitterungslösung verstanden, ohne daß hierbei eine chemische Reaktion im eigentlichen Sinne eintritt. Die *Lösungsverwitterung* erfaßt vorwiegend leicht lösliche Alkali- und Erdalkali-Salze aus Mineral-Kombinationen von *Steinsalz* (NaCl), *Sylvin* (KCl), *Carnallit* ($KCl \cdot MgCl_2 \cdot 6H_2O$) und ähnlichen. Weniger löslich sind die Sulfate *Gips* ($CaSO_4 \cdot 2H_2O$) und *Anhydrit* ($CaSO_4$). Salzlager, die aus diesen Salzen bestehen, trifft man daher nur in trockenen Gebieten als Gesteine an der Erdoberfläche an, denn durch den spärlichen Niederschlag werden die Salze kaum aufgelöst und weggeführt.

Im humiden Klima-Bereich schreitet die Auflösung dagegen durch Grundwasser (*Subrosion*) bis in große Tiefen fort und erzeugt häufig eine mehr oder minder ebene Ablaugungsfläche über dem Salzvorkommen (Salzstock, S. 180), den „*Salzspiegel*". Dieser trennt das unversehrte Salz von den bei der Auslaugung zurückgebliebenen Gips- und Anhydrit-Massen sowie anderen schwer löslichen Ablaugungsrückständen des „*Gipshutes*", der ebenfalls, wenn auch langsamer, vom Wasser angegriffen wird (s.

Abb. 20). *Anhydrit* wandelt sich dabei im allgemeinen durch Wasser-Aufnahme in *Gips* um (s. S. 51). Die Volumen-Zunahme erzeugt einen Druck bis 11 kbar und führt zur Fältelung des Gesteins („Gekrösegips").

> Die über einem Salzvorkommen erbaute Stadt *Lüneburg* vermittelt mit ihren ständig auftretenden Gebäudeschäden eine gute Anschauung von derartiger Salz-Lösung im Untergrund sowie der dadurch verursachten Ablaugungswanne, wobei der Vorgang durch Einpumpen von Wasser zur Förderung von Sole vorsätzlich herbeigeführt wurde.

Werden Gips-Partikel aus Dolomit-Gesteinen herausgelöst, so entstehen *Zellendolomite*, auch *Rauhwacken* genannt.

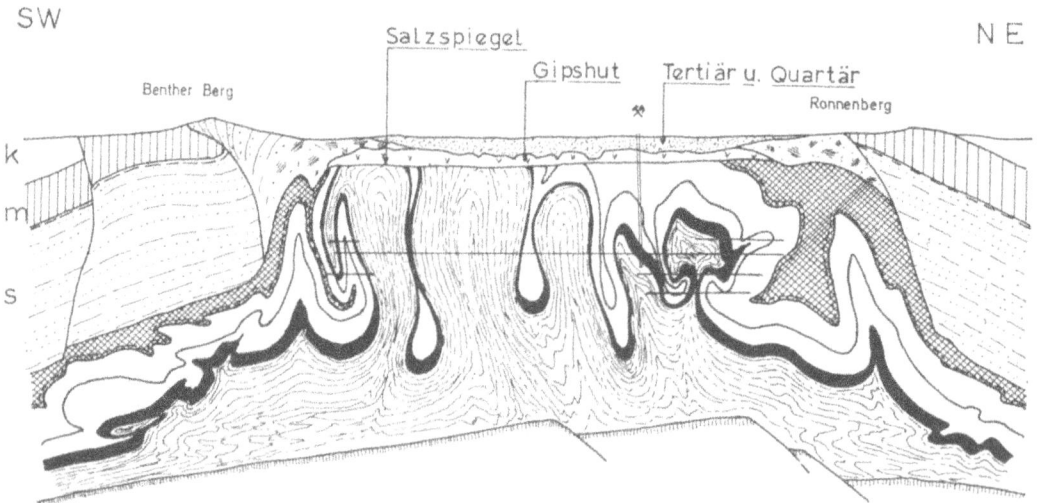

Abb. 20. Ablaugung des Salzstockes von Ronnenberg bei Hannover, s: Buntsandstein, m: Muschelkalk, k: Keuper (nach SEIDL, geändert).

4.1.3.3 Kohlensäure-Verwitterung

Während reines Wasser nur geringe Mengen von Calciumcarbonat (Kalk) zu lösen vermag (0,014 g $CaCO_3$ pro 1 H_2O bei 20 °C), führt das mit Kohlensäure beladene Regen-[9] und Sickerwasser zur Auflösung von Kalk und Dolomit [(Ca, Mg) CO_3]. Kohlensäure-Lieferanten sind nicht nur die tierische und pflanzliche Atmung, sondern auch der Vulkanismus und insbesondere Verbrennungsabgase. Durch den Angriff der Kohlensäure bildet sich nach der Reaktion $CaCO_3 + H_2CO_3 \rightarrow Ca(HCO_3)_2$ das lösliche *Calciumhydrogencarbonat*. Die Kalklösung wird durch hohen CO_2-Gehalt des Wassers sowie niedrige Temperaturen begünstigt. Da die Lösungsfähigkeit mit steigen-

---

[9] Die Luft enthält 0,024 Vol.-% CO_2.

dem Druck des Lösungsmittels zunimmt, wirkt gespanntes Porenwasser im Gestein stärker als Oberflächen-Wasser.

Dolomit ist wie Kalk als Hydrogencarbonat löslich, nur erheblich schwerer. Dolomitsteine leisten daher der Kohlensäure-Verwitterung viel größeren Widerstand als reine Kalksteine. Bei der Verwitterung dolomitischer Kalksteine wird das Calciumcarbonat herausgelöst und es hinterbleibt ein mehliger Rückstand von Dolomit-Kriställchen.

Die Kalk- und Dolomitlösung (*Korrosion*) führt in Gebirgen, die überwiegend aus Carbonaten bestehen, an der Erdoberfläche zu primären Verkarstungserscheinungen (s. S. 81 f.).

Bei Mergeln (s. S. 122) und mergeligen Kalken bleiben als letzter Verwitterungsrückstand zäher Lehm und Ton, bei sandigen Kalken und carbonatisch gebundenen Sandsteinen lockere Sande zurück.

Die Lösung von Kalkknoten aus Tonsteinen führt zu löcherigen „*Kramenzelkalken*" (Kramenzel = Ameisen). Durch selektive Verwitterung können calciterfüllte Klüfte in Kalken leistenförmig herauswittern oder Kalkspat-Hartteile von Fossilien bzw. Fossilschalen in Kalksteinen erhaben hervortreten.

4.1.3.4 Rauchgas-Verwitterung

Durch die Verbrennung großer Mengen schwefelhaltigen Öls sowie Kohle enthält die Luft im Bereich von Industrie- und Großstädten nicht nur einen höheren Anteil an CO_2 als normal, sondern auch einen beträchtlichen Gehalt an SO_2. Letzteres verbindet sich mit Wasser zu schwefliger Säure bzw. nach weiterer Oxidation zu *Schwefelsäure*; diese Säuren beschleunigen die Verwitterung (und Auflösung) von carbonatischen Natur- und Kunststeinen der Hochbauten erheblich (z. B. am Kölner Dom).

Infolge der Umwandlung von Calciumcarbonat ($CaCO_3$) durch Schwefelsäure in Calciumsulfat ($CaSO_4$) und dessen Umbildung durch Wasser-Aufnahme in *Gips* ($CaSO_4 \cdot 2H_2O$) wird die Verwitterung durch die Volumen-Zunahme, d. h. Sprengwirkung, bei der Auskristallisation ganz beträchtlich verstärkt. Im Regenschatten verwittern Bauwerke oft rascher als auf der Schlagwetter-Seite, weil hier der Regen die schädlichen Salze ständig abwäscht, während sie im Regenschatten ausblühen können.

4.1.3.5 Verwitterung der Silicate durch Hydrolyse

Silicat-Minerale unterliegen der Verwitterung durch Hydratation (s. S. 50) und Hydrolyse, wobei letztere den Hauptanteil umfaßt. Die *Hydrolyse* beruht auf der elektrolytischen Eigendissoziation des Wassers in H_3O^+-(Hydronium-) und OH-(Hydroxyl-)Ionen. (In 10^7 l H_2O liegt ein mol (= 18 g) in Ionen-Form vor). Die kleinste Menge von aggressiven Hydronium-Ionen reicht indessen bei längerer Einwirkung aus, um intensive stoffliche Veränderungen in den Silicat-Mineralen zu bewirken.

Im Gegensatz zur Hydration werden bei der Hydrolyse die Silicat-Minerale in ihren basischen und sauren Teil zerlegt, d. h. die Hydrolyse trennt die aus der Verbindung von Kieselsäuren wie z. B. Orthokieselsäure (H_4SiO_4), Metakieselsäure (H_2SiO_3) oder

Polykieselsäure ($H_4Si_3O_8$) mit Alkali-, Erdkali- oder Erdmetallen entstandenen Salze wieder in die Kieselsäure sowie Hydroxide dieser Metalle. Das Wasser findet über durch physikalische Verwitterung entstandene Spalten und Risse, unter Mitwirkung der Hydratation Zugang zum Gestein. Die durch Kieselsäure gebundenen ein- und zweiwertigen, meist hydratisierten Grenzflächen-Kationen (Na^{++}, K^+, Ca^{++}, Mg^{++}) werden ständig durch Wasserstoff ausgetauscht, in Hydroxide überführt und ausgewaschen, wie z. B. bei einem Kalifeldspat:

$$KAlSi_3O_8 + H_2O \rightarrow K{:}OH + H{:}AlSi_3O_8 \qquad \begin{matrix} \text{stark} & \text{: schwach} \\ \text{dissoziiert} & \text{: dissoziiert} \end{matrix}$$

Dieser Vorgang wird durch verschiedene natürliche, im Wasser vorhandene anorganische oder organische Säuren erleichtert. Je niedriger der pH-Wert[10] der Bodenlösung und je wärmer und feuchter das Verwitterungsmilieu ist (z. B. feucht-tropische Zonen), um so intensiver wirkt die Hydrolyse und um so rascher erfolgt die Wegfuhr der ausgetauschten Ionen. Erfolgt die Wegfuhr aber unter basischen oder neutralen Bedingungen, können die Ionen durch Ton-Minerale und Humusstoffe (s. S. 57) im Boden gebunden werden und stehen damit als Pflanzen-Nährstoffe zur Verfügung.

Sind die Kationen schließlich völlig ausgewaschen, ergreift die Hydrolyse den Kristallgitter-Rest aus Al_2O_3 und SiO_2. Dabei werden auch Al^{3+}-Ionen, die sich mit den OH-Ionen des Wassers verbinden, und Kieselsäure-Moleküle freigesetzt, wie z. B. bei einem Kalifeldspat:

$$2KAlSi_3O_8 + 8H_2O \rightarrow 2KOH + 2Al(OH)_3 + 2H_4Si_3O_8$$

Die Erdalkalien und Alkalien werden in Form von löslichem Salz weggeführt, während die Polykieselsäure $H_4Si_3O_8$ teils unter Wasser-Verlust zerfällt, teils mit Aluminium neue unlösliche *wasserhaltige Al-Silicate*, die *Ton-Minerale* (Kaolinit, Montmorillonit, Illit, Vermiculit, Halloysit, Chlorit u. a.), bildet.

Die Ton-Minerale gehören in den Korngrößen-Bereich unter 0,002 mm (s. Tab. 6) und weisen eine blättrige Struktur auf, die auf ihren *feinschichtigen Kristallgitter*-Aufbau zurückgeht. Sie werden daher als *Schichtgitter-Silicate* bezeichnet und in *Zweischicht-Tonminerale* (z. B. Kaolinit) und *Dreischicht-Tonminerale* (z. B. Montmorillonit) unterteilt (Abb. 21 u. 22). Zwischen den Schicht-Paketen der Ton-Minerale sind Kationen und Wasser gebunden. Sie können hier sowie auf ihren Außenflächen zusätzlich Wasser und Kationen (z. B. Calcium-, Kalium- und Natrium-Ionen) sowie auch Anionen (z. B. SO_4^{2-}-, NO_3^-- und PO_4^{3-}-Ionen) einlagern, mit dem Bodenwasser austauschen und als Nährstoffe den Pflanzen zur Verfügung stellen (Austausch- oder Sorptionsvermögen, s. S. 59). Mit der Wasser-Einlagerung ist eine Quellung (senkrecht zu den Schicht-Paketen) verbunden. Desgleichen erfolgt bei Wasser-Abgabe eine Schrumpfung. Trotz des erheblichen Wasser-Aufnahmevermögens bleibt der Zusammenhalt des Kristallgitters erhalten.

---

[10] Kennzeichen der Hydronium (H_3O^+)-Konzentration („Wasserstoffionen-Konzentration"), dargestellt durch den negativen dekadischen Logarithmus: „pH < 7" bedeutet „saure", „pH = 7" „neutrale" und „pH > 7" „basische Lösung".

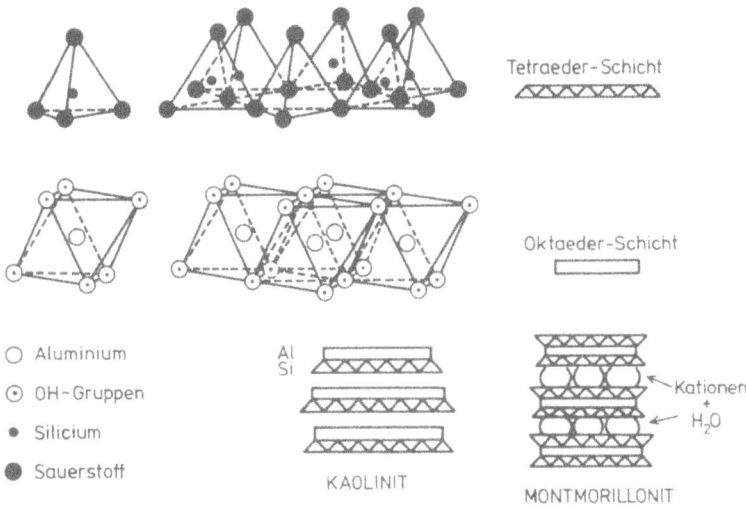

Abb. 21. Struktur-Schema von Kaolinit und Montmorillonit.

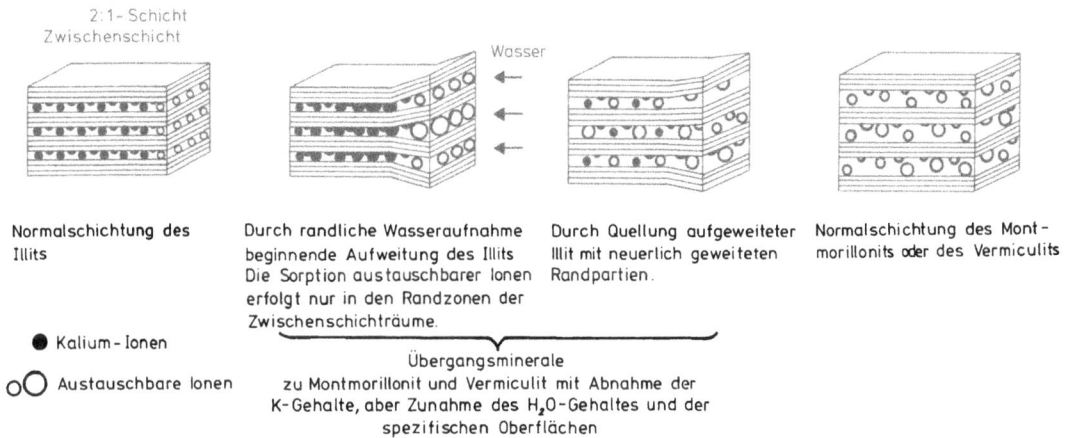

Abb. 22. Schichtenbau der Ton-Minerale Illit, Montmorillonit und Vermiculit (nach SCHROEDER). Der Austausch von Ionen erfolgt nur in bestimmten Bereichen unter Entstehung sogenannter Übergangsminerale.

Dreischicht-Tonminerale zeichnen sich durch starke Bindigkeit, hohes Quell- und Schrumpf-Vermögen und relativ geringe Zirkulationsbereitschaft gegenüber dem Bodenwasser aus, während Zweischicht-Tonminerale nur geringe Bindigkeit, Schrumpf- und Quellfähigkeit, dagegen gesteigerte Wasser-Durchlässigkeit aufweisen.

Die Illite $[K(Al, Mg)_2 (Al, Si)_4 O_{10}(OH)_2]$ entstehen relativ langsam in kalten und gemäßigt-warmen Klima-Zonen bei hohen K^+-Konzentrationen. In wärmeren Zonen, wo sich die chemische Verwitterung infolge höherer Reaktionsgeschwindigkeit rascher vollziehen kann, spielt der pH-Wert der Bodenlösungen eine große Rolle. Bei schwach basischem bis neutralem Milieu und hohen Mg^{2+}-Konzentrationen entstehen die *Montmorillonite* $[Al_2(OH)_2Si_4O_{10} \cdot n\,H_2O]$, im sauren Bereich die *Kaolinite* $[Al_2(OH)_4Si_2O_5]$. Gegenüber den dreischichtigen Ton-Mineralen Illit und Montmorillonit sind die Kaolinite nur noch zweischichtig. Sie können sowohl aus Feldspäten aber auch als Abbauprodukt der dreischichtigen Ton-Minerale entstehen. Für den starken Abbau, der zum Kaolinit führt, sind Wärme und Feuchte erforderlich, wie sie in den Tropen und Subtropen gegeben sind.

Die Bildung von Ton-Mineralen wird auch *siallitische* (Si-Al)*Verwitterung* genannt. Sie erfolgt vorwiegend im kühl-humiden Klima. Im Gegensatz dazu wird bei der *allitischen* (Al) *Verwitterung* des semihumiden bis humid-ariden Klimas wegen starker Zurückdrängung der Humusstoffe die Kieselsäure in Solform (Kolloid) weitestgehend oder vollständig weggeführt sowie Aluminiumhydroxide ausgefällt. Sie verläuft im allgemeinen bei einem pH-Wert um den Neutralpunkt, d. h. um 7. Als Hydrolyse-Produkte entstehen hierbei amorphe Gele des Al $(OH)_3$ (Alumogel), die Aluminiumhydroxide γ-Al $(OH)_3$ = *Gibbsit* und α-Al $(OH)_3$ = *Bayerit* sowie die Aluminiumoxidhydrate γ-AlOOH = *Böhmit* und α-AlOOH = *Diaspor*. Der *Bauxit* besteht vorwiegend aus diesen Mineralen. Die Kieselsäure wird in Solform (Kolloid) weggeführt.

> Größere Al-Anreicherungen, wie sie besonders der Bauxit zeigt, machen diese Verwitterungsbildungen als Aluminium-Rohstoff nutzbar. Silicat-Bauxite mit Gibbsit als Hauptmineral entstehen über feldspatreichen Ausgangsgesteinen (Australien, Indonesien, Indien, Westafrika und Brasilien), während sich Kalk-Bauxite mit Böhmit und Diaspor aus Kalksteinen bilden (Jugoslawien, Griechenland, Türkei und Südfrankreich). Den Aluminium-Verbindungen sind meist Eisenhydroxide und -oxide) beigemischt (ferroallitische Verwitterung), die den Verwitterungsprodukten oft eine intensive Rotfärbung verleihen (s. S. 61).

Die zersetzende Kraft des Wassers wird durch organische und anorganische Säuren erheblich verstärkt.

4.1.3.6 Oxidationsverwitterung

Unter der Einwirkung des Luftsauerstoffes und der Feuchtigkeit bzw. auch durch im Wasser enthaltenen freien Sauerstoff oxidieren viele Minerale, die Eisen (Fe), Mangan (Mn) und Schwefel (S) enthalten. Dabei verwittert das meist zweiwertige Fe^{2+} eisenhaltiger Silicate wie Biotit, Augit, Hornblende, Olivin sowie auch des Magnetits (Fe_3O_4) zur dreiwertigen Stufe Fe^{3+} in Form von *Roteisenstein* (Fe_2O_3), *Brauneisenstein* (Limonit $Fe_2O \cdot n\,H_2O$) und *Goethit* (α-FeOOH). Diese Vorgänge sind mit einer Volumen-Zunahme – ähnlich der Hydratation (s. S. 50f.) – verbunden und führen zur Auflockerung des Kristallgitters, daher zeigt sich die Oxidationsverwitterung in Gesteinszerlegung und -zerfall, wobei auch Hydration, Hydrolyse (s. S. 54f.) und andere chemische Prozesse beteiligt sind. Beispielsweise verwittert ein Augit (Pyroxen, s. S. 24), der in Magmatiten (s. Tab. 11) häufig vorkommt, in folgender Weise:

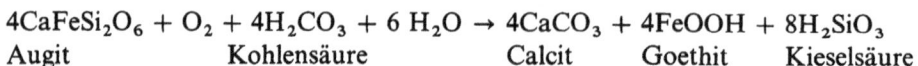

$4CaFeSi_2O_6 + O_2 + 4H_2CO_3 + 6\,H_2O \rightarrow 4CaCO_3 + 4FeOOH + 8H_2SiO_3$
Augit   Kohlensäure   Calcit   Goethit   Kieselsäure

Die Oxidationsverwitterung ist mit einem deutlichen Farbwechsel von dunklen Farbtönen (grün-grau-schwärzlich) zu hellen (rötlich-braunrot-braun) verbunden. Solche Färbungen in Sandsteinen, Kalken usw. sind ein Anzeichen für ihr Wirken. Mangan wird in *Manganit* (MnOOH) und *Pyrolusit* (MnO$_2$) übergeführt. Die Sulfide (kubischer Pyrit [FeS$_2$] und rhombischer Markasit [FeS$_2$]) gehen in Sulfate und Schwefelsäure über:

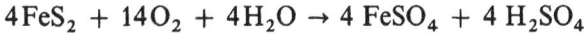

$$4\,FeS_2 + 14\,O_2 + 4\,H_2O \rightarrow 4\,FeSO_4 + 4\,H_2SO_4$$

Die Oxidation findet im Boden nur über dem Grundwasser-Spiegel (s. S. 74) statt. Die Oxidationszone von Lagerstätten eisenreicher Minerale (Sulfide, Carbonate und Oxide) wird „*Eiserner Hut*" genannt, der bis zum Grundwasser-Spiegel hinunterreicht. In ihm finden sich insbesondere *Limonit* sowie durch Einwirkung von Schwefelsäure zahlreiche neue Minerale, die im „Hut" verbleiben, wie *Anglesit* (PbSO$_4$) sowie Oxide, z. B. *Cuprit* (Cu$_2$O). Weiterhin können sich unter Einwirkung des CO$_2$-Gehaltes der Luft und der Bodenlösung stabile Carbonate bilden, z. B. *Cerrusit* (PbCO$_3$ = *Weißbleierz*), *Zinkspat* (ZnCO$_3$) und *Malachit* ([Cu$_2$OH]CO$_3$).

Absinkende schwermetallsulfat-haltige Sickerwässer edler Metalle (Kupfer, Silber) werden in der sauerstoffarmen Zone unterhalb des Grundwasser-Spiegels durch Reaktion mit unedlen Sulfiden (Blei, Zink, Eisen, Kobalt, Nickel) als *Kupfer-* und *Silbersulfide* (*Kupferglanz* [Cu$_2$S], *Silberglanz* [Ag$_2$S]) bzw. als *gediegenes Silber* (und Gold) ausgefällt, während unedle Sulfide in Lösung gehen.

Kohlen, die nahe der Oberfläche liegen, werden durch Oxidation allmählich in CO$_2$ übergeführt, *Erdöl-Vorkommen* in *Asphalt* (s. S. 134) umgewandelt. Auf Trinidad tritt Asphalt sogar als 1,2 km^2 großer „Pechsee" auf.

4.1.4 Biologisch-chemische Verwitterung

Auch Organismen beteiligen sich an der chemischen Verwitterung. Niedere Pflanzen, vor allem Flechten, aber auch Algen und Pilze sind die ersten Besiedler nackter Felswände. *Flechten* greifen das Gestein durch ausgeschiedene Kohlensäure unmittelbar an. Die Gesteinsoberflächen werden dadurch rauh und porös; damit und durch die Bildung von Lockererde wird der Weg für höhere Pflanzen gebahnt. Auch diese scheiden Kohlensäure ab, die den chemischen Angriff der Bodenlösung verstärkt. Die abgestorbenen pflanzlichen Gewebe werden bei beschränktem Luftzutritt teils durch die Mitwirkung von Kleinlebewesen, teils durch rein chemische, nichtbiologische Vorgänge in *Humus*[11] umgewandelt, ein dunkelgefärbtes Gemenge kohlenstoffreicher, hochmolekularer organischer Verbindungen. Die im Humus entstehenden Säuren (s. S. 60) führen ebenfalls zur Mineral- und Gesteinszersetzung.

---

[11] Unter „Humus" versteht man die Summe aller abgestorbenen, in Umwandlung begriffenen organischen Stoffe auf dem oder im Boden.

Abschließend sei die mechanisch-chemisch Tätigkeit mariner Bohrmuscheln und Schwämme erwähnt.

4.1.5 Böden und ihre Bildung

Böden sind an der Erdoberfläche entstandene, mehr oder weniger belebte, lockere Verwitterungsprodukte der Erdkruste. Für die Bodenbildung maßgebend sind Ausgangsgesteine und Klima sowie damit Zusammensetzung und pH-Wert der Bodenlösungen.

Ein Boden setzt sich aus festen, flüssigen und gasförmigen Bestandteilen zusammen. Die *festen Bestandteile* sind anorganischer (mineralischer) und organischer Natur. Zu den *anorganischen Anteilen* gehört das verwitterte Ausgangsmaterial in seinen verschiedenen Korngrößen und die neugebildeten Minerale wie Ton-Minerale und Salze. Die Korngrößen des Bodens hängen im wesentlichen vom Ausgangsmaterial und vom Verwitterungsprozeß ab. Haben die Korngrößen Durchmesser (s. Tab. 6) von über 2 mm, so liegt ein *Bodenskelett (Grobboden)* aus Steinen oder Kies vor; sind sie kleiner als 2 mm, d. h. besteht ein Boden überwiegend aus Sand, Schluff und Ton, so bezeichnet man ihn als *Feinerde (Feinboden)*. Zu den *organischen Bestandteilen* gehören abgestorbene Pflanzen-Rückstände sowie lebende Organismen (Bakterien, Pilze, Würmer u. a.). Das tote organische Material, der Humus, unterliegt ständigen Ab- und Umbau-Prozessen. Ein Teil der abgestorbenen Substanz wird vorwiegend zu CO_2, Wasser und NH_3 abgebaut und liefert der Boden-Lebewelt Energie und Nährstoffe. Dieser leicht zersetzbare Teil des Humus wird als *Nährhumus* bezeichnet, während der *Dauerhumus* die schwer abbaubaren organischen Stoffe umfaßt.

Die in den Hohlräumen vorhandenen *flüssigen Bodenbestandteile (Bodenwasser)* dienen als Lösungs- und Transportmittel für anorganische und organisch gelöste Substanzen und führen damit der Vegetation die benötigten Nährstoffe zu. Das Bodenwasser stammt aus dem atmosphärischen Niederschlag und durchdringt den Boden auf seinem Weg zum Grundwasser (s. S. 74) als Sickerwasser oder wird als Haftwasser (Adsorptions- oder Kapillarwasser) im Boden festgehalten.

Die *gasförmigen Bestandteile (Bodenluft)* sind neben dem Bodenwasser an die Hohlräume gebunden. Die Bodenluft ist durch den Gas-Austausch mit den Pflanzenwurzeln und Mikroorganismen im allgemeinen O_2-ärmer, jedoch CO_2-reicher als die Luft der Atmosphäre.

Zwischen den Boden-Bestandteilen bestehen enge wechselseitige Beziehungen. Die Korngrößen der festen Bestandteile eines Bodens bestimmen ganz wesentlich seinen *Porenanteil* (s. S. 48) und seine *innere Oberfläche*, die sich aus den Summen aller Kornoberflächen ergibt. Böden mit vorwiegend kleinen Korngrößen haben große Poren. Die feinen Poren halten das Wasser durch Kapillar-Wirkung gut fest, während sie die Bodenluft schlecht durchlassen; die größeren fördern dagegen die Durchlüftung, lassen aber das Wasser schneller abfließen (s. S. 75). Ein hoher Prozentsatz des Bodenwassers im Porenraum hat einen geringen Boden-Luftgehalt zur Folge und umgekehrt. Im Porenraum breiten sich die Pflanzenwurzeln aus und spielt sich das Leben der Boden-Organismen ab.

Von der inneren Oberfläche eines Bodens hängen sehr wesentlich die Wasserspeicherung sowie das *Sorptionsvermögen*[12] für Pflanzen-Nährstoffe ab. Je mehr feine Bestandteile ein Boden besitzt, desto stärker vermag er Wasser und Nährstoffe zu halten. Die feinsten Teilchen stellen die *Boden-Kolloide* dar, zu denen die Ton-Minerale, Humusstoffe sowie kolloidale Kieselsäure, Eisen- und Aluminium-Verbindungen gehören. Die Ton-Minerale und ein großer Teil der Humusstoffe sind in der Lage, Kationen ein- und anzulagern (s. S. 54) sowie mit dem Bodenwasser wieder auszutauschen. Dabei werden die Kationen durch Wasserstoff-Ionen ersetzt, wodurch sich der Säuregrad des Bodens erhöht, d. h. der pH-Wert sinkt. Bei diesem Ionen-Austausch können die Bodenkolloide Verschiebungen zum sauren oder aber auch zum basischen Bereich abschwächen, indem sie den Überschuß an H_3O^+ (Hydronium-) oder OH^--Ionen aufnehmen und somit die pflanzenschädigenden Einflüsse abmindern. Diese Eigenschaft des Bodens wird *Pufferungsvermögen* genannt. Die Boden-Kolloide liegen im Gel- oder Sol-Zustand vor. Die Gele sind geflockte Kolloide, die vom Wasser kaum ausgewaschen werden können, während die Sole im Wasser fein verteilt und daher leicht transportierbar sind. Humus- und Kieselsäure-Sole können jedoch die Gele sowie Ton-Minerale als *Schutzkolloide* umschließen, so daß die Neigung zur Flockung vermindert und damit eine Verlagerung im Boden durch das Bodenwasser möglich wird. Die sauren Böden sind reich an Schutzkolloid-Substanzen, während in basischen Böden Humusstoffe durch Calcium-Ionen abgesättigt werden und als ausgeflockte Calcium-Humate stabilen Humus liefern. Die Wechselbeziehungen zwischen festen, flüssigen und gasförmigen Bestandteilen eines Bodens bedingen seine physikalischen, chemischen und biologischen Eigenschaften.

Zur Kennzeichnung und Einteilung der Böden dienen vor allem die Zusammensetzung ihres Substrats und ihr Entwicklungszustand. Unter *Substrat* versteht man das aus dem Ausgangsgestein durch Verwitterung entstandene feste Material, das nach der Korngrößen-Verteilung (s. S. 118) benannt wird. Nach dem Vorherrschen einer Körnungsart (Bodenskelett, Sand, Schluff oder Ton) lassen sich die Böden in *Skelett-, Sand-, Schluff-* oder *Ton-Böden* einteilen. Das Substrat bestimmt maßgebend die bodenphysikalischen Eigenschaften eines Bodens, vor allem sein Wasser-Leitvermögen (Durchlässigkeit).

Durch den Ablauf der verschiedenen bodenbildenden Prozesse wird das der Verwitterung unterliegende Ausgangsgestein verändert und seine Zerfallsprodukte umgelagert. Auf diese Weise bildet sich ein bestimmtes Bodenprofil heraus, das mehrere, etwa horizontale *Boden-Zonen (Boden-Horizonte)* aufweist, die von oben nach unten mit A, B und C bezeichnet werden. Unter *A-Horizont* versteht man den (in unserem Klima humushaltigen) Oberboden, unter *C-Horizont* das unveränderte Ausgangsgestein,

---

[12] Unter „Sorption" versteht man die Bindung von nicht-dissoziierten oder dissoziierten anorganischen oder organischen Inhaltsstoffen des Bodenwassers an die Oberfläche von Kolloiden oder Kristallen (Adsorption) sowie auch das Freiwerden solcher Stoffe (Desorption).

während die Zone zwischen A und C, der Unterboden, *B-Horizont* genannt wird (Abb. 23). Subhorizonte innerhalb eines Horizontes werden durch Zahlenindizes oder Kleinbuchstaben als Zusätze zu A, B und C gekennzeichnet. Ähnliche Boden-Profile verschiedener Herkunft faßt man zu *Boden-Typen* zusammen. Man unterscheidet zonale, von den Klima-Zonen der Erde abhängige und intrazonale, weniger klimabedingte Boden-Typen.

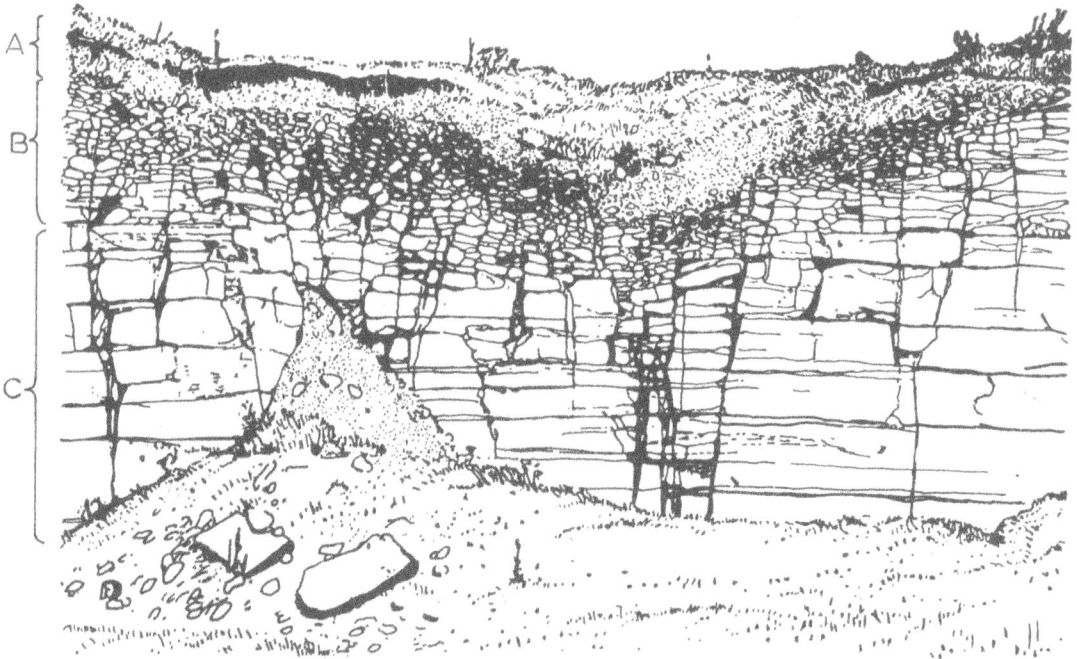

Abb. 23. Entstehung von Boden durch Verwitterung des im Untergrund anstehenden Gesteins (nach BRINKMANN, geändert).

Alte Landoberflächen der verschiedenen geologischen Epochen hatten ihre spezifischen Bodenbildungen. Diese *Paläo-Böden (fossile Böden)* können von jüngeren Schichten bedeckt sein *(begrabene Böden)*, oder aber an der Oberfläche *(Reliktböden)* liegen. Sie werden dann langsam zu Böden umgeformt, die dem heutigen Klima entsprechen.

Im kühl-humiden Klima bildet sich viel pflanzliche Substanz, die nur wenig verwest und in größerer Menge zu Humus umgewandelt wird. In diesem entstehen unter chemisch-biologischen Umsetzungen Humin-, Fulvo- und Humolignin-Säuren. Durch solche stark sauren Bodenlösungen werden Eisenoxide (und z.T. auch hydrolytisch verwitternde Silicate) weggeführt, und der A-Horizont erscheint unter der obersten Humusschicht ausgebleicht und aschgrau *(Podsol-* oder *Aschenboden)*. Die aus dem *A-(Eluvial* oder *Auswaschungs-)Horizont* herausgelösten Stoffe werden meist im *B-(Illuvial-)Horizont* wieder ausgefällt. Daher zeigen die in Nordeuropa und -amerika weit verbreiteten Podsol-Böden im B-Horizont im allgemeinen eine rotbraune bis schwarze, fest verkittete, dezimeterdicke Schicht von *Ortstein*, der aus oxidischen Fe- und Mn-Verbindungen besteht.

Im gemäßigt-humiden Bereich wird der anfallende Humus infolge größerer Wärme oxidiert, die eisen-entziehenden Humin-Säuren treten daher zurück. Der humose Horizont grenzt ohne deutlichen Übergang an den durch gleichmäßige Verteilung von Eisenhydroxid braun gefärbten B-Horizont, der ohne scharfe Begrenzung zum Ausgangsgestein überleitet. Solche *Braunerden* findet man in Mittel- und Westeuropa.

Gley entsteht bei hohem, jedoch schwankendem Grundwasser-Stand, z. B. in Tälern und Senken. Unter dem humosen A-Horizont folgt ein fleckig-rostbrauner Oxidationsbereich (G_o), in dem der Grundwasser-Spiegel schwankt. Darunter liegt ein grauer Horizont (G_r), der ständig im Grundwasser bleibt. In ihm herrschen reduzierende Bedingungen, so daß sich Schwefeleisen bilden kann.

Die *Schwarzerde* (russ.: *Tschernosem*) ist unter steppenartigem Klima im allgemeinen aus Löß (s. S. 96) hervorgegangen. Der über dem C-Horizont liegende humose, entkalkte A-Horizont wird örtlich 1 m dick. Ein B-Horizont fehlt, doch reichert sich an der Grenze A/C der Kalk oft in Form von kleinen *Konkretionen* (Lößkindeln) an. Die fruchtbaren Schwarzerden sind vor allem in den Steppengebieten Eurasiens und Nordamerikas verbreitet.

Die *Rendzinen* (poln. Bezeichnung) haben gleichfalls ein A-C-Profil, entwickeln sich über Kalk- und Dolomitstein sowie Gips und sind daher besonders in gebirgigen Gegenden zu finden.

> Die A-C-Böden, z. B. die Schwarzerden der Magdeburger Börde, „degradieren" unter humiden Verhältnissen, d. h. sie werden zu Böden mit neuen Typ-Merkmalen umgeformt. Zwischen Oberboden und Untergrund entwickelt sich ein Unterboden als B-Horizont.

Im humiden und semihumiden warmen Klima, z. B. des mediterranen Raumes, wo die Niederschläge nicht so regelmäßig fallen wie im kühl-humiden Bereich, treten an die Stelle des braunen Eisenhydroxids im Zusammenhang mit der allitischen Verwitterung (s. S. 56) mehr rote Eisenoxide (zusammen mit Aluminiumhydroxiden und -oxiden): Es erscheinen rote Böden. So entwickelt sich auf Kalkstein aus dem Kalkstein-Braunlehm, der *Terra fusca*, der Kalkstein-Rotlehm, die *Terra rossa*. Solchen *roten Mittelmeer-Boden* findet man vorwiegend in den Dolinen und Poljen (s. S. 82) von Karst-Gebieten.

In den wechselfeuchten Tropen endlich erscheinen bei steigenden Temperaturen und zunehmenden pH-Werten Fe- und Al-Oxide sowie -Hydroxide mit geringem SiO_2-Gehalt, die leuchtend roten *Laterit-Böden*. In tieferen Teilen der Laterit-Profile sind Ton-Minerale verbreitet. Laterite werden oft sehr mächtig und ziehen als Gürtel von Brasilien und Mittelamerika über das äquatoriale Afrika, Indien und Südostasien bis nach Australien. Es gibt jedoch in den subtropischen und tropischen, jahreszeitlich trockenen Klimaten auch schwarze Böden sowie die Braunlehme des immergrünen tropischen Regenwaldes.

Im ariden Klima wird während der Trockenzeit das im Boden enthaltene Wasser kapillar nach oben abgesaugt, wo es verdunstet und Salze abscheidet (s. S. 48). Letztere sind entweder im Boden fein verteilt oder bilden gelegentlich zusammenhängende Krusten, aber auch rosettenförmige Gebilde oder Kristalle. Solche Steinsalz- oder Gips-Kristalle können im Laufe der Zeit durch tonige Sedimente ersetzt und zu „*Pseudomorphosen*" werden, wie sie verschiedentlich fossil überliefert sind. Steppenböden haben häufig einen hohen Salz-Gehalt.

4.2 Abtragung, Transport und Sedimentation

4.2.1 Die unmittelbare Wirkung der Schwerkraft auf Gesteine

Die *Schwerkraft* gehört im eigentlichen Sinne nicht zu den außenbürtigen Kräften; ihre unmittelbare Wirkung kann jedoch nur eintreten, wenn vorher eine Verwitterung, d. h. ein Zerfall der Gesteine, erfolgte. Die unmittelbar wirkende Schwerkraft verursacht außerordentlich umfangreiche Massenverlagerungen und ist daher ein bedeutender Faktor der Abtragung (s. Abb. 14). Unter *Abtragung* versteht man die Entfernung des zerstörten Gesteins aus dem Verwitterungsbereich. Sie setzt vielfach bei der Verwitterung ein oder folgt ihr unmittelbar.

Voll wirksam wird die Schwerkraft an senkrechten Felswänden, von denen die durch die physikalische Verwitterung losgelösten Gesteinsbruchstücke herabstürzen. Aber auch an Hängen mit geringer Neigung ist ihre Wirkung festzustellen. Voraussetzung ist allerdings, daß die Gesteinsmassen eine ausreichende Beweglichkeit besitzen. Eine solche haben lockere Gesteine wie beispielsweise Sande und Tone, aber auch Verwitterungsmassen. Die Beweglichkeit von derartigem Lockermaterial wird durch darin enthaltene Ton-Minerale sowie durch Zutritt von Wasser stark gesteigert.

Wenn größere Verwitterungsschutt- oder Fels-Massen längs neu entstehender flachgekrümmter bis zylindrischer Gleitflächen oder auf vorhandenen, hangabwärts geneigten, geologisch vorgegebenen Gleitflächen wie Ton-Schichten oder Schichtfugen (s. S. 113) mit rutschungsfördernden Belägen mehr oder weniger rasch abrutschen, spricht man von *Berg-* bzw. *Erdrutsch* (s. Abb. 24). Ursachen solcher Rutschungen sind Veränderungen in der Neigung oder Höhe eines Hanges durch Erosion (s. S. 65) oder menschliche Eingriffe sowie die Verminderung der Kohäsion, d. h. Scherfestigkeit, durch stärkeren Wasser-Zutritt. Oft häuft sich der Schutt am Ende der Gleitbahn als mächtiger *Rutschungsfuß* an, manchmal geht die Rutschbewegung bis auf den Talgrund nieder und führt unter Umständen zu erheblichen Zerstörungen und Verkehrsbehinderungen. Eine durch Rutschung ausgelöste Katastrophe ereignete sich 1963 nach starkem Herbstregen im Bereich der Vaiont-Talsperre (italienische Alpen), wo 250 Mio. m^3 Gestein in das Staubecken rutschten und dabei eine Flutwelle von 100 Mio. m^3 verursachten. Sie vernichtete die Ortschaft Longarone und forderte 2900 Menschenleben.

Plötzliche Bewegungen, bei denen die betroffenen Gesteinsmassen eine sehr hohe Geschwindigkeit erreichen und sich dadurch voneinander lösen und schließlich kollernd und sich überschlagend talwärts bewegen, nennt man *Bergstürze*. Sie können zu großen Katastrophen führen. So forderte der Bergsturz von Roßberg in der Schweiz im Jahre

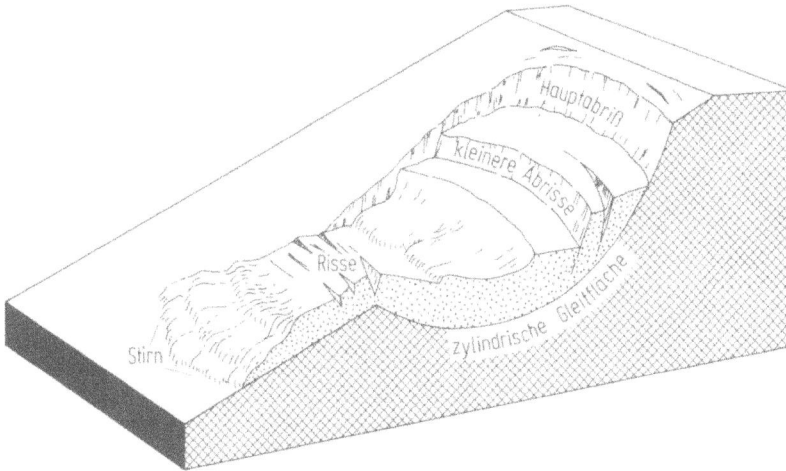

Abb. 24. Schema einer Rutschung (nach WALTER).

1806 457 Tote; beim Bergsturz von Elm in der Schweiz im Jahr 1861 gingen 11 Mio. m³ Gestein zu Tal.

Unter *Steinschlag* versteht man das Abstürzen losgelöster Gesteinsblöcke von steilen Felswänden. Oft folgen die herabstürzenden Blöcke bestimmten *Gesteinsschlag-Rinnen*, an deren unterem Ende dann *Schuttkegel* heranwachsen. Mehrere solcher Schuttkegel können sich zu *Schutthalden* vereinigen.

Schuttkriechen ist das langsame, aber andauernde Abwärtswandern des Gehänge-schuttes. Selbstverständlich hängt die Geschwindigkeit auch hier vom Böschungswinkel, von der Korngröße sowie dem Wasser- und Ton-Gehalt des Materials ab. Wiederholtes Gefrieren und Tauen sowie häufige Durchnässung begünstigen diesen Vorgang, der deshalb in den periglaziären Gebieten (s. S. 94) ganz besonders verbreitet ist. Daß der Boden in Bewegung ist, läßt sich häufig an dem „*Hakenschlagen*" der am Hang austretenden, schräggestellten Schichten erkennen, die nach der Talseite umgebogen sind (s. Abb. 25). Man erkennt ein derartiges „*Gekriech*" auch daran, daß die Bäume, die auf solchen Hängen wachsen, in ihrem unteren Teil verbogen sind, da die Pflanzen immer das Bestreben haben, ihren Hauptsproß vertikal zu stellen.

Der Schutt bewegt sich an steilen Hängen oft in mächtigen *Schuttströmen*. Wird tonhaltiger Schutt durch starke Regenfälle oder durch die Schneeschmelze vom Wasser durchtränkt, bricht er als zähflüssige *Mure* in das Tal. Wegen seiner hohen Dichte (ϱ: 1,4–1,6 g/cm³) kann der Schlammstrom viel größere Gesteinsblöcke mit sich führen, als es das Wasser allein vermag.

4.2.2 Das Wasser auf dem Festland

Von dem Wasser, das als Niederschlag auf den Boden gelangt, wird ein Teil durch Verdunstung wieder in die Atmosphäre zurückgeführt, ein zweiter Teil versickert im

Abb. 25. Hanggekriech und ‚Hakenschlagen‘
(nach WALTHER).

Boden und ein dritter Teil fließt an der Oberfläche ab. Die beiden letzten Teile erreichen nach kürzerer oder längerer Strecke das Meer. Das Verhältnis von Niederschlag zu Abfluß und das von oberflächlichem zu unterirdischem Abfluß hängen vom Klima, der Vegetation, der Oberflächen-Gestalt und dem geologischen Bau eines Gebietes ab. In Gebirgen überwiegen der oberflächliche Abfluß, im Flachland Versickerung und Verdunstung. Die allgemeine *Grundgleichung des Wasserhaushaltes* $N = A + V + S$ (N: Niederschlag, A: oberflächlich abfließende Menge, V: Verdunstung, S: Sickerwasser) ist daher von Gebiet zu Gebiet sowie in einem bestimmten Bereich jahreszeitlich verschieden. Insgesamt wird vom Niederschlag nur das oberflächlich und unterirdisch abfließende Wasser von 27 000 km³/a (s. Abb. 26) sowie die im Boden verbleibende Feuchtigkeit (s. S.74) geologisch wirksam.

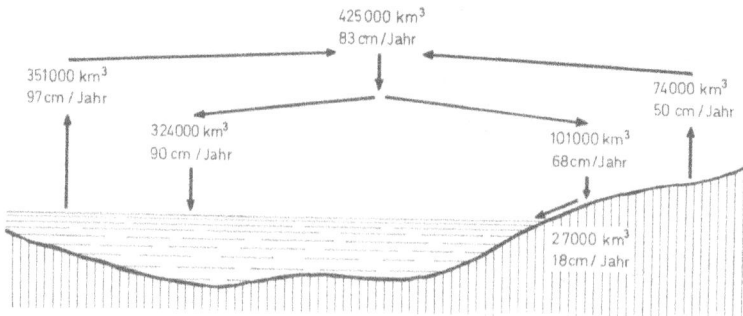

Abb. 26. Schema des Wasser-Kreislaufes (hydrologischer Zyklus) nach DIETRICH & KALLE).

4.2.2.1 Das fließende Wasser und seine geologische Wirkung

Fließendes Wasser hat drei Eigenschaften, die es geologisch wirken lassen. Es vermag zu *erodieren, zu transportieren* und zu *sedimentieren*, und zwar jeweils innerhalb bestimmter Grenzwerte von Fließgeschwindigkeit und Korngröße (vgl. Abb. 27). Im Feld der Erosion des Diagramms ist die Fließgeschwindigkeit groß genug, um Material aller Korngrößen aus der Ruhelage aufzunehmen; im Feld des Transports wird das bewegte Material weiterverfrachtet und im Feld der Sedimentation reicht die Strömungsgeschwindigkeit für einen weiteren Transport nicht mehr aus. Die Begrenzungslinie des Feldes der Erosion weist ein bemerkenswertes Tief im Feinsand-Bereich auf. Das bedeutet, daß nicht nur grobkörniges Material relativ schlechter erodierbar ist, sondern auch sehr feinkörniges wegen seiner Bindigkeit, d.h. Haftfestigkeit infolge von Oberflächen-Kräften. Dazwischen, im Feinsand-Bereich, liegt das Erosionsoptimum, da hier Korngewicht und Haftfestigkeit gering sind.

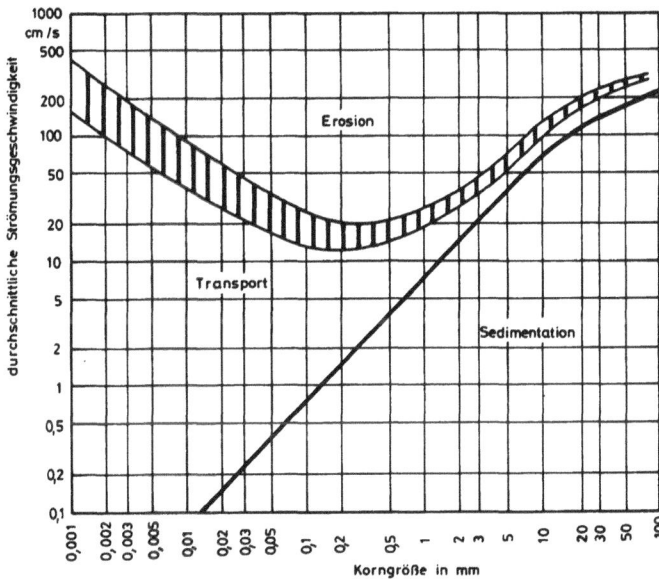

Abb. 27. Zusammenhang zwischen Fließgeschwindigkeit und Korngröße (nach HJULSTRÖM).

4.2.2.1.1 Der Regen

Stärkerer *Regen* führt zur zunächst flächenhaften und dann auf Rinnen konzentrierten *Abspülung*. Dabei können größere Mengen von lockerem Material mitgerissen und verfrachtet werden, vor allem dort, wo kein Pflanzenwuchs für eine Abschwächung und Verzögerung des Abfließens sorgt. Bewaldete Hänge werden langsamer als grasbewachsene oder gar nackte Hänge abgetragen. Das flächenhaft angreifende Regenwasser

wirkt durch seinen Dauerabtrag im Sinne steter Erniedrigung aufragender morphologi-
scher Elemente. Der Effekt dieser *flächenhaften Abtragung* (*Denudation*) hängt von der
Widerstandsfähigkeit des zutage tretenden Materials ab. Feste und verwitterungsbe-
ständige Gesteine werden langsamer als leicht verwitterbare abgetragen und ragen
schließlich als herauspräparierte *Härtlinge* über ihre Umgebung empor. Schließt ein
leicht abspülbares Gestein, wie z. B. Lehm, einzelne große, feste Brocken ein, so können
diese das unter ihnen liegende leichter abtragbare Material vor der Abspülung schützen.
So entstehen die von einem Steinhut bedeckten *Erdpyramiden* oder *-pfeiler*, wie sie z. B.
bei Moränen (s. S. 91 ff.) in Südtirol häufig sind. Geologisch gesehen stellen sie
vergleichsweise kurzlebige Formen dar.

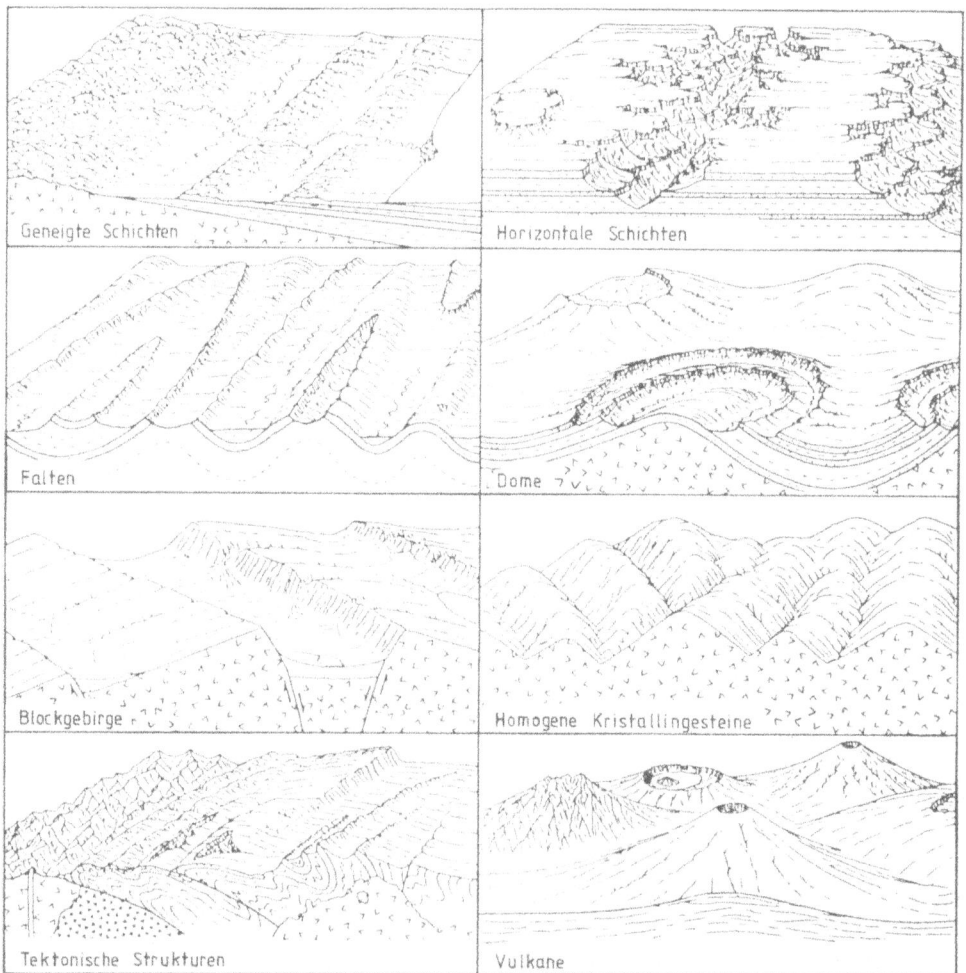

Abb. 28. Die Wirkung der Denudation: Verschiedene Landschaftsformen in Abhängigkeit von
den Gesteinsarten und geologischen Strukturen ihres Untergrundes. Die beiden oberen
Darstellungen zeigen Schichtstufen-Landschaften (nach STRAHLER, geändert).

Besteht ein Gebirgsland aus horizontal liegenden oder gering geneigten Schichten, bei denen Folgen verschiedener Verwitterungsbeständigkeit wechsellagern, so sind die Berghänge in Flachböschungen, die den leicht abspülbaren Schichten entsprechen, und steilere Hangstücke, welche die widerstandsfähigen repräsentieren, gestuft *(Schichtstufen-Landschaft)*. Bei stärker geneigter Lagerung bilden die härteren Schichten langgestreckte Bergkämme (Schichtkämme, -rippen), während die weichen in Form von Talfluchten ausgeräumt sind (s. Abb. 28).

Wenn nicht andere endogene Kräfte wirksam werden, führt die Denudation schließlich zu einer sehr ausgeglichenen Endform, der *Fastebene* oder *Peneplain* (engl.). Gefaltete Gebirge werden dabei bis zu ihren Rümpfen abgetragen (Rumpfgebirge wie die variszischen Gebirge, z.B. Rheinisches Schiefergebirge). Wechseln Hebungszeiten mit Ruhepausen der Hebung eines Gebirges ab, so wird durch die Hebung der Fortgang der Einebnung unterbrochen; sie zeichnet sich durch Gefälleknicke und Geländestufen infolge der erneuten Erosion ab. Verebnungsflächen und Geländestufen können mehrfach wechseln (s. Abb. 28).

Besonders kräftig kann abfließendes Regenwasser in Wüsten wirken. Die kurzzeitigen, aber sehr starken Niederschläge führen im Gebirgsland in eben noch trocken liegenden Flußbetten zu tosenden Wassermassen, die große Mengen von Schutt und Geröll verfrachten. Beim Eintritt in das Vorland breitet sich das Wasser als Schichtflut weithin aus und hinterläßt nach seinem Verschwinden flächenhaft abgelagerte grobe Sedimente.

Eine geschlossene Vegetationsdecke wirkt im allgemeinen der Denudation entgegen; oft löst daher ihre örtliche Beschädigung eine schwerwiegende *Boden-Erosion* aus. Nach Abspülen der Bodenkrume wird der Untergrund von verzweigten, tiefen Erosionsrinnen durchfurcht: Das Land ist dann für wirtschaftliche Nutzung wertlos geworden. Solche „*bad lands*" sind häufig auf den schädigenden Einfluß des Menschen zurückzuführen, besonders in Gebieten mit jahreszeitlich stark konzentrierter Niederschlagstätigkeit.

4.2.2.1.2 Der Fluß

Das auf der Erdoberfläche ablaufende Wasser, dem sich auf seinem Wege ein Teil des Sickerwassers wieder zugesellt, sobald es in Quellen austritt, sammelt sich zuerst in kleinen Rinnsalen, aus denen Bäche und schließlich Flüsse werden. Der Lauf eines Flusses folgt der allgemeinen Abdachung des Landes, bisweilen in tektonisch vorgezeichneten Tälern (z.B. Oberrheintal-Graben, s. S. 168) oder im Tale, das sich der Fluß selber geschaffen hat. Der Höhenunterschied zwischen dem Meeresspiegel und dem Ursprungsgebiet eines Flusses ergibt zusammen mit der Entfernung zwischen beiden sein *Gefälle*. Letzteres bestimmt die durchschnittliche Fließgeschwindigkeit, die weiterhin auch von der Wassermenge und dem Fluß-Querschnitt abhängt. Die Fließgeschwindigkeit ist innerhalb des Fluß-Querschnittes sehr verschieden. Sie nimmt meist wegen der abnehmenden Reibung zur Strommitte hin sowie mit steigender Höhe über dem Flußgrund zu. Dieser mittige *Stromstrich* wird in *Flußschlingen* durch die Zentrifugalkraft zum Außenbogen verschoben: dort am *Prallhang* reißt das Wasser Material ab (s.

Abb. 29). Auf der vom Fluß her gesehen konvexen Uferseite wird Material angelagert (*Gleithang, Flachufer*). Im Strömungsschatten einer solchen Schlinge findet sehr häufig eine Ablagerung von Sand statt, wie auch hinter felsigen Hindernissen im Flußbett (*Sandbänke*). Infolge der *Seiten-Erosion* verstärkt ein Fluß seine Windungen. Bei

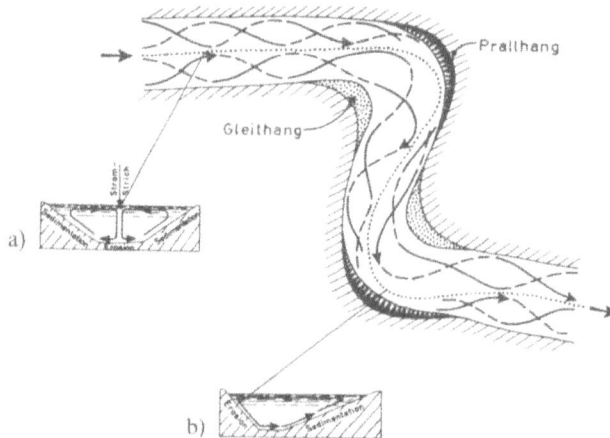

Abb. 29. Bewegung des Wassers in Flußläufen im Grundriß und Schnitt. a) Auf gerader Strecke, b) in einer Flußkrümmung (nach Brinkmann, geändert).

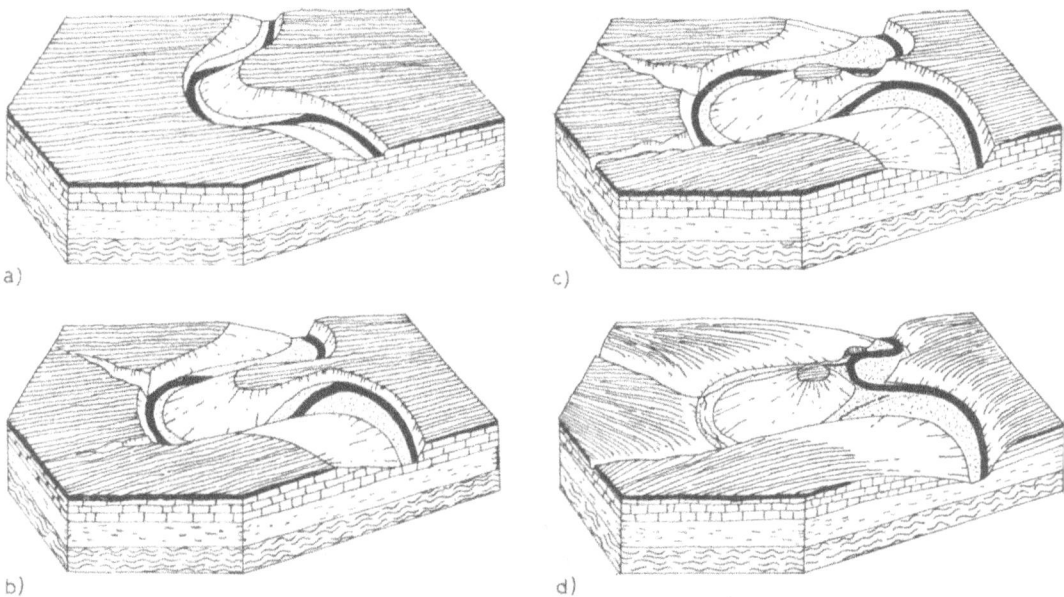

Abb. 30. Entstehung eines Umlaufberges: Durch Mäandrieren des Flusses bildet sich zunächst ein breiter (a), dann schmaler (b) Talsporn. Schließlich wird auch der Sporn durch die beiderseitigen Prallhänge erniedrigt (c) und der Fluß bricht durch (d) (nach Wagner, geändert).

weiterer Ausbildung dieser Schlingen, die man nach dem antiken kleinasiatischen Fluß Maiandros (heute Büyük Menderes, Fluß in der Türkei) *Mäander* nennt, kann der Fluß einzelne Schlingen an ihrer engsten Stelle, dem *Schlingenhals*, durchbrechen; er verkürzt damit seine Lauflänge und verstärkt sein Gefälle, während die abgeschnürten Krümmungen *Altwasser* bilden, die langsam verlanden (s. Abb. 30).

Nur bei geringer Fließgeschwindigkeit kommt es in einem Fluß zu annähernd laminarem Fließen. Im allgemeinen herrscht schießende Turbulenz, die sich in Form von *Wirbeln* äußert. In ihnen treten lokal weit höhere Fließgeschwindigkeiten als üblich auf; dadurch können Korngrößen aufgewirbelt werden (*Auskolkung*), die normalerweise sedimentiert würden.

Die *fluviatile Erosion* besteht in einem Ausnagen des Flußbettes, wobei die reine Wasser-Erosion nur gering ist. Das feste Gestein wird in der Hauptsache durch die mitgeführte *Geröllfracht* abgeschliffen. Dadurch schneidet sich der Fluß immer tiefer ein und schafft V-förmige Täler (s. Tab. 4).

Tabelle 4. *Bewegung, Transport, typische Sedimente und Formen in der Landschaft bei Wasser, Eis und Wind (in Anlehnung an* ZEIL*)*

	Wasser	Eis	Wind
Bewegung	rasch laminar bis turbulent	langsame Fließbewegung	stoßweise wehend, unregelmäßig, flächenhaft arbeitend
Transport	rollend, Größe je nach Wassergeschwindigkeit, Auslese nach Härte und Gestalt	schiebend, keine Auslese nach Härte und Korngröße	feiner Staub kann über riesige Entfernungen verfrachtet werden
Typische Sedimente	KONGLOMERAT, BREKZIE, SAND-STEIN, oft Schrägschichtung, SCHLUFF(SILT-)STEIN, TONSTEIN	MORÄNE, unsortiert, feine und grobe Korngrößen nebeneinander, locker, GESCHRAMM-TE GESCHIEBE, Fehlen der Schichtung	LÖSS, Verbreitung bedeutend, bestimmte Korngrößen, verwittert Lößlehm
Formen in der Landschaft	Rinnen, Cañons, V-förmige Täler, Schwemm-Landschaft, Terrassen, Deltas	Rundhöcker, ältere Formen abgeschliffen und überprägt, U-förmige Muldentäler, Kare, Moränenwälle, Drumlins, Urstrom-Täler, Toteis-Kessel	Unzahl von Kleinformen in der Wüste durch Ausblasung und Ausschleifen (Korrasion), Windkanter, Dünen, Lößdecken

In sehr widerstandsfähigem Gestein wird die Tiefen- und Seiten-Erosion gehemmt, das Tal verengt sich. Solche steilen Talhänge bezeichnet man als *Schlucht* bzw. bei kleinerem Ausmaß als *Tobel*. Engtäler mit senkrechten Wänden heißen *Klamm* oder *Cañon* (span.).

Bekannt sind der Grand Canyon des Colorado-Flusses, der bis 1800 m tief ist, die Via Mala in Graubünden und die Partnach-Klamm im Wetterstein-Gebirge.

Sobald der Fluß in weiches Gestein eintritt, versteilt sich das Gefälle in einer *Stromschnelle* oder einer *Steilstufe* bzw. einem *Wasserfall*. Der Wirbel, der sich meist am Fuß eines Wasserfalls ausbildet, höhlt die oft weichere unterlagernde Gesteinsschicht aus und führt zu ständiger Unterschneidung der überlagernden Gesteinsbank (s. Abb. 31). Schließlich bricht diese nach und der Wasserfall verlagert sich talaufwärts (*rückschreitende Erosion*). Diese beträgt bei den Niagara-Fällen (Horse Shoe Falls) gegenwärtig ca. 80 cm/a.

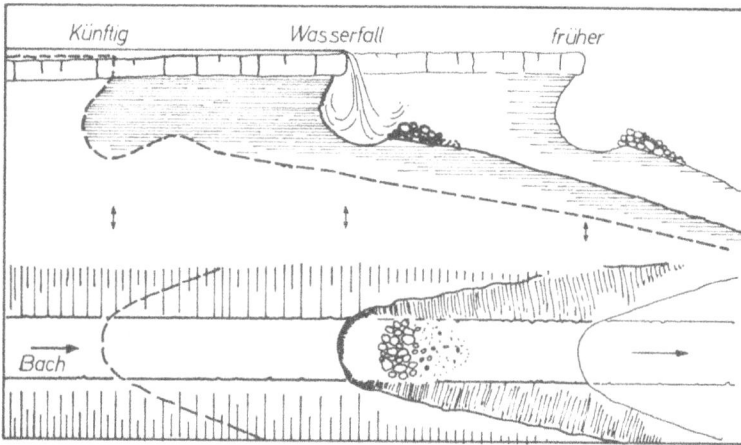

Abb. 31. Entwicklungsstadien eines Wasserfalles im Längsprofil (oben) und Grundriß (unten) (nach WAGNER).

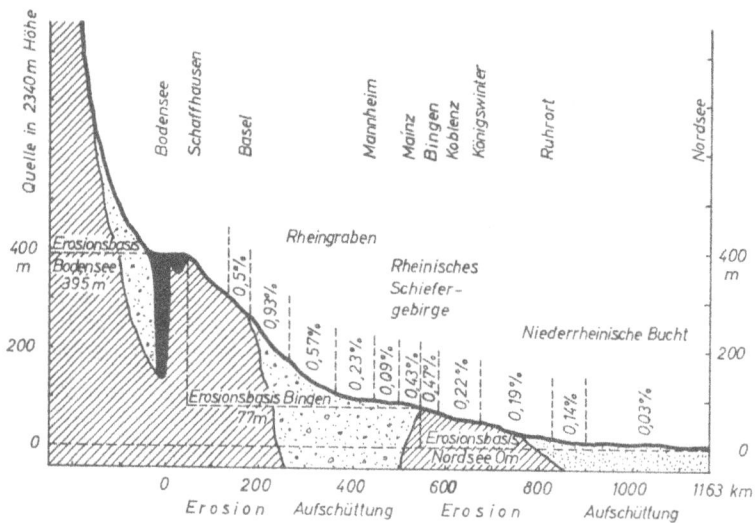

Abb. 32. Längsprofil des Rheins [1000fach überhöht, mit Erosionsbasen sowie Erosions- und Akkumulationsschwerpunkten (nach WUNDT, geändert)].

Strudellöcher bilden sich über einem Fels-Untergrund infolge rotierender Bewegungen der Geröllfracht in stehenden Wirbeln. Die Tiefe, bis zu der sich ein Fluß einschneiden kann, heißt *Erosionsbasis*. Die gemeinsame Erosionsbasis aller Flüsse ist letztlich der Meeresspiegel, doch können sich zwischen Meer und Ursprungsgebiet noch *örtliche Erosionsbasen* einschalten. So besitzt ein Fluß, der aus einem Nebental in das Haupttal eintritt, seine örtliche Erosionsbasis in der Sohle dieses Hauptftales. Normalerweise folgt auf einen steilen Oberlauf mit vorherrschender Erosion ein nur schwer abgrenzbarer Mittellauf mit durchlaufender Geröll-Verfrachtung und schließlich ein flacher Unterlauf mit vorherrschender *Akkumulation*. Hier nimmt die Transportkraft mit nachlassender Fließgeschwindigkeit stark ab. Beispielsweise stellt die Niederrheinische Tiefebene ein solches Akkumulationsgebiet für den Rhein dar (s. Abb. 32).

Akkumulation und Erosion streben einer Gleichgewichtsform, der *Gefällskurve* zu, bei der sich, wenn keine Krustenbewegungen eintreten – bei gegebener Wassermenge – Einschneiden und Aufschotterung die Waage halten. Änderungen der Strömungsenergie durch Krustenhebung bzw. -senkung oder Verminderung bzw. Erhöhung der Wassermenge führen zur Aufschotterung oder zum Wiedereinschneiden des Flusses in seinen Talboden, wobei Reste davon als *Flußterrassen* stehen bleiben (s. Abb. 33).

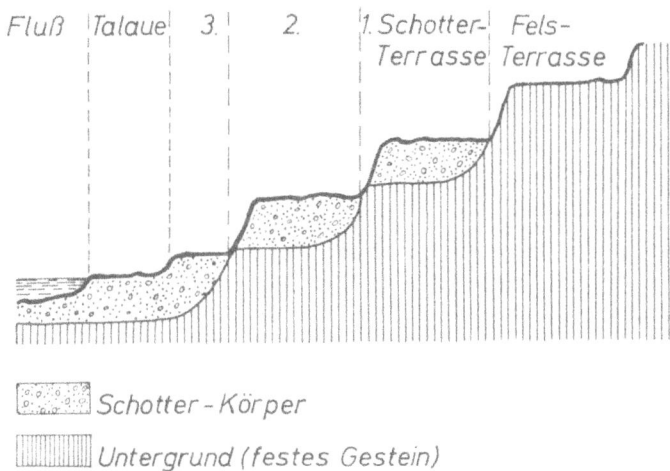

Abb. 33. Schematische Darstellung von Talboden (Talaue) und Flußterrassen (nach GERMAN).

Wird ein Fluß durch Hebung eines quer zur Flußrichtung verlaufenden Gebirgsstranges gezwungen, sich in diesen einzuschneiden, so spricht man von *Antezedenz*, d. h. die Anlage des Flußsystems ging der Heraushebung zeitlich voraus (s. Abb. 34). Solche antezedente Talstücke besitzt der Rhein im Rheinischen Schiefergebirge, die Donau am Eisernen Tor oder der Ebro im Katalanischen Küstengebirge. Verschiedentlich zwingt ein unterschiedlicher Hebungsbetrag innerhalb eines Gebirgsstranges den antezedenten Fluß zum seitlichen Ausweichen: Er fließt dann vor dem Hindernis eine Strecke weit zu diesem parallel, um schließlich an günstiger Stelle mit schwächerer, oft fehlender

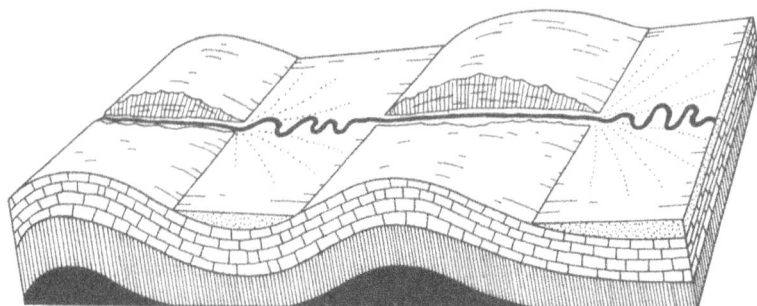

Abb. 34. Antezedenter Fluß: Krustenbewegungen werden durch rasches Einschneiden im Hebungsgebiet und durch Aufschotterung in den Senkungszonen überwunden (nach WAGNER).

Hebung den Gebirgszug zu durchbrechen und damit wieder Anschluß an den ursprünglichen Lauf zu finden. So umfließen der Indus und der Brahmaputra den Himalaya randlich.

Im Gegensatz zu den antezedenten Talstücken stehen die *epigenetischen*, deren Bildung nach der Heraushebung eines Gebirges oder infolge Verschüttung eines ursprünglichen Tales durch Neueinschneiden erfolgt. Beispielsweise fand der nacheiszeitliche Rhein bei Schaffhausen sein altes, durch Moränen (s. S. 91 ff.) und Schotter verfülltes Tal nicht wieder. Er schuf sich in den harten Jura-Kalken ein neues Bett, das als Stufe mit dem *Rheinfall* dort endet, wo er wieder den Anschluß an das alte Bett fand.

Die vom Fluß transportierten abgetragenen Massen, d. h. die *Flußfracht*, bestehen aus *gelöstem*, aus *schwebendem* und aus *rollendem Material*. Die Art und Menge der Fracht ist stark vom jeweiligen Wasserstand abhängig. So führt der Neckar bei Mittel- und Niedrigwasser bei Gundelsheim ca. 600 mg/l gelöste Substanz, bei mittlerem Hochwasser dagegen durch Verdünnung nur 300 mg/l. Umgekehrt ist dagegen das Verhältnis bei den *Schwebstoffen* (*Flußtrübe*). So werden hier bei Mittel- und Niedrigwasser nur 2–20 mg/l, bei mittlerem Hochwasser dagegen 1300 mg/l bewegt, d. h. bis zu 22800 t/d. Insgesamt beträgt die Jahresleistung des Neckars ca. 100000 t Sand- bzw. Geröllfracht, 300000 t Schwebfracht (Suspension) und 1,5 Mio. t Lösungsfracht. Der Mississippi transportiert jährlich sogar 40 Mio. t Sand- und Geröll-, 341 Mio. t Schweb- und 130 Mio. t Lösungsfracht.

Die *Geröllfracht* wird talwärts im Flußbett zerkleinert, nach 1–5 km Strecke sind Kalk- und Sandsteine, nach 10–20 km magmatische und metamorphe Gesteine vollständig abgerollt. So entstehen *Kies* und schließlich *Sand*, alles übrige ist fein zermahlen und wird als *Flußtrübe* schwebend weggeführt. Im Längsprofil eines Flusses findet man daher im Oberlauf große Blöcke, im Mittellauf viel Kies und im Unterlauf meist Sand. Die feinkörnigen Sinkstoffe der Flußtrübe können bei Hochwasser außerhalb des eigentlichen Flußbettes, wo die Fließgeschwindigkeit stark abnimmt, abgesetzt werden. Durch den Absatz dieses fruchtbaren *Auelehms* erhöht sich langsam die *Talaue*. Die *Fluß-Geschiebe*, die mehr oder minder einem Ellipsoid nahekommen, werden durch

Wirbelwalzen zu einem großen Teil dachziegelartig übereinander eingeschlichtet. An dieser *Dachziegel-Lagerung* (engl. imbrication), bei der die schräggestellten, einander überdeckenden Gerölle talaufwärts geneigt sind, läßt sich in einem leeren Flußbett oder einem fossilen Flußschotter die ehemalige Strömungsrichtung feststellen.

Im Fluß wandern Sand und Kies in Form von *Strombänken*, wobei jeweils einzelne Körner luvseitig losgerissen und in Lee unter dem natürlichen Böschungswinkel abgesetzt werden. Durch die ständige Verlagerung erhält die Strombank eine durchgehende *Schrägschichtung*, die es ermöglicht, ältere Fluß-Ablagerungen der Erdgeschichte wiederzuerkennen und sogar die alte Strömungsrichtung zu bestimmen (s. Abb. 69).

> Bedeutungsvoll ist die Trennung des vom fließenden Wasser verfrachteten Materials entsprechend der Korngröße, der Kornform und dem spezifischen Gewicht. Durch die Transport-Auslese der Mineralkörner nach ihrer Sink- und Rollgeschwindigkeit kommt es zu Anreicherungen spezifisch schwerer Minerale. Man bezeichnet sie als *Seifen*. In solchen Erz- und Schwermineral-Seifen findet man Gold, Platin, Zinnstein (SnO_2), Diamant, Topas, Granat, Turmalin, Rutil und Zirkon. Beispiele für *Gold-Seifen* sind die präkambrischen Vorkommen des Witwatersrandes in Südafrika, für Diamanten-Seifen die diamantführenden Schotter der Flüsse Vaal und Oranje in Südafrika.

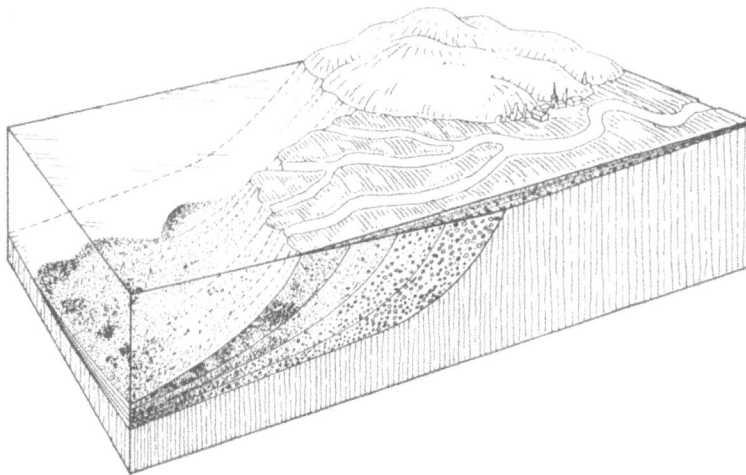

Abb. 35. Schnitt durch ein Delta. Verschiedene Art der Schichtung: im stehenden Wasser Delta-Schichten mit stärkerer Neigung, im fließenden Wasser Überguß-Schichtung mit geringer Neigung (nach WAGNER).

Bei plötzlicher Verminderung des Flußgefälles durch Einmündung in Seen oder das Meer werden im allgemeinen große Schuttmengen als *Schotter-Fächer, Schwemmkegel* oder *Delta* abgesetzt (s. Abb. 35). Dabei entstehen kennzeichnende Schichten. Unter dem Wasserspiegel lagern sich bis zu 35° steile Schräg- oder *Delta-Schichten* ab, die aus grobem Material wie Kies oder Sand bestehen. Seewärts nimmt die Korngröße dieser Schichten bis zu Sand, Schluff und Ton ab. Dabei wird auch der Böschungswinkel der Schichten geringer, so daß die Schluff- und Ton-Schichten schließlich nahezu horizontal liegen. Da der Vorbau der Schrägschichten den Flußlauf unter dem Wasserspiegel mit Gefälle verlängert, schüttet der Fluß über sie noch flach geneigte Überguß-Schichten mit 1–2° Neigung. Die bekanntesten Deltas sind die des Nils (über 20 000 km²), des Mississippis (30 000 km²), des Ganges und des Brahmaputras (80 000 km²). Das Mississippi-Delta wächst jährlich um 80 m, das Po-Delta um 70 m seewärts.

Bei starker Gezeiten-Einwirkung und in absinkenden Küstenbereichen wird eine Delta-Bildung verhindert. Starke Gezeiten-Strömungen erweitern die Flußmündungen trichterförmig. Solche *Ästuare* besitzen Elbe, Themse und der St. Lorenz-Strom.

4.2.2.1.3 Grundwasser und Quellen

Grundwasser

Ein Teil des Niederschlagswassers dringt in den Boden ein (s. S. 64). Von diesem *Sickerwasser* wird wiederum ein Teil von den Bodenteilchen durch *Adsorption* gebunden und umgibt diese als dünnes Häutchen. Ein anderer Teil bleibt als *Kapillarwasser* in den feinen Poren hängen. Adsorptions- und Kapillarwasser bilden das *Haftwasser (Bergfeuchtigkeit)*. Der Rest des Sickerwassers sinkt durch die Schwerkraft in Hohlräumen (Poren, Risse, Klüfte, Höhlen in Karst-Gebieten, s. S. 81 ff.) so lange abwärts, bis er über undurchlässigen Schichten zum *Grundwasser* gestaut wird. Unter Grundwasser versteht man also die in mehr oder minder großer Bodentiefe ständig vorhandene, zusammenhängende und frei bewegliche Wassermenge.

Die Grenzfläche zwischen dem Sickerwasser und der zusammenhängenden Grundwasser-Masse nennt man *Grundwasser-Spiegel* (s. Abb. 36). Von letzterem steigt das Grundwasser kapillar noch einige Zentimeter oder Dezimeter hoch. Durch diesen Kapillarraum bleibt daher das Grundwasser mit dem Haftwasser der obersten

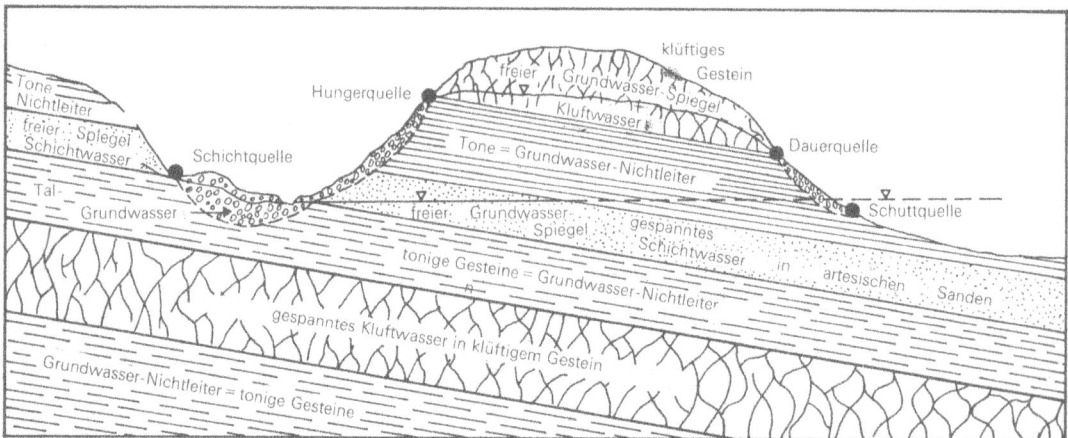

Abb. 36. Schematische Übersicht der hydrogeologischen Grundbegriffe (nach KRANZ, geändert).

Bodenschicht verbunden. In trockenen Zeiten reißt die Verbindung; das Haftwasser wird dann rasch aufgezehrt und es kommt zur Dürre.

Der Grundwasser-Spiegel liegt im mitteleuropäischen Flachland im allgemeinen einige Meter bis Zehnermeter unter der Erdoberfläche („Flur"); in Trocken- oder auch Karst-Gebieten erreicht man ihn erst in mehreren 100 m Tiefe. Zudem schwankt seine Höhenlage im Laufe des Jahres ganz beträchtlich. Sie läßt sich in einem Brunnen mit der *Brunnenpfeife* oder dem *Kabellichtlot* leicht messen. Die Höhe des Grundwasser-Spiegels über oder unter einer waagerechten Bezugsebene (Gelände-Oberkante oder Normal-Null) stellt den *Grundwasser-Stand* dar.

Grundwasser-Absenkung ist jede künstlich vorgenommene Absenkung des Grundwassers unter seine normale Spiegellage. Sie erfolgt durch Ingenieurbauten (Abbau von Bodenschätzen im Tagebau; Straßen-, U-Bahn- und Tunnelbau) sowie auch Flußregulierungen, die zur Erhöhung des Grundwasser-Gefälles und damit des Abflusses führen.

Die Gesteine, die das Grundwasser enthalten und weiterleiten, nennt man *Grundwasser-Leiter* oder *-Speicher*. Letztere können leicht durchlässige, unverfestigte Lockermassen sein wie Schotter, Kies und Sand, aber auch feste Gesteine, so z. B. klüftige Kalk- oder poröse Sandsteine. Die Wasser-Aufnahmefähigkeit des Leiters ist abhängig vom Porenanteil (Porosität, s. Fußnote 8). Sande und Kiese besitzen je nach Korngröße, Sortierungsgrad und Kornform 25 bis 40%, Sandsteine 1–28% und Kalksteine bis 10% Porenanteil. Gesteine mit großem Porenraum, aber sehr kleinen Poren, vermögen zwar viel Wasser aufzunehmen, geben es aber nicht ab, sondern halten es als Haftwasser fest. Der Anteil des Porenanteils, der für die Grundwasser-Bewegung verbleibt, wird als *effektiver* oder *nutzbarer Porenanteil* bezeichnet.

Wasserführende Gesteine wie Kiese und Sande können bis 2000 m Tiefe reichen. Wenn dagegen Felsgesteine vorliegen, findet sich Grundwasser nur bis ca. 1000 m Tiefe.

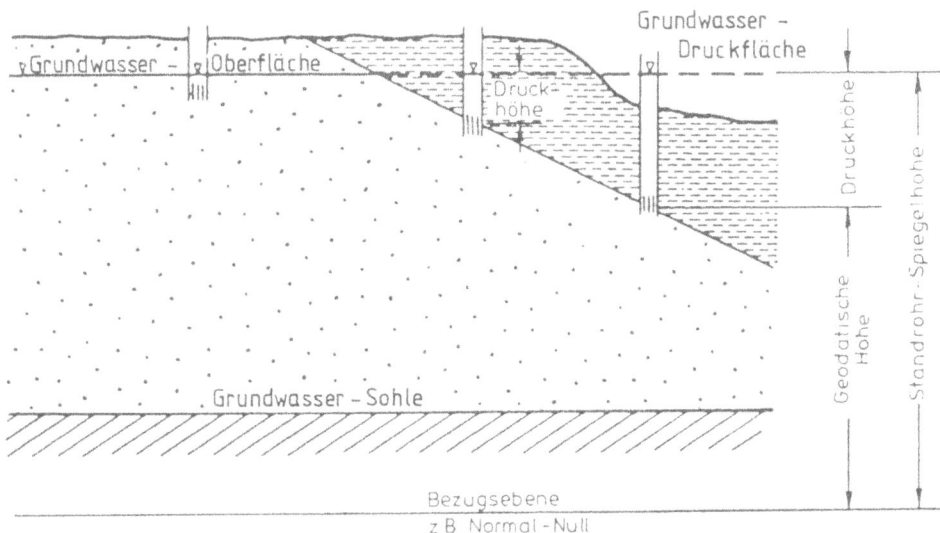

Abb. 37. Grundwasser-Oberfläche, -Druckfläche und -Sohle.

Darunter ist der Porenanteil infolge des hohen Druckes der überlagernden Gesteinsmassen so gering, daß Wasser nicht weitergeleitet wird.

Der *Grundwasser-Körper* ist ein eindeutig abgrenzbares Grundwasser-Vorkommen.
Die *Grundwasser-Oberfläche* ist seine obere, die *Grundwasser-Unterfläche* oder *-Sohle*
seine untere Grenzfläche (s. Abb. 37). Als *Grundwasser-Mächtigkeit* ist der lotrechte
Abstand zwischen Grundwasser-Unter- und -Oberfläche definiert. Liegt die Grundwasser-Oberfläche innerhalb des Grundwasser-Leiters, fallen also Oberfläche und
Druckfläche (= Fläche, welche zueinander gehörige Wasserspiegel in Brunnenrohren
verbindet) zusammen, dann spricht man von einem *freien Grundwasser.* Häufig fallen
jedoch Grundwasser-Oberfläche und Grundwasser-Druckfläche nicht zusammen und
zwar, wenn der Grundwasser-Leiter von schlecht durchlässigen (*Grundwasser-Hemmer*)
oder sogar undurchlässigen Schichten (*Grundwasser-Nichtleiter*) abgedeckt wird; das
Grundwasser also nicht so hoch ansteigen kann, wie es seinem hydrostatischen Druck
entspricht. Unter diesen Verhältnissen liegt ein *gespanntes Grundwasser* vor. Beim
Anbohren solch gespannten Wassers steigt der Wasserspiegel (*Standrohr-Spiegelhöhe*)
im Bohrloch nach dem Prinzip der verbundenen Gefäße an, und zwar bis zu der Höhe,
die dem höchsten Punkt des Wasserstandes im Grundwasser-Leiter entspricht. Liegt das
Einzugsgebiet des Grundwassers höher als die Bohrstelle, so läuft das Grundwasser über
Flur aus. Solche Stellen, an denen das Wasser in Bohrlöchern unter hydrostatischem
Druck selbsttätig ausfließt, heißen *Artesische Brunnen* (s. S. 80).

Häufig werden mehrere Grundwasser-Leiter durch schwer- oder nahezu undurchlässige Schichten voneinander getrennt, so daß *Grundwasser-Stockwerke* vorliegen, die sich
in ihren Eigenschaften unterscheiden können. Sie werden von oben nach unten gezählt.

Grundwasser kann stehen (*stehendes Grundwasser*) und fließen; beispielsweise strömt
Wasser zu einem Brunnen, dessen Wasserspiegel durch Abpumpen gesenkt wird.
Grundwasser in Talauen steht meist mit dem Flußwasser in Verbindung. Liegt der
Flußwasser-Spiegel höher als der Grundwasser-Spiegel, so gibt der Fluß Wasser an das
Grundwasser ab (s. Abb. 38). Solches Wasser kann als *„uferfiltriertes" Grundwasser*
genutzt werden. Im umgekehrten Fall fließt Grundwasser dem Fluß als natürlichem
Vorfluter zu.

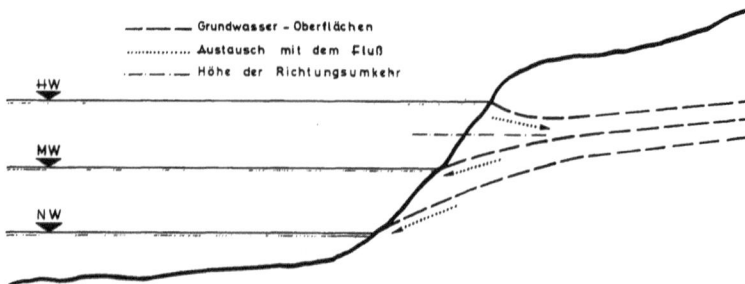

Abb. 38. Der Grundwasser-Spiegel in Flußnähe (nach Wundt). Der Übertritt von abwasserhalti-
gem Flußwasser ist bei Hochwasser für flußnahe Brunnen gefährlich. HW: Hochwasser,
MW: Mittlerer Wasserstand, NW: Niedrigwasser.

Die *Strömungsgeschwindigkeit des Grundwassers* hängt von der Geländegestalt (Gefälle zu den Tälern) und der Art der Hohlräume des Leiters ab. Die Geschwindigkeit, mit der Grundwasser in verschiedenen Gesteinen zu fließen vermag, ist sehr unterschiedlich. Sie beträgt in Sanden 0,2–3 m/d, in Schotter ca. 15 m/d, in Kiesen 43–46 m/d und kann in klüftigem Gestein sogar 50–100 m/h erreichen.

Auf seinem Weg durch den Leiter greift das Wasser das Gestein an und laugt es aus. Dieser Gehalt an gelösten Stoffen, insbesondere an Calcium und Magnesium, bedingt die *Härte des Wassers*, die in *Härte-Graden* angegeben wird. In Deutschland entspricht ein Deutscher Grad (1 °d) dem Gehalt von 10 mg CaO bzw. 7,14 mg MgO in 1 l Wasser, in Frankreich 1 °f 10 mg $CaCO_3$/l H_2O, in Großbritannien 1 °e 10 g $CaCO_3$/708 l H_2O.

In der Hydrologie wird mit *Härte-Äquivalenten* gerechnet, wobei sich die Härte-Grade mit Hilfe der Äquivalentkonzentration c_{eq} nach der Formel

$$c_{eq, i} = |z_i| \cdot \frac{m_i/V}{M_i}$$

z_i = Wertigkeit des gelösten Stoffes i
m_i = Masse des gelösten Stoffes i
V = Volumen der Lösung
M_i = molare Masse des gelösten Stoffes i

berechnen lassen:

$$c_{eq}(Ca^{2+}) = 2 \frac{m_{CaO}/V}{M_{CaO}}$$

$$= 2 \frac{10 \text{ mg/l}}{56,08 \text{ g/mol}}$$

$$= 0,357 \text{ mmol/l}$$

1 °d = 10 mg CaO/l = 0,357 mmol/l Härte-Äquivalent

1 mmol/l Härte-Äquivalent = $\frac{1}{0,357}$ = 2,8 °d

Entsprechend sind:

1 mmol/l Härte-Äquivalent = 3,5 britische Härte-Grade
,,   ,,   = 5,0 französische Härte-Grade

Weiches Wasser hat weniger als 8 Deutsche Grade, hartes Wasser über 20. Brauchbares Trink- und Nutzwasser sollte 8–10 Grade besitzen. Weiches und sehr weiches Wasser greift Metalle, Beton und Mörtel an. Harte Wässer sind für die Füllung von Kesseln und anderen Warmwasser-Geräten nicht zu verwenden. Ihr Kalk-Gehalt wird beim Erwärmen über 60 °C als Kesselstein abgeschieden und das Wasser dadurch weich. Man spricht daher von *vorübergehender* oder *Carbonat-Härte* im Gegensatz zu *bleibender* oder *Nichtcarbonat-Härte*, die auch nach dem Kochen nicht verschwindet und auf $CaSO_4$, $MgSO_4$, $CaCl_2$ und $MgCl_2$ zurückgeht.

Im *Trinkwasser* sind weiterhin Chloride, Nitrate, Phosphate, Silicate und Humate der Alkalien und Erdalkalien in wechselnden Mengen enthalten. Chloride stammen meist aus Salzlagern des Untergrundes, Nitrate und Phosphate aus Düngungsstoffen oder Latrinen und Humate aus dem Zerfall pflanzlicher Substanzen. Für Trinkwasser ist zu beachten, daß der Gehalt an Eisen unter 0,2 mg/l liegen muß. Auch Mangan ist trinkwasserschädlich, wenn es in Mengen von mehr als 0,05 mg/l enthalten ist. Der Gehalt an Cl^- darf 0,025 g/l nicht überschreiten.

Der Bedarf an Brauch- und Trinkwasser pro Einwohner liegt bei über 200 l/d. In Industriegebieten sind die benötigten Wassermengen sehr viel größer. Dem Grundwasser drohen erhebliche Gefahren durch die zunehmende Verschmutzung des Oberflächen-Wassers sowie durch das Eindringen von Heizöl und anderer wassergefährdender Flüssigkeiten in den Boden, die Deponierung von Chemie-Abfällen auf Müllkippen und die zunehmende Nitrat-Anreicherung infolge landwirtschaftlicher Überdüngung.

Quellen

Natürliche, örtlich begrenzte Austritte von Grundwasser bezeichnet man als Quellen. Stammt das Grundwasser aus einem tiefen Speicher und ist es infolge des Temperatur-Gradienten (s. S. 13) über 20 °C erwärmt worden, so spricht man von *Thermalquellen* oder *Thermen* (z. B. die Aachener Quellen mit 78 °C oder Karlsbader Quellen mit 43–47 °C). Wenn der Mineral-Gehalt des Grundwassers über einen bestimmten Wert steigt, handelt es sich um *Mineralquellen*. Mineralwässer im balneologischen Sinn (Balneologie = Bäderkunde) sind diejenigen, die pro Liter Wasser mehr als 1 g gelöste Mineralstoffe enthalten, Säuerlinge diejenigen, die pro Liter Wasser mindestens 1 g freies CO_2 führen. *Solquellen* entstehen bei der Auflösung von Salzlagern. Solbäder

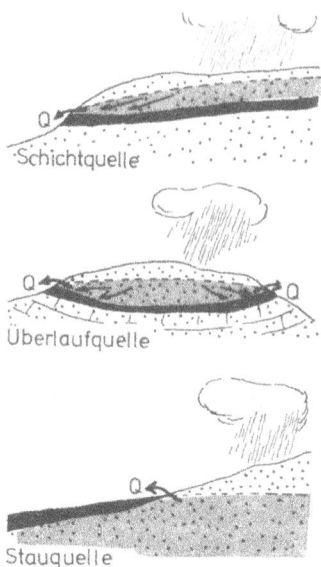

Abb. 39. Die wichtigsten Arten von absteigenden Quellen.
Schwarz: Grundwasser-Nichtleiter,
punktiert: Grundwasser-Leiter,
gestrichelte Linie: Grundwasser-Spiegel.

müssen über 5,5 g Na$^+$ und (8,5 g Cl$^-$/l H$_2$O führen. Wichtige Heilbäder liegen daher unmittelbar über Salz-Lagerstätten (Salzdethfurth, Oeynhausen, Salzuflen, Pyrmont). Der Schwefelwasserstoff von *Schwefelquellen* kann vulkanischen Ursprungs sein oder auch durch Auflösung von Schwefeleisen im Gestein bzw. durch Reduktion von Sulfaten aus Gips- und Anhydrit-Lagerstätten bei Anwesenheit von organischer Substanz in das Quellwasser geraten. *Jodquellen* treten zusammen mit Kochsalz-Wässern in der Nähe von Erdöl-Lagerstätten auf. *Radioaktive Quellen* sind im allgemeinen an saure Erstarrungsgesteine wie Granit und Quarzporphyr (s. Tab. 13a) gebunden. Eisenhaltige Quellen erkennt man an rotbraunen bis braunschwarzen FeOOH-Abscheidungen.

Man unterscheidet Quellen mit absteigendem von solchen mit aufsteigendem Wasser. Zum häufigsten Typ der absteigenden Quellen gehören die *Schichtquellen*. Sie treten dort auf, wo geneigte, wasserführende Schichten von der Erdoberfläche im Bereich einer Gehängestufe angeschnitten werden (s. Abb. 36 u. 39). Oft verbleibt das Quellwasser zunächst im Gehängeschutt und tritt weiter unterhalb am Hang als *Schuttquelle* zutage. Bei *Überlaufquellen* erfolgt die Schüttung entgegen der Schichtneigung, sofern die Höhe des Grundwasser-Spiegels ein Gefälle zur Austrittsstelle erlaubt (s. Abb. 39). Dies ist insbesondere bei muldenförmiger Lagerung des Grundwasser-Leiters der Fall. Quellen, die bei Trockenheit versiegen, nennt man *Hungerquellen*.

Ein Sonderfall sind die *Stauquellen* wie die Pader-Quellen bei Paderborn. Sie treten dort auf, wo sich der Grundwasser-Strom durch abdichtende überlagernde Gesteine staut, d.h. bei geneigter Schichtenlagerung am Außenrand der wasserstauenden Deckschichten (s. Abb. 39 u. 40).

Zu den aufsteigenden oder Steig-Quellen gehören die *Verwerfungs-* oder *Spaltenquellen*. Sie bilden sich dort, wo an Störungsflächen (s. S. 165 ff.) Grundwasser-Leiter gegen undurchlässiges Gestein stoßen, so daß es zum Aufstieg von Grundwasser nach dem Prinzip der kommunizierenden Röhren und damit zu Quell-Austritten kommt. Diese sind entsprechend dem mehr oder minder geradlinigen Verlauf der meisten Verwerfungen auf *Quell-Linien* angeordnet (Abb. 40).

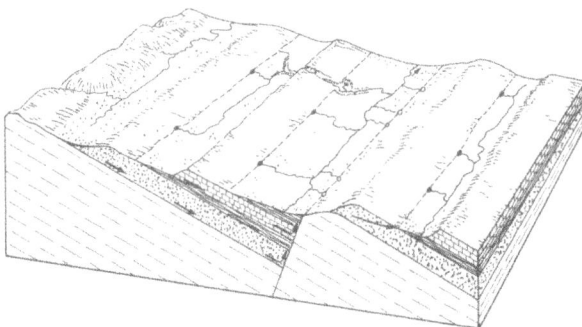

● Stauquellen
○ Verwerfungsquellen

Abb. 40. Stau- und Verwerfungsquellen (nach WAGNER, geändert).

Eine besondere Form von Wasser-Austritten sind die *Artesischen Brunnen* (nach dem Artois in Nordfrankreich). Man findet sie dort, wo abwechselnd wasserstauende und -leitende Schichten zu einem Becken durchgebogen sind (Pariser Becken). Bohrungen ermöglichen dem Wasser den hydrostatischen Aufstieg unter Druck (s. Abb. 41). Ist die abdichtende Schicht durch die Erosion durchlöchert, so kann das gespannte Grundwasser als *Artesische Quelle* aufsteigen. Die Wasser-Versorgung regenarmer Gebiete beruht zum großen Teil auf artesischem Wasser in großräumigen, sedimenterfüllten Mulden, so z. B. in der Sahara und in Australien.

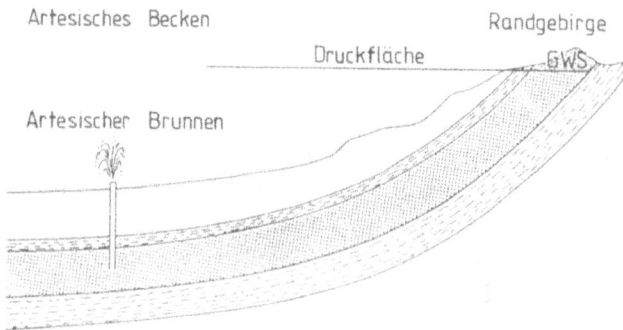

Abb. 41. Schema eines Artesischen Brunnens (GWS = Grundwasser-Spiegel).

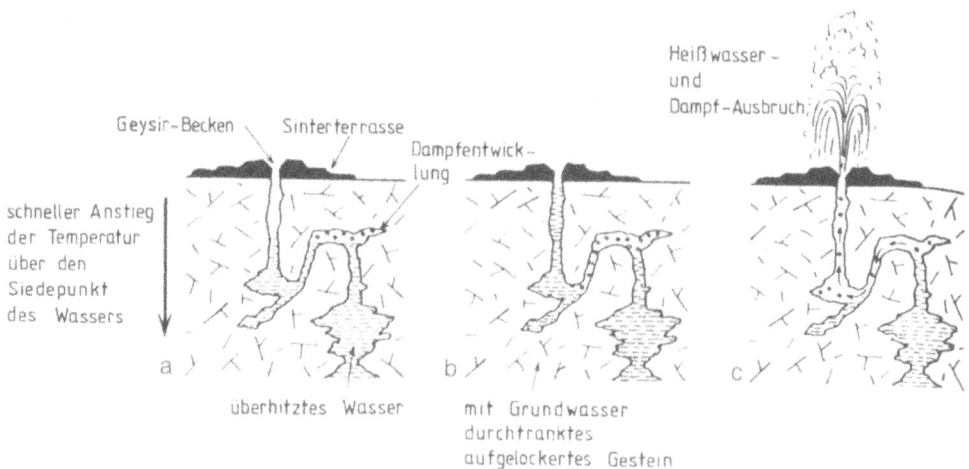

Abb. 42. Entwicklung eines Geysir-Ausbruches (nach RAST, geändert).
  a) Nach einem vorausgegangenen Ausbruch beginnt erneut Dampf-Entwicklung in einem der aufsteigenden Heißwasser-Säule zwischengeschalteten knieförmigen Hohlraum.
  b) Die verstärkte Dampf-Entwicklung treibt den oberhalb des Hohlraums stehenden Teil der Wassersäule weiter nach oben.
  c) Die Dampf-Entwicklung hat den kritischen Punkt erreicht: Wasser und Dampf werden ausgeschleudert.

Springquellen oder *Geysire* (isländ.) werfen in regelmäßigen oder unregelmäßigen Abständen von Stunden oder Tagen kochendes Wasser hoch. Sie liegen in vulkanischen Gebieten (Island, Yellowstone Nationalpark USA, Alaska, Neuseeland), wo der Wärmefluß (s. S. 13) sehr groß ist. Voraussetzung ist ein oberflächennahes Wasserreservoir, dessen Ausfluß-Kanal knieartig geformt ist und an der Erdoberfläche in einem schüsselförmigen Quellschacht endet (s. Abb. 42). Wenn in 10 m Tiefe die Temperatur der Wassersäule auf 119 °C (in 20 m auf 132 °C) steigt, dann überwindet der Dampfdruck den hydrostatischen Druck der auflastenden Wassersäule und es kommt zum explosiven Aufkochen, Hochschießen und Herausschleudern des Wassers. Der Prozeß beginnt dann von neuem.

4.2.2.1.4 Karst-Erscheinungen

Besondere Formen entstehen im fluviatilen Abtragungsbereich, wenn Kalkgesteine den Untergrund bilden. Nach den Gebilden, die das kohlensäureführende Wasser in den Kalkstein-Gebieten des slowenisch-kroatischen Karstes, eines Teilstückes des Dinaridischen Gebirges, schuf, bezeichnet man alle ähnliche Phänomene in anderen Kalkgebirgen als *Karst*.

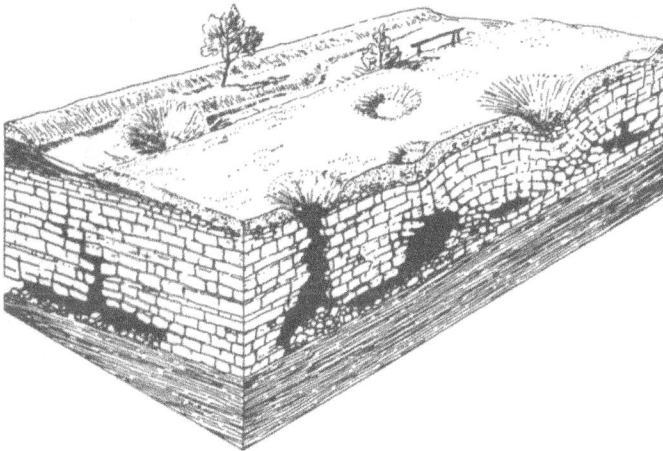

Abb. 43. Schematische Darstellung der Karst-Landschaft: vorne Naturschacht, in der Mitte Doline im Werden, rechts vollendet, links Höhle (nach WAGNER).

An der Erdoberfläche und im Innern der Kalk- bzw. Dolomit- oder auch Gipsgesteine führt die Verkarstung zu bedeutender Zerstörung (s. Abb. 43). Zu solchen *primären Karst-Erscheinungen* gehören die an der Oberfläche entstehenden *Karren (Schratten)*, die oft mehrere Meter breite Rinnen und Furchen darstellen und ganze *Karren-* oder *Schrattenfelder* bilden können (s. Abb. 44). Durch Lösung im Untergrund (*Subrosion*) entstehen an der Oberfläche und in der Tiefe weitere primäre Karst-Erscheinungen wie *Schlotten, Spalten, Erdorgeln, Naturschächte* und *Höhlen*. In Deutschland befinden sich größere Höhlen in den Massenkalken des Sauerlandes und des Harzes sowie den Malm-Kalken der Schwäbischen Alb. *Höhlen-Systeme* ziehen die fließenden Gewässer der Erdoberfläche an sich, so daß sich schließlich ein unterirdisches Flußnetz ausbildet (s. Abb. 45). Wo Bäche und Flüsse in Karst-Bereiche eintreten, verschwindet das Wasser durch Versickerung. Es dringt zunächst durch schmale Spalten im Flußbett in die Tiefe. Größere Schlucklöcher werden *Ponore* (slaw.) oder *Katavothren* genannt, in denen schließlich das gesamte Wasser des Flusses verschwindet. Nach längerem oder kürzerem Lauf tritt es dann in oft über 20 m tiefen *Quelltöpfen* wieder zutage und bildet eine *Karstquelle.* So versickert die Donau in den Jura-Kalken bei Immendingen, die das Wasser des Oberlaufes der Donau auf einem mehr als 12 km langen Weg der Ach-Quelle zuführen. Das Flußbett bildet hier ein Trockental, in dem nur ein Teil des Hochwassers oberflächlich abfließt.

Stürzen in Karst-Gebieten die Decken unterirdischer Hohlkammern ein, so entstehen trichterförmige Einbruchskessel, die *Erdfälle* oder *Dolinen.* Wachsen mehrere größere Dolinen mit unregelmäßigem Umriß zusammen, so bilden sich *Karstwannen* oder *Uvalas* (Schüsseldolinen).

Poljen sind große, oft steilwandige Becken mit nahezu ebenem Boden, auf deren mehr oder weniger dünne Sedimentdecke der Ackerbau beschränkt ist. Sie werden durch den Einsturz ausgedehnter unterirdischer Hohlräume hervorgerufen, die infolge flächenhafter Kalklösung im Untergrund bei unterirdischer Karst-Entwässerung entstanden sind. Die steilwandige Umrahmung stellt die Außenkontur des unterirdischen Hohlraum-Systems dar. Der ebene Poljenboden bildet sich durch zeitweilige Überschwemmung, wenn bei Hochwasser die Ponore am Rande der Polje nicht ausreichen, um das Wasser abzuführen, oder sogar als Speilöcher dienen. Es entstehen dann *periodische Seen* wie derjenige von Cerknica bei Postoina in Slowenien.

Die Ausscheidungen neu gebildeten Kalksteins und anderer Stoffe aus den Karst-Gewässern werden als *sekundäre Karst-Erscheinungen* zusammengefaßt. Der in oberflächennahen Gesteinsschichten gelöste Kalk [$Ca(HCO_3)_2$, s. S. 52] scheidet sich oft wenig tiefer in Spalten und Höhlen als *Tropfstein* wieder ab, und zwar dort, wo das Sickerwasser einer langsamen Verdunstung oder Erwärmung in der meist im Jahresmittel sehr stetig warmen Luft ausgesetzt ist. Ein geringer Teil des Calciumhydrogencarbonats scheidet sich ständig an der Tropfstelle als Calcit nach der Reaktion $Ca(HCO_3)_2$ → $CaCO_3 + H_2O + CO_2$ aus. Im Laufe der Zeit entsteht so an der Decke der schlanke und lange *Stalaktit.* Auf dem Boden wiederholt sich die Kalk-Ausscheidung, so daß an der Auftropfstelle der breit-plumpe *Stalagmit* emporwächst (s. Abb. 46). Stalagmit und Stalaktit können zu einer Säule zusammenwachsen.

Flächenhafte rindenartige Kalk-Ausscheidungen an den Höhlenwänden und anderen Stellen sind die *Kalksinter-Krusten,* die durch Eisen- und Mangan-Führung gelb oder rot verfärbt sein können. Im Bereich von Karstquellen, wo das Wasser durch die Außenluft erwärmt oder wo dem Wasser durch Pflanzen, insbesondere durch Moos, CO_2 entzogen wird, bildet sich ein lockerzelliger *Kalksinter,* der bei genügender Festigkeit als *Travertin* im Baugewerbe Verwendung findet.

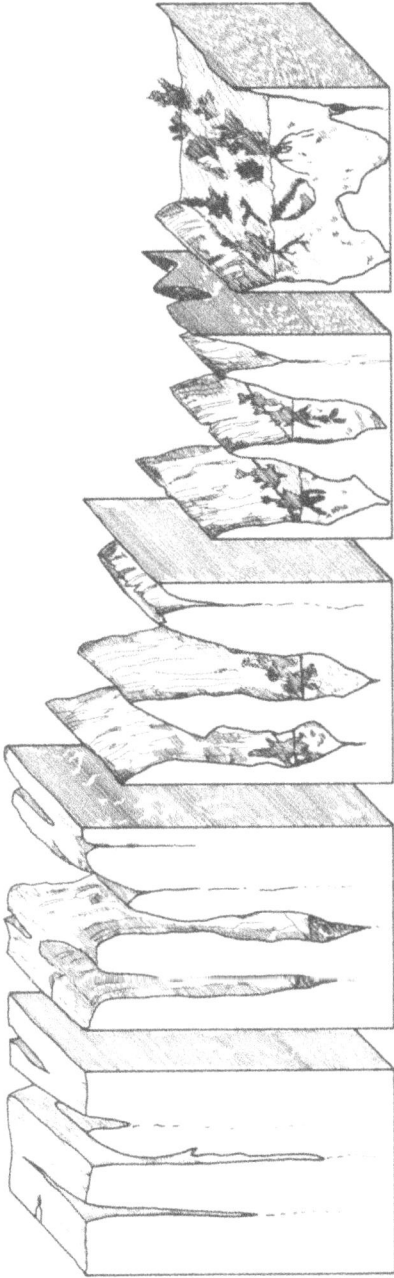

Abb. 44. Karrenbildung: Ausgehend von Klüften im Kalkstein bilden sich zunächst schmale Spalten aus. Diese erweitern sich, in den ausgeweiteten Karren sammelt sich Verwitterungsmaterial an (nach LESER & PANZER).

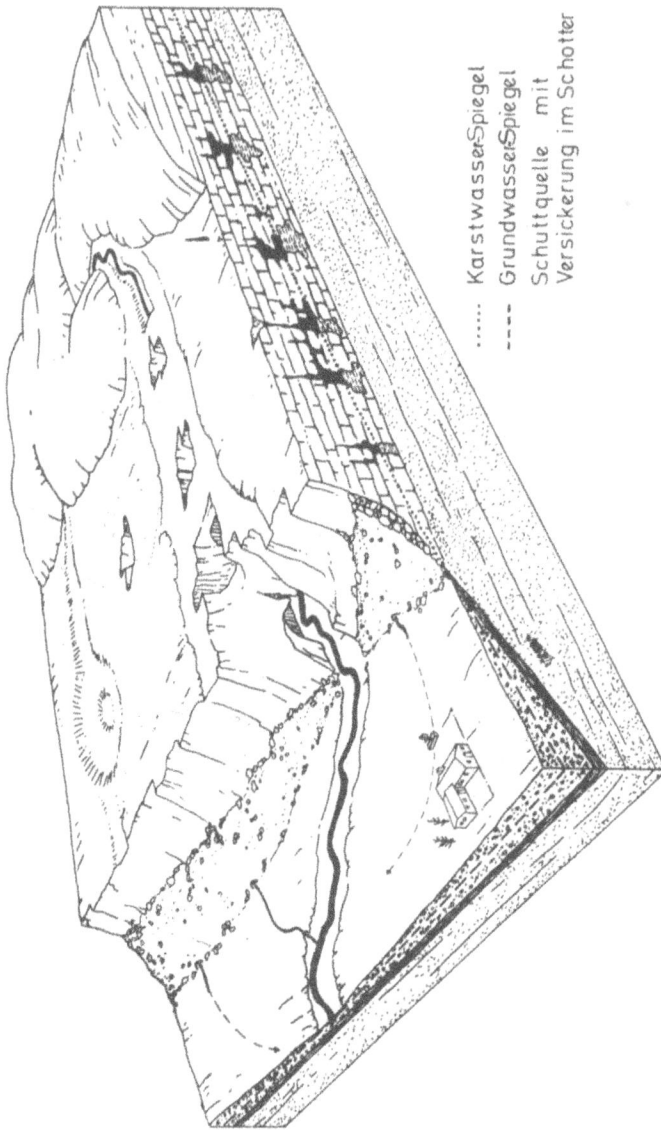

Abb. 45. Blockbild einer Karst-Landschaft: Der aus dem wenig durchlässigen Sandstein kommende Fluß versinkt im Kalkstein und tritt an dessen Untergrenze wieder aus. Hinten Trockental mit Doline (nach WAGNER).

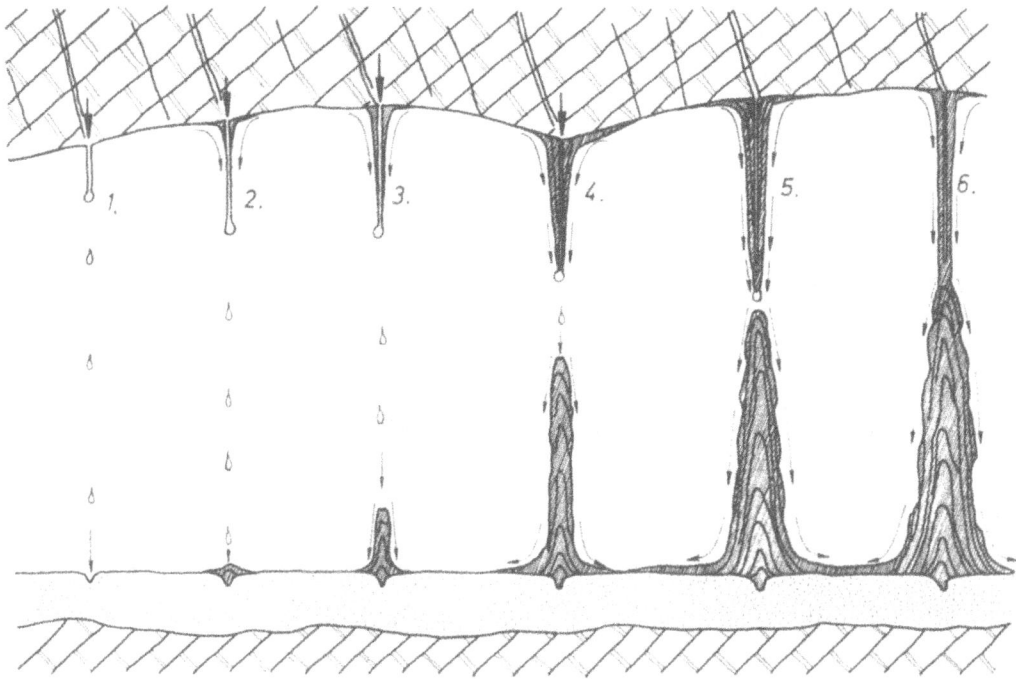

Abb. 46. Bildung von Tropfsteinen (nach KETTNER). Am Höhlendach entsteht ein ‚Federkiel' (1), durch dessen Röhre und an dessen Außenseite kalkhaltiges Wasser fließt (2) und dem auf dem Boden ein Stalagmit entgegenwächst (3, 4). Die Röhren des Stalaktits werden mit Kalk ausgefüllt (5); schließlich wachsen Stalaktit und Stalagmit zusammen (6).

4.2.2.2 Geologische Wirkung der Seen

Seen stellen stehende Gewässer dar, die keine unmittelbare Verbindung zum Meer besitzen. Sie sind meist mit Süßwasser gefüllt; es gibt jedoch auch viele Salzwasser-Seen. Durch den Bau von Talsperren entstehen künstliche Seen.

Seen sind geologisch betrachtet von nur „kurzer" Lebensdauer. Die meisten Seen in Mitteleuropa entstanden während der letzten Eiszeit und sind etwa 20 000 Jahre alt. Sie verdanken ihre Entstehung hauptsächlich der ausschürfenden Tätigkeit der Gletscher (s. S. 90 f.) und der Ansammlung von fluvio-glazialen Schmelzwässern (s. S. 94). Hierzu gehören die *Kar-Seen*, die Seen in den ausgeschürften Gletschertälern der Alpen (Walen-See, Achen-See) und die durch Aufstau an Endmoränen (s. S. 92) entstandenen Seen (Voralpen-Seen in Bayern, die italienischen Alpen-Seen, die baltische Seenplatte und die kanadischen Seen). Wo Seen fluvio-glaziale Täler ausfüllen, besitzen sie eine langgestreckte, oft leicht gewundene Gestalt („Rinnenseen", z. B. Berliner Seen). Auftauende Toteis-Massen in Moränen- oder Sandschutt ließen dolinenartige „Erdfälle" entstehen, die sich mit Wasser füllten. Viele Seen bildeten sich in Tälern, in denen ein Aufstau durch Bergstürze (See von Poschiavo, Klön-See, Davoser See), Schuttkegel

(Silser See im Engadin) oder durch fluviatile Aufschüttung (durch Flußsedimente abgeschnürte Altwässer) erfolgte. Auch Lava-Ströme (s. S. 186) können durch Abdämmung Seen erzeugen (Kimo-See in Ostafrika, Hule-See im Jordan-Graben). Durch Karst-Verwitterung (Dolinen, Poljen) oder durch Auslaugung von Salz im Untergrund entstehen *Karst-Seen* (Skutari-See in Montenegro) und *Auslaugungsseen* („Süßer See" und „Salziger See" bei Eisleben, Seen des Werra-Tales). In Sprengtrichtern der Vulkane (s. S. 194) sammelt sich Wasser zu *Maar-Seen* (Laacher See, Randecker Maar). Durch Einbruchstektonik (s. S. 168) entstandene Seen sind der See von Genezareth und das Tote Meer, die Ostafrikanischen Seen (Tanganyika-See) und der Baikal-See (tiefster See der Erde).

Charakteristisch für die See-Bildung des ariden Klimabereiches ist, daß die Verdunstung im allgemeinen dem Zufluß die Waage hält, so daß ein Abfluß des Sees nicht nötig wird (Kaspi-, Aral-, Balkasch-See) oder wie beim Tschad-See nur periodisch eintritt. Die Seen des ariden Bereiches sind daher meist *Salz-Seen*, deren Salz-Konzentration die des Meeres übertreffen kann. Je älter ein Salz-See ist, desto salzreicher wird er. Das Tote Meer besitzt eine Fläche von 940 km^2, einen Inhalt von 160 km^3, davon $44 \cdot 10^9$ t Salz. Der Natron-See in Ostafrika hat eine 400 km^2 große Seefläche, die von einer weißen Soda-Kruste mit über 20 cm Dicke umrandet ist.

In Seen einmündende Flüsse füllen durch ihr Delta (s. S. 73) die Senke meist rasch auf. Am Grunde des Sees sammelt sich die Flußtrübe und ebnet ihn ein. So beträgt die jährliche Aufschüttung im Brienzer See 24 mm, im See von Uri 57−81 mm.

> In großen Seen kommen Wellen von beachtlichem Ausmaß vor, z. B. im Genfer See bis zu 2 m Höhe. Steilufer werden von solchen Wellen unterspült, und es können Brandungshohlkehlen (Kliffe) mit vorgeschalteten Abrasionsplattformen wie an Meeresküsten (s. S. 99) entstehen (Bodensee, Südende des Garda-Sees).

Im Seewasser schweben Kleinlebewesen, insbesondere Pflanzen. Letztere können bei sehr kalkreichem Wasser diesem durch Assimilation CO_2 entziehen und $CaCO_3$ abscheiden, das sich auf dem Seegrund als *See-Kreide* absetzt. Die sauerstoffreichen (oligotrophen) Seen haben gut durchlüftetes Wasser, besonders wenn sie von Flüssen durchströmt werden (Schaltseen). Daher lösen sich die Reste der abgestorbenen Organismen schnell auf. In sehr nährstoffreichen oder eutrophen Seen, die ein ausgeprägtes Pflanzen- und Tierleben besitzen, nimmt allmählich der Sauerstoff-Gehalt ab. Die Reste der Organismen sammeln sich mit dem Sediment auf dem Grund als *Faulschlamm*, den man *Vollfaulschlamm (Sapropel)* nennt, wenn er sich ganz unter Sauerstoff-Abschluß bildet. Am zeitweise belüfteten Seegrund entsteht der graue bis graubraune *Halbfaulschlamm* oder *Gyttja* (schwed.). *Kieselgur* besteht aus Kieselalgen-Schälchen. See-Ablagerungen werden als *limnische Sedimente* bezeichnet. Sie können jahreszeitlich geschichtet sein wie die eiszeitlichen Bändertone (s. S. 26f.).

Durch humusreiches Wasser der kühlen Klimate wird viel Eisen in die Seen verbracht, wo es (z. T. unter Mikroorganismen-Einwirkung) ausfällt und *See-Erz* bildet. Braunwasser-Seen (dystrophe Seen) sind vorwiegend nährstoff- und planktonarm. Sie liegen meist in Moor-Gebieten. Am Boden flocken Humuskolloide aus und bilden „*Torfschlamm*" oder *Dy* (schwed.).

Durch die Ablagerung organischen oder anorganischen Materials wird der See immer seichter. Vom Ufer dringen Landpflanzen ständig weiter in ihn vor, deren Abbau durch Sauerstoff-Mangel im Wasser gehemmt ist. Es bildet sich viel *Torf* und im Laufe der Zeit erreicht dieser die Wasser-Oberfläche. Der See ist verlandet. Sehr rasch verbreiten sich andere feuchtigkeitsliebende Pflanzen mit hohem Nährstoff-Anspruch, und es entsteht ein *Flach-* oder *Niedermoor*. Durch das allmähliche Wachstum des Flachmoor-Torfes und das damit verbundene Emporheben über den Grundwasser-Spiegel kann sich Baumwuchs (Erlen, Birken, Kiefern) ausbreiten. In Gebieten hoher Niederschläge wachsen vor allem in der Mitte neue Torf-Schichten auf, so daß ein urglasförmig aufgewölbtes *Hochmoor* entsteht. Durch die jetzt vorhandene Nährstoff-Armut stirbt die anspruchsvolle Niedermoor-Vegetation ab; an ihre Stelle treten die genügsamen Torfmoose der Gattung *Sphagnum*.

Im lebenden Moor folgt unter der *Vegetationszone*, die das pflanzliche Ausgangsmaterial liefert, die *Vertorfungszone*. Hier werden die Pflanzenreste anfangs durch aërobe Bakterien, Pilze und niedere Tiere (bis ca. 0,5 m Tiefe), und, sobald Sauerstoff fehlt, durch anaërobe Bakterien in Torf umgewandelt. Dabei folgt ein biochemischer Abbau von Cellulose [$(C_6H_{10}O_5)_n$] und verwandten Verbindungen sowie Proteinen. Durch diesen Vorgang entstehen H_2O, CO_2 und CH_4, die entweichen; zurück bleiben Humusstoffe (s. S. 57f.).

Seen und Talsperren haben wichtige Aufgaben bei der Verteilung des Niederschlages zu erfüllen. Sie gleichen die Spitzenbeträge der Niederschläge durch Speicherung großer Wassermengen aus, die sie dann langsam wieder abgeben. Die Bedeutung der Seen für die Gewinnung von Trink- und Brauchwasser nimmt laufend zu. Sie dürfen daher nicht durch Abwässer und Öl verschmutzt werden.

4.2.2.3 Geologische Wirkung des Eises

4.2.2.3.1 Schnee und Lawinen

Wasser tritt auch in gefrorenem Zustand, in Form von Schnee und Eis, als wichtiger geologischer Faktor in Erscheinung. Die Gesamtheit der geologischen Vorgänge, die mit Schnee und Eis verbunden sind, werden als *glazigen* bezeichnet. Schnee entsteht durch Gefrieren von Wasser-Tröpfchen in der Atmosphäre. Seine Anhäufung am Boden erfolgt nicht gleichmäßig, sondern ist vom Wind und der Oberflächengestalt abhängig. Hänge können den Schnee nur schlecht halten, daher rutscht er plötzlich als *Lawine* ab. Nach der Zeitdauer zwischen Schnee-Absatz und Lawinen-Auslösung sind *Sofort-* von *Umwandlungslawinen* zu unterscheiden. Die ersten werden unmittelbar durch den Schneefall ausgelöst. Die zweiten entstehen erst nach Abbau der stern-, platten- und nadelförmigen Neuschnee-Kristalle und Neubildung mehr isometrischer Prismen und hexagonaler Becherformen, wodurch die Schnee-Auflage als „Schwimmschnee" plötzlich instabil wird. Bei *Staublawinen* stürzt trockener, bei großer Kälte frischer Pulverschnee durch Abgleiten von einer Unterlage älteren verfestigten Schnees in die

Tiefe. Bei den *Grundlawinen* löst sich eine feuchte schwere Altschnee-Decke von der Fels-Unterlage besonders im Frühjahr oder bei Föhn-Wetterlagen ab und fließt als Strom in die Tiefe. Dabei können Mengen von über 1 Mio. m³ verfrachtet werden. Grundlawinen bevorzugen rinnenförmige Lawinenbahnen, die immer stärker erodiert werden. Da sie viel Gesteinsschutt mit sich führen, stellen sie einen beachtlichen Faktor für Materialtransport und -ablagerung in den Hochgebirgen dar. Bei *Festschnee-Lawinen* rutschen breite Schneebretter plötzlich mit scharfrandigem Abbruch in die Tiefe. Oft geht Lawinen ein Windschlag, d.h. eine voraneilende Luftdruck-Welle, voraus.

4.2.2.3.2 Geologische Tätigkeit der Gletscher

Im nivalen Klima-Bereich (s. S. 44), der etwa durch die Polarkreise begrenzt wird bzw. über der Schneegrenze in den Hochgebirgen herrscht, entsteht aus Schnee dadurch allmählich *Firn*, daß der Schnee an der Oberfläche schmilzt, das Schmelzwasser einsickert und wieder zu Eiskörnern erstarrt. Diese Firnkörner werden durch Sammelkristallisation zu *Firneis* (zentimetergroße Eiskristalle in lufthaltigem Schnee-Zement mit 20–40% Luftgehalt, Dichte: 0,5–0,7 g/cm³) verfestigt, aus dem schließlich kompaktes Gletschereis (Dichte: 0,9 g/cm³, Luftgehalt bis 2%) entsteht.

> Das Eis der Seen, das Fluß-Eis und das Meer-Eis ist von anderer Beschaffenheit. Hier geschieht das Wachstum der Eiskristalle senkrecht zur Abkühlungsfläche in stengelig-prismatischen Formen. Die Eis-Dicke überschreitet selbst im Polargebiet selten 3 m, nur Packeis kann sich dort bis zu 30 m hoch auftürmen.

Nach Größe und äußerer Form kann man mehrere Gletschertypen unterscheiden: a) die *Hochgebirgsgletscher vom alpinen Typ,* bei denen es alle Übergänge zwischen den kleinen, relativ breiten *Hang-Gletschern* und den oft sehr langen *Tal-Gletschern* gibt, die in einzelnen Tälern auftreten oder sich über Pässe und andere niedrige Gebirgsteile hinweg zu einem *Eisstrom-Netz* vereinigen können, b) die *Vorland-Gletscher,* die aus den Gebirgstälern in das Vorland hinaustreten und sich zu großen Eiskuchen vereinigen (Malaspina-Gletscher in Alaska 3900 km³), c) die norwegischen *Hochland-Gletscher,* die ganze Hochflächen bedecken, und d) das *Inland-Eis,* das als zusammenhängende Eis-Masse weite Bereiche der Polarländer überlagert. Dort, wo es bis zur Küste reicht, entstehen durch Abbrechen großer Schollen (Kalben) die *Eisberge.* Diese enthalten oft Grundmoränen-Schutt (s. S. 91) eingebacken, den sie beim Schmelzen über den Meeresgrund verstreuen. Sie gelangen im nördlichen Atlantik nach Süden bis Island.

Bei einem Gletscher unterscheidet man zwischen dem oberhalb der Schneegrenze liegenden *Nährgebiet* (Akkumulationsgebiet), das entweder eine Hochfläche (*Firnfeld*) oder eine muldenförmige Senke (*Firnmulde*) darstellt, und dem unterhalb der Schneegrenze liegenden *Zehrgebiet* (Ablationsgebiet), das den größten Teil der *Gletscherzunge* einnimmt. Im Nährgebiet ist die Anhäufung von Schnee und Eis größer als die *Ablation* (Abschmelzen und Verdunstung), die im Zehrgebiet überwiegt. Die *Firnlinie* (*Firngrenze*) bezeichnet die Grenze beider Bereiche (s. Abb. 47 u. 48). Das Vorherrschen der

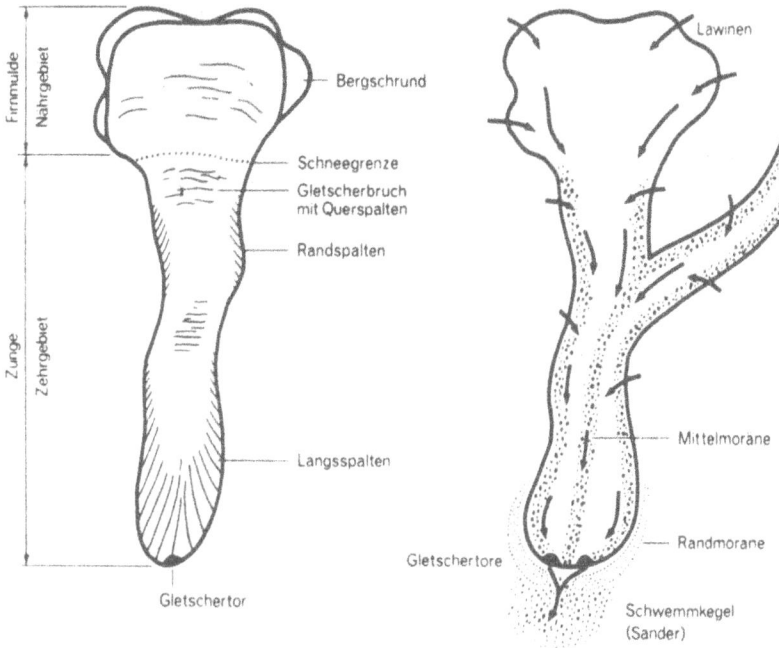

Abb. 47. Schematische Darstellung eines Gletschers (nach SEYDLITZ).

Abschmelz-Vorgänge im Zehrgebiet führt dazu, daß auf der Oberfläche der Zunge *Schmelzwasser-Bäche* fließen. Diese stürzen oft in Hohlräume des Eises, die *Gletschermühlen*, und höhlen darunter unter Mithilfe von Geröllen im Felsgestein die *Gletschertöpfe* aus. In verzweigten Höhlensystemen innerhalb des Eises fließen die Schmelzwässer talwärts und treten am Ende des Gletschers an der *Gletscherstirn* im *Gletschertor* wieder zutage.

Die Gletscher fließen, wie im Eis mitgeschleppte Gegenstände und Markierungen ihrer Ober- und Unterseite beweisen (s. Tab. 4). So bewegt sich der Rhône-Gletscher bis über 100 m/a und der Karajak-Gletscher (Grönland) bis 6500 m/a. Dabei kommt es oft zu seitlichen Schlingerbewegungen.

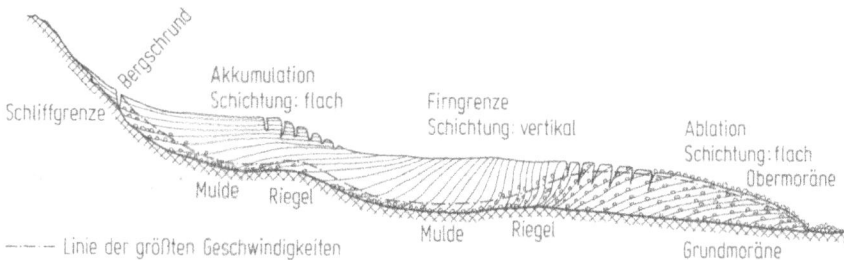

Abb. 48. Längsschnitt durch einen Tal-Gletscher mit Schichtflächen und Hauptbewegungszonen (nach STREIFF-BECKER).

Mindestens fünf verschiedene Arten der Fließbewegungen kennt man heute: Bei Temperaturen nahe dem Schmelzpunkt kommt es a) zu Druckverflüssigung und Wiedergefrieren hinter einem Hindernis (Regelation). Es können b) Verschiebungen auf Korngrenzen sowie c) Verschiebungen (Translationen) auf den Gitterflächen der Kristalle eintreten, so daß sich insgesamt eine plastische Verformung ergibt. Mit sinkenden Temperaturen geht der Gletscher d) zu Blockschollen-Bewegungen über. Bei sehr mächtigen Gletschern können e) auch laminare Gleitbewegungen auf Scherflächen erfolgen, durch die ein *Blaublatt-Gefüge* entsteht.

Wegen seiner Steifheit bricht der Eis-Strom, wenn er über gewölbte Flächen fließt; es bilden sich *Querspalten* und *Gletscherbrüche*. *Randspalten* bilden sich bei raschen Bewegungen der Gletschermitte. Am Zungenende entstehen durch Verbreiterung *Längsspalten*, die sich zu *Radialspalten* öffnen können. Wird das Gleichgewicht zwischen Eis-Nachschub und Abschmelzung gestört, so verschiebt sich die Lage der Gletscherstirn. Sie weicht bei wärmerwerdendem Klima zurück. Gletscher-Schwankungen sind aus den Alpen wohlbekannt. Beispielsweise begann etwa ab 1540 n. Chr. ein genereller Vorstoß; so lag das Zungenende der Pasterze zwischen 1620 und 1640 ca. 1 km vor dem heutigen. Zwischen 1650 und 1800 kam es wieder zum Schwinden des Eises, dann stieß es bis zu einem Höchststand zwischen 1850 und 1856 abermals vor, wobei die Gletscherstirn etwa 1 km vor der heutigen lag. Seit 1856 verlor die Pasterze etwa 30 % ihres Volumens. Zur Zeit schmelzen die Gletscher der Alpen immer rascher ab, so daß der Gletscherschwund erheblich zunimmt.

Die Gletscher wirken abtragend. Das über den Fels-Untergrund wie ein Schlitten gleitende Eis reißt aus den seitlichen Talwänden Brocken heraus. Von den über dem Eis liegenden Hängen fällt Verwitterungsschutt auf den Gletscher und wird mit fortgetragen. Lockermassen werden vom Eis fortgeschoben. Diese vom Eis mitgeführten Schuttmassen üben bei ihrer Bewegung über den Felsgrund des Gletscherbettes eine oft erhebliche Wirkung aus, die zum Abschleifen vor allem der vorspringenden Felsteile führt. Der Untergrund wird aber auch gleichzeitig von Schmelzwasser-Strömen im und unter dem Eis angegriffen, ohne daß der jeweilige Anteil des bewegten Eises und des fließenden Wasser klar abzugrenzen sind. Man spricht daher mit einem Sammelausdruck von der Wirkung der *Gletscher-* oder *Glazialerosion*. Dabei wirkt auch die Frost-Verwitterung (s. S. 47 f.) mit. Bei der eigentlichen Eis-Arbeit kann zwischen folgenden Einzelvorgängen unterschieden werden: *Exaration* als Ausschürfen nicht glazigener Lockergesteine und anstehender Felsgesteine im Bereich der Gletscherstirne, *Detersion* als Schleif-, Schramm- und Kratzwirkung am Untergrund unter dem Gletscher sowie *Detraktion* als Herausbrechen von an der Gletscher-Unterseite angefrorenen Gesteinsbereichen bei der weiteren Bewegung des Eises. Die Gletscher-Erosion führt zu *Gletscherschrammen, Hohlkehlen* und *gerundeten Felsbuckeln (Rundhöcker)*, wie sie nach dem Abtauen des Eises für die glazial überformte Gebirgslandschaft bezeichnend sind. Gletscher können durch die Erosionswirkungen ursprünglich V-förmige Täler in U-förmige *Mulden-* oder *Trogtäler* umformen (s. Abb. 49). Da die Haupttäler von Eis stärker ausgeschürft werden, liegt ihre Sohle oft tiefer als diejenige der Nebentäler. Letztere münden daher meist mit einer Talstufe in das

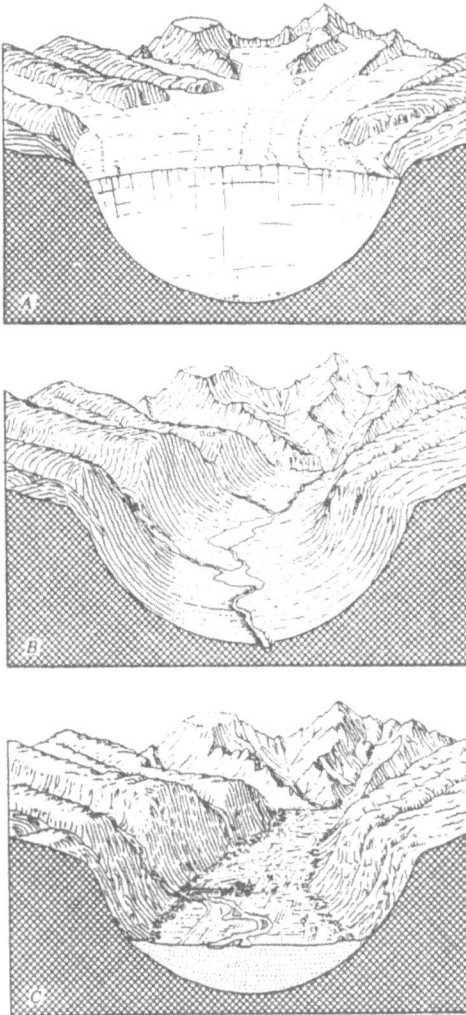

Abb. 49. Entwicklung eines alpinen Gletscher-
tales (nach STRAHLER).

A: Z. Zt. des Höhepunktes der
Vereisung.
B: Nach Abschmelzen des Eises liegt
ein Trogtal mit den von Neben-
gletschern erzeugten Hänge-
tälern vor.
C: Das Trogtal wurde teilweise durch
Fluß-Ablagerungen erfüllt.

Haupttal und bilden „*Hängetäler*". Im Querschnitt weisen vom Eis überformte Täler
über dem U-förmigen Stück wieder ebenes Gelände, die *Trogschultern*, auf (s. Abb. 50).
   Durch die abtragende Wirkung der Hanggletscher und Frostsprengung wird die
Firnmulde zu einer tiefen, steilwandigen Nische am Berghang, dem *Kar*, ausgeschürft.
Sie zeigt einen flachen *Karboden* sowie steile Seiten- und Rückwände. Das Kar wird
durch eine *Karschwelle* talwärts abgeriegelt. Der ausgeschürfte Schutt liegt nicht selten
im Bereich der Karschwelle als *Wallmoräne* angehäuft (s. Abb. 51). Die Hochgebirgs-
gipfel der Alpen verdanken ihre Form vielfach den seitlich eingemuldeten Karen.
   Der mitgeführte Gletscherschutt läßt sich in den aktiv aus dem Untergrund aufgenom-
menen *Grundschutt* und den von oben auf die Eis-Oberfläche fallenden *Oberflächen-Schutt* gliedern. Anhäufungen des ersten werden zu *Grundmoränen* (s. Abb. 52 u.
53). Durch die Gletscher-Bewegung wird der Oberflächen-Schutt (*Obermoräne*) bevor-

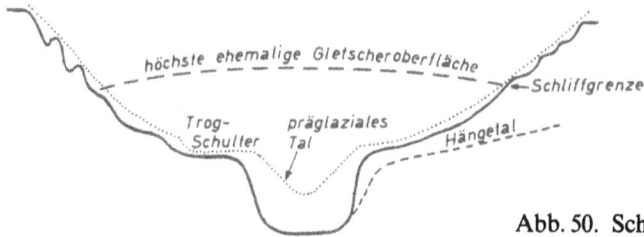

Abb. 50. Schematischer Querschnitt durch
ein Trogtal (nach LOUIS, geändert).

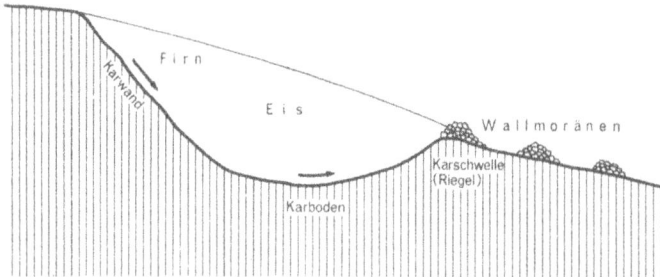

Abb. 51. Die Entstehung
eines Kares (nach GERMAN).

zugt an den beiden Seiten des Gletschers als *Seitenmoräne* angehäuft. Treffen zwei
Gletscher zusammen, so vereinigen sich die beiden Seitenmoränen zu einer *Zwischenmo-
räne (Mittelmoräne)*, welche mit dem Vorrücken des Gletschers talabwärts wandert (s.
Abb. 47 u. 52). Gesteinsmaterial, das durch die Fließbewegung oder in Gletscherspalten
aufgenommen wird, bezeichnet man als *Innenmoräne*. Letztere entsteht auch durch
aufgenommene *Grundmoräne* an der Gletschersohle. An der Stirn des Gletschers wird
besonders viel Gesteinsschutt abgelagert, und es bildet sich die *Stirn-* oder *Endmoräne
(Randmoräne)*, die von einem Gleichgewicht zwischen Niederschlag und Ablation
zeugt, oder eine *Stauch-Endmoräne* aus zusammengepreßtem Moränenschutt bei aktiv
vorrückendem Eis. Die falten- bis schuppenartige Struktur läßt von „Glazialtektonik"
sprechen, ohne daß es sich um echte Tektonik (s. S. 145) handelt. Seitenmoränen werden
zu *Ufermoränen*, Mittelmoränen zu *Längsmoränen*, wenn sich das Eis zurückzieht. Beim
Rückzug des Eises kann sich hinter der Endmoräne ein *Endsee* herausbilden (s. Abb. 52).

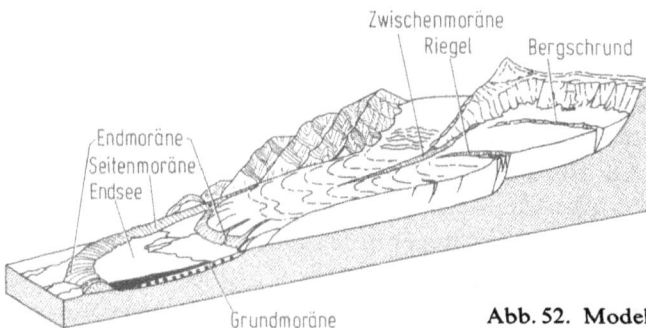

Abb. 52. Modell eines Tal-Gletschers
(nach WALTER).

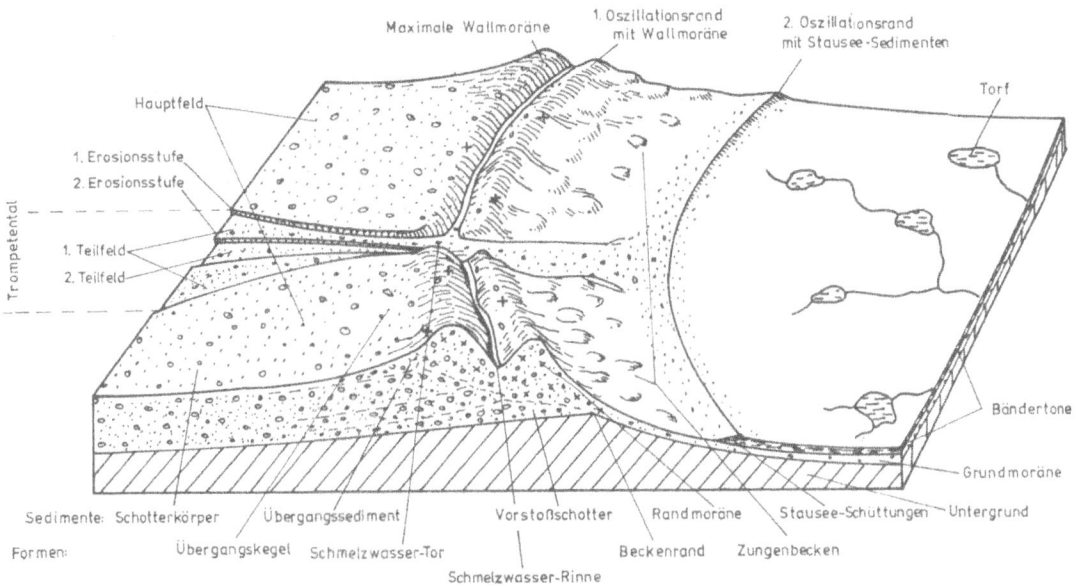

Abb. 53. Schematische Übersicht der glazialen Formen (nach GERMAN).

Im Gegensatz zum Wasser verfrachten Gletscher Gesteinstrümmer jeder Größe ohne Sortierung. Neben größeren Brocken, welche durch Rundung der Kanten und durch Kratzer („gekritzte" Geschiebe) kenntlich sind, bestehen Moränen aus feinerem Splitt und Lehm. Ungewöhnlich große Blöcke in den sandigen Ebenen Norddeutschlands, die aus Skandinavien stammen und während der Eiszeiten weit verfrachtet wurden, nennt man *Findlinge* oder *erratische Blöcke*. Schmilzt der Gletscher ab, so lagert sich der Ober- und Innenmoränen-Schutt der Grundmoräne auf und das gesamte Material sinkt als *Geschiebemergel* in sich zusammen. Letztere haben insbesondere in den ehemaligen Inlandeis-Gebieten (z. B. Norddeutschland) eine weite Verbreitung (s. Abb. 53).

Gletscherzungen bilden keineswegs immer einen gleichmäßigen Bogen, sondern können einseitig oder spitz mit mehreren vorspringenden Bögen enden und im Laufe des Abschmelzens ihren Abschmelzrand verändern. Das Abtauen der Gletscherzunge kann völligen Eis-Zerfall zur Folge haben. Größere Teile des Eises können als *Toteis*, oft völlig vergraben unter Staub und Moränenschutt, noch lange Zeit erhalten bleiben. Bei ihrem Auftauen rutscht Schutt nach, es entstehen Löcher und Kessel als Toteis-Formen. Sie können sich entweder gleich mit Schmelzwasser oder später mit Niederschlagswasser füllen und Seen bilden. Dazu gehören auch die kleinen, oft kreisrunden Toteis-Formen der *Sölle* (Sing.*Soll*).

Die Moränen-Landschaft zeichnet sich durch ihr unruhiges, flachkuppiges Relief aus; die vielen kleinen abflußlosen Senken sind mit Mooren erfüllt. Grundmoränen wurden durch das darüber hinwegfließende Eis stellenweise auch zu langgestreckten, stromlinienförmig zugerundeten Erhebungen, den *Schildrücken* oder *Drumlins* (irisch), umgestaltet. Oft sind auch fluvio-glaziale Ablagerungen (s. unten) an deren Aufbau mit beteiligt.

Im Gegensatz zu Talgletschern wird von der Inland-Vergletscherung ein größerer Bereich von subkontinentalem Ausmaß flächenhaft überdeckt. Im Pleistozän war ganz Fennoskandia unter Inland-Eis begraben, ebenso der Kanadische Schild, große Teile des Polargebietes und Nordasiens sowie (heute noch) Grönland und die Antarktis. Das Inland-Eis erfüllte alle Täler und bedeckte die Höhen. Nur an den Rändern schauten vereinzelt Berge und Felsen aus dem Eis heraus, die nicht von diesem erodiert wurden, sondern allein der Frost-Verwitterung und gravitativen Abtragung unterlagen. Mit einem grönländischen Ausdruck nennt man solche aufragenden, von Eis nicht geschliffenen Berge *Nunataks*.

Die Gletscherflüsse erodierten oft schon unter dem Eis (subglazial) ansehnliche Täler. Nach dem Abschmelzen des Eises bildeten sich Seen, die meist noch deutlich die langgestreckte, oft leicht gewundene Form der ehemaligen subglazialen Rinnen zeigen (Rinnenseen). In Norddeutschland erscheinen heute die Kies- und Sandablagerungen dieser Flußrinnen als mehrere Kilometer lange Hügelrücken, die (schwedisch) als *Oser* (sing. *Os*) bezeichnet werden.

Setzen sich sandige oder gröbere Sedimente in Spalten oder Lücken des Gletschereises, vor allem auch in Toteis-Bereichen ab, so erscheinen nach Abschmelzen des Eises Hügel von meist unregelmäßigem Umriß, die *Kames* genannt werden. Sie zeigen Übergänge zu den Osern.

Das aus dem Gletschertor (s. S. 89) austretende Schmelzwasser führt, außer Sand und Schotter, vom Gletscher fein zermahlenes Gesteinsmaterial. Diese *Gletschertrübe* verleiht dem Wasser ein milchig-trübes Aussehen (*Gletschermilch*). In der Nähe des Eisrandes wird der größte Teil der Kies- und Sandfracht in großen, flachen Schuttfächern abgelagert, die man *Sander* (isländ.) nennt. Sie gehen in die weiten Schotter- und Sand-Ablagerungen über, welche die Gletscherflüsse auf ihrem weiteren Lauf absetzen, wobei sich durch den Wechsel von Akkumulation und Erosion *Flußterrassen* ausbilden können. Die feine Gletschertrübe wird weiter fortgeführt und in ruhigen Becken oft in Form von *Bändertonen* (s. S. 26 f.) abgesetzt.

Alle diese Erscheinungen, die mit der Wirkung von Schmelzwasser zusammenhängen, werden als „fluvio-glazial" oder „glazi-fluvial" bezeichnet.

Eine Eigenart der norddeutschen Vereisungsgebiete sind die *Urstrom-Täler*, die große Schmelzwasser-Abflußrinnen darstellen (s. Abb. 53). Sie verdanken ihre Entstehung dem nach Norden gerichteten Gefälle des Untergrundes. Da jedoch ihr Abfluß zur Ostsee durch das Inland-Eis versperrt war, strömte das Wasser am Eisrand entlang und erodierte hier breite Talzüge.

4.2.2.3.3 Periglaziäre Vorgänge

In den nicht vom Gletscher-Eis bedeckten Gebieten des nivalen Klima-Bereiches, den periglaziären Gebieten, friert der Boden so tief durch (Dauerfrost-Boden), daß er im Sommer nur oberflächlich auftaut. Der Dauerfrost-Boden reicht in Nordsibirien und

Alaska im allgemeinen bis 100 m, stellenweise sogar bis 1500 m Tiefe. Da der Eisboden wasserundurchlässig ist, kann das Tauwasser nicht in die Tiefe sickern und durchtränkt den Wiederauftau-Boden so stark, daß dieser auf seiner gefrorenen Unterlage schon bei geringen Neigungen (ab 2°) rutscht. Ein solches Abgleiten nennt man *Bodenfließen* oder *Solifluktion* (s. Abb. 54). Dabei können sich die verschiedenen Boden-Bestandteile wie Feinmaterial und größere Steine so anordnen, daß *Strukturböden (Frostmuster-Böden)* entstehen. Zu diesen gehören die *Netz-, Polygon-* und *Brodel-Böden.* Häufig bilden sich durch Frostwirkung auch Risse im Boden, die *Frostspalten* oder *Eiskeile,* die später wieder mit Ablagerungen gefüllt werden. Bei diesem Vorgang spielt auch die Frosthebung und der seitliche Frostdruck eine Rolle.

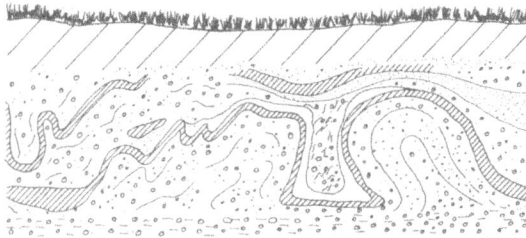

Abb. 54. Faltungserscheinungen infolge Solifluktion bei Holzheim am Niederrhein (nach STEEGER).

4.2.2.4 Geologische Wirkung des Windes

Wie bei Wasser und Eis gibt es auch beim Wind Abtragung, Transport und Sedimentation. Der Wind tritt in allen Klima-Bereichen auf, allerdings wechselt seine Stärke teilweise regelmäßig (jahres- oder tageszeitlich), teilweise unregelmäßig. Seine geologische Wirksamkeit hängt jedoch nicht nur von seiner Stärke und Dauer, sondern insbesondere von der Beschaffenheit des Untergrundes ab, über dem er weht (s. Tab. 4).

Die Arbeit des Windes wird durch die Verwitterung vorbereitet und dadurch erleichtert, daß im ariden Klima die Vegetation spärlich ist und infolgedessen den Boden nicht zu schützen vermag. Wird hier die Windstärke groß genug, so können lose Teilchen von der Erdoberfläche abgehoben und als Sand- und Staubwolken fortgeblasen werden, ein Vorgang, der als *Deflation* bezeichnet wird. Die Verfrachtung kann auch durch einfaches Schieben von Sandkörnern am Boden oder durch hüpfende und springende Bewegung von Sandkörnern (*Saltation*) erfolgen. Den Zusammenhang zwischen der Größe bewegter Körner und der Windgeschwindigkeit zeigt Tabelle 5.

Größere Windstärken können sogar Kies und Steine bewegen. Durch die ständige Ausblasung feiner Korngrößen bleibt schließlich der grobe Schutt als „*Lesedecke*" oder *Steinpflaster* zurück.

> Der mit Sand beladene Wind wirkt wie ein Sandstrahl-Gebläse auf Felsgestein (Korrasion, s. S. 49).

Tabelle 5. Zusammenhang zwischen der Größe von bewegten Körnern und der Windgeschwindigkeit

	Korngröße in mm	Windgeschw. in m/s	Windstärke
Staub	0,01–0,05	0,1–0,5	0
Feinsand	0,1	1–1,5	1
Mittelsand	0,5	5–6	4
Grobsand	1	10–12	6

Wenn die Geschwindigkeit, d. h. die Transportkraft nachläßt, lagert sich das mitgeführte Material wieder ab. Feiner Staub wird am weitesten verfrachtet, z. B. immer wieder Sahara-Staub nach Mitteleuropa. Die Explosionswolke des Krakatau-Ausbruchs (s. S. 183) wurde mehrmals um die gesamte Erde getragen. Am Streufächer des Auswurf-Materials vom Laacher See-Vulkan kann man die damalige Westwind-Drift deutlich rekonstruieren (s. S. 193). Alle vom Wind abgelagerten Sedimente nennt man *„äolisch"*.

Löß ist ebenfalls ein feiner, gut sortierter Flugstaub mit vorherrschender Korngröße zwischen 0,02 und 0,05 mm. Er besteht aus Quarz-, Feldspat- und Kalksplittern, denen sich Glimmer und Ton-Substanz zugesellen. Vor allem die von den großen Inlandeis-Massen herabwehenden, heftigen, trockenen Fallwinde verfrachteten während der Eiszeiten dieses äolische Sediment aus den ausgedehnten, ständig in Umlagerung begriffenen Sander-Flächen und Talsand-Bereichen weit nach Süden. Der primäre Kalk-Gehalt von 20 % wurde im humiden Klima meist aufgelöst und in einigen Metern Tiefe in Form sonderbar gestalteter Ausscheidungen (*Lößkindel* oder *-puppen*) wieder ausgefällt. An den Verlehmungszonen innerhalb der Lößprofile können die Hochstände der Kaltzeiten mit maximaler Windbewegung und minimaler Vegetation abgelesen werden. Durch sein locker-krümeliges Gefüge und seinen Nährstoff-Gehalt bildet der Löß, der in Mitteleuropa 1–4 m, in China über 60 m mächtig wird, einen sehr fruchtbaren Boden und wegen seiner Bindigkeit und Standfestigkeit auch einen guten Baugrund.

Die Oberflächen von Flug- und Rollsanden werden vom Wind in charakteristischer Weise gestaltet. An der Grenze zwischen bewegten und unbewegten Medien bilden sich Millimeter bis Zentimeter hohe *Wellenfurchen* oder *Rippeln*. Ihre Luvseite ist flach und die Leeseite steil.

Bei rollendem oder springendem Transport im großen Maße entstehen *Dünen*, deren asymmetrischer Bau demjenigen der Rippeln entspricht. Dünen sind Sandrücken von einem Dezimeter bis über 100 m Höhe. Man unterscheidet je nach der Lage zum Meer *Küsten-* oder *Binnendünen*, und nach der Lage zum Wind *Längs-* und *Querdünen* (s. Abb. 55). Oft treten die Dünen in ganzen *Dünenfeldern* auf. Sofern Querdünen nicht von einer Pflanzendecke geschützt sind, wandern sie ständig (*Wanderdünen*). An der flachen *Luvseite* werden die Sandkörner abgehoben ober auf dieser schiefen Ebene emporgerollt (s. Abb. 56). Auf der meist 45° abfallenden Leeseite lagern sich die Körner im Windschatten in Schichten schräg ab. Diese *Schrägschichten* durchsetzen die ganze Düne. Aus ihrem Neigungssinn kann man die Bewegungsrichtung der Düne ablesen;

darauf beruhen auch die Paläowind-Rekonstruktionen der Paläo-Klimatologie. Die Wanderdünen rücken im Durchschnitt nur einige Meter im Jahr vor. Man hat jedoch schon ein Vorrücken von 20 m pro Tag beobachten können. Da die flachen Enden schneller wandern als die Mitte, bilden sich häufig gekrümmte *Sicheldünen* oder *Barchane* (turkmen.) aus. Bei der Bildung der fossilen *Bogen-* und *Parabeldünen* war der Untergrund feucht und z. T. mit Vegetation bedeckt. Die dünneren Flanken wurden

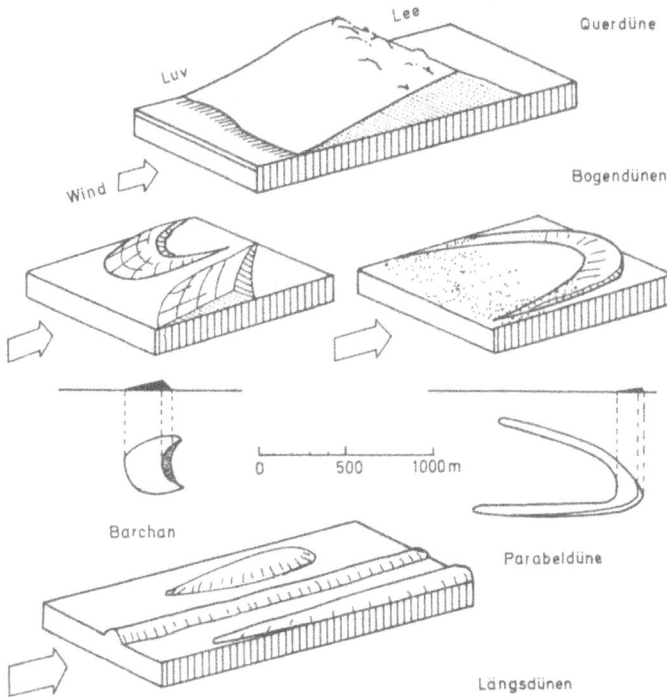

Abb. 55. Formen der Dünen (nach WAGNER).

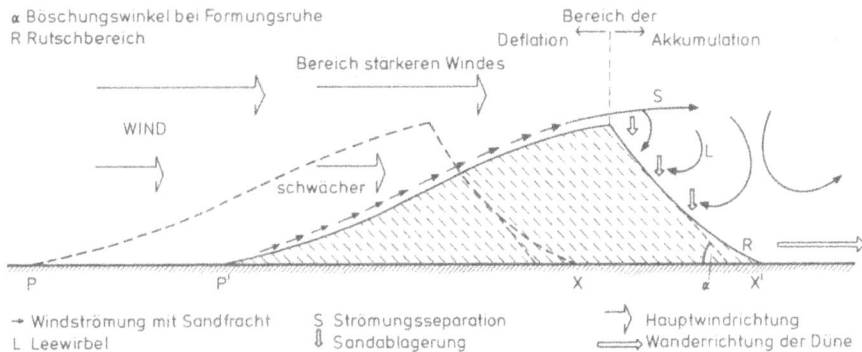

Abb. 56. Wind- und Materialbewegung an Dünen (nach FLINT, geändert). Die Sand-Ablagerung vollzieht sich im Lee, dadurch wandert die Düne nach rechts.

dadurch in ihrer windbedingten Bewegung stärker behindert als der mittlere Teil der Düne.

Dünen kleinen oder großen Ausmaßes sind nicht nur im ariden, sondern auch im humiden Klima-Bereich anzutreffen, z. B. auf den Nehrungen der südlichen Ostsee oder in weiten Räumen Mittel- und Osteuropas während der Eiszeiten.

5 Exogene Vorgänge im Meer

Das Meer bildet das gewaltige Sammelbecken der Hauptmengen des Gesteinsschuttes, der durch die Verwitterung und Erosion entsteht sowie durch fließendes Wasser, Eis und Wind von seinem Bildungsort wegtransportiert wird. Geologisch gesehen ist daher das Meer der Hauptort der Sedimentation und der Bildung der Sedimentgesteine. Zugleich wirkt an der Küste die zerstörende und abtragende Kraft des Meeres.

Das Meer läßt sich einteilen in

die *litorale* oder *Küsten-Region*, die in stärkster Weise den Wirkungen der Brandung und der Gezeiten ausgesetzt ist,

die *Flachsee-Region*, d.h. der seichte, gut durchlüftete *neritische* oder *Schelf-Bereich* (vgl. Abb. 1) bis 200 m Wassertiefe, an den sich der lichtlose *bathyale Bereich* (200 – mehrere 1000 m Wassertiefe) des Kontinentalhanges anschließt, und

die *pelagische Region*, welche die unteren Flanken des Kontinentalhanges sowie die *abyssalen Bereiche* der Tiefsee-Böden umfaßt.

5.1 Die Wirkung von Wellen und Brandung in der Küsten-Region

Der Wind erzeugt auf der Meeresoberfläche oszillatorische Wellen, die sich als Dünung auch in entfernte, windstille Bereiche ausbreiten können. Auf dem offenen Meer entstehen bei Windstärke 3 (Beaufort-Skala) nach $2^1/_2$ Stunden Wellen von 6 m Länge und etwa 2 m Höhe, bei Sturm der Stärke 9 nach 2 Tagen Wellen von 160 m Länge und 11 m Höhe, und bei Orkanen können sich Wellen von über 23 m Höhe bilden. Nach unten zu hört die Wellenwirkung, d. h. die Kreisbahn der einzelnen Wasserteilchen, in einer Tiefe, die etwa der halben Wellenlänge entspricht, auf. Nur bei schwerem Seegang werden z. B. auf der Doggerbank in 30–40 m Tiefe noch Steine bewegt. Bei Berührung des Grundes gehen die Kreisbahnen der Wasserteilchen in flache Ellipsen über (s. Abb. 57) und erzeugen dort Oszillationsrippeln.

Laufen Wellen gegen die Küste an, so entsteht die Brandung. Der Druck des anbrandenden Wassers gegen eine Steilküste kann mehr als 300 kPa erreichen. Die Wasser-Teilchen werden dadurch in Klüfte und Hohlräume hineingepreßt. Dies führt zur mechanischen (und chemischen) Verwitterung des Gesteins. Der abbrechende Gesteinsschutt wird z.T. durch die Brandung gegen die Felsen geschleudert und verstärkt so die zerstörende Kraft des Wassers. Durch all diese Brandungskräfte kommt

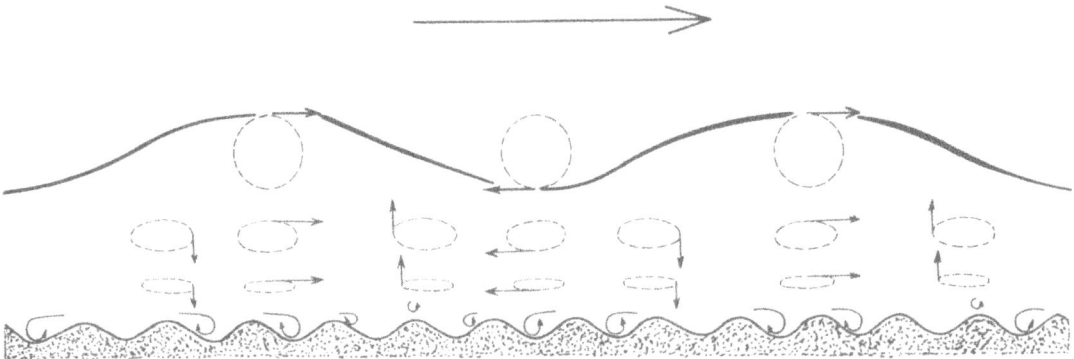

Abb. 57. Zusammenhang zwischen der Orbitalbewegung der Wasserteilchen unter Oberflächen-Wellen und der Bildung von Oszillationsrippeln (nach REINECK).

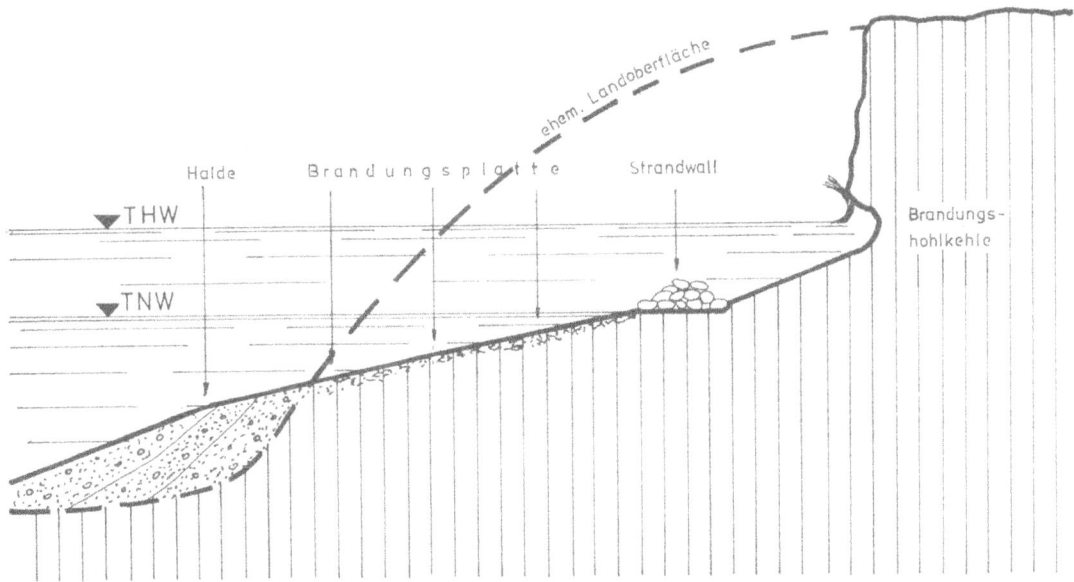

Abb. 58. Entstehung eines Kliffs (nach GERMAN). THW: Tide-Hochwasser, TNW: Tide-Niedrigwasser.

es in ihrem Wirkungsbereich am Fuße des Kliffs zur Bildung einer *Hohlkehle*, die sich soweit in das Gestein eintieft, bis die überhängende Felswand abbricht (s. Abb. 58). Das abbrechende Gesteinsmaterial wird auf der *Brandungsplatte (Schorre)* am Fuß der Steilwand aufgearbeitet und zu runden Brandungsgeröllen umgeformt. Letztere werden entweder durch den Sog des abströmenden Wassers weggeführt oder sie bleiben auf der Platte liegen. Ein Teil häuft sich vor der Brandungsplatte zu einer *Kliffhalde* an. Durch all diese Vorgänge wird die Küste zurückverlegt; man bezeichnet die flächenhafte Abtragung durch das Meer als *Abrasion*. Bekannte Beispiele für die Küsten-Zerstörung durch Abrasion sind die englischen und französischen Kanal-Steilküsten sowie die Kreide-Küste der Insel Rügen.

Im Gegensatz zu den der Zerstörung unterliegenden Steilküsten stellen *Flachküsten* einen Gleichgewichtszustand zwischen Abtragung und Ablagerung dar (s. Abb. 59). Die Wellen laufen auf dem *Strand* ungehindert aus und wühlen nur das lockere Gesteinsmaterial auf. Parallel zur Küste bilden sich häufig *Sandbänke*, welche die Wirkung der Brandung abschwächen.

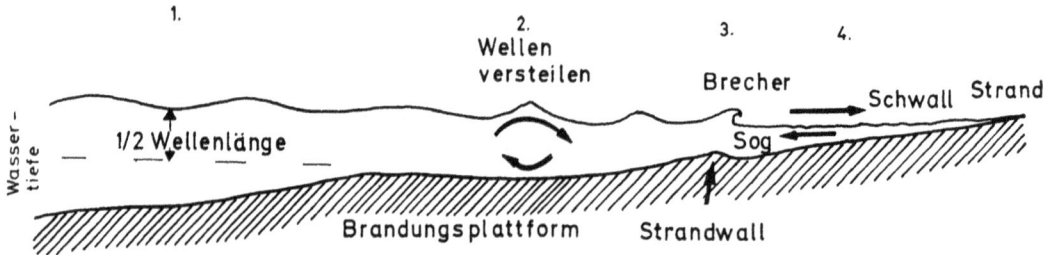

Abb. 59. Schema der vorherrschenden Wasser- und Materialbewegungen am Strand. 1: Keine Wellenwirkung am Boden. 2: Die am Boden seewärts gerichtete Bewegung der in elliptischer Bahn schwingenden Wasserteilchen wird dort gebremst, die landwärts gerichtete jedoch nicht. Für die gröberen Korngrößen resultiert eine landwärtige Materialbewegung. Bleiben tidebedingte Wasserstandsschwankungen gering, so wird die Untergrenze der Wellen-Wirkung in einer ‚Brandungsplattform' fixiert. 3: In der Brecher-Zone bleibt nur grobes Material liegen; es bildet sich ein Strandwall. 4: Der Schwall ist stärker als der Sog und läßt einen Strandsaum von Holzresten, Muschelschalen usw. entstehen.

Treibt der Wind die Wellen im spitzen Winkel auf die Küste, so werden die Sandteilchen vom Schwall schräg auf den Strand hinaufgerollt und gleiten auf der Resultierenden von Schwerkraft und Sog, d. h. im leichten Bogen, wieder zurück, nunmehr aber um einige Dezimeter bis Meter vom Ausgangspunkt entfernt. Der Sand und auch Gerölle können auf diese Weise längs der Küste um täglich bis zu 450 m weit verfrachtet werden. Feinmaterial von weniger als 0,06 mm Durchmesser wird ausgewaschen und in tiefere Meeresteile transportiert. Schwerminerale (s. S. 121) können angereichert werden, wie z.B. Ilmenit vor der niedersächsischen Nordsee-Küste (*Strandseifen*). In Ausnahme-Fällen sind solche Lagerstätten abbauwürdig, z.B. Diamant-Seifen in der Nähe der Oranje-Mündung an der südafrikanischen Westküste.

In Wind- und Strömungsschatten setzt sich das transportierte Material in Form von *Küstenhörnern* und *Sandhaken* ab (z.B. die Halbinsel Hela in der Ostsee). Wird eine ganze Bucht abgeschnürt, so entsteht der vom Meer abgetrennte *Strandsee*. Mündet ein Fluß in ein solches vom Meer abgeschnürtes Becken, dann kann der vorgeschobene *Strandwall* (Nehrung, Lido) dieses nicht völlig schließen. Beispielsweise trennen die Kurische Nehrung oder der Lido von Venedig die weitgehend abgeschnürte Bucht, das *Haff* oder die *Lagune*, vom offenen Meer. Durch all diese Vorgänge der *Küsten-Versetzung* wird eine buchtenreiche Küste begradigt (*Ausgleichsküste*).

Flachküsten im Gezeiten-Bereich, die in tiefer eingreifenden Buchten, auch durch eine vorgelagerte Inselkette bzw. durch Strandwälle und Sandbänke, vor der groben Brandung geschützt sind und die zeitweise als weite Flächen aus dem Meer auftauchen, nennt man *Watt*. Bei einsetzender Flut strömt das Wasser durch ein verzweigtes Rinnen-System, die vom Ebb-Strom geschaffenen *Priele*, ein und überflutet das Watt. Die Priele münden in *Seegatts*. Im Gegensatz zu dem ortsbeständigen Seegatt ändern die Priele häufig ihre Lage. Während des Wasser-Höchststandes (Stauwasser) setzen sich die mitgeführten Sinkstoffe der Korngröße nach ab. Es entstehen die bekannten *Watt-Sedimente* Sand und Schlick. Letzterer ist ein feinkörniger Schlamm, der im allgemeinen 1–1,5 % organische Substanz enthält. Der hohe Anteil an Bakterien führt zur Bildung von H_2S beim Abbau der organischen Reste.

Je nach der Sediment-Korngröße unterscheidet man vom Land zum Meer das *Schlick-Watt* und das *Sand-Watt*.

Die Wasserbewegung von Ebb- und Flut-Strom erzeugt durch die Sedimentbewegung (im Profil) asymmetrische „wandernde" *Strömungsrippeln* (s. Abb. 60), deren Kämme gerade, bogig oder zungenförmig sein können (s. Abb. 61). Diese dürfen nicht mit den

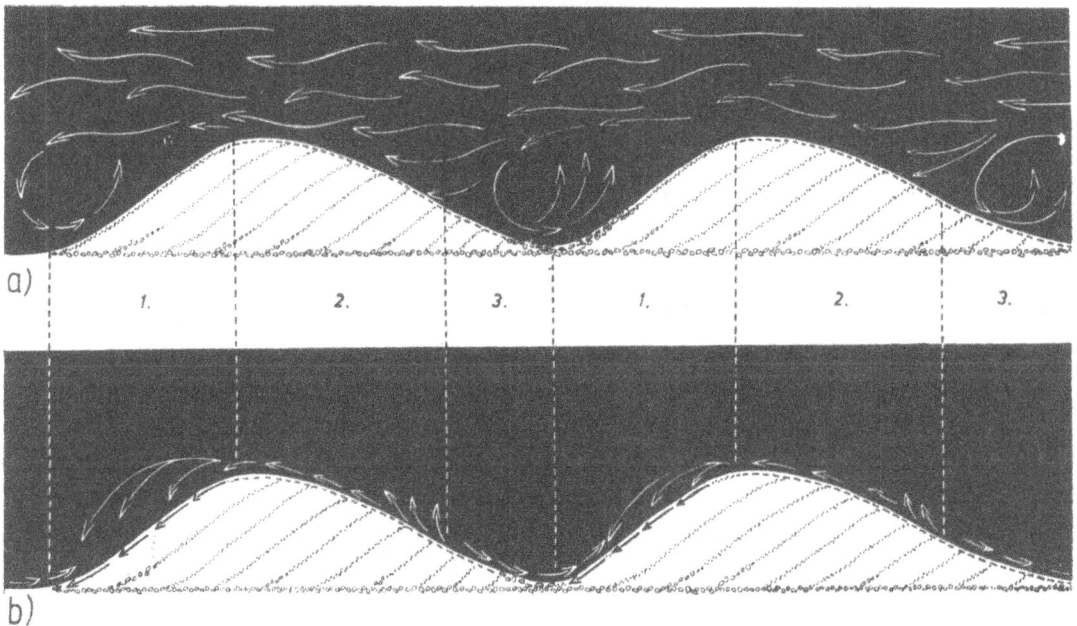

Abb. 60. Strömungs- (a) und Sedimentbewegung (b) an wandernden Strömungsrippeln (nach REINECK). Luvblätter: gestrichelt, Leeblätter: punktiert, Basisblätter: gekörnt.

a). Verlauf der Strömung: Im Lee der Rippeln rotierende ‚Grundwalzen'.

b). Transport des Sandes:

1. Anlagerung am Leehang durch Vorschütten (schwarze Pfeile), Sand-Regen über dem Leehang (weiße Pfeile), Anlagerung von Feinmaterial im Stilwasser-Raum zwischen Leehang und ‚Grundwalzen'.
2. Transport und Erosion am Luvhang.
3. Starke Erosion mit Rücktransport am unteren Luvhang und im Rippeltal.

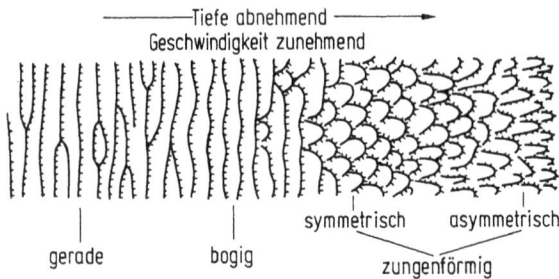

Abb. 61. Verschiedene Typen von Strömungsrippeln im Küstenbereich (nach WALTER).

(im Profil) symmetrischen *Seegangs-* oder *Oszillationsrippeln* verwechselt werden, die im flachen Küstenbereich durch die Orbitalbewegungen (Pendelschwingungen) der Wasserteilchen (s. Abb. 57 u. 72) zustandekommen.

> Die Watt-Sedimente werden von watt-typischen Tieren besiedelt, die gegen Salzgehalt- und Temperatur-Schwankungen wenig empfindlich sind, sich beim Trockenfallen zu schützen vermögen und wegen des H_2S-Gehaltes in tieferen Schichten mit geringen Sauerstoff-Mengen auskommen können. Bei Sturm oder Verlagerung der Priele werden die Tiere freigespült. Ihre Hartteile sammeln sich als Schalen-Lagen (Muschelschill-Pflaster) in den Priel-Betten, teils werden sie als Lesedecken verbreitet.

5.2 Die Flachsee-Region

In der Flachsee-Region (Schelf-Bereiche) überwiegt die Sedimentation im Vergleich zur Abtragung. Wo allerdings sehr starke Strömung herrscht, findet überhaupt keine Ablagerung statt, so z. B. in der Straße von Dover im Ärmelkanal (s. S. 43). Den Ablagerungen der Flachsee kommt eine besondere Bedeutung zu, da über 90 % der Sedimentgesteine früherer erdgeschichtlicher Zeiten in diesem Bereich entstanden sind.

Die Schelf-Bereiche zeichnen sich neben ihrer geringen Tiefe auch durch komplizierte Strömungs- und Austauschverhältnisse, durch die Einmündungen von Flüssen und vor allem eine drei- bis fünffach höhere biologische Produktivität als die offenen Ozeane aus. Obwohl sie nur acht Prozent der gesamten Meeresfläche ausmachen, setzen die pflanzlichen Lebewesen (überwiegend Algen) in ihnen jährlich etwa 7,5 Mill. Tonnen Kohlenstoff um und erreichen damit etwa zwanzig bis dreißig Prozent der Gesamtproduktion der Meere. Daher spielen sie eine bedeutende Rolle im Kohlenstoff-Kreislauf. Die Schelf-Bereiche können pro Flächeneinheit mehr CO_2 aus der Atmosphäre aufnehmen als die offenen Ozeane. So bewirkt die hohe Produktivität der Schelfmeere, daß ein Teil der Algen abstirbt und als organisches Material auf den Boden sinkt. Durchschnittlich 54 % des pflanzlichen Materials wird von tierischen Kleinstlebewesen (Zooplankton) gefressen oder von Mikroben abgebaut; 46 % sinken hingegen auf den Boden oder verschwinden durch Strömungstransport im tiefen Wasser der Ozeane.

Zwar löst sich ein Teil des Bodensediments im Lauf der Zeit wieder auf, doch sind beträchtliche Kohlenstoff-Mengen zunächst einmal dem Kreislauf entzogen.

Beispiele für Schelf-Bereiche sind die *Nord-* und *Ostsee*. Der Boden der Nordsee besteht überwiegend aus *Sand* und *Schlick*. Sande reichen bis etwa 20 m und tiefer hinunter, seewärts erscheint Schlick. Letzterer ist ein graublaues oder graues Ton-Sediment mit einem hohen Quarzkorn- und geringem Kalkgehalt. Gröbere Sande und Kies kommen nur im Ärmelkanal und an der englischen Ostküste vor, wo die Strömungen größere Werte erreichen. Die Sedimente der Ostsee, eines ruhigen Brackwasser-Meeres, sind feinkörniger und kalkärmer als die der Nordsee, besitzen aber einen größeren Gehalt an organischer Substanz. Das bezeichnende Sediment ist der graue bis schwärzliche *Mudd*, das marine Analogon zum limnischen Gyttja (s. S. 86).

In *küstennahen warmen Schelf-Bereichen*, in denen das Wasser an $Ca(HCO_3)_2$ übersättigt ist, bilden sich durch $CaCO_3$-Ausfällung *Kalksedimente* (Kalkschlamm). Die Ausfällung von Kalk kann herbeigeführt werden durch Erwärmung des Wassers, Eindunstung, photosynthetischen CO_2-Entzug, aufgewirbelte anorganische Keime und Bakterien, welche NH_3 produzieren und dadurch die Alkalinität erhöhen. Eine wichtige Rolle bei der Kalk-Ausscheidung spielt insbesondere die Photosynthese der Pflanzen. So wird z. B. vor der Küste Floridas viel Kalk (Aragonit) durch Grünalgen gefällt. Diese und die Seegras-Rasen wirken darüber hinaus als Kalkschlamm-Fänger. Für die Mitwirkung von Bakterien bei der Ausfällung von $CaCO_3$ spricht das häufige Vorkommen kalkumkrusteter Bakterien in den Sedimenten der Florida Bay. Sie reichern in ihren Zellmembranen Calcium gegenüber dem Meerwasser stark an.

Nur ein Teil des im Meerwasser enthaltenen Kalkes scheidet sich unmittelbar aus dem Wasser aus. Den anderen Teil verarbeiten im Meer lebende Organismen zu ihren Hartteilen (Muscheln, Moostierchen, Foraminiferen u.a.). Sterben diese Organismen ab, so sinken sie auf den Meeresboden und aus den hier angehäuften Hartteilen geht der restliche geschichtete Kalkstein hervor. Es gibt jedoch auch ungeschichteten Kalkstein, den Riffkalk. Unter *Riffen* (*Biohermen*) versteht man zeitlich begrenzte, massige Carbonatkörper, die sich während ihrer Entstehung linsen-, hügel-, pfeiler- oder mauerartig deutlich über die Sedimentationsbasis erheben. Sie stellen eine Anhäufung vor sessilen Organismen dar, die ein wellenresistentes Gerüst aufzubauen vermögen.

Riffkorallen verlangen klares Wasser von normalem Salzgehalt und Temperaturen von mindestens 11–20 °C. Sie sind daher heute auf den äquatornahen Bereich bis 32 Grad nördlicher und südlicher Breite beschränkt. Am üppigsten gedeihen sie in einer Tiefe von 4–10 m, reichen aber noch bis 30 m Wassertiefe, ausnahmsweise bis 60 m hinunter. Zur Riff-Gemeinschaft gehören neben den *Riffbildnern* wie Korallen oder Kalkalgen (Lithothamnien) die *Riffbewohner* wie Foraminiferen (s. S. 106), Muscheln, Seeigel und Schnecken.

Nach ihrer Form teilt man Korallen-Bauten in *Saumriffe* (Küstenriffe), *Barriereriffe* (Wall- oder Dammriffe), *Atolle* (Lagunenriffe) und *Tafelriffe* ein. Saumriffe wachsen an Felsküsten, nur durch eine wenige Meter breite Rinne von diesen getrennt. Sie können einige 100 m breit werden. Barriereriffe sind durch eine Lagune von der Küste getrennt und werden im allgemeinen etwa 500 m, gelegentlich einige Kilometer breit. Das „Great

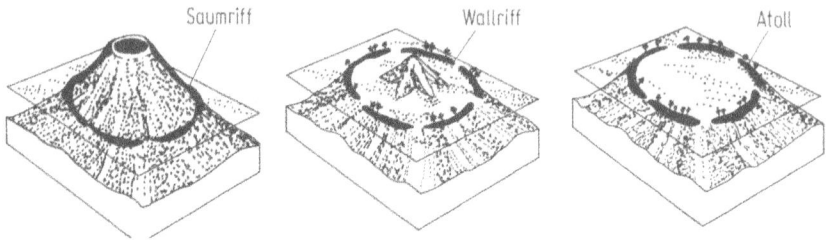

Abb. 62. Die Entwicklungsreihe von Küsten-(Saum-)riff, Wallriff und Atoll am Beispiel einer absinkenden Vulkan-Insel dargestellt. Zuerst begleitet ein schmales Saumriff die Küste. Beim langsamen Vorrücken meerwärts bildet sich zwischen Küste und Riff eine mehr oder weniger breite Lagune, aus dem Saumriff entsteht ein Wallriff. Begünstigt wird dieser Übergang durch ein Absinken des Landes, bei dem das Riff-Wachstum mit der Senkung Schritt halten kann. Sinkt eine Vulkan-Insel ab, so entsteht ein Atoll.

Barrier Reef" begleitet die Küste Australiens im Abstand von 30–250 km in einer Länge von 1600 km. Barriereriffe werden vor allem im Meer mit starken Gezeitenwirkungen von zahlreichen Kanälen gequert. Atolle sind ringförmige Riffe, die maximal bis 30 km^2 große Lagunen umschließen (s. Abb. 62). Viele Atolle sind an versunkene Vulkane gebunden und durch postglaziale Meeresspiegel-Hebung und/oder tektonische Senkung des Meeresbodens entstanden. Tafelriffe stellen flächenhafte, im allgemeinen 1–3, maximal bis 25 km^2 große Riffe im flachen Meer dar. Da Flachmeere in der geologischen Vergangenheit häufiger als heute waren, spielten Tafelriffe früher eine größere Rolle.

Die Lage der meisten Riff-Komplexe wird vom Relief des Untergrundes und von den vorherrschenden Wasserströmungen bestimmt. Die Außenseite des Riffes, das *Vorriff* (engl. fore-reef), fällt meist steil zum vorgelagerten Becken-Bereich ab. *Riffschutt* sammelt sich am Fuße des Riffes zu einer untermeerischen Schutthalde an, die sich mit dem Riff verzahnt (Überguß-Schichtung). Leewärts können im Schutze des Riffes *Rückriff*-(engl. back-reef)*Lagunen* entstehen, die randlich mit Riffschutt-Material beliefert werden und in Stillwasser-Zonen sehr feinkörnige Carbonat-Sedimente aufnehmen (s. Abb. 63).

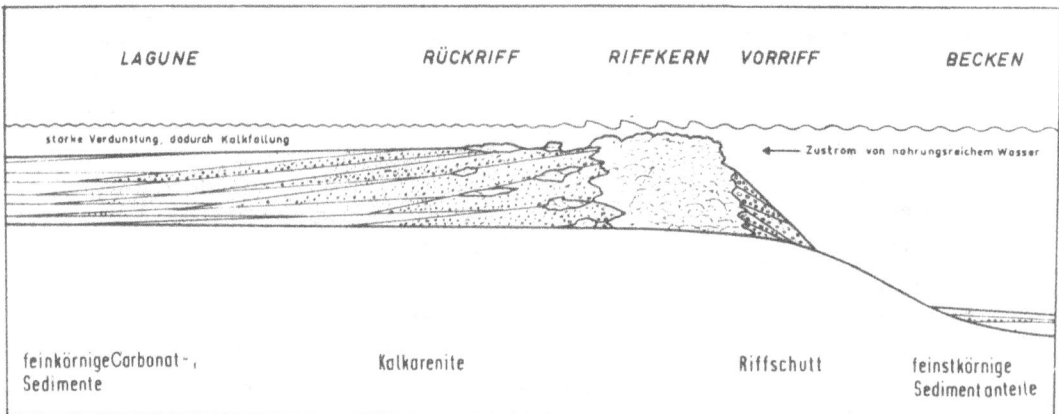

Abb. 63. Modellhafte Darstellung eines Riff-Komplexes (nach WERDING, geändert).

Auch Kalkalgen können mächtige und ausgedehnte Riffe aufbauen. Korallen- und andere Riffkalke sind aus vielen erdgeschichtlichen Perioden bekannt und belegen das damalige Vorhandensein von relativ warmen Meeren.

Bankartige Fossilkalke mit planparalleler Ober- und Untergrenze, die aus Hartteilen an Ort und Stelle siedelnder Organismen, wie z. B. Muscheln, Seelilien oder Kalkalgen, aufgebaut wurden, ohne daß sie sich seit ihrer Entstehung über das umgebende Sediment erhoben, heißen *Rasen (Biostrome)*.

Ein sehr verbreitetes Flachsee-Kalkgestein ist der *Oolith* (Rogenstein), der sich aus rundlichen Einzelkörnern (Ooide) zusammensetzt. Letztere besitzen einen konzentrisch-schaligen Bau aus $CaCO_3$, das oft Schalensplitter oder auch andere Kristallisationskeime einschließt. Die Entstehung der Kalk-Ooide ist noch nicht völlig geklärt. Sie haben meist gleiche Größe (0,1–2 mm) und wachsen im flachen bewegten Wasser mit $Ca(HCO_3)_2$-Übersättigung durch Anlagerung von Aragonit-Hüllen (durch Algen) so lange, bis sie bei Überschreiten eines bestimmten Durchmessers wegen zunehmender Schwere nicht mehr aufgewirbelt werden.

In ähnlicher Weise bildeten sich auch die *Eisen-Oolithe*, zu deren Entstehung eine stärkere Zufuhr von Eisenlösungen vom Festland nötig war. Sie bestehen aus Eisenoxid und Kieselsäure. In älteren Epochen sind sie als Eisensilicat-Oolithe, beispielsweise *Thuringit* und *Chamosit*, entwickelt, während die jüngeren Eisen-Oolithe aus der Jura-Zeit als *Minette* bezeichnet werden.

Ein typisches Flachsee-Mineral, der *Glaukonit*, chemisch ein K-Al-Fe-Silicat, mineralogisch ein Hydroglimmer, tritt in einer (im küstennahen Flachwasser) Fe- und einer (im küstenfernen Bereich) Al-reichen Zusammensetzung auf. Seine Bildung ist an sauerstoffreiches, d. h. lebhaft bewegtes Wasser, mit verlangsamter Sedimentation geknüpft. Mikroorganismen und *Halmyrolyse* (marine Gesteinszersetzung durch Reaktion zwischen Sediment und Meerwasser) wirken bei der Entstehung des Glaukonits mit.

In flachen Meeresteilen der warmen Gebiete können sich durch Verdunstung und damit verbundene Übersättigung des Meerwassers *Salz-Ausscheidungen* bilden. Solche Möglichkeiten sind besonders im ariden Klima-Bereich gegeben, und zwar in der Umgebung von Becken- und Schelfteilen, die durch Schwellen vom offenen Meer abgetrennt wurden. Derartige Verhältnisse, die heute nur in der Karabugas-Bucht des Kaspischen Meeres (eines vom Mittelmeer erst in der jüngsten geologischen Vergangenheit abgeschnittenen Teiles) vorliegen, herrschten insbesondere in der Zechstein-Zeit (s. S. 125 f.).

In nahezu abgeschlossenen Meeresbecken können sich *euxinische Sedimentationsbedingungen* entwickeln. So fließt vom Schwarzen Meer durch den Bosporus ständig das durch Süßwasser-Zuflüsse verdünnte, leichte Oberflächenwasser in das Mittelmeer ab, während von dort salzreiches schweres Wasser einströmt, so daß sich eine sehr stabile Schichtung der Wassermassen in zwei Stockwerke herausbildet. Die etwa 150 m dicke Oberschicht ist durch Wellen und Strömungen gut durchlüftet und daher reich belebt. In der stagnierenden Unterschicht mangelt es an Sauerstoff. Hier spalten anaërobe Fäulnis-Bakterien aus den niedersinkenden organischen Resten H_2S ab, das nach oben aufsteigt und in der Grenzzone zum sauerstoffreichen Wasser von Schwefel-Bakterien über die Zwischenstufe des freien Schwefels zu Sulfaten oxidiert wird (s. Abb. 64). Die nach Abspalten des H_2S übrigbleibenden, nur unvollständig abgebauten Restsubstanzen sinken zusammen mit Schlick auf den Meeresgrund und bilden *Faulschlamm* (*Sapropel*). Solche Verhältnisse, wie sie heute im Schwarzen Meer vorliegen und bei denen größere Mengen organischer Substanz dem Stoff-Kreislauf entzogen werden, traten in der Erdgeschichte mehrmals ein und sind deshalb von größer wirtschaftlicher Bedeutung, weil aus Sapropel durch spätere Umbildung Erdöl entstand (s. S. 132 ff.). In das Zechstein-Meer (s. S. 125) eingeschwemmte Metall-Ionen wurden durch den Schwefelwasserstoff ausgefällt und bildeten *sulfidische Erze* wie Buntkupfer, Zinkblende, Pyrit, Bleiglanz, Fahlerz und gediegenes Silber (Mansfelder Erz-Bezirk).

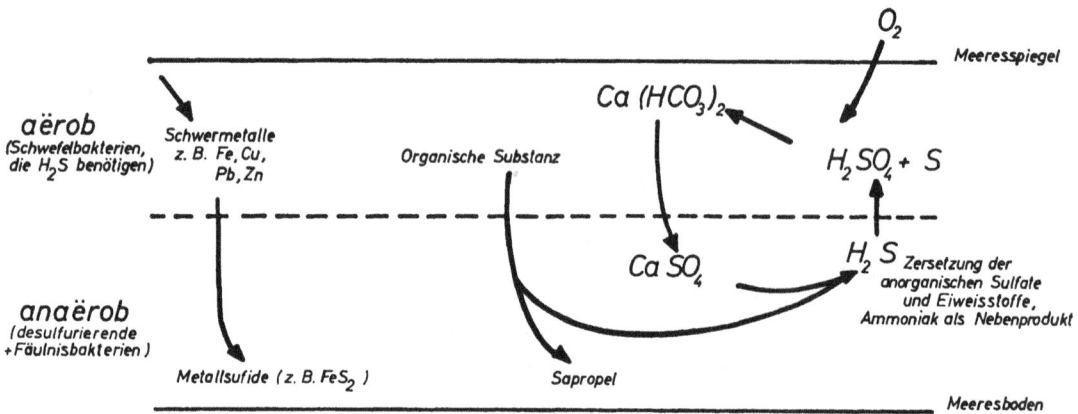

Abb. 64. Die Sedimentation unter Bedingungen des Schwefel-Kreislaufes.

5.3 Die pelagische Region

Die Sedimente der pelagischen Region sind gegenüber denen der Flachsee wesentlich eintöniger, da die Abhängigkeit dieses Bereiches vom Festland mit zunehmender Küstenferne immer geringer wird. Von den Gesteinstrümmern des Festlandes gelangen nur noch die feinsten Korngrößen bis in jene Bereiche. *Blauschlick*, dessen dunkelgrau-blaue Farbe auf feinverteilten Pyrit (FeS_2) zurückgeht, umsäumt die submarinen Abdachungen der Kontinente und reicht auch in die Tiefsee hinaus. *Grünschlick* und *Grünsand* verdanken ihre Farbe dem Glaukonit (s. S. 105). Blauschlick, Grünsand und -schlick werden auch als *hemipelagische Sedimente* zusammengefaßt in Unterscheidung zu den eigentlichen Ablagerungen der Tiefsee-Böden.

Weitaus am meisten von allen Tiefsee-Sedimenten ist der *Globigerinen-Schlamm* verbreitet, der über 35 % des Meeresbodens bedeckt (s. Abb. 65). Diese Ablagerung ist durch einen erheblichen Gehalt an Schalen der planktonischen Foraminiferen-

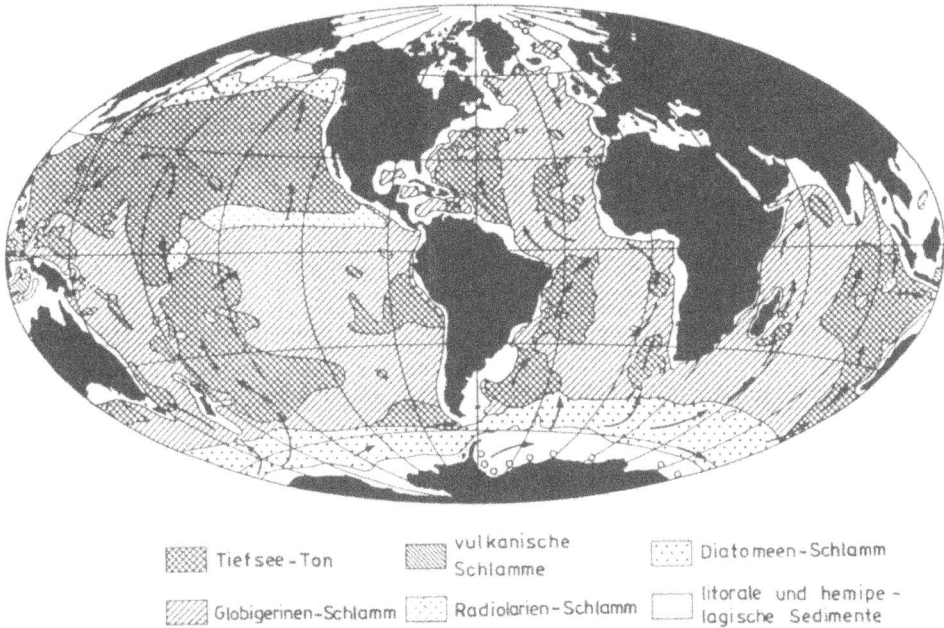

Abb. 65. Heutige Sediment-Verteilung im Weltmeer, Entstehungsgebiete des arktischen und antarktischen Bodenwassers (Kreise) und dessen Ausbreitung in den Tiefsee-Becken (Pfeile) (nach SEIBOLD).

Gattung[13] *Globigerina* gekennzeichnet. In Tiefen unter 4000 m kommen kalkhaltige Sedimente nur noch selten vor, weil der mit der Tiefe größer werdende CO_2-Gehalt des Wassers bei zunehmendem hydrostatischem Druck die Kalkschalen löst (Kalk-Kompensationstiefe). Hier überwiegt daher ein fast kalkfreier, rot- bis schokoladenbrauner Ton, der *Rote Tiefsee-Ton*. Zu seiner Entstehung tragen u. a. feinste Partikel aus Staubstürmen, vulkanische Aschen und kosmischer Staub bei. An einigen tieferen Stellen des Pazifiks und des Indiks sind dem roten Ton Kieselgerüste von Radiolarien[14] in solchem Ausmaß beigemengt, daß man ihn dort als *Radiolarien-Schlamm* bezeichnet (s. Abb. 65). Das kühle antarktische und arktische Tiefenwasser bietet den Kieselalgen (s. S. 128) günstige Lebensbedingungen, daher treten in den Polarmeeren Gürtel von gelblichbraunen *Diatomeen-Schlamm* auf.

Die Sedimentationsraten des Globigerinen-Schlammes betragen ca. 2,4 cm, die des Roten Tiefsee-Tons 0,05–0,08 cm/1000 Jahre.

Eine typische Bildung der Tiefsee sind ferner *Ferromangan-Knollen*, die eine Anreicherung von Eisen, Mangan, Nickel, Kupfer, Kobalt, Blei und Zink darstellen. Die Knollen haben eine Größe zwischen 1 cm und mehr als 10 cm und liegen auf der Oberfläche des Meeresbodens. Sie sind überwiegend konzentrisch-schalig aufgebaut und haben sich um

---

[13] = „Lochträger", eine Gruppe von einzelligen Tieren mit kalkiger, kieseliger oder chitinöser Schale, durch deren Poren die protoplasmatischen Scheinfüßchen austreten.

[14] Strahlentierchen, einzellige Tier-Gruppe mit strahlenförmigen Skeletten aus SiO_2.

Kerne aus vulkanischem Gestein oder Fossil-Resten gebildet. Sie bedecken auf den Ozeanböden Flächen bis zur Größe Mitteleuropas.

Die Tiefsee ist keineswegs eine Region absoluter Ruhe, in der geologische Prozesse extrem langsam ablaufen. Tiefsee-Untersuchungen in den letzten Jahren zeigen, daß der Transport von Sedimentmaterial über den Tiefsee-Böden ein äußerst dynamischer Vorgang ist. Zwar betragen die Sedimentationsraten der Tiefsee-Sedimente nur Bruchteile von Millimetern pro Jahr (s. S. 107). Aber das liegt ausschließlich daran, daß kaum neues Sedimentmaterial zugeführt wird. Dagegen führen schnelle Wasserströmungen am Boden der Tiefsee zeitweise zu lebhafter Erosion. Solche Strömungen mit erheblichen Geschwindigkeiten werden in vielen Meeresströmungen, beispielsweise im Golfstrom erzeugt, der sich in Form riesiger Wirbel von Florida zum Mittelatlantischen Rücken nach Osten bewegt. Die Wirbel greifen bis zum Tiefsee-Boden hinunter und erzeugen dort die „*Tiefsee-Stürme*" mit ihren ständig wechselnden Strömungsrichtungen. Dadurch kommt es zu erheblichen flächenhaften Sediment-Umlagerungen.

Von großer Bedeutung sind die in den Kontinentalhang, dessen Neigung im Durchschnitt 4°, im Extremfall 20° oder 30° beträgt, eingeschnittenen *untermeerischen Cañons*. Sie treten im allgemeinen in der Fortsetzung großer Flüsse auf und haben Tiefen von einigen hundert Metern. Die Cañons entstanden durch die starke Erosivkraft submariner *Suspensionsströme*. Letztere gingen vom Außenrand des Schelfs aus, wo vor den Flußmündungen lockere schlammreiche Sedimente abgelagert wurden, die von Zeit zu Zeit entweder durch Überschreiten der Stabilitätsgrenze infolge zu großer Mächtigkeiten oder durch Erdbeben (s. S. 248) bzw. Stürme ausgelöst von ihrem Untergrund abrutschten. Durch den Rutschvorgang wurde das Material aufgewirbelt und floß als spezifisch schwerer Trübestrom den Kontinentalhang hinunter. Die dabei erreichten Geschwindigkeiten überschritten teilweise 100 km/h. So führten im Gebiet südlich Neufundlands vor der Mündung des St.-Lorenz-Stromes solche durch Erdbeben ausgelösten Suspensionsströme nacheinander zum Bruch der zahlreichen Übersee-Kabel. Die Geschwindigkeiten konnten aus dem Abstand der einzelnen Kabel und dem Zeitpunkt ihrer Unterbrechung berechnet werden.

Die gegenüber Wasser höhere Dichte bewirkt nicht nur, daß solche Suspensions-(Trübe-)ströme unmittelbar über dem Meeresgrund (unter sonst ruhigem Wasser) entlangfließen, sondern auch, daß der Sedimenttransport (bis Geröllgröße) infolge des stärkeren Auftriebs sehr erleichtert wird. Nur bei hoher Schwebfracht und geringerer Geschwindigkeit fließen Suspensionsströme laminar. Meistens handelt es sich um *turbulente Suspensionsströme* (engl. turbidity currents), die sehr weit in den pelagischen Bereich vorstoßen können. Die Front des Stroms wird bevorzugt unverfestigte Meeressedimente erodieren, da dort die höchsten Geschwindigkeiten auftreten. Erlahmt die Transportkraft des Suspensionsstromes infolge abnehmenden Gefälles des Meeresbodens, so hinterbleibt ein *Turbidit* mit gradierter Schichtung, d. h. mit von unten nach oben abnehmender Korngröße (s. S. 114 u. 288).

Beobachtungen in den heutigen Meeren und noch mehr an den marinen Sedimentgesteinen früherer Perioden lehren, daß *submarine Gleit- und Rutschvorgänge* eine wichtige Art der Sediment-Verfrachtung im Meer darstellen. Die marinen Ablagerungen enthalten im frischen Zustand 50–80% Wasser, das nur langsam unter der Belastung durch die auflagernden Schichten abgegeben wird. Die obersten Lagen sind daher wenig scherfest und kommen auf geneigter Fläche, gelegentlich schon bei 1° Gefälle, ins Rutschen. Tonige Absätze geraten als *Schlammstrom* in Bewegung, wobei festere Gesteinsbruchstücke jeglicher Größe mitgeführt werden können (*Olisthostrom*, s. S. 296). Zähere Ablagerungen gleiten oder rutschen wie ein Teppich hangabwärts und legen sich dabei in Falten (subaquatische Rutschfaltung, s. S. 116 u. Abb. 73). Bereits verfestigte Sedimente zerbrechen beim Gleitvorgang in eine Trümmer-Masse, eine *Primärbrekzie* (s. S. 118).

6 Sedimente und Sedimentgesteine

Die im Vorangehenden beschriebenen exogenen Kräfte bewirken den Transport der durch die Verwitterung und Abtragung entstandenen Stoffe vom Ursprungsort zu Vertiefungen der Erdoberfläche. Dort, wo die Transportkräfte nicht mehr ausreichen, wird die Fracht abgelagert. Das geschieht überwiegend im Meer (*marine Sedimente*), es gibt jedoch auch *Ablagerungen auf dem Festland (terrestrische Sedimente)*. Dazu gehören die *Sedimente in Seen (limnische Sedimente), Fluß-Absätze (fluviatile Sedimente)* wie Schotter und Sand und *Ablagerungen des Eises (glazigene Sedimente)* wie Moränen. Alle Ablagerungen lassen sich in die drei großen Gruppen der klastischen, chemischen und biogenen Sedimente gliedern. *Klastische Sedimente* bestehen vorwiegend aus den bei Verwitterung und Abtragung entstandenen Gesteinsbruchstücken verschiedener Korngröße, *chemische Sedimente* werden durch Niederschlag aus Lösungen und *biogene Sedimente* unter Beteiligung von Organismen gebildet.

6.1 Diagenese

Alle Sedimente sind nach ihrer Ablagerung zunächst locker; man spricht dann von *Lockergesteinen*, zu denen beispielsweise Kies, Sand und Ton gehören. Die Vorgänge, die zur Bildung von *Festgesteinen* führen, faßt man unter dem Begriff *Diagenese* zusammen. Diagenetische Umwandlungen können sehr rasch erfolgen, wie z.B. die Bildung von Sinterkalken aus Quellen, oder geologische Zeiträume währen. Zeit, Druck, Temperatur, Entwässerung und chemische Umbildungen sind die entscheidenden Faktoren der Diagenese.

Die Diagenese geht im allgemeinen mit einer Abnahme des Porenraumes (s. S. 48) infolge Volumen-Verringerung durch Setzung einher. So besitzen frisch abgelagerte Sande eine Porosität von 40–50%, Tone sogar von 60–80%. Werden diese Lockergesteine von immer mehr Ablagerungsmaterial bedeckt, so tritt durch den Auflastungsdruck eine zunehmende *Verdichtung* ein (s. Abb. 66). Unter ca. 500 m Deckschichten

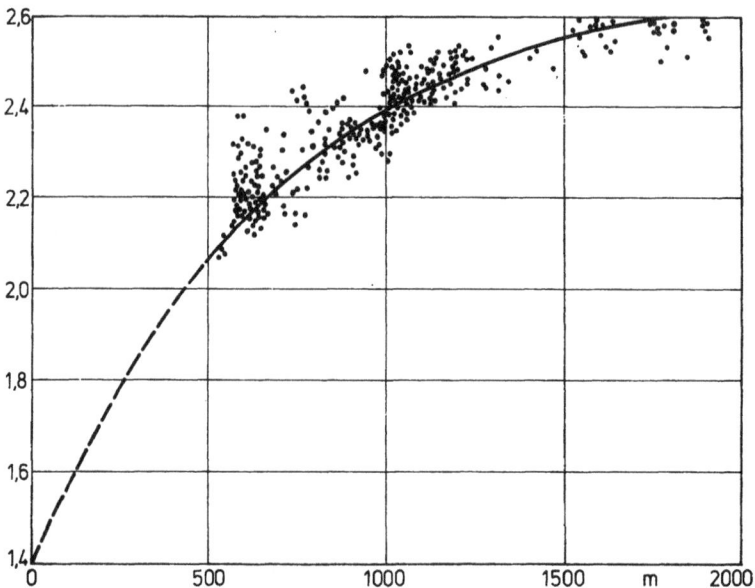

Abb. 66. Dichte von Ton-Gesteinen aus Tiefbohrungen in Oklahoma in Abhängigkeit von ihrer maximalen Bedeckungstiefe (nach ATHY).

sind sowohl Sand als auch Ton auf 30–40 % Porosität verdichtet, bei 2000 m Bedeckung ist die Porosität des Sandes mit 30 % jedoch etwa doppelt so groß wie diejenige des Tons (diagenetische Dichte-Inversion).

Der Wasser-Gehalt nimmt bei solchen diagenetischen Vorgängen durch Auspressung ständig ab (s. Abb. 67). Ein erheblicher Teil des Wassers wird ausgequetscht und gelangt entweder in das Meer- oder das Grundwasser. Nur ein Rest von *konnatem Wasser* bleibt im Porenraum des Gesteins zurück. In Sanden und anderen Lockergesteinen zirkulierende Bergfeuchtigkeit löst beigemengtes Calciumcarbonat, Ton-Minerale und auch Silicate auf und scheidet das Gelöste als kristallines *Bindemittel* an anderer Stelle wieder aus. Dadurch werden die Porenräume verkleinert und Körner miteinander verkittet. Ballen sich die gelösten Stoffe zu knolligen bis linsenförmigen *Konkretionen* zusammen, so entstehen beispielsweise Hornsteine aus wandernder Kieselsäure, „Lößkindel" (s. S. 96) aus Kalk sowie „Geoden" oder „Septarien" aus Toneisenstein. Amorphe Stoffe werden kristallin, nicht stabile Minerale bilden sich in stabile um, wie etwa Aragonit in Calcit. Diffusions- und Strömungsvorgänge in der Porenflüssigkeit können zu Stoff-Verschiebungen und -Austauschvorgängen führen, bei denen es zur Bildung neuer, *authigener* (an Ort und Stelle entstandener) *Minerale* im Gestein kommt.

Seit kurzem ist bekannt, daß der Motor für die Diagenese der reaktionsträgen Sande die Ton-Schluff-Schichten sind, die normalerweise mit unterschiedlicher Dicke im Wechsel mit den Sanden abgelagert werden. Diese Pelite (s. S. 121 ff.) enthalten neben sehr kleinen Quarzkörnern verschiedene Ton-Minerale wie Kaolinit, Montmorillonit oder Illit, die druckempfindlich und chemisch relativ instabil sind. Sie verändern sich in der

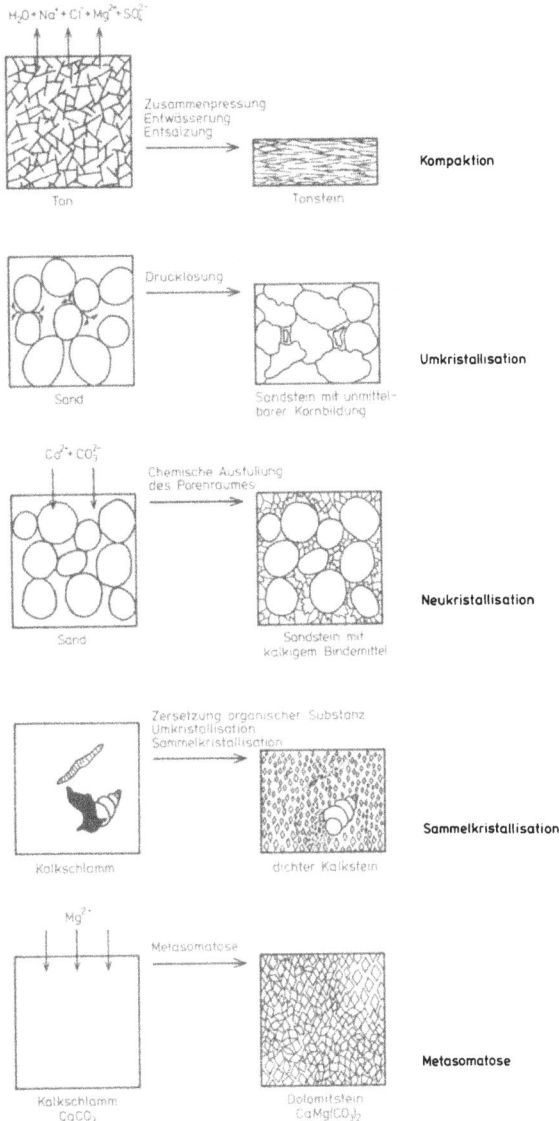

Abb. 67. Die verschiedenen Vorgänge der Diagenese (nach PAPE, geändert).

Tiefe und wandeln sich ineinander um. Bei dieser Umwandlung des Ton-Schluffs zu Ton-bzw. Schluff-(Silt-)stein (s. S. 123) lösen sich die in diesem enthaltenen kleinen Quarzkörner teilweise auf, insbesondere dort, wo sie im Kontakt mit dem Ton-Mineral Illit stehen. Die derart freigesetzte Kieselsäure bewirkt das Kristall-Wachstum der Quarze in den (kieselig gebundenen) Sandsteinen und damit deren Zementierung.

Im Kalkschlamm sind bei einem bestimmten Sättigungsgrad des Wassers größere Teilchen unlöslich, während kleinere noch gelöst werden. Die größeren wachsen auf Kosten der kleineren weiter, wodurch die Konzentration der Lösung sinkt. Es kommt zur Kornvergröberung. Bei dieser *Sammelkristallisation* spielt auch das *Rieckesche Prinzip* eine Rolle, wonach unter einseitigem Belastungsdruck stehende Körner durch Erhöhung der Löslichkeit bevorzugt gelöst werden, während die am wenigsten beanspruchten in der zwischen den Körnern zirkulierende Lösung auf Kosten der gedrückten weiterwachsen. Durch alle diese Vorgänge entsteht schließlich aus einem lockeren Sediment ein festes, dichtes Gestein (s. Abb. 67).

Erhöhte Wärme-Zufuhr infolge geothermischer Erwärmung oder vulkanischer Herkunft beschleunigt die meisten diagenetischen Vorgänge beträchtlich, ebenso tektonische Einwirkung (s. S. 141 ff.). So gibt es fast 500 Mio. Jahre alte kambrische Tone bei St. Petersburg, die heute noch unverfestigt sind, da sie niemals von tektonischen Vorgängen betroffen wurden. Jung-tertiäre Sande und Tone kann man gewöhnlich noch mit der Hand zerdrücken. Gleichartige und -alte Gesteine in den Alpen, Pyrenäen, dem Apennin und den Dinariden sind dagegen durch die Gebirgsbildung zu Festgesteinen geworden.

Bei der *Fossilisation*, der Diagenese von Organismen, wird im allgemeinen die organische Substanz zerstört; erhaltungsfähig sind meist nur Hartgebilde. Werden carbonatische Reste wie Schalen u.a. eingebettet, so füllt sich der Hohlraum mit Sediment. Während der Diagenese werden die kalkigen Gehäuse fast immer aufgelöst, so daß allein der äußere Abdruck und der innere Ausguß, der *Steinkern*, übrigbleiben. Nur selten ist ein Gehäuse als Körperfossil erhaltungsfähig. Relativ häufig wird die ursprüngliche Substanz durch Quarz, seltener durch Chalcedon[15] und Opal ($SiO_2 \cdot n H_2O$) oder Pyrit und Markasit (FeS_2) ersetzt (Verkiesung). Sehr oft werden im Sediment eingeschlossene Tier-Gehäuse z.B. wie Muschelschalen bei der Verdichtung plattgedrückt. Ein wirtschaftlich besonders wichtiger Sonderfall ist die Diagenese pflanzlicher und tierischer Substanzen zu Kohle bzw. Erdöl (s. S.132ff.).

6.2 Schichtung

Sedimente und Sedimentgesteine sind primär mehr oder weniger ebenflächig geschichtet. Die *Schichtung* entsteht durch zeitweilige Unterbrechung der Sedimentation oder durch Unterschiede in der Korngröße und Zusammensetzung des abgelagerten Materials (s. Abb. 68). Schichtung ist also Materialwechsel. Dieser Wechsel kann auf verschiedene Ursachen zurückgehen, so z.B. auf Schwankungen der Strömungsgeschwindigkeit und damit der Transportkraft des verfrachtenden Mediums oder auch auf jahreszeitliche Rhythmik der Ablagerung, Klima-Änderung usw. *Schichtfugen* gliedern eine Gesteinsfolge in einzelne *Bänke, Schichten* oder *Lagen*. Die Fuge besteht meist aus Ton- oder Ton-Schluff-Material bzw. auch aus dünnen Lagen horizontal eingeregelter Minerale wie z.B. Glimmer-Blättchen. Man nennt die untere Trennungsfuge einer Schicht *Basis*- oder *Sohlfläche*, die obere *Dachfläche*. Die bankrecht gemessene Dicke zwischen Dach- und Sohlfläche einer Schicht ist ihre *Mächtigkeit*. Schichten aus

---

[15] Aus mikroskopisch feinen Fasern aufgebaute Abart von Quarz.

a)   b)

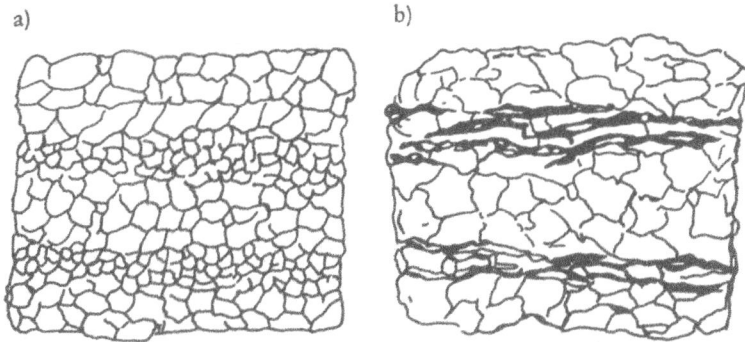

Abb. 68. Schematische Darstellung der Schichtung.
  a) Schichtung durch Korngrößen-Wechsel.
  b) Schichtung durch parallele Ablagerung blättchenförmiger Minerale.

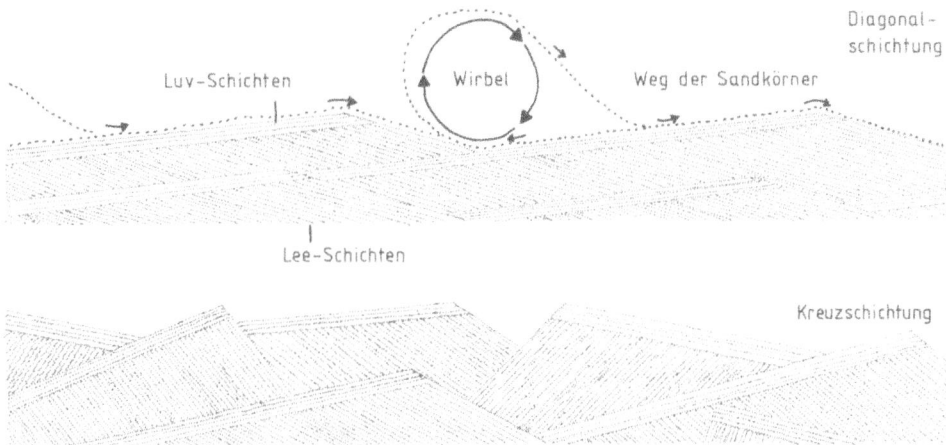

Abb. 69. Schichtungstypen von Sedimenten (nach LESER & PANZER). Die Diagonal- oder
  Schrägschichtung setzt Fließen oder Strömen in einer gleichbleibenden Richtung voraus:
  es entstehen Luv- und Lee-Schichten. Die Kreuzschichtung geht auf in der Richtung
  wechselnde Fließ- oder Strömungsrichtungen zurück.

nutzbaren Gesteinen werden *Flöze* genannt. Die unter der Sohlfläche liegende Gesteins-
folge wird als *„Liegendes"*, die über der Dachfläche folgende Serie als *„Hangendes"*
bezeichnet. Schichtfugen (Schichtflächen) verlaufen nicht immer primär horizontal; in
Strombänken (s. S. 73), Dünen (s. S. 96 ff.), Wellen- und Strömungsrippeln herrscht
Diagonal- oder *Schrägschichtung* (s. Abb. 69 u. 70) vor. *Kreuzschichtung* geht auf in der
Richtung wechselnde Fließ- oder Strömungsrichtungen zurück.
  Folgt in einem Schichten-Verband Bank auf Bank übereinander mit parallelen
Schichtfugen, so liegt *Konkordanz* vor. *Diskordante Ablagerung* entsteht immer dann,
wenn ältere Schichtglieder von einem jüngeren Schichten-Verband winklig abge-
schnitten werden, beispielsweise, wenn eine gefaltete und teilweise abgetragene Serie von

jüngeren Schichten überlagert wird (s. Abb. 71). Die neue Schichtenfolge beginnt über
der Diskordanzfläche meist mit einem Basiskonglomerat (s. S. 118).

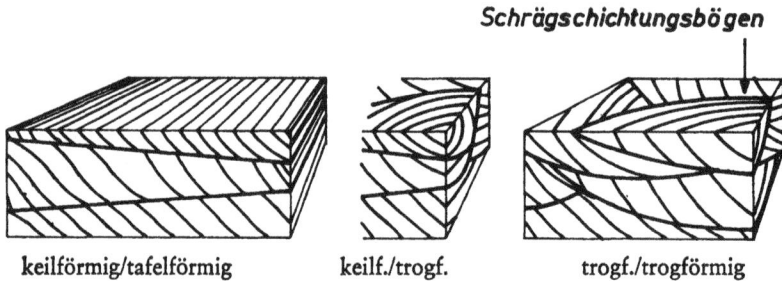

Abb. 70. Verschiedene Arten der Schrägschichtung (nach FÜCHTBAUER & MÜLLER).

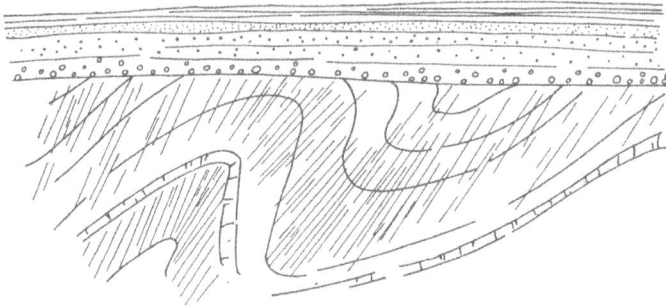

Abb. 71. Eine horizontal lagernde Schichtenfolge weist eine Winkeldiskordanz zum gefalteten
und abgetragenen Untergrund auf (nach CLOOS).

Jede Schicht dünnt bei mehr oder minder weiter Fortsetzung nach allen Seiten hin aus
und wird durch eine andere ersetzt. Bei rascher seitlicher Ausdünnung spricht man vom
Auskeilen. Alle Schichten sind daher miteinander verzahnt.

Schichtinterne *Sediment-Strukturen* geben Hinweise auf die Bildungsart der betreffenden Schicht. Eine Korngrößen-Abnahme innerhalb einer Schicht von unten nach oben,
oft mehrfach übereinander, wird als *gradierte Schichtung* bezeichnet und kommt durch
eine Abnahme der Fließgeschwindigkeit des Transport-Mediums zustande. Häufig
legen sich blättchenförmige Minerale bei der Sedimentation der Schichtungsebene
parallel, aber auch anderes Material wie Gerölle, Tiergehäuse (Muschelschalen u. a.)
kann entsprechend eingeregelt sein. Dieses Parallelgefüge wird damit zu einem
wesentlichen Bestandteil der Schichtung, auf dem meist die Spaltbarkeit von Sedimentgesteinen beruht.

In den Ablagerungen vorzeitlicher Meere ist die damalige Wasser-Bewegung häufig
nach Richtung und Stärke aufgezeichnet. Fossilien, Gerölle und Sandkörner sind

gleichsinnig eingeregelt. *Rippel-Gefüge* (s. S. 101) geben Hinweise auf die Art und Stärke der Paläo-Strömungen. Die Schichtflächen sind oft durch *Strömungsmarken* gefurcht (s. Abb. 72): in Strömungen mitgeführte Gegenstände erzeugten *Schleifmarken*, kleine Wasserwirbel strudelten *Kolkmarken* aus. Längere Unterbrechungen der Sedimentation treten als *Hardgründe* (engl. hard-grounds), scharfbetonte, oft mit sessilem Benthos (festsitzende, am Boden lebende Organismen) besetzte Schichtflächen, in einer Gesteinsabfolge hervor.

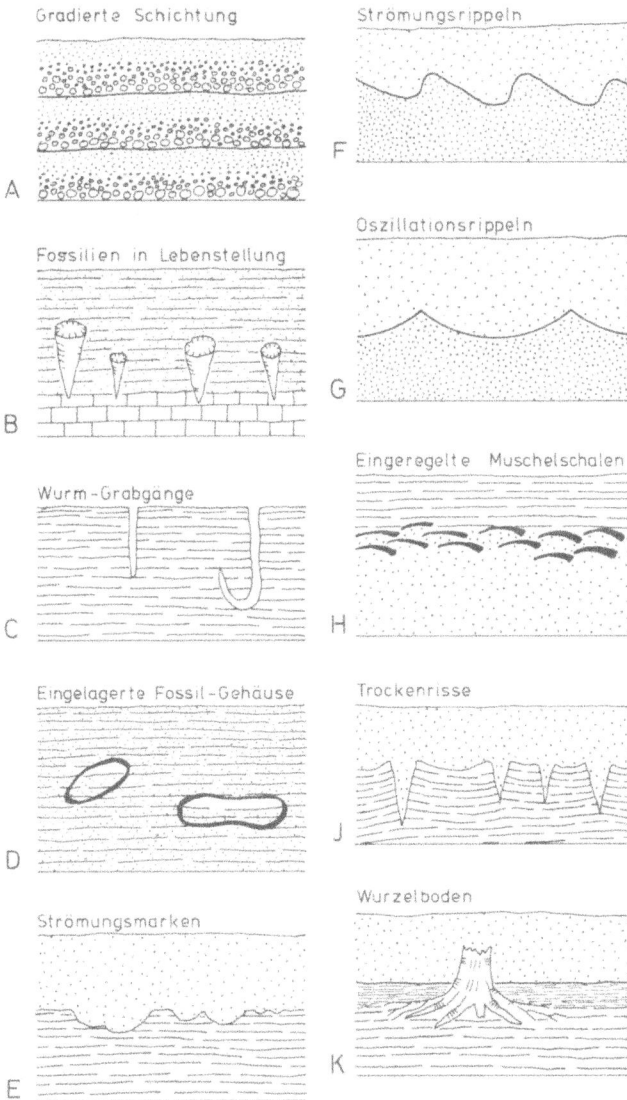

Abb. 72. Schematische Darstellung von Sediment-Strukturen.

An der Unterseite von Sandstein-Bänken sind häufig rundliche Vorstülpungen zu finden, die als *Belastungsmarken* (engl. load casts) bezeichnet werden. Sie entstehen durch Einsinken des schweren Sandes in den unterliegenden, durch hohen Wasser-Gehalt leichteren Schlamm kurz nach seiner Ablagerung. Gelegentlich läßt sich in feinge-schichteten Bänken eine *bankinterne Verfältelung* (engl. convolute bedding) beobachten (s. Abb. 73). Sie bildet sich, wenn Sand/Ton-Wechsellagerungen so schnell abgesetzt werden, daß die Entwässerung des Sediments verhindert wird. Beim Eintreten des Porenwasser-Überdruckes infolge Belastung durch immer neue Ablagerungen steigt das Porenwasser in dem instabilen Sediment-Wasser-Brei auf und bringt das diagenetisch noch kaum verfestigte Material zur Fältelung. Setzt sich eine Lage von spezifisch schwerem Material mit gutem Kohäsionsvermögen, wie z.B. Sand, über einer sehr wasserhaltigen Schlammschicht ab, so kann deren Entwässerung ebenfalls behindert werden. Durch zusätzliche Belastung oder Scher-Beanspruchung wird der Schlamm vorübergehend dünnflüssig, die Hangend-Lage zerbricht und sackt ein. Dabei wird sie kissen- oder nierenförmig verformt, und es entstehen *Ballen-* und *Kissenstrukturen*.

Mit den vorstehend beschriebenen Erscheinungen darf die *subaquatische Rutschfaltung* (engl. slump structure) nicht verwechselt werden, bei der sandige Schichten über liegenden Ton-Lagen in Seen oder im Meer in Richtung des Gefälles geglitten sind. Subaquatische Rutschungen umfassen meist mehrere Bänke; die Falten zeigen immer einen bestimmten Bewegungssinn (s. Abb. 73). Die Labilität frisch abgelagerter Sand/Ton-Wechsellagen kann nicht nur in Fließgefügen, sondern auch in *Schrumpf-rissen (Trockenrissen)*, die polygonale Muster bilden, zum Ausdruck kommen (Abb. 72).

Schrägschichtung (s. S. 113), *Rippeln* (s. S. 101), *nicht völlig mit Sediment gefüllte Fossil-Gehäuse* (Schalen, s. S. 112), *Fossilen in Lebensstellung, Wurm-Grabgänge und Wurzelböden* (s. S. 131) zeigen das ehemalige „Oben" bzw. „Unten" von gefalteten und überkippten (s. S. 143) Schichten an (s. Abb. 72) und gelten als *„fossile Wasserwagen"*.

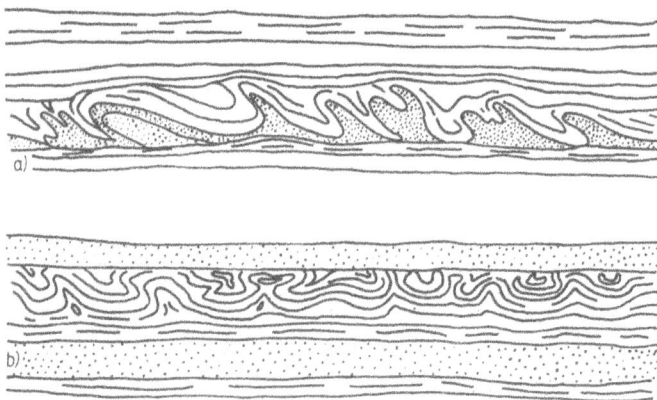

Abb. 73. Subaquatische Rutschfaltung (a) und bankinterne Verfältelung (b).

Die Zusammensetzung und Ausbildung von Schichten können sich in seitlicher Richtung verändern, beispielsweise durch Ab- oder Zunahme der Korngröße oder indem ein Sandstein allmählich in einen Kalkstein übergeht. So lagern sich augenblick-lich an der Küste von Rügen grobe Brandungsgerölle ab, während in der Ostsee Schlick und im Mündungsbereich der Oder Sand sedimentiert werden. Man spricht in diesem

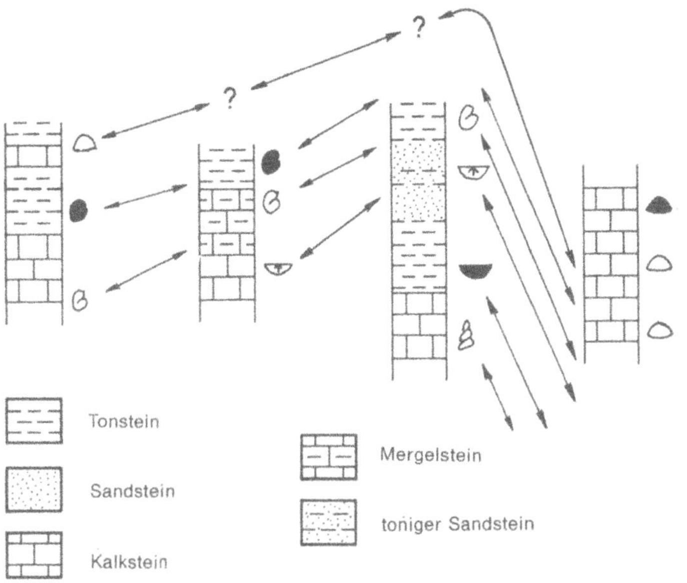

Tonstein

Sandstein

Kalkstein

Mergelstein

toniger Sandstein

Abb. 74. Zeitliche Einordnung von Schichten bei wechselnder Fazies mit Hilfe von Leitfossilien (nach VANGEROW).

Fall von einer faziellen Veränderung und bezeichnet als *Fazies* die Gesamtheit gesteinsmäßiger und paläontologischer Merkmale einer Ablagerung. Eingeschwemmte Reste von Tieren und Pflanzen (Fossilien) geben dabei bedeutsame Hinweise über Bildungsort und -zeit eines Sedimentgesteins (s. Abb. 74). Faziesbereiche im Großen sind das Meer und das Festland. Man unterscheidet daher die a) *marine Fazies* von der b) *kontinentalen Fazies* und untergliedert weiter zu a) in Strand-Fazies, Flachmeer-Fazies, pelagische Fazies, Tiefsee-Fazies, Salzwasser-Fazies und Riff-Fazies sowie zu b) in Fluß-Fazies (fluviatile Fazies), See-Fazies (limnische Fazies), Moor-Fazies, Wüsten-Fazies usw. Man kann auch nach der Lebewelt unterscheiden, so z.B. in Korallen-Fazies, Globigerinen-Fazies usw. und stellt dann die *Biofazies* der *Lithofazies* des anorganischen Sediment-Anteiles gegenüber.

Fazielle Veränderungen können seitlich, wie vorstehend erläutert, und vertikal übereinander erfolgen, wenn etwa eine sandige Schichtenfolge von einer kalkigen Serie überlagert wird. Solche vertikalen Veränderungen treten nicht selten mehrfach in gesetzmäßiger Wiederholung übereinander auf. In solchen Fällen spricht man von *rhythmischer Sedimentation*. Verläuft die Wiederkehr ähnlicher Ablagerungen in einem Zyklus, so liegen *Sedimentationszyklen (Zyklotheme)* vor. Letztere gehen im allgemeinen zyklischen Abfolgen der Lebensgemeinschaften (Biotope) parallel. Ein bekanntes Zyklothem im flözführenden Ober-Karbon ist der Gesteinszyklus (von unten nach oben) Sandstein, Tonstein, Torfmoor (heute Kohlenflöz, s. S. 130), marine Einlagerung (Tonstein) und schließlich der Sandstein des neuen Zyklothems. Solche Sedimentationszyklen sind durch periodisch wechselnde Senkungsgeschwindigkeit oder eustatische Meeresspiegel-Schwankungen (s. S. 140f.) zu erklären.

6.3 Klastische Sedimente (Trümmergesteine)

Die klastischen Sedimente werden in *unverfestigte Trümmergesteine* (Lockergesteine) und *verfestigte Trümmergesteine* eingeteilt. Die weitere Gliederung erfolgt nach der vorherrschenden Korngröße:

Psephite   > 2 mm
Psammite   2 mm – 0,02 mm und
Pelite   < 0,02 mm

Die Korngrößen werden durch Sieb- und Schlämmprozesse ermittelt und in Korngrößen-Verteilungskurven dargestellt (s. Abb. 75). In Deutschland ist es üblich, für die Abszisse einen dekadisch-logarithmischen Maßstab zu wählen. Man erreicht dadurch, daß auf dieser zwischen den Korngrößen von 0,002, 0,02, 0,2 und 2 und 20 mm gleiche Abstände liegen (s. Abb. 75 und Tab. 6). Werden diese Abstände noch einmal halbiert, so entspricht die Skala den Korngrößen von 0,02 bis 0,063, von 0,2 bis 0,63 usw.

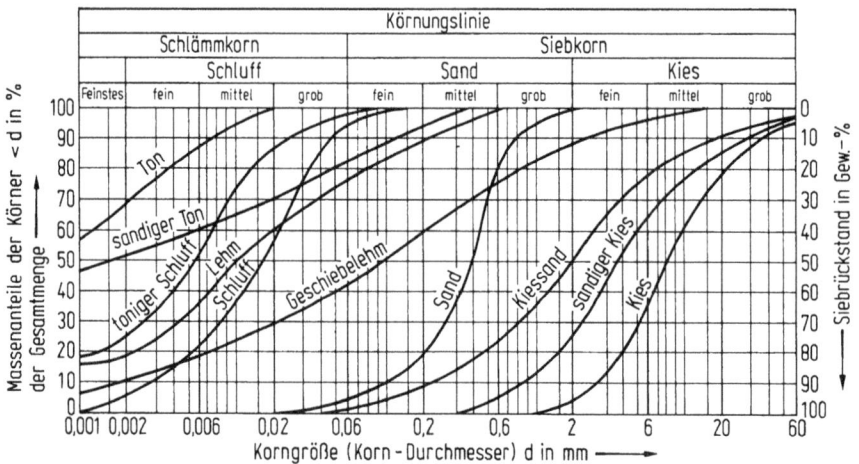

Abb. 75. Korngrößen-Verteilungskurven der wichtigsten klastischen Sedimente.

6.3.1 Psephite

Grobe Schotter (Fluß- oder Brandungsgerölle), also gerundete Blöcke sowie Kies aller Größen, ergeben in verfestigtem Zustand das *Konglomerat* oder *„Nagelfluh"* (schweiz.-alleman.). Die einzelnen Gerölle des Konglomerats können aus einer (mono-mikt) oder verschiedenen Gesteinsarten (polymikt) bestehen. Ausgangsgesteine, Verwitterungsprodukte, Transportweite und -art bedingen Korngröße und -form der Bestandteile. Die *Brekzie (Breccie)* besteht dagegen aus eckigen Komponenten (s.

Tabelle 6. Einteilung der Trümmergesteine nach ihrer Korngröße

Bezeichnung der Gesteinsart				
bei Lockergestein				bei verfestigem Trümmergestein
		DIN 18123 bzw. ISO-TC 24 mm	mm	
Psephite	Stein	Stein	> 63		
	Kies	Grobkies	63–20	63–36 36–20	Brekzie
		Mittelkies	20–6,3	20–11,2 11,2–6,3	Konglomerat
		Feinkies	6,3–2,0	6,3–3,56 3,56–2,00	
Psammite	Sand	Grobsand	2,0–0,63	2,00–1,12 1,12–0,63	
		Mittelsand	0,63–0,2	0,63–0,355 0,355–0,20	Sandstein Arkose Grauwacke
		Feinsand	0,2–0,063	0,20–0,112 0,112–0,063	
Pelite	Schluff	Grobschluff	0,063–0,02	0,063–0,036 0,036–0,02	
		Mittelschluff	0,02–0,006	0,02–0,011 0,011–0,006	Schluffstein
		Feinschluff	0,006–0,002	0,006–0,0036 0,0036–0,002	
	Ton	Ton	< 0,002	< 0,002	Tonstein

a)   b)

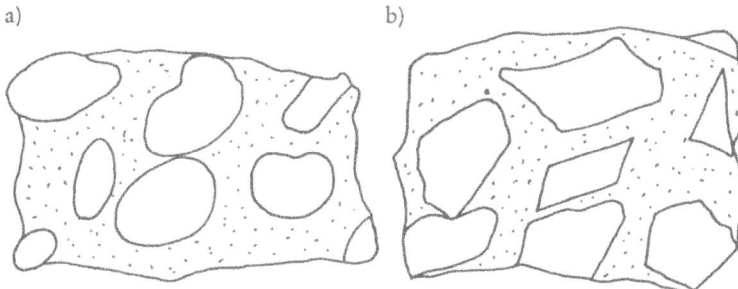

Abb. 76. Konglomerat- (a) und Brekziengefüge (b).

Abb. 76). Das Bindemittel von Konglomerat und Brekzie kann tonig, kalkig oder sandig sein. Unsortierte Schuttmassen, die bei Regenzeiten in der Wüste regellos in größeren Schuttfächern zusammengespült werden, nennt man *Fanglomerate*.

Nach dem Grad der *Klassierung* (Korngrößen-Verteilung) und *Sortierung* (Einteilung nach verschiedenartigen Bestandteilen) sowie nach der Zersetzung lassen sich Transportweite und Zeitmaß der Sedimentation (sehr rasch bis langsam und ruhig) von Psephiten (und Psammiten) abschätzen. Für die genetische Aussage sind Zurundungsgrad, Abplattungs- und Symmetriewert der Bestandteile aufschlußreich. Den Zurundungsgrad kann man sehr differenziert nach dem Verhältnis der Krümmungsradien der Umrißlinie eines Kornes zum Korn-Durchmesser mit 25 (RUSSEL) oder nach Augenmaß mit 5 Rundungsklassen (RUSSEL u. TAYLOR) messen und vergleichen (s. Abb. 77).

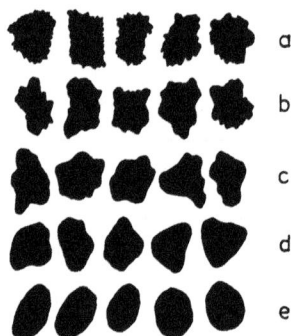

Abb. 77. Kornrundungsgrad (nach RUSSEL
und TAYLOR)
a: vollständig ungerundet,
scharfkantig (angular)
b: schlecht gerundet, kanten-
gerundet (subangular)
c: mittelmäßig gerundet
(angerundet)
d: gut gerundet (gerundet)
e: vollkommen rund

6.3.2 Psammite

Zu den verfestigten Psammiten gehören die *Sandsteine*, die vorzugsweise aus verkitteten Quarzkörnern und untergeordnet aus Feldspäten, Glimmern und anderen Silicaten sowie Schwermineralen (s. S. 121) bestehen (s. Abb. 78). *Grauwacken* sind dunkel-graugrüne Psammite, die Gesteinsbruchstücke führen und meist einen Feldspat-Gehalt haben. Ihre Sortierung (s. S. 120) ist schlecht. Grauwacken treten vor

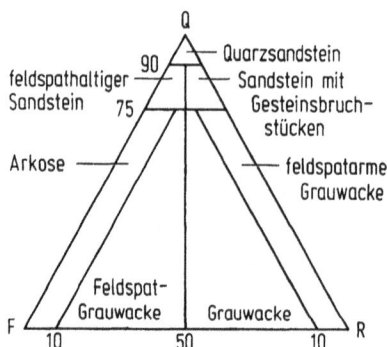

Abb. 78. Sandstein-Klassifikation
(nach FÜCHTBAUER).
Q: Quarz, F: Feldspäte,
R: Gesteinsbruchstücke.

allem in der Flysch-Fazies (s. S. 288 ff.) auf. *Arkosen* sind hellgraue bis rötliche, sehr feldspatreiche Sandsteine mit mehr als 25 Prozent Feldspat-Anteil. Das Bindemittel der verfestigten Psammite ist tonig, kalkig oder kieselig. Gelegentlich können Sandsteine auch andere Bindemittel besitzen, z. B. Brauneisenstein, Eisencarbonat oder Schwerspat ($BaSO_4$). Sandstein mit über 90 Prozent Quarz-Anteil wird als *Quarzsandstein* (s. Abb. 78) und solcher mit einem hohen Gehalt an kieseligem Bindemittel als *kieseliger Sandstein* bezeichnet. Ein splittrig brechender *Quarzit* entsteht durch diagenetisches Zusammenwachsen der Quarzkörner.

Auffällig rot gefärbte Sandsteine besitzen einen erheblichen Gehalt an Hämatit und Goethit. Derartige *„red beds"* bildeten sich im Perm (Rotliegendes) und in der Trias (Buntsandstein) und sind erdgeschichtliche Klima-Zeugen für ein warmes bis heißes, wechselfeuchtes Klima (s. S. 61). Für die Rotfärbung (und ihre Erhaltung) sind oxidierende Ablagerungsbedingungen nötig; bei lokaler Reduktion entstehen grünliche Flecken und Bänder. Sandsteine mit hohem Glaukonit-Gehalt (s. S. 105) werden *Grünsandsteine* genannt (Bochumer, Essener und Soester Grünsand).

Zur Untersuchung von Psammiten bedient man sich u. a. der *Schwermineral-Analyse*, die Rückschlüsse auf die Herkunft und Vorgeschichte des Sandes zuläßt. Zur schweren Mineral-Fraktion, die mit Bromoform der Dichte 2,9 g/cm³ durch Absinken ausgesondert wird, gehören Turmalin, Zirkon, Granat, Augit, Hornblende und Olivin. Für die Schwermineral-Analyse ist insbesondere die Kenntnis der unterschiedlichen Transport- und Verwitterungswiderstandsfähigkeit der einzelnen Glieder der schweren Fraktion von größter Bedeutung. Außer den Schwermineralien können auch andere Leitminerale wie z. B. verschieden gefärbte Quarze (Quarzkorn-Farbanalyse) zur Untersuchung herangezogen werden.

6.3.3 Pelite

Die Ton-Gesteine stellen die mengenmäßig bedeutendste Gruppe der Sedimente dar. Sie bestehen hauptsächlich aus verschiedenen *Ton-Mineralen* (Kaolinit, Illit, Montmorillonit). Letztere entstehen insbesondere bei der chemischen Verwitterung (s. S. 53 ff.), und zwar bei der Zersetzung von Silicat-Mineralen (Feldspäte, Augite usw.) durch die Um- oder Neubildung der Zersetzungsprodukte. Die Ton-Minerale werden durch das fließende Wasser als *Schwebfracht* (Suspension) transportiert und bilden bei ihrem Absatz *Tone*. Verschiedene Beobachtungen zeigen, daß der größte Teil der von Flüssen in das Meer gebrachten Suspensionsfracht, sofern sie nicht schon im Delta-Bereich zur Ablagerung kommt, sehr nahe der Küste sedimentiert wird, da im salzhaltigen Meerwasser ein rascher Niederschlag der Trübe durch Ausflockung stattfindet. Vor der Mündung einiger großer Flüsse bestehen die Tone vorwiegend aus Illit und Kaolinit, während auf weiter entferntem Meeresboden Montmorillonit vorherrscht. Der Absatz von Ton findet ferner insbesondere in strömungsgeschützten Buchten, Ozean-Becken (s. S. 107) und Tiefsee-Rinnen statt. Auch in Süßwasser-Seen werden Tone abgelagert. Frisch abgesetzte Tone sind durch hohen Wassergehalt ausgezeichnet.

„*Quicktone*" sind thixotrop. Unter *Thixotropie* versteht man die Erscheinung, daß Breie gewisser feinkörniger Lockergesteine bei Erschütterung oder Druckbelastung flüssig werden, sich aber nach Aufhören der Beanspruchung wieder verfestigen. Im thixotropen System fest/flüssig berühren sich die Ton-Minerale nicht unmittelbar, sondern sind jeweils von einer Wasserhülle umgeben. Im Ruhezustand (Gel-Zustand) bauen die Körner ein lockeres Gerüst, insbesondere aus dem Ton-Mineral Montmorillonit auf. Dieses labile „Kartenhaus" bricht bei Beanspruchung zusammen, und es entsteht ein flüssiges Sol, das bald wieder in ein Gel übergeht.

> *Bentonite* sind hochkolloidale, plastische, vorwiegend aus Montmorillonit bestehende Tone, die durch *in situ*-Umwandlung vulkanischer Aschen gebildet wurden und durch Wasser-Aufnahme ihr Volumen versechsfachen können. *Lehm* ist ein gelblicher oder bräunlicher, im allgemeinen kalkarmer bis kalkfreier sandiger Ton.

Tone verfestigen sich nur sehr langsam und unter hohem Druck zu Tonsteinen. Die Kompaktion findet erstens durch Herauspressen der Porenlösung unter Verminderung des Porenraumes (Verdichtung) und zweitens durch Einordnung der blättchenförmigen Einzelteilchen parallel zueinander und senkrecht zur Druckrichtung statt. Es setzen jetzt auch chemische Prozesse ein; bestimmte Ton-Minerale verschwinden und andere treten durch Um- oder Neubildung von Glimmer-Strukturen an ihre Stelle. Kaolinit und Montmorillonit werden in Tiefen von 3000 bis 4000 m durch Illit ersetzt, und unterhalb 5000 m kommen keine quellfähigen Ton-Minerale (s. S. 54) mehr vor. Die Tonsteine bestehen dort aus Illit mit einer geringen Menge von Chlorit. So entsteht aus dem noch quellfähigen *Schieferton* der *Tonschiefer*, der im Wasser nicht mehr aufquillt.

> *Kaolin-Kohlentonsteine*, aus vulkanischen Aschen hervorgegangen, mit Quarzsplittern und Kaolin treten in den Flözen vieler Steinkohlen-Gebiete (s. S. 131) auf und bilden gute stratigraphische Leithorizonte.

Das Bindemittel von Ton-Gesteinen kann auch kalkig oder kieselig sein. Kalkige Tone nennt man *Mergel* (s. Tab. 7). Mergel gehen nach diagenetischer Verfestigung in Mergelstein über.

Tabelle 7. Schema der Kalk/Ton-Mischungen

				% Kalk					
	95	85	75	65	35	25	15	5	
Hochprozentiger Kalkstein	Mergeliger Kalkstein	Mergel-kalkstein	Kalkmer-gel (-stein)	Mergel (-stein)	Tonmergel (-stein)	Mergelton (-stein)	Mergeliger Ton(-stein)		Hochprozentiger Ton(-stein)
	5	15	25	35	65	75	85	95	
				% Ton					

Die Schluff- (engl. Silt-)steine nehmen mineralogisch, chemisch und nach ihren Korngrößen eine Zwischenstellung zwischen den Ton- und Sandsteinen ein (s. Tab. 6).

6.3.4 Trümmererze

Durch die mechanische Aufbereitung älterer Erz-Lagerstätten[16] infolge Abtragung, Verfrachtung und Neuabsatz entstehen *Trümmererze*. Wichtige grobklastische Lagerstätten sind die Brauneisenerz-Lagerstätten von Salzgitter und Peine-Ilsede, welche durch die Abtragung oolithischer Eisenerze (s. S. 105) des Lias und Doggers sowie durch Konzentration der Trümmer als Küstenkonglomerat im Brandungsbereich des Kreide-Meeres im nördlichen Harz-Vorland entstanden. Das Erz-Lager erreicht Mächtigkeiten von 1–100 m. Weitere Trümmererz-Anreicherungen sind die Chromit-Lagerstätten im Bushveld in Transvaal/Südafrika und von Guleman/Türkei, die Itabirit-Trümmererze[17] von Minas Gerais in Brasilien und die Mangan-Trümmererze von Portmasburg in Südafrika.

6.4 Chemische Sedimente

Zu den chemischen Sedimenten gehören Kalk, Dolomit, Gips, Anhydrit und Salze. Sie können terrestrisch oder marin entstanden sein und stellen Absätze aus Lösungen dar.

6.4.1 Kalke und Dolomite (Carbonate)

Die Ausfällung von *Kalk* ($CaCO_3$) aus Süßwasser (s. S. 82) oder Meerwasser (s. S. 103) führt zur Entstehung von Kalkstein.

Zu den terrestrischen Kalkbildungen (Süßwasser-Kalke) gehören die schon abgehandelten *Tropfsteine* und *Sinterkrusten*, die Quell-Absätze in Form von lockerem, um Pflanzenteile entstandenem Kalksinter oder festere Bildungen wie der *Travertin* (s. S. 82), die limnische *See-Kreide* sowie *Kalkkrusten*, wie sie im mexikanischen Hochland von einigen Millimetern bis Metern Mächtigkeit durch die Verdunstung kapillar aufsteigenden Bodenwassers entstanden sind. Die festländischen Kalke spielen jedoch im Vergleich mit den weitverbreiteten Meereskalken (s. S. 103 ff.) eine nur unbedeutende Rolle.

---

[16] Erze sind metallhaltige Minerale, aus denen Metalle oder Metall-Verbindungen von wirtschaftlichen Nutzen gewonnen werden können.

[17] Itabirite sind geschichtete Eisenoxid-Erze, die mit Bändern von Quarzit wechsellagern. Sie kommen in präkambrischen Gesteinen Brasiliens, Guayanas und Zentralafrikas vor und scheinen aus Verwitterungserzen hervorgegangen zu sein.

Kalkstein kann auch durch Abtragung, beispielsweise an einer Steilküste (s. S. 99), und Neusedimentation des aufgearbeiteten Kalk-Materials entstehen. Solche *Detritus-Kalke* sind aus Bruchstücken von Kalk-Sedimenten zusammengesetzt, die bereits vor Bildung des Trümmerkalkes diagenetisch verfestigt waren.

Nach Form und Größe der Komponenten unterscheidet man:

Kalk-Rudit	Kalk-Konglomerat	(runde, über 2 mm große Bruchstücke)	**Detritus-Kalke**
	Kalk-Brekzie	(eckige, über 2 mm große Bruchstücke)	
	Kalk-Arenit	(0,063–2 mm große Partikel)	
	Kalk-Siltit	(2 µm–0,063 mm große Partikel)	
Schlamm-Kalk	Kalk-Lutit	(Partikelgröße < 2 µm	

Die Grundmasse der Detritus-Kalke und der Bioklaste (s. S. 128) kann in zwei Formen auftreten, als Mikrit und Sparit. Unter *Mikrit* wird eine sehr feinkörnige (1–4 µm) Grundmasse verstanden, die aus der diagenetischen Verfestigung von Kalkschlamm hervorgegangen ist. *Sparit* besteht aus erheblichen gröberen (> 10 µm) Calcit-Körnern und -Kristallen.

Kalkstein ist mit 0,02 % sehr wenig porös, und zwar anscheinend infolge von Drucklösung, die zu einer Volumen-Verminderung bis zu 34 % führen kann. Lastet ein großer Druck auf feinsten Ritzen und Spalten des Kalksteins, sei es der Überlagerungsdruck oder der Seitendruck bei der Tektogenese (s. S. 287), so wird die Lösungskraft von zirkulierendem Wasser infolge des Riekeschen Prinzips stark erhöht. Wegen des Druckes können sich jedoch keine Hohlräume entlang der Lösungsbahnen bilden, vielmehr werden ursprünglich ebene Lösungsbahnen infolge von Löslichkeitsunterschieden in unregelmäßige, feingezackte *Drucksuturen* (mit einem Tonhäutchen als Lösungsrest dazwischen) umgestaltet. Sind Hindernisse wie geringer lösliche Versteinerungen im Kalk enthalten, so können Drucksuturen unter gerichtetem Druck in *Stylolithen*[18] übergehen (s. Abb. 79), bei denen sich stielartige, von weniger lösbarem Material geschützte Zapfen tief in den benachbarten, leichter löslichen Kalkstein vorschieben.

Gegenüber dem Kalkstein tritt der *Dolomit* stark zurück. Er ist im äußeren Habitus dem Kalk ähnlich, besitzt jedoch meist eine zuckerkörnige Struktur. Die Bildungsweise des Dolomits ist noch umstritten. Normalerweise entsteht er nicht als unmittelbare Ausfällung aus dem Meerwasser, da dieses an Mg stark untersättigt ist. Eine Abscheidung ist nur bei hohen Konzentrationen, wie beispielsweise in terrestrischen Salz-Pfannen der Trockengebiete zu erwarten. In der Gegenwart entstehen dolomitfüh-

---

[18] Horizontal-Stylolithen liegen mit ihren Achsen weitgehend horizontal und belegen eine gerichtete Verkürzung einer Krustenscholle (s. S. 162).

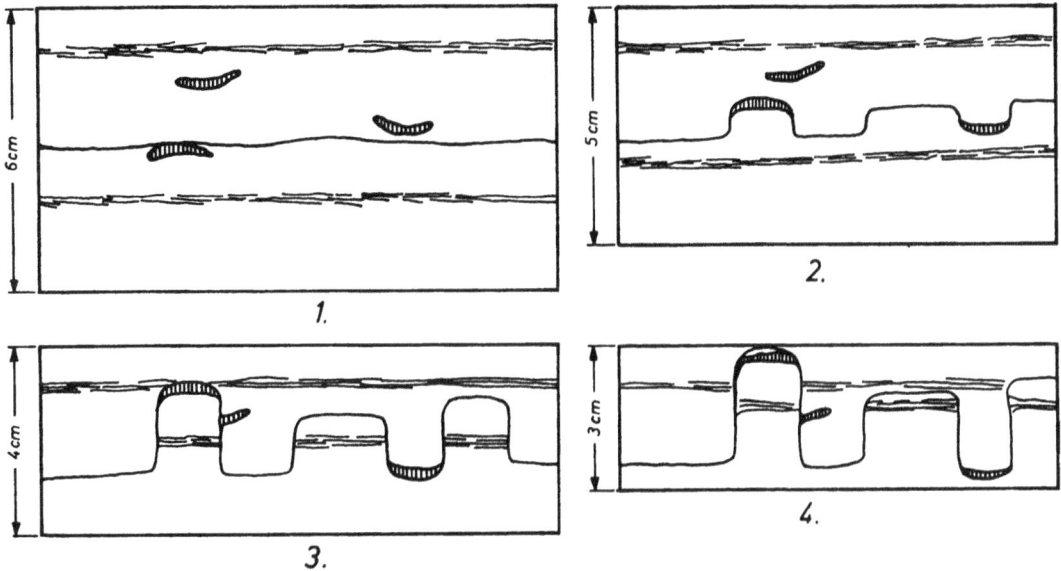

Abb. 79. Entstehung von Stylolithen und die dadurch bedingte Volumenverminderung des Kalksteins in vier Stadien (nach WAGNER).

rende Sedimente (Bahama-Bänke, Florida Bay, Persischer Golf, Niederländische Antillen, Ostküste Australiens) durch Reaktion des Kalkschlammes mit dem Mg-haltigen Meerwasser, und zwar vielfach im flachen Gezeiten-Bereich der tropischen See. Dort kann im Sommer das Wasser in Lagunen und im Watt ein Vielfaches der Salz-Konzentration des normalen Meerwassers erreichen, so daß eine Dolomitisierung eintritt. Eine derartige frühdiagenetische Verdrängung des Ca durch Mg wird als primärmetasomatisch (s. Abb. 67) und der dabei entstandene Dolomit als *Primärdolomit* bezeichnet. *Sekundärdolomite* entstehen durch Dolomitisierung nach der Diagenese, wobei die Zufuhr des Magnesiums durch Poren-Lösungen in die Kalke erfolgt, und zwar meist terrestrisch. Ferner kann durch aufsteigende Lösungen aus dem Untergrund (Vererzung, s. S. 223 ff.), von Spalten im Kalkstein ausgehend, eine begrenzte spätmetasomatische Dolomitisierung eintreten.

6.4.2 Salz-Gesteine (Evaporite)

Zur Bildung von *Salz-Gesteinen* oder *Evaporiten*) durch Verdunstung des Wassers in abgeschnürten Meeresbecken unter heißen und trockenen Klima-Bedingungen ist es in der Erdgeschichte mehrmals gekommen. Beispielsweise drang während der Zechstein-Zeit ein flaches Meer nach Mitteleuropa vor und erfüllte das neu entstandene Becken in weiten Teilen Deutschlands, Polens, Dänemarks, der Niederlande und Englands. Die Verbindung dieses *Zechstein-Beckens* mit dem offenen Meer wurde durch

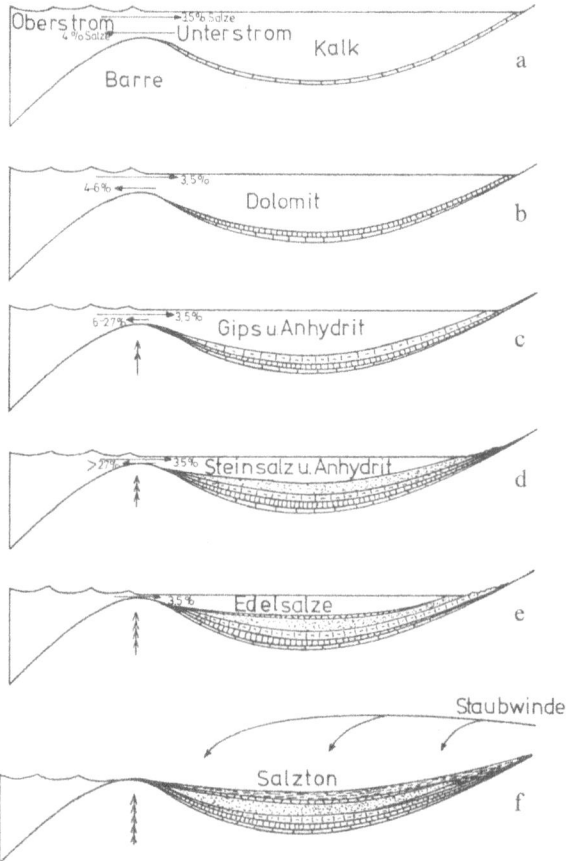

Abb. 80. Entstehung der Zechstein-Salze (nach WAGNER).
a) Beginnende Eindampfung in einem teilweise abgeschnürten Becken, Kalk fällt aus.
b) Dolomit fällt aus.
c) Die Barre hebt sich, Gips und Anhydrit fallen aus.
d) Die Barre wird noch flacher, der Unterstrom schwächer, Anhydrit und Steinsalz scheiden sich aus.
e) Der Unterstrom erlischt; Edelsalze (Kali-Salze) werden abgeschieden.
f) Das Becken fällt trocken, Staub legt sich auf die Salze.

eine untermeerische Barre (Schwelle) eingeschränkt, aber nicht unterbrochen. Die starke Verdunstung erzeugte einen kräftigen Zustrom von Salzwasser des Ozeans in das Randbecken, wo der Salzgehalt stark anstieg und sich die Salze entsprechend ihrer Löslichkeit ausschieden (s. Abb. 80). Die nord- und mitteldeutschen Salz-Gesteine erreichen Mächtigkeiten im Inneren des Beckens von über 450 m. Da sich aus einer Wassersäule von 1000 m Höhe insgesamt nur eine Salz-Schicht von 15,75 m abscheiden kann, mußten somit bis zu 30 km Meerwasser eingedampft werden. In dem flachen Zechstein-Randmeerbecken war jedoch niemals eine derartige Wasser-Bedeckung vorhanden, daher muß das zur Verdunstung gebrachte Meerwasser nach und nach in

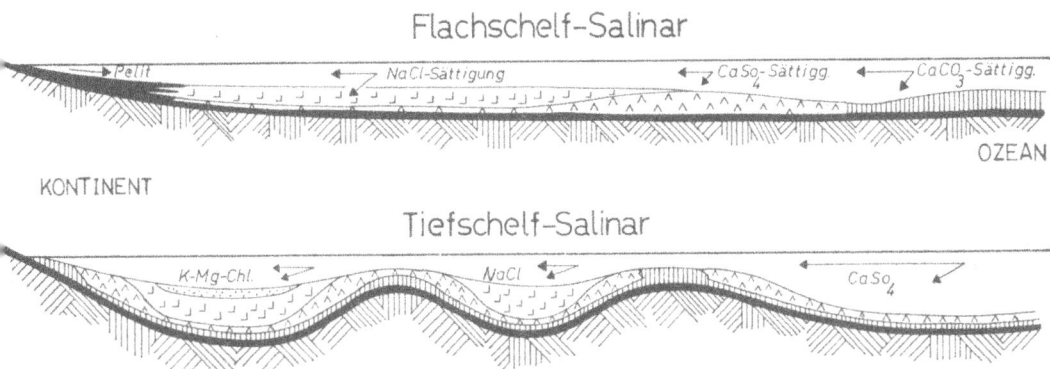

Abb. 81. Fraktionierte chemische Sedimentation (nach RICHTER-BERNBURG). Im Flachschelf-Salinar ergibt sich die Ausscheidungsfolge der einzelnen Sedimente durch die verschiedene Lage der Sättigungspunkte für die einzelnen Salze. Im Tiefschelf-Salinar wird dieser Vorgang noch durch die jeweilige Wassertiefe modifiziert.

das nicht ständig von der offenen See abgetrennte Becken eingespeist worden sein. Aus diesem Grund legten sich die einzelnen Evaporite vom Gips bis zu K-Mg-Salzen nach ihrer jeweiligen Löslichkeit nicht nur über-, sondern auch nebeneinander (s. Abb. 81). Die Meerwasser-Zufuhr in das Zechstein-Becken wurde periodisch mehrmals ganz unterbunden, so daß eine völlige Eindampfung des Wassers erfolgte. Anschließend senkte sich die Barre wieder und mit dem Zustrom frischen Wassers begann die Bildung einer neuen Sedimentationsfolge. Insgesamt liegen vier *Ausscheidungszyklen* übereinander, die mit *klastischen Sedimenten* beginnen (*Zechstein-Konglomerat* an der Basis, bei den jüngeren Folgen *Tone*), sich mit der Ausfällung von *Carbonaten (Zechstein-Kalk und -Dolomit)* und *Sulfaten (Gips, Anhydrit)* fortsetzen und mit der Ausscheidung von *Chloriden (Stein- und Kali-Salze)* ihr Ende finden. Bei dem vollständigen 1., 2. und 3. Zyklus der Zechstein-Evaporite ging die Ausfällung bis zu den wertvollen *Kali-Salzen* (Sylvin [KCl], Carnalit [$KCl \cdot MgCl_2 \cdot 6\,H_2O$] und Kainit [$KCl \cdot MgCO_3 \cdot 3\,H_2O$]). Der aus eingewehtem Staub entstandene, überlagernde Salzton der jeweils jüngeren Serie schützte die leicht löslichen Kali-Salze vor der Ablaugung durch das periodisch neu einströmende Meerwasser.

Die Salinarzonen haben sich im Laufe der Erdgeschichte verlagert. Da die Salz-Abscheidung jeweils an aride Klimazonen gebunden war, stellen Evaporite wichtige *Klima-Zeugen* für die geologische Vergangenheit dar.

6.5 Biogene (organogene) Sedimente (Biolithe)

6.5.1 Fossil-Kalke

Kalksteine, die als Hauptkomponenten (> 50%) ganze oder zerbrochene Kalkskelette oder -schalen von Pflanzen und Tieren enthalten, werden als Fossil-Kalke bezeichnet. Hierzu gehören insbesondere die *Riffkalke* (s. S. 103), die von Korallen, Kalkschwämmen, Kalkalgen u. a. in Lebensgemeinschaft mit anderen Organismen gebildet wurden. Die Schalen oder Kalkgerüste von Foraminiferen, Moostierchen (Bryozoen), Armfüßlern (Brachiopoden), Weichtieren (Crinoiden), Muschelkrebsen (Ostracoden) und verschiedenen Pflanzen lagerten sich nach dem Absterben der Organismen auf dem Meeresboden ab und bildeten Grabgemeinschaften, die ebenfalls zu Kalken wurden.

> Von besonders weiter Verbreitung sind Kalke, die aus den Schalen der planktonischen einzelligen Foraminiferen bestehen, wie beispielsweise die *Ober-Kreide* des Nord- und Ostsee-Gebietes. Man unterscheidet hauptsächlich eine küstennahe *Pläner-Fazies* (fester, zum Teil toniger Kalk mit vielen Muschel-Resten) und eine küstenferne Fazies (*Schreibkreide*), die vorwiegend Foraminiferen enthält.

Werden die kalkigen Hartteile der Organismen vor der Diagenese zum Kalkstein durch Wellen- oder Gezeiten-Wirkung zerbrochen und zerkleinert, so entstehen *Bioklaste*. *Biokalk-Arenite* sind gut sortierte Fossil-Kalke aus 0,063–2 mm großen, oft abgerundeten Schalen-Bruchstücken. In *Biokalk-Ruditen* werden die Partikel > 2 mm groß.

6.5.2 Kiesel-Gesteine

Im Gegensatz zu der großen Zahl von Organismen, deren Hartteile aus Carbonat bestehen, gibt es nur wenige Pflanzen und Tiere, die ihr Skelett aus amorpher Kieselsäure (Opal [$SiO_2 \cdot nH_2O$]) aufbauen. Bei den Pflanzen handelt es sich dabei um vorwiegend planktonische *Kieselalgen (Diatomeen)*, bei den Tieren um die ebenfalls überwiegend planktonischen *Flagellaten* (Geißeltierchen) und *Radiolarien* (s. S. 107) sowie auf dem Meeresboden lebende *Kiesel-Schwämme*. Während der Kiesel-Gehalt der Diatomeen im *Kieselgur* auch heute noch meist als Opal vorliegt – die Umwandlung von Opal in Chalcedon und Quarz hat im allgemeinen nur in älteren prä-pleistozänen Ablagerungen stattgefunden –, ist beim *Radiolarit (Kieselschiefer)* durch diagenetische Veränderungen das ursprünglich biogene Gefüge zerstört worden. Er bildet ein dichtes Gestein, das aus 1–10 μm großen Quarzteilchen aufgebaut wird und worin vereinzelt Umrisse von Radiolarien zu erkennen sind.

Kieselreiche Gesteine aus Nadeln von Kieselschwämmen heißen *Spiculite*. Geht ihr Kiesel-Anteil bei der Diagenese in Lösung, so wird er meist in Knollen- oder Plattenform als Chalcedon oder Opal bald wieder ausgeschieden. Zu dieser Gruppe gehört der dunkelgraue bis schwarze, auch rötliche oder grünliche *Hornstein* bzw. der schwarze, braune oder gelbliche *Feuerstein*.

6.5.3 Phosphorite

Phosphorite bestehen aus einem Gemenge von Calcit und Carbonat-Fluor-Apatit [Ca$_5$(PO$_4$, CO$_3$, OH)$_3$(F,OH)] und kommen als zellige, traubig-nierige, krustenartige und kugelig-knollige Bildungen (*Phosphorit-Knollen*) vor. Sie entstanden vorwiegend in Flachsee-Bereichen nahe der Schelf-Außenkante, wo kühle phosphatreiche Tiefenwässer aufströmten, unter deren Einfluß ein lebhafter biologischer Stoff-Umsatz vor sich ging. Da die Löslichkeit des Ca-Phosphats mit der zur Wasseroberfläche zunehmenden Temperatur stark abnimmt, wurde Phosphorit durch organische und anorganische Prozesse ausgefällt. Der größte Teil der Phosphorite dürfte auf dem Umweg über die P-Anreicherung im Phytoplankton, in tierischen Hartteilen (Knochen, Chitin-Panzer u. a.) und in Exkrementen entstanden sein. Ein geringerer Teil bildete sich durch anorganische Fällung und zwar entweder unmittelbar aus dem Meerwasser oder durch metasomatische Phosphatisierung kalkiger Sedimente.

6.5.4 Kohlen-Gesteine

Die *Kohlen-Gesteine* sind als Energieträger und Rohstoff von großer wirtschaftlicher Bedeutung. Zu ihrer Bildung waren ein warmes und feuchtes Klima sowie ausgedehnte Senken notwendig, in denen sich riesige Moore und Sumpfwälder bilden konnten. Krustenbewegungen schufen in der Oberkarbon-Zeit vor dem damaligen, im Aufstieg befindlichen Variszischen Gebirge eine *Saumtiefe* oder *Molasse* (s. S. 290 f.), die sich bald schneller, bald langsamer senkte und das Abtragungsmaterial aus dem sich hebenden Gebirge aufnahm. Zeitweise setzte die Senkung der paralischen Vortiefe (s. S. 131) überhaupt aus oder wurde so langsam, daß es zur Aussüßung kam und sich vor dem

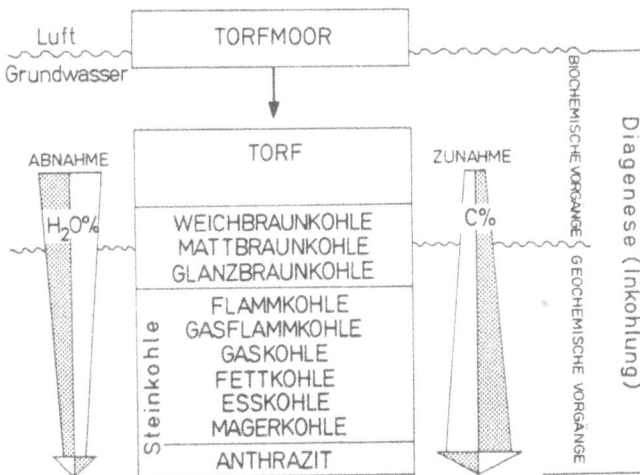

Abb. 82. Die Kohle-Bildung als diagenetischer Prozeß (nach HAGEMANN, geändert).

Gebirge ein extrem flaches Küstengebiet mit hohem Grundwasser-Spiegel herausbildete. Es entwickelte sich eine üppige *Sumpfwald-Vegetation*, aus deren Pflanzensubstanz durch chemisch-biologischen Abbau allmählich *Torf* entstand (s. Abb. 82). Dabei wurden Cellulose, Lignin und Proteine zersetzt und in kolloidale Humus-Substanz umgewandelt. Setzte die Senkung der Vortiefe anschließend abermals stärker ein, wurde die Torf-Substanz vom Festland-Schutt (Schlamm, Ton, Sand) überlagert und vom Zutritt des Sauerstoffes abgeriegelt. Derartige Vorgänge wiederholten sich vielfach. Der Belastungsdruck der auflagernden Sedimente bewirkte eine Teilentwässerung der Torf-Substanz durch Zusammenpressung und die Entstehung von *Weichbraunkohle*. Für die weitere Umbildung der letzteren zu *Matt- und Glanzbraunkohle* bzw. *Steinkohle* mit relativ hohem Anteil flüchtiger Bestandteile war weniger der Druck als die zur Verfügung stehende Zeit und erhöhte Temperatur infolge geothermischer Erwärmung maßgebend, welche die Abspaltung zunächst von CO_2, dann von Methan[19] unter Anreicherung von Kohlenstoff verursachten. Im Steinkohlen-Stadium bildeten sich die kettenförmigen C-Verbindungen zu C-Ringen um, die sich zu immer größeren Netzen zusammenschlossen. Diese Vorgänge führten schließlich zu den Endstadien des *Anthrazits* bzw. *Graphits*; den gesamten Prozeß vom Torf bis zum Anthrazit nennt man *Inkohlung* (s. Abb. 82 u. 83). Jede Torf-Schicht wurde durch diese Vorgänge in ein

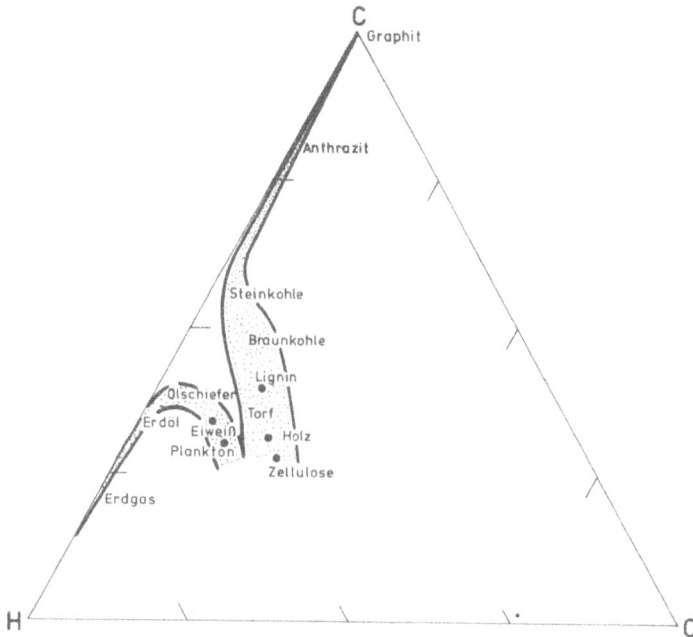

Abb. 83. Die Diagenese der Kohlen-Gesteine (Inkohlung) und des Erdöls, dargestellt durch die Veränderung des Gehaltes an C, H, und O. Graphit entsteht im allgemeinen nur bei der Metamorphose (s. Tab. 18) (nach BRINKMANN).

---

[19] Durch die Demethanisierung entsteht das berüchtigte Sumpf- oder Grubengas (Schlagwetter-Explosion).

Kohlenflöz umgewandelt. Nach der *Hiltschen Regel* steigt der Inkohlungsgrad mit der Tiefenlage, d. h. bei der Zunahme von 100 m Deckgebirgslast nehmen die flüchtigen Bestandteile um 2 % ab. Man unterscheidet je nach dem Inkohlungsgrad folgende Steinkohlen-Arten (s. Abb. 82) u. Tab. 8):

Tabelle 8. Steinkohlen-Arten und ihre Heizwerte

Art	Flüchtige Bestandteile in %	Heizwert in MJ/kg
Flammkohle	45−40	< 32,97
Gasflammkohle	40−35	32,97−34,00
Gaskohle	35−28	34,00−35,00
Fettkohle	29−19	35,00−34,50
Eßkohle	19−14	34,50
Magerkohle	14−6	34,50−34,20
Anthrazit	< 6	um 34,20

Die für die Bildung von Steinkohlen nötige Temperatur liegt höchstens bei 150 °C. Graphit entsteht außerhalb des Diagenese-Bereiches bei maximal 300 °C. Inkohlungsuntersuchungen (s. S. 132) an Pflanzen-Resten in Sedimentgesteinen geben Hinweis auf deren Versenkungstiefe und die damit verbundene geothermische Erwärmung bzw. auf die Wirkung einer Metamorphose (s. S. 227 ff.).

Die meisten Steinkohlen-Gebiete Mitteleuropas, Englands, Rußlands und Nordamerikas gehören zu den paralischen Bildungsstätten. In den Senkungszonen innerhalb des Variszischen Gebirges, den *Innensenken*, entstand der Torf dagegen in Seen (Saargebiet, Niederschlesien): die Kohle liegt in *limnischer Fazies* vor. Alle Merkmale der Kohlenflöze, insbesondere *Wurzelböden*, sprechen dafür, daß die Steinkohle sich an ihren heutigen Fundorten bildete. Im Ruhrgebiet kommen etwa 100 Flöze vor. Je nach dem Verhältnis von Krustenbewegungen, Pflanzen-Wachstum und Sedimentation wechselt die Mächtigkeit der Flöze.

Im Tertiär schloß sich an die damalige Nordsee eine weite, flache, von Sümpfen bedeckte Niederung an; auf dieser breiteten sich dichte Sumpfwälder aus, deren Reste in den *Braunkohlen-Flözen* des thüringisch-sächsisch-braunschweigischen Raumes und im Niederrhein-Gebiet zu finden sind. Durch stärkere Wärme-Zufuhr, z. B. bei magmatischen Vorgängen, wurden Tertiär-Braunkohlen in *Anthrazit* umgewandelt, wie beispielsweise durch Basalt-Lava am Hohen Meißner in Hessen.

Als Bildungsdauer von 1 m Braunkohle werden 2500−5000 Jahre, von 1 m Steinkohle 5000−10000 Jahre angenommen.

Im Gegensatz zu den vorstehend beschriebenen, autochthon entstandenen *Humuskohlen* sind *Sapropelkohlen* allochthone Bildungen. Sie entstanden aus Faulschlamm, der auf dem Grund schlecht belüfteter Moor-Seen abgelagert wurde. Fette und Proteine sowie Kohlenhydrate wandelten sich durch Fäulnis unter vollkommenen Luftabschluß vorwiegend in wachsartige Substanzen um. Sapropelkohlen sind daher reich an

Wasserstoff und Kohlenstoff und ergeben eine hohe Ausbeute an flüchtigen Bestandteilen. Selbständige Flöze kommen selten vor, meist bilden Sapropelkohlen Lagen oder Bänke in Humuskohlen-Flözen.

Zur richtigen Beurteilung von Steinkohlen hinsichtlich ihrer Entstehung und technologischen Verwertbarkeit muß dem heterogenen Aufbau der Kohle Rechnung getragen werden. Die kleinsten, mikroskopisch erkennbaren Bestandteile einer Kohle werden als „*Macerale*" bezeichnet. Sie bestehen bzw. bildeten sich aus den verschiedenen Organen oder Geweben des pflanzlichen Ausgangsmaterials im Verlauf der Inkohlung. Alle Steinkohlen der Welt setzen sich aus den drei Maceralgruppen *Vitrinit* (inkohlte Reste von Holz und Rinde der Stämme, Ästen und Wurzeln), *Liptinit* (inkohlte Sporen und Pollen sowie Algen und Harze) und *Inertinit* (schwach oxidierte [z. B. durch fossile Waldbrände verkohlte] Pflanzenreste wie die der Vitrinite und Liptinite) zusammen, die sich hinsichtlich Chemismus und technologischer Eigenschaften in Abhängigkeit vom Inkohlungsgrad der Kohle im Bereich Flammkohle – Fettkohle deutlich voneinander unterscheiden. Bei Eßkohle, Magerkohle und Anthrazit sind die Unterschiede so klein, daß sie in der Regel vernachlässigt werden können. Der Inkohlungsgrad einer Kohle wird durch Bestimmung des maximalen Reflexionsvermögens der Vitrinite im Auflicht (Anschliff) bestimmt (0,6 % bei Flammkohlen, über 4 % bei Anthraziten).

Für manche genetischen Fragen reicht das Erfassen der Maceralgruppen nicht aus. Eine Unterteilung der Maceralgruppen in Macerale sowie der Macerale in Submacerale und Maceral-Varietäten kann genauso erforderlich sein, wie das Erfassen von Maceralgruppen-Vergesellschaftungen, die Mikro-Lithotypen genannt werden. Es werden drei monomaceralische (*Vitrit*, *Liptit* und *Inertit*), drei bimaceralische (*Clarit*, *Durit* und *Vitrinertit*) sowie ein trimaceralischer Lithotyp(en) (*Trimacerit*) unterschieden.

Die in den allochthon entstandenen Sapropelkohlen zusammengefaßten *Kännel-* und *Boghead-Kohlen* enthalten die gleichen Maceralgruppen wie die autochthon entstandenen *Humuskohlen*. Der Liptit der Kännelkohlen besteht vorwiegend aus *Sporinit* (aus Sporen entstanden), der der Boghead-Kohlen aus *Alginit* (aus Algen entstanden). Es bestehen alle Übergänge zwischen beiden.

In den Braunkohlen werden analog der Steinkohle ebenfalls drei Maceralgruppen unterschieden: *Huminit*, *Exinit* und *Inertinit*, bei denen der Huminit als Vorläufer des Vitrinits anzusprechen ist.

Bei der makroskopischen Beschreibung der Steinkohle wird nach den Lithotypen *Vitrain* (Glanzkohle), *Durain* (Mattkohle), *Fusain* (Faserkohle) und *Clarain* (Halbglanzkohle) unterteilt.

6.5.5 Erdöl und Erdgas

Das unverfestigte Erdöl-Muttergestein, der Vollfaulschlamm oder das Sapropel, entsteht sowohl in abgeschlossenen Süßwasser-Seen als auch unter bestimmten Meeresbedingungen. Für die Bildung des Erdöls sind jedoch nur die fossilen marinen Sapropele entscheidend. Lange Zeit betrachtete man allein das Schwarze Meer (s.

S. 105) mit seinen in der Tiefe sauerstoffarmen und daher lebensfeindlichen Bedingungen als Modellfall für die Bildung der Sapropele. Inzwischen haben Untersuchungen an jungen Sedimenten gezeigt, daß auch unter sauerstoffreichem, bewegtem Wasser bei rascher Ablagerung dicht unter der Sediment-Oberfläche anaërobe Bedingungen herrschen können. Da an den Festland-Rändern im Schelfgebiet häufig eine rasche Sedimentation bei reicher Bio-Masse vorhanden ist (s. S. 102), bereitet die Entstehung des Sapropels in der Erdgeschichte keine Schwierigkeiten.

Die wichtigsten Organismus-Gruppen, die zur Bildung von Sapropel beitrugen, sind das marine *Phyto- und Zooplankton, höhere Pflanzen*, die im wesentlichen von den Kontinenten stammten, und *Bakterien*, welche die Überreste aus den ersten drei Gruppen abbauten, und selbst als Lieferant von organischer Substanz hinzukamen.

Mit der Ablagerung des Sapropels, das im wesentlichen aus anorganischen Sedimenten (Schlamm) sowie aus Proteinen, Kohlenhydraten und Fetten in der Größenordnung von 0,3–5% besteht, beginnt nicht nur die Diagenese, sondern auch die biochemische Umwandlung der organischen Substanzen. Tierische Reste werden im jungen Sediment durch anaërobe Bakterien in Aminosäuren und verschiedene Zucker umgewandelt. Die resistenteren, von Landpflanzen stammenden Kohlenhydrate verändern sich zunächst noch nicht. Im weiteren Verlauf der Diagenese werden aber alle tierischen und pflanzlichen Stoffe unter Abgabe von NH_3, CO_2 und CH_4 zu unlöslichem organischen Material des Sediments, dem hochpolymeren *Kerogen*, umgewandelt. Durch Absenkung in Tiefen zwischen 1000 m und 2000 m im Sedimentationsbecken kommt das Erdöl-Muttergestein in Bereiche höherer Temperatur. Erst wenn ein Schwellenwert von 50–70° überschritten wird, entstehen durch thermische Spaltung aus dem feinverteilten Kerogen *Kohlenwasserstoffe*: das Erdöl und Erdgas. Der Prozeß der Kohlenwasserstoff-Neubildung verläuft um so schneller, je höher die Temperatur ist, d. h. je tiefer das Sediment versenkt wird (s. Abb. 84). Die Bildung von Kohlenwasserstoffen hält so lange an, wie der Wasserstoff-Gehalt des Kerogens dies erlaubt. Die Zusammensetzung des Erdöls hängt von der Art des Kerogens ab, aus dem es entstanden ist. Zum größten Teil besteht es aus Alkanen sowie teilweise auch aus Naphthen-Kohlenwasserstoffen

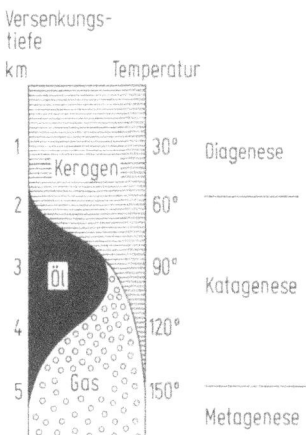

Abb. 84. Erdöl- und Erdgas-Bildung
als diagenetischer Prozeß.

(gesättigte hydroaromatische Kohlenwasserstoffe mit vorwiegenden Kohlenstoff-Fünferringen). Aromate kommen seltener vor. Das Erdöl liegt in seinem feinkörnigen *Muttergestein* (engl. source rock) aufgrund seiner Entstehung in feinverteilter Form vor, wo es durch Veränderung infolge von Gasverlusten, Crack-Vorgängen usw. seine *Reife* (*Maturität*) erreicht.

Erdöl-Muttergesteine weisen nur eine geringe Eigenporosität auf und sind daher als Ort der Lagerstätten-Bildung ungeeignet. Es ist deshalb notwendig, daß die Kohlenwasserstoffe aus dem Muttergestein – bei dessen zunehmender Verdichtung durch wachsende Sedimentlast oder tektonischen Druck – in poröse *Speichergesteine* wandern. Hierfür kommen insbesondere Sandsteine, oft auch klüftige Kalksteine infrage. Bei der *Expulsion* des reifen Erdöls aus dem Muttergestein bleibt oft ein kleiner Teil des Öls in dessen Poren zurück; nach der Expulsion kommt es zur Kompaktion des Muttergesteins. Dieser *primären Migration* des Erdöls in das Speichergestein, die insbesondere durch Klüfte begünstigt wird, schließt sich die *sekundäre Migration* im Speichergestein selbst an. Bei den Migrationsvorgängen tritt im allgemeinen auch eine Trennung der Kohlenwasserstoffe (und der durch Abbau von organischer Substanz entstandenen Begleitwässer) nach ihrer Dichte und Viskosität ein und zwar in *Erdwachs* oder *Ozokerit* (Paraffin-Rückstand), *Salzwasser* (mit Chloriden von Na, seltener K sowie Spurenelement-Anreicherungen von Brom, Jod, Strontium und Bor), *Schweröle* (hochsiedende Paraffinöle), *Leichtöle* (Paraffinöle, Naphthenöle) und *Erdgas* (Methan, Äthan, Propan, Butan, CO_2, Stickstoff und Helium). *Erdgas-Quellen* an der Erdoberfläche bilden zum Teil *Schlammvulkane* oder *Salsen*. Im Erdöl sind dieselben Spurenmetalle (V, Ni, Mo, Cu) enthalten wie im Sapropel, ferner finden sich darin Chlorophyll und seine Derivate sowie Abkömmlinge des Blutfarbstoffs Hämin. Die Temperatur überschreitet weder bei der Bildung noch bei der Migration des Erdöls 200 °C.

Verläßt das Erdöl sein Speichergestein und wandert bis zur Erdoberfläche (*tertiäre Migration*), so bildet sich durch Oxidation bzw. Polymerisation bei Luftzutritt *Asphalt* oder *Erdpech*.

Für die Bildung des Erdöls ist anscheinend keine größere geologische Zeitspanne erforderlich, da Ölspuren mit einem Entstehungsalter von ca. 12–14 000 Jahren im Golf von Mexiko gefunden wurden und die jüngsten Öl-Lagerstätten im Jung-Tertiär auftreten.

Das jüngste bekannte Erdölvorkommen mit einem Alter von nur 4240 Jahren wurde jetzt im Golf von Kalifornien entdeckt. Möglicherweise ist das Öl sogar noch wesentlich jünger. Die Zahl, die durch eine radiometrische Datierung von Mikrofossil-Resten gewonnen wurde, dokumentiert lediglich den Zeitpunkt, wann diese Organismen zuletzt gelebt haben, nicht aber den der eigentlichen Öl-Bildung. Üblicherweise wird organisches Material durch Wärme und Druck in größeren Tiefen in Öl umgewandelt (s. S. 133). Das nun entdeckte Öl wurde in einer ozeanischen Riftzone (s. S. 265) gebildet. Dort tritt heißes Wasser mit Temperaturen bis zu 350 Grad aus; es sorgt dafür, daß die organischen Komponenten viel schneller als gewöhnlich umgewandelt werden, obwohl die Bildungstiefe mit zwanzig bis dreißig Metern unterhalb der Sedimentoberfläche weitaus geringer als üblich ist.

Entscheidend für die Ansammlung von Erdöl sind *Erdöl-Fallen*, d. h. natürliche, hochgelegene Speicherräume, in welche es migrieren, aber aus denen es nicht mehr entweichen kann. In diesen ist oft eine Sonderung in Gas-Kappe, Öl-Zone und (salziges) Ölfeld-Wasser eingetreten.

Man unterscheidet folgende Erdöl-Lagerstätten:

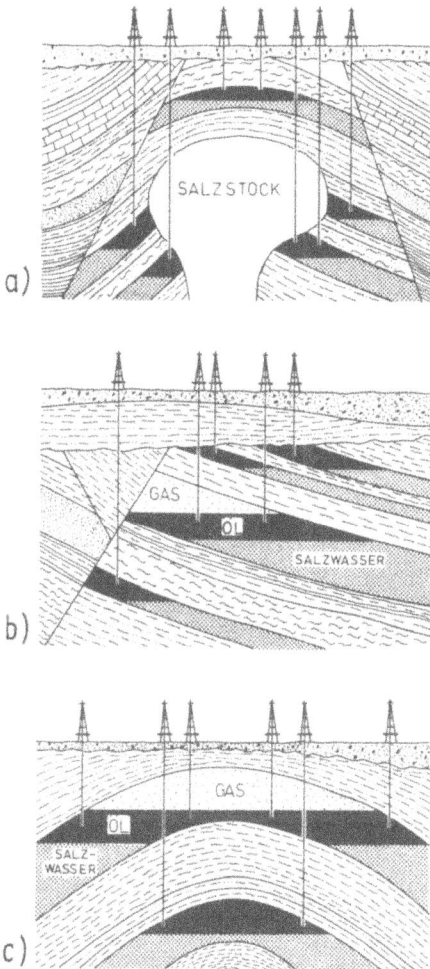

Abb. 85. Die wichtigsten Typen von Erdöl-Lagerstätten.
a) Salzstock-Typ.
b) Verwerfungs- und Transgressionstyp.
c) Antiklinal-Typ.

Salzstock-Typ

Durch die Aufwärtsbewegung eines Salzstockes werden Gesteinsschichten an seinen Flanken hochgeschleppt und von Salz abgedichtet (s. Abb. 85a). Außerdem kann sich Öl auch noch in Gesteinen im Dach des Salzstockes befinden, die nach oben durch undurchlässige Schichten abgedichtet sind. Dieser Typ tritt in Norddeutschland häufig auf.

Verwerfungstyp

Sind die Schichtgesteine durch Verwerfungen (s. S. 162) gegeneinander verschoben, so können sich Erdöl und -gas in Verwerfungslagerstätten stauen (s. Abb. 85 b).

Transgressionstyp

Werden schräggestellte Schichtgesteine durch flachlagernde transgredierende Sedimente (s. S. 140) nach oben diskordant abgeschnitten (Abb. 85 b), so entsteht eine Lagerstätte vom Transgressionstyp.

Antiklinal-Typ

Den Idealfall einer Lagerstätte stellt die Antikline (s. S. 145) dar (s. Abb. 81 c), welche durch die Größe der hierin zu erschließenden Öl- und Gas-Vorräte wirtschaftlich besondere Bedeutung hat.

Fazies-Typ

Werden poröse oder klüftige Gesteine von undurchlässigen umschlossen, wie z. B. Riffgesteine im Silur von Illinois/USA mit entsprechender Umgrenzung, so spricht man vom Fazies-Typ.

Ölschiefer

Ölschiefer sind Faulschlamm-Gesteine, aus denen das Erdöl nicht ausgewandert ist. Sie führen bis zu 10 % Kerogen. Beim Erhitzen bis 500 °C wird letzteres unter Gas-Abspaltung in ein rohöl-ähnliches Produkt umgewandelt. Bekannte Ölschiefer sind die *Posidonienschiefer* in Schwaben, die *Stinkschiefer* des mitteldeutschen Zechsteins und der brennbare *Kukersit* in Estland, der aus einer Gyttja (s. S. 86) entstanden ist.

III. Die Gestaltung der Erdkruste durch endogene Kräfte

Unter endogener (innenbürtiger) Dynamik werden solche Vorgänge verstanden, die von Kräften des Erdinneren gesteuert werden. Man kann diese Vorgänge in zwei Gruppen einteilen, in die tektonischen und die magmatischen, doch bestehen zwischen ihnen zeitliche und ursächliche Zusammenhänge.

1 Tektonik

Unter dem Begriff *Tektonik* versteht man erstens die *Lagerungsverhältnisse der Gesteine* sowie den *strukturellen Aufbau der Erdkruste und ihrer Unterlage*, wie sie heute vorgefunden werden, und zweitens die *Vorgänge und ihre Ursachen, die diesen Lagerungszustand schufen*. Hauptaufgabe des ersten Teilgebietes ist Bestandsaufnahme und Beschreibung eines Befundes, während das zweite Teilgebiet die Deutung des Befundes hinsichtlich der Zeitpunkte und Dauer der Vorgänge des Bewegungsablaufs und der verursachenden Kräfte anstrebt.

Die mannigfaltigen tektonischen Formen reichen von den weiträumigen Großstrukturen der Erdkruste bis zu den örtlich begrenzten Gesteinsverformungen. Die großräumigen Verbiegungen und ihre Entstehung werden als *Epirogenese* bezeichnet, denen die auf bestimmte Krustenbereiche begrenzten, durchgreifenden Struktur-Veränderungen und ihre Entstehung als *Tektogenese* gegenüberstehen.

1.1 Epirogenese

Ganz Afrika ist seit dem Alt-Paläozoikum in Hebung begriffen, so daß mit Ausnahme der Kreide-Zeit nur randliche Teile des Kontinentes vom Meer überflutet wurden. Die ständige Abtragung brachte im Inneren sehr alte Gesteine an die Oberfläche. Die Grenzen des *Hebungsblockes* sind überwiegend scharf. Steile Brüche begrenzen Afrika, so daß der Kontinent fast keinen wesentlichen Schelfbereich besitzt.

Andere Hebungsbereiche bilden keine scharf umgrenzten Blöcke, sondern seitlich sanft abklingende *Großbeulen* oder *Schilde*. Linien gleicher Hebung während einer bestimmten Zeit, die *Isobasen*, umschließen kreis- oder ellipsenförmig ein Zentrum der stärksten Hebung. Nach außen vermindern sich die Werte allmählich auf Null (Null-Isobase). *Fennoskandia* (*Finnisch-skandinavischer Schild*) – wie Afrika seit dem Alt-Paläozoikum Hebungsgebiet – bildet eine weitgespannte schildförmige Aufwölbung („Alter Schild") mit einem Zentrum im Bereich der nördlichen Ostsee (s. Abb. 86). Dort wurden mittels gehobener Uferlinien der damaligen Ostsee etwa 300 m Hebung seit dem

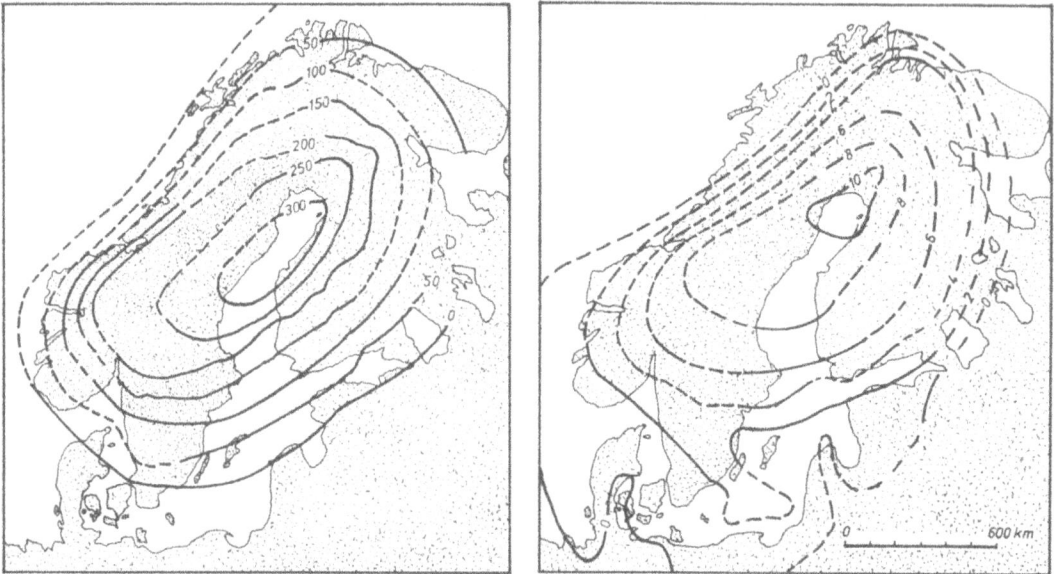

Abb. 86. Die nacheiszeitliche epirogene Aufwölbung Fennoskandias (nach BRINKMANN). Links Gesamthebung seit 7500 v. Chr., rechts: gegenwärtige Hebung in mm/a.

Rückzug des nordischen Inland-Eises (s. S. 88), d. h. seit ca. 7500 v. Chr., ermittelt. Die Null-Isobase umreißt ein Areal, das im Pleistozän vom Inland-Eis bis über 2000 m hoch bedeckt war. Das Gewicht der Eis-Kappe unterbrach die Hebung des Finnisch-skandinavischen Schildes und drückte die Erdkruste in die Tiefe, und zwar dort am stärksten, wo die Eis-Kalotte am dicksten war. Im Zuge der Entlastung durch das Abschmelzen des Eises hat sich der Finnisch-skandinavische Schild wieder aufgewölbt; in seinem Zentrum ist die Hebung am stärksten und beträgt dort über 10 mm/a. Südlich von Fennoskandia erfolgt dagegen eine Senkung, der Nord- und Ostsee ihre jüngste Entwicklung verdanken. So sinkt die südliche Ostsee-Küste bei Greifswald, Rostock und Wismar bis 1 mm/a, und der Raum südlich von Schwerin um 2 mm/a. Auch die deutsche und niederländisch-belgisch-französische Nordsee-Küste ist einer Senkung unterworfen (sie betrug z. B. bei Dünkirchen von 1864–1893 über 1 m, also rund 3 cm/a), so daß die Sturmfluten von 1953 und 1962 weit in das Land eindringen konnten. Ausgedehnte Teile der Niederlande liegen bis 5 m unter NN und können nur durch kostspielige *Deichbauten* vor Überflutung geschützt werden. In den letzten 25 Jahren hat sich die Senkung an der deutsch-niederländisch-belgischen Nordsee-Küste dramatisch verstärkt; in der Deutschen Bucht ist das Mittlere Hochwasser in diesem Zeitraum um 16 cm gestiegen. Bislang wurde ein mittlerer Meeresspiegel-Anstieg von etwa 25 cm in 100 Jahren bei der Berechnung der Kronenhöhe der Schutzdeiche zugrundegelegt. Der jetzt bekannt gewordene neue Wert macht jedoch alle Sicherheitsberechungen zu Makulatur. Er bedeutet, daß bereits heute die Sicherheitsreserve, die für die Bemessung der Deichhöhen gilt, zu mehr als zwei Dritteln aufgezehrt ist. Das Rheinische Schiefergebirge

stieg dagegen seit dem Ende des Tertiärs in Etappen auf; die Hebung setzt sich noch
heute fort.

> Die Entstehung der *Atolle* im Pazifik läßt sich nur durch großräumiges Absinken des
> Untergrundes erklären, durch die sich ein Saumriff in ein Wallriff und das Wallriff einer
> Insel bei deren völliger Versenkung in ein Atoll verwandeln kann (s. Abb. 62).

Isostatische Hebungen oder Senkungen (s. S. 244 f.) zur Anpassung an veränderte
Auflast (Entlastung durch Eis-Rückgang oder auch Abtragung bzw. Belastung durch
entgegengesetzte Vorgänge) stören vorübergehend die längerfristigen epirogenen Bewegungen des Untergrundes (s. S. 137 ff.). Die durch langsame und ständige Aufwärtsbe-

Abb. 87. Syneklisen und Anteklisen des Fennosarmatischen Blockes (s. S. 298). Die Linien
gleicher Mächtigkeit (Isopachen) sind auf die Oberfläche des Prä-Kambriums bezogen
(nach FOTIADI).

wegungen entstehenden Aufwölbungen bezeichnet man als *Geantiklinalen* und die in langdauernder Senkung befindliche Räume als *Geosynklinalen, Becken* oder *Tröge*. Die langsame, aber über lange geologische Zeiträume nahezu stetig andauernde Senkung des Untergrundes ist eine der Voraussetzungen für die große Anhäufung von Sedimenten, die aus höhergelegenen Nachbargebieten stammen. Oft läßt sich nachweisen, daß gerade soviel Sediment abgelagert wurde, wie der Boden der Geosynklinale absank.

Anfangs galt die Geosynklinale als ein sinkender Krustenbereich, dessen Bewegungstendenz sich auch umkehren könnte. Doch hat sich inzwischen gezeigt, daß „*echte Geosynklinalen*", die *Orthogeosynklinalen*, aus denen nach der klassischen Geosynklinal-Lehre (s. S. 284ff.) später ein Gebirge entsteht, keine Umkehrbarkeit im Sinne der Epirogenese kennen. Die „*unechten Geosynklinalen*", die *Parageosynklinalen*, bilden sich dagegen durch Epirogenese. Man sollte daher vielleicht den Begriff „Parageosynklinale" aufgeben und durch die russische Bezeichnung „*Syneklise*" bzw. die „Aufwölbung" durch „*Anteklise*" ersetzen. Eine solche Syneklise stellt z. B. das *Moskauer Becken* mit seiner mehr als 2500 m mächtigen Sedimentfüllung dar (s. Abb. 87). Gleichartige Strukturen sind auch in USA und Kanada bekannt, sie werden dort als „*basins*" und „*domes*" bezeichnet. Das von Jura-Kreide und Tertiär-Sedimenten erfüllte *Pariser Becken* kann ebenfalls als Syneklise aufgefaßt werden.

Zu den epirogenen Krustenstrukturen gehören auch die *Aulakogene*, die schmale tiefe Senkungsfurchen mit Sedimentfüllungen von mehreren 1000 m darstellen.

1.2 Meeresspiegel-Schwankungen

Aus langjährigen Pegelbeobachtungen weiß man, daß das mittlere Niveau der Meeresoberfläche (Normal-Null = NN) nicht höhenkonstant ist. Durch die vorher geschilderten weitgespannten Verbiegungen der Erdkruste sind in der Erdgeschichte solche *Meeresspiegel-Schwankungen* mehrfach eingetreten. Beispielsweise war vor ca. 10000 Jahren die Südhälfte der Nordsee noch Festland. Die Küste verlief von der Nordspitze Dänemarks am Nordrand der Jütland-Bank und der Doggerbank vorbei nach Withby bei Hull. Vor etwa 6000 Jahren brach der Kanal durch. Ein solches langsames Vordringen des Meeres kennt man auch aus älteren geologischen Epochen. Man spricht dann von *Transgression* des Meeres. Zieht sich ein Meer zurück, so heißt der Vorgang *Regression* (s. Abb. 88). Häufig erkennt man eine Transgression an der unregelmäßigen (diskordanten) Auflagerung der Schichten und an der Aufarbeitung des Untergrundes zu einem *Transgressionskonglomerat*. Wenn ein Meer ein tiefliegendes Becken plötzlich überflutet, spricht man von einer *Ingression*.

Meeresspiegel-Schwankungen sind aber nicht immer epirogener Natur. So senkte sich während der einzelnen pleistozänen Glazialzeiten der Meeresspiegel um etwa 100 m unter sein derzeitiges Niveau und stieg in den warmen Zwischeneiszeiten jeweils wieder um 80–100 m über den heutigen Wasserspiegel an. Eine rasche Abschmelzung der gegenwärtigen Vereisung würde die Wasserfläche um etwa 3,6 m ansteigen lassen. Die

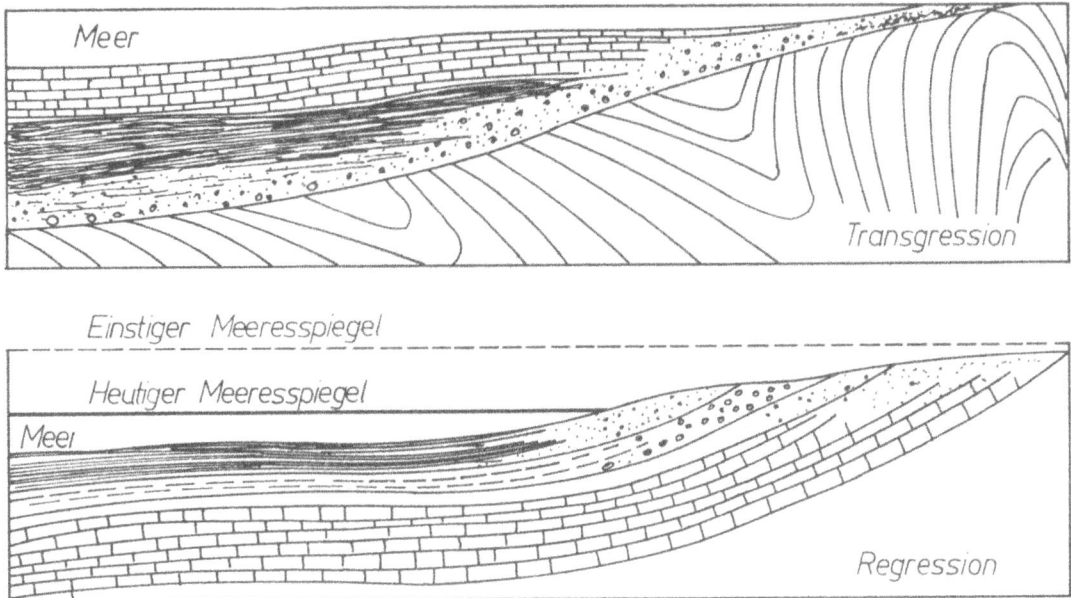

Abb. 88. Schematische Darstellung von Schichten-Lagerung und -Aufbau bei Transgression und Regression (nach WAGNER).

damit eintretende Überflutung weiter, tiefliegender Teile der Kontinente ließe sich dann nicht auf eine epirogene Senkung zurückführen, sondern wäre die Folge einer klimatisch bedingten *eustatischen Meeresspiegel-Schwankung* (s. S. 37 u. 304).

Meeresspiegel-Schwankungen können auch vulkanischer Natur sein. Das bekannteste Beispiel dafür stellen die 1749 ausgegrabenen Säulen des *Serapis-Tempels* in Pozzuoli nördlich von Neapel dar. Diese im 3. Jh. n. Chr. errichteten Säulen gelangten durch Senkungen im Mittelalter 6,33 m unter das damalige Niveau des Mittelmeeres, wie zahlreiche Bohrmuschel-Löcher in 3,65–6,35 m Höhe erkennen lassen. Heute reicht das Wasser noch ca. 1,50 m hoch. Um die Jahrhundertwende lag der Fußboden des Tempels etwa in Meeresspiegel-Höhe. Insgesamt hat hier also eine Oszillation der Kruste stattgefunden, die zumindest zeitweise im Zusammenhang mit der in geschichtlicher Zeit aktiven vulkanischen Tätigkeit im Gebiet der nahegelegenen Phlegräischen Felder stand.

1.3 Tektogenese

Die *Tektogenese* bewirkt eine durchgreifende Strukturumwandlung bestimmter Teile der Erdkruste. Ihr Gegensatz zur Epirogenese ist nicht von so grundsätzlicher Art wie früher angenommen wurde, da vielerorts groß- und kleinräumige Strukturen, auch ihrer Entstehung nach, ohne scharfe Grenzen ineinander übergehen.

Durch die tektogene Deformation erhalten die Gesteine ein tektonisches Gefüge, das nicht umkehrbar ist, also nicht rückgängig gemacht, sondern nur über- oder umgeprägt und dadurch verwischt werden kann. Unter dem *tektonischen Gefüge* der Gesteine wird nach SANDER die Summe aller Deformationsdaten und ihre räumliche Anordnung in einem tektonisch verformten geologischen Körper, einem *Tektonit*, verstanden.

1.3.1 Die tektonischen Lagerungsformen der Gesteine

Bei Erdkruste-Bewegungen bleibt im allgemeinen die ursprünglich horizontale Lagerung der Schichtgesteine (s. S. 112f.) nur selten erhalten. Jede Abweichung von dieser normalen Lagerung und jede Unterbrechung des ursprünglichen Zusammenhangs wird als *Lagerungsstörung* oder *Dislokation* bezeichnet.

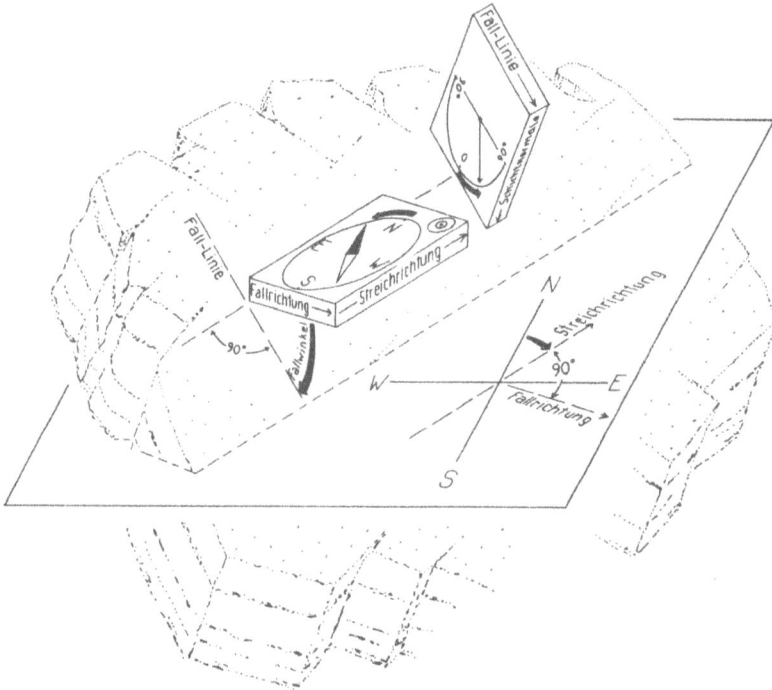

Abb. 89. Das Messen von Streichen und Fallen geneigter Flächen mit Hilfe des Geologenkompasses (nach TISCHER aus SCHMIDT-THOMÉ, geändert).

Die Orientierung von geneigten Schichten (Schichtflächen) oder von tektonisch entstandenen Flächen im Raum wird mit dem *Geologenkompaß* gemessen. Dazu sind zwei Meßvorgänge nötig, und zwar die *Bestimmung des Streichens* (engl. strike) *und des Einfallens* (engl. dip) der zu messenden Fläche. *Das Streichen ist der Winkel, den eine auf der geneigten Fläche horizontal verlaufende Linie mit der Nordrichtung, im Uhrzei-*

ger-Sinn abgelesen, bildet. Als Einfallen (Fallen, Fallwinkel) bezeichnet man den Winkel zwischen der Neigung dieser Fläche und der Horizontalen (s. Abb. 89). Sind Schichten um mehr als 90° aus der ursprünglich horizontalen Lagerung gedreht, so liegen ältere Gesteine über jüngeren und man spricht von *Überkippung.*

Methodisch wird der Meßkreis des Kompasses mit Hilfe der eingebauten Libelle in die Horizontale gebracht und mit einer der beiden Längskanten an die zu messende Fläche angelegt. Nach Einspielen der Kompaß-Nadel liest man am Meßkreis das von dieser angezeigte Streichen ab, wobei jeweils der kleinere Wert der beiden möglichen an beiden Enden der Nadel gewählt wird (s. Abb. 89). Das Einfallen wird nunmehr durch Anlegen der Längskante des Kompasses an die Fall-Linie ermittelt, wobei darauf zu achten ist, daß letztere einen rechten Winkel mit der Streichrichtung bildet. Der Fallwinkel wird an dem im Kompaß eingebauten zweiten Meßkreis mit Hilfe des frei pendelnden Lotes (Neigungsmesser, Klinometer) abgelesen. Zusätzlich vermerkt man noch die allgemeine Himmelsrichtung des Einfallens. Somit lautet eine vollständige Raumlage-Bestimmung einer Schicht- oder tektonischen Fläche (Störungsfläche usw.) bei 360°-Einteilung z. B. 20/60 SE (lies: Streichen 20°, Fallwinkel 60°, Einfallsrichtung nach Südosten).
  Bei dem von CLAR (1954) entwickelten *zweikreisigen Gefügekompaß* können Fallwinkel und Richtung des Einfallens – sie ist gleichzeitig der Komplementwinkel des Streichens einer einzumessenden Fläche – in einem Meß-Vorgang bestimmt werden (s. Abb. 90). Die obige Angabe lautet dann 110/60. Um Irrtümer bei dieser Schreibweise zu vermeiden, sollte der Richtungswinkel des Einfallens dreistellig und der Fallwinkel zweistellig angegeben werden, z. B. 009/07.

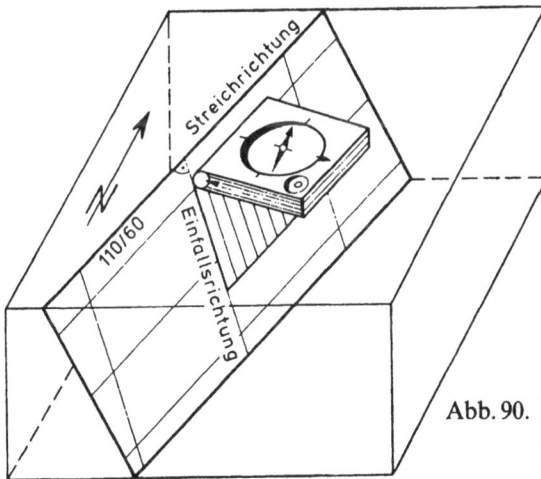

Abb. 90. Das Messen einer Fläche
mit dem Gefügekompaß
(nach FLICK, QUADE & STACHE).

1.3.1.1 Biege-Erscheinungen

Bei den Verbiegungen von Schichten oder Schichtenfolgen lassen sich drei Gruppen unterscheiden: *Flexuren, Beulen* oder *Falten.* Von diesen besitzen die letzten die größte Bedeutung. Bei der *Biege-Tektonik* (Verkrümmungstektonik) treten im wesentlichen bruchlose Verformungen auf.

1.3.1.1.1 Flexuren

Flexuren (Monoklinen, Kniefalten) sind Schichten-Abbiegungen in beliebiger Richtung. Sie stellen meist die Vorstufe einer *Abschiebung* (s. S. 165) dar, die aus der Flexur dann hervorgeht, wenn die Beanspruchung die Scherfestigkeit des Gesteins überschreitet und damit eine bruchlose Verformung nicht länger möglich ist. Ein hervorragendes Beispiel für den Übergang einer Abschiebung in die Flexur bietet das Südende des Oberrheintal-Grabens, dessen Ostrand-Störung östlich von Basel mit einer ausgeprägten Flexur endet (s. Abb. 91).

> In den Rocky Mountains werden sehr große Gebiete durch Flexuren gegliedert. Flexuren können auch im Zusammenhang mit der Beulen-Bildung entstanden sein.

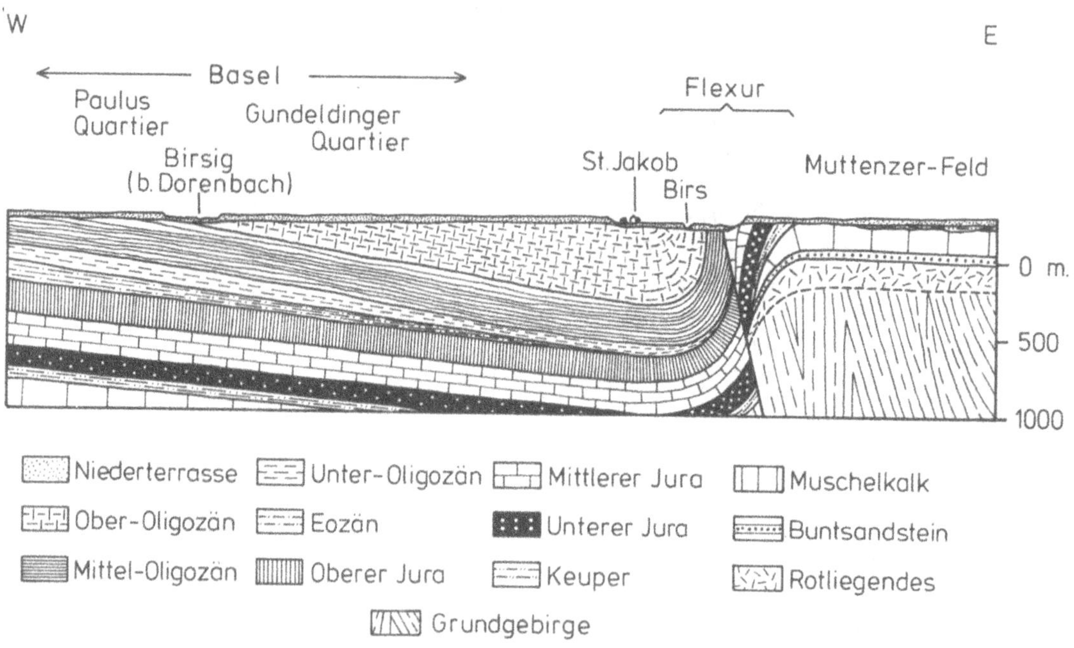

Abb. 91. Flexur des Oberrheintal-Grabens bei Basel (nach BUXTORF, geändert).

1.3.1.1.2 Beulen (Dome)

Beulen (Dome) sind den echten Großfalten (s. S. 150) ähnlich und daher nicht immer von diesen zu unterscheiden. Sie stellen kuppelförmige Aufwölbungen der verschiedensten Größenordnung dar und werden, vor allem bei rundlichem Grundriß, *Brachyantiklinalen (Brachyantiklinen)* oder *Anteklisen* (s. S. 140) genannt. Beulen können auch langgestreckte Formen im Grundriß aufweisen.

Beulen sind nicht wie Falten durch seitliche Raumverkürzung entstanden, sondern

allein durch vertikale Auftreibungen der obersten Kruste. Letztere können auf die
Zuwanderung von magmatischem oder anderem Gesteinsmaterial zurückgehen. Beispielsweise stellen die *Salz-Dome* oder *-Sättel* in Norddeutschland derartige Emporwöl-
bungen jüngerer Schichten dar. Sie sind durch pfropfenartiges Aufdringen von Salz aus
dem Zechstein-Untergrund (s. S.180) entstanden.

Besonders markante Beulen bilden die *Uplifts* in Nordamerika, so z.B. die Front
Range der Rocky Montains bei Denver. Sie bestehen aus aufgewölbten Schichtgestei-
nen, die am Beulenrand ausgedünnt und zum Teil flexurartig aufgerichtet sind (s.
Abb. 92).

Die Aufbeulung führt oft zu einer Dehnung und Ausdünnung der gekrümmten
Schichten und schließlich sogar zur Bildung von Brüchen, z.B. eines *Scheitelgrabens* (s.
S.264 u. 267).

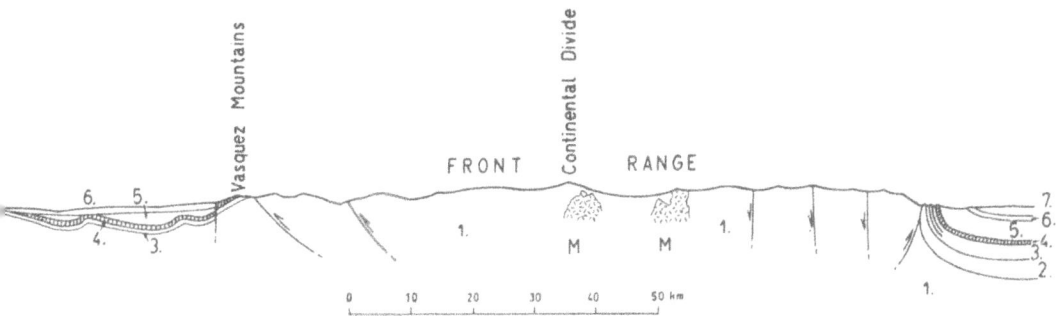

Abb. 92. Schnitt durch den Upflit der Front Range (USA) bei Denver (nach EARDLEY).
1. Kristallines Grundgebirge, M) Magmatite, 2. Fountain-Formation, 3. Lyons-For-
mation, 4. Dakota-Sandstein, 5. Benton-Schiefer, 6. Laramie-Formation, 7. Denver-
Formation.

1.3.1.1.3 Falten

Falten sind Schichtenverkrümmungen in nach oben gewölbte Bögen, die *Sättel* oder
Antiklinen, und nach unten konkave Bögen, die *Mulden* oder *Synklinen*. Meist ordnen
sich die Sättel und Mulden zu wellenförmigen Gebilden, dem *Faltenbau*, zusammen.
Falten entstehen vorwiegend durch *Einengungsvorgänge* in der Erdkruste. Sie können
aber auch andere Ursachen haben. Zu den „unechten", d.h. nicht tektonisch
entstandenen Falten gehören z.B. die subaquatischen Rutschfalten in diagenetisch noch
nicht verfestigten Sedimenten, Strukturen der Solifluktion (s. S.95) oder das Hakenschlagen (s. S.63). Faltenähnliche Fließgefüge in magmatischen Gesteinen gehen auf
Strömungsbewegungen in der Schmelze zurück (s. S.205). Die echte Faltung ergreift nur
Sedimentgesteine, da die einzelnen Schichten sich dabei gegenseitig auf Schichtfugen
verschieben (s. Abb. 93). In der Bezeichnung „*Biegegleit-Faltung*" kommen die kausalen

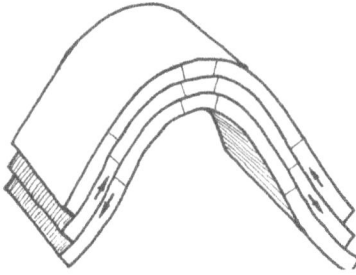

Abb. 93. Sattel-Umbiegung einer Biegegleit-
Falte mit Striemung auf den
Schichtflächen.

Beziehungen zwischen Biegen und Gleiten zum Ausdruck. Die Schichtgleitung erzeugt
auf den Schichtflächen oft eine mehr oder weniger ausgeprägte *Striemung*.

Der Neuling fragt sich immer wieder, weshalb bei tektonischer Beanspruchung ein
Gestein, das sich in festem Zustand (meist lange nach der Diagenes) befindet, bei der
Faltung nicht zerbricht, wie das beim Versuch der Biegung einer Steinplatte im Labor
eintreten würde. Der Sachverhalt ist auch nicht unter den Bedingungen, wie sie an der
Erdoberfläche bestehen, verständlich, wohl aber unter denjenigen, die in großer
Krustentiefe vorherrschen. Unter dem hohen „*Umschließungsdruck*", bei der meist
stärkeren Erwärmung und genügend langer Zeit werden selbst die festesten und

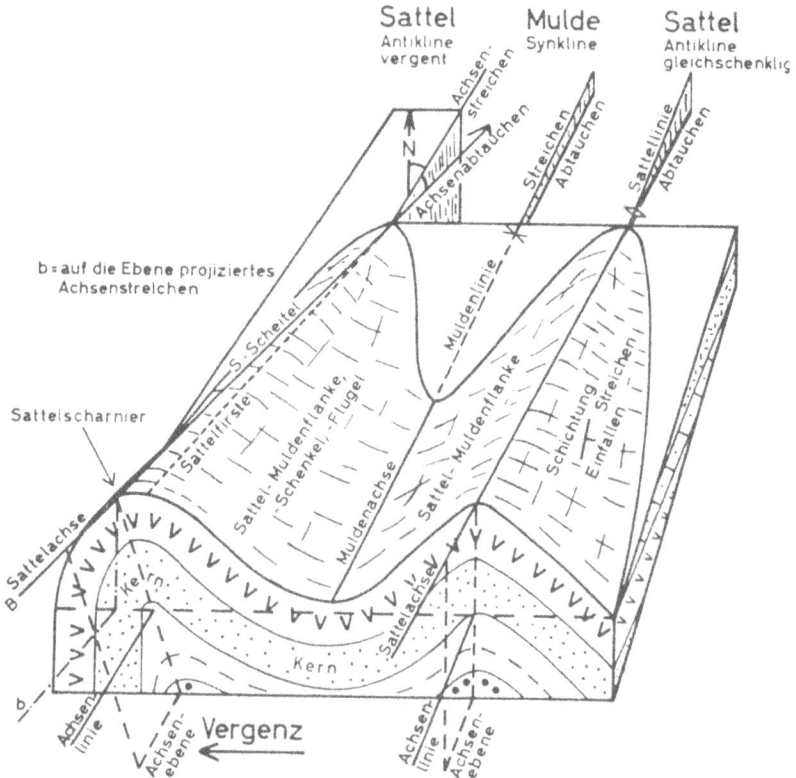

Abb. 94. Elemente von Falten im Blockdiagramm (nach ADLER, FENCHEL, HANNACK & PILGER).

sprödesten Körper weich und dehnbar (s. S.12). *Kompetente (biegesteife) Schichten*, wie z. B. Kalk- oder Sandstein-Bänke bzw. Bankfolgen, leiten einen gerichteten Druck weiter (*kompetente Faltung*). *Inkompetente Schichten* dagegen, etwa tonige oder gar salinare Serien, könnten einen gerichteten Druck nicht weiterleiten, dieser wird überwiegend in einen allseitigen Druck umgewandelt. Das beanspruchte Gestein erleidet daher eine Stauchung, und es bilden sich andere Falten-Formen als durch die oben beschriebene Biegegleit-Faltung. Die Schichtflächen spielen dabei nicht die Rolle echter Trennungsfugen, sondern etwa diejenige von Farbstreifen in einer Knetmasse.

Eine Falte besteht aus den beiden *Schenkeln* oder *Flügeln*, die den *Kern* einschließen. In den *Faltenumbiegungen (Faltenscharnieren)* liegt die *Faltenachse B*, eine gedachte Linie, um welche die Schichtung herumgebogen erscheint (s. Abb. 94). Sie läßt sich konstruktiv aus zwei Tangenten an die Faltenschenkel bestimmen. Eine Falte kann – wie alle tektonischen Elemente – auf ein Koordinaten-System *a*, *b* und *c* bezogen werden (s. Abb. 95). In der Richtung der Einengung liegt *a*, die Faltenachse *B* entspricht *b* und *c* steht senkrecht auf *a* und *b*. Die flächige Verbindung aller Faltenachsen ergibt die *Achsenfläche* oder *-ebene (bc)*. Senkrecht zur Achse und Achsenfläche steht die tektonisch oft bedeutsame *Querfläche (ac*-Fläche).

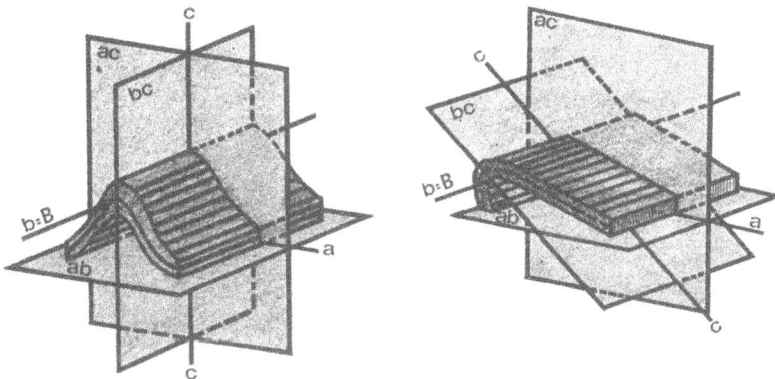

Abb. 95. Stehender und vergenter Sattel im Koordinaten-System *a*, *b*, *c*. Die *b*-Koordinate entspricht der Faltenachse *B*.

Liegt die Faltenachse horizontal und schwankt die Achsenfläche zwischen vertikal und horizontal (s. Abb. 96), so lassen sich *stehende (aufrechte) Falten* (mit vertikaler Achsenfläche), dann mäßige bis stark *vergente (geneigte) Falten* und schließlich *liegende Falten* unterscheiden (s. Abb. 95, 97 u. 98).

Verlaufen die Schenkel einer Falte mehr oder weniger parallel, so spricht man von *isoklinalen Falten*. Die Achsenfläche kann sogar über die horizontale Lage hinaus geneigt sein, es liegt dann ein *tauchender Faltenbau (Tauchfalten)* vor. Bei der Abtragung von Tauchsätteln täuscht die Sattel-Umbiegung, die Stirn, eine Mulde vor.

Falten mit kastenförmigem Querprofil werden *Kofferfalten*, solche mit zick-zack-artigem Querschnitt *Harmonika-Falten* genannt (s. Abb. 99). Letztere erscheinen

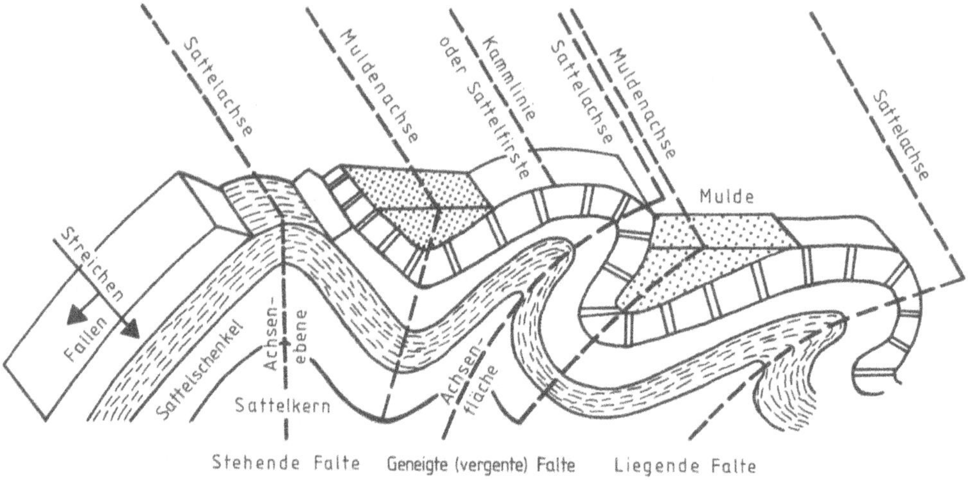

Abb. 96. Grundbegriffe des Faltenbaues (Erläuterung im Text). In den Sattelkernen befinden sich die jeweils ältesten, in den Muldenkernen die jeweils jüngsten Schichten.

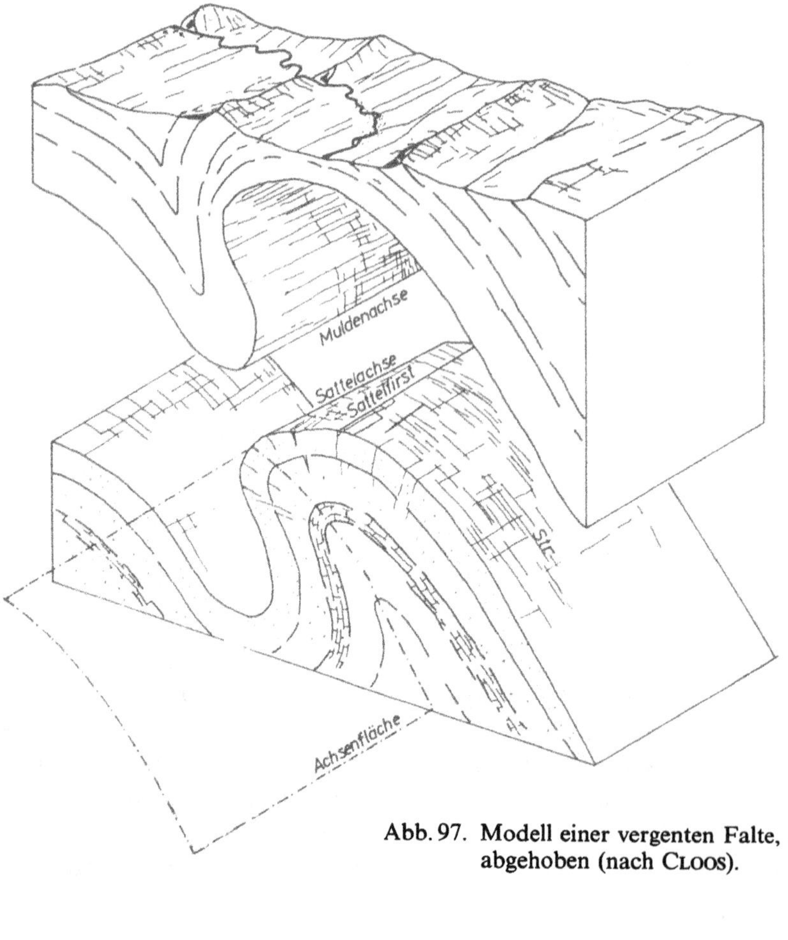

Abb. 97. Modell einer vergenten Falte, Scheitel abgehoben (nach CLOOS).

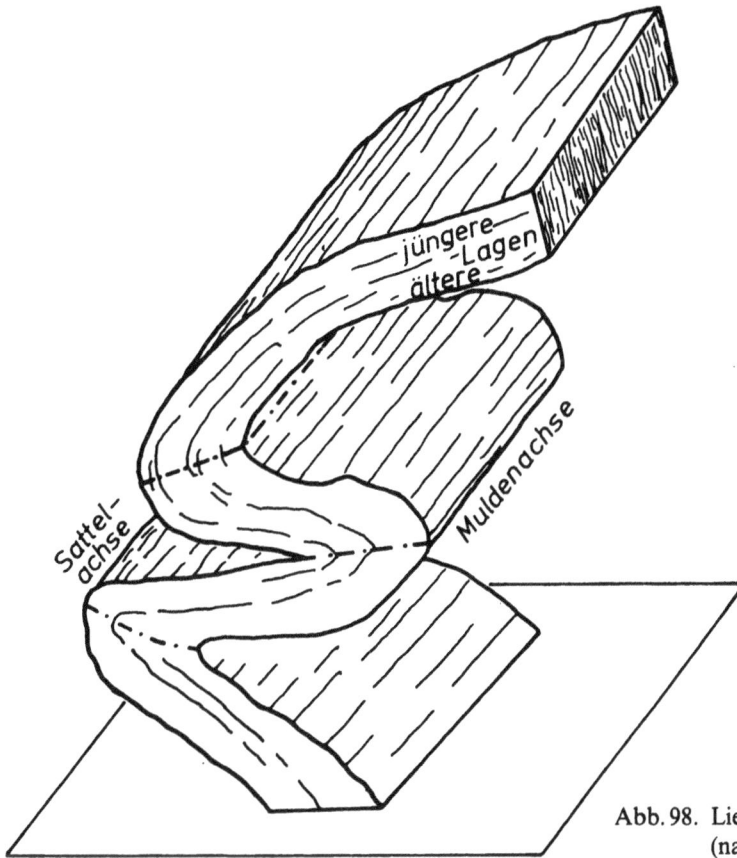

Abb. 98. Liegende Falten
(nach CLOOS).

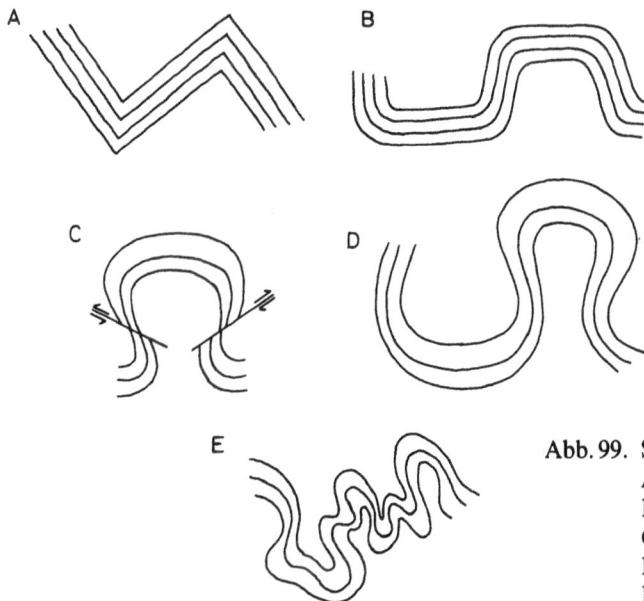

Abb. 99. Spezielle Faltenformen.
A) Harmonika-Falte,
B) Kofferfalte,
C) Pilzfalte,
D) Fächerfalte,
E) Ptygmatische Falte.

vor allem dann, wenn kompetente dünne Schichten oder Bänke ohne inkompetente Einschaltungen gefaltet werden.

Bei stark vergenten und liegenden Falten ist der eine Schenkel überkippt. Sind die Schenkel einer Falte gleich lang, so spricht man unabhängig von der Lage der Achsenfläche von *symmetrischen Falten*; alle anderen Falten sind asymmetrisch. Solche *asymmetrischen Falten* entstehen meist durch die Einengung von Schichtenfolgen, die vor Beginn der Faltung bereits ein Einfallen besaßen.

> Infolge der Biegegleitung sind Spezialfalten, die auf den Flügeln einer größeren Falte „reiten", meist stark geschleppt mit einem langen ausgedünnten Schenkel in Richtung zur Sattel-Umbiegung.

Eine gedachte Fläche, die über die gleiche Schicht in den Sattelscharnieren eines Faltenbaues gelegt wird, gibt die Lage des *Faltenspiegels* an (s. Abb. 100). Zeigt dieser selbst eine Faltenform, so handelt es sich bei den betrachteten Falten um solche niedriger Ordnung in einem *Großsattel* (*Antiklinorium*) oder einer *Großmulde* (*Synklinorium*) von meist vielen Kilometern Spannweite.

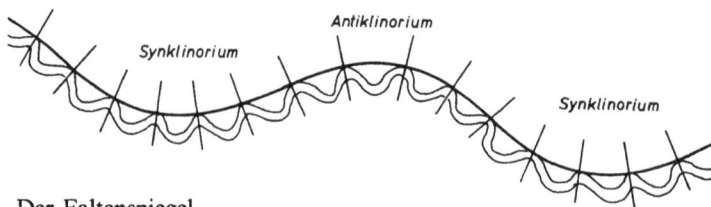

Abb. 100. Der Faltenspiegel.

Sind alle übereinander liegenden Schichten in einer Falte mit großem Öffnungswinkel zueinander parallel, so ist sie *konzentrisch*. Eine solche Falte läßt sich nicht beliebig weiter konzentrisch krümmen; das Material im Faltenkern hat schließlich nicht mehr genügend Platz und muß ausweichen. Dies geschieht durch Änderung der Faltenform und es entsteht eine *kongruente Falte* (s. Abb. 101).

Die Größe von Falten schwankt innerhalb weiter Grenzen. Sie hängt nicht nur von der Intensität der Faltung, sondern vor allem von der Art des gefalteten Materials ab. Sind am Aufbau kompetente und inkompetente Schichten beteiligt, kommt die *Regel der Stauchfaltengröße* zur Geltung, wonach Amplitude und Wellenlänge der Falte von der Mächtigkeit der kompetenten Bänke abhängig sind. In der Abb. 102 tritt innerhalb des Sattelkerns, der von einer dicken Bank umschlossen wird, noch eine zweite gefaltete, geringermächtige Schicht auf. Sie zeigt eine weit größere Zahl von Sattel- und Muldenumbiegungen, deren Verlauf sich aber in gesetzmäßiger Weise der größeren Falte anpaßt.

Nach der Zusammensetzung und Dicke einzelner Schichten und Schichtenfolgen lassen sich *faltungsfreudige* und *weniger gut faltbare Gesteine* unterscheiden. Kieselschiefer und feingebankte Schichten gehören zur ersten, mächtige Kalk-, Dolomit- und

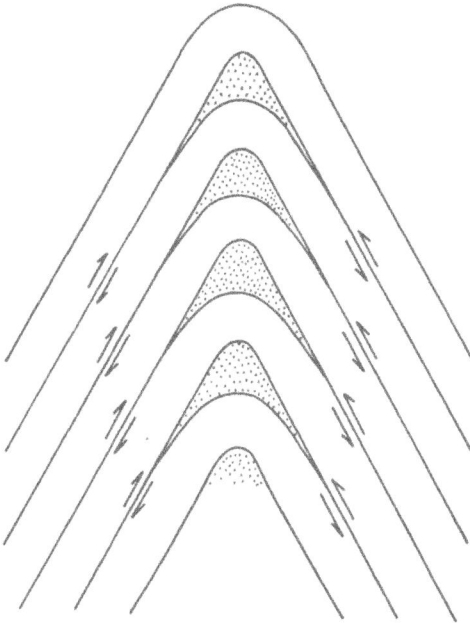

Abb. 101. Bei zu starker Falten-Einengung geht die konzentrische in eine kongruente Faltung über. Inkompetente Zwischenlagen (punktiert) wandern zum Sattelkern (nach HOEPPENER).

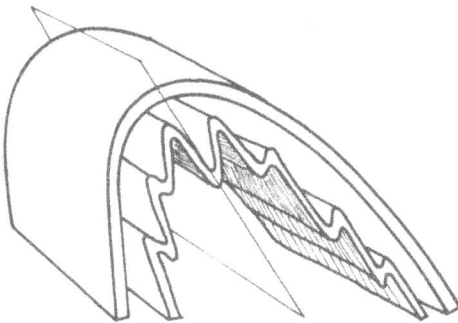

Abb. 102. Faltung zweier verschieden dicker Bänke. Erläuterung im Text.

Sandsteine zur zweiten Gruppe. Daher können mehrere hundert oder tausend Meter mächtige Schichtenstapel meist auch nicht in derselben Weise gefaltet werden. Die Faltung wird somit für große Schichtmächtigkeiten niemals *harmonisch* sein, sondern *disharmonisch* erfolgen. Mächtige, verschieden gut faltbare Serien zeigen daher in einem Faltengebirge auch nicht von oben nach unten den gleichen harmonischen Faltenwurf, sondern sind infolge der disharmonischen Faltung durch *Abscherungsflächen* voneinander getrennt und bilden jeweils eigene *Faltungsstockwerke*. Ein mehrere tausend Meter mächtiges Faltengebirge ist deshalb meistens aus einer Anzahl übereinander liegender, verschiedenartiger *tektonischer Stockwerke* aufgebaut, denn so wie die Biege-gleit-Faltung nur durch Beweglichkeit jeder Schicht gegenüber der liegenden und hangenden Schicht möglich ist, so wird die Gesamtfaltung eines Gebirges nur durch die Zerlegung in mehrere Faltungsstockwerke ermöglicht (s. Abb. 103). Dabei entspricht die tiefste Abscherungsfläche, welche den gesamten Faltenbau nach unten abriegelt, dem *Faltungstiefgang*.

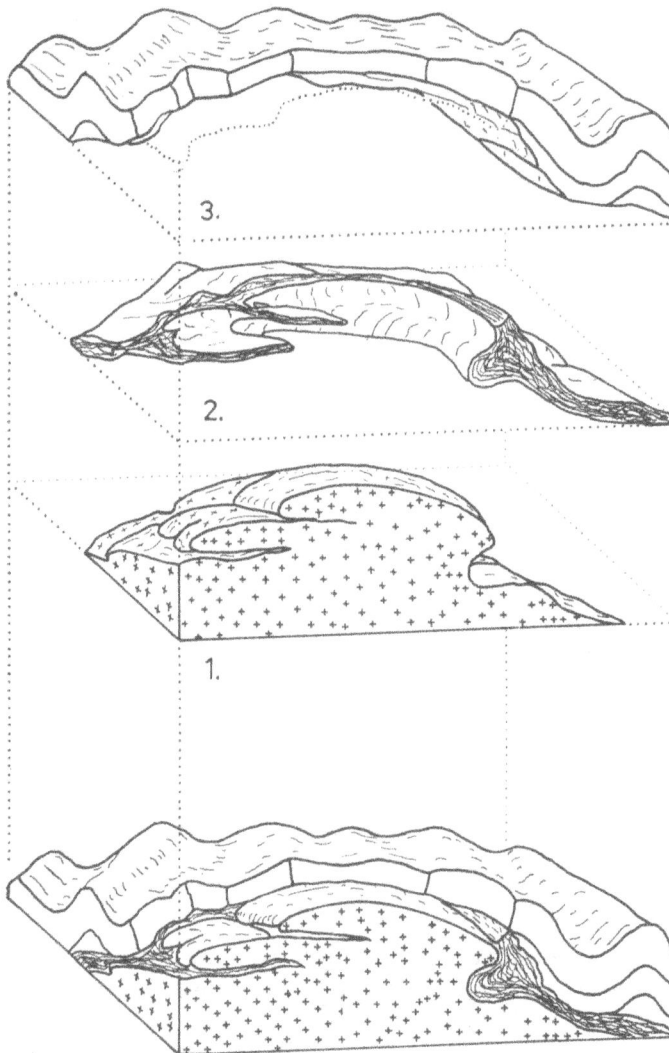

Abb. 103. Schema tektonischer Stockwerke mit disharmonischer Faltung (nach HALLER). 1. Kristalliner Unterbau, 2. Abscherungszone mit Spezialfalten, 3. höchstes eigen-ständig gefaltetes Stockwerk.

Bei zunehmender Einengung geht die Biegegleit- in eine *Biegescher-Falte* über, da der Gleitwiderstand auf den Schichtflächen größer wird als die Scherfestigkeit des Schichtenverbandes im Scharnier der Falte. Schließlich kommt es zur Ausbildung von Scherflächen.

> Die *„echte" Scherfaltung* hat mit der Biegescher-Faltung nichts zu tun, sondern stellt eine „unechte" Faltung dar. Sie ist das Ergebnis einer *einscharigen Zergleitung*, wobei die einzelnen Gleitlamellen sich gegenseitig so verschieben, daß die Schichtung im Sinne einer Faltung verbogen erscheint. Die Scherfaltung ist am treppenförmigen Versatz der „gefalteten" Schichtung zu erkennen (s. Abb. 104). *Fließfalten (ptygmatische Falten)* sind unregelmäßig „zerfließende" Falten-Formen in Peliten oder Salzen bzw. auch kristallinen Gesteinen mit höherem Metamorphose-Grad (s. S. 235 u. 242) und geben Zeugnis von einer langsamen säkularplastischen Deformation unter hohen *p-T*-Bedingungen (s. Abb. 99).

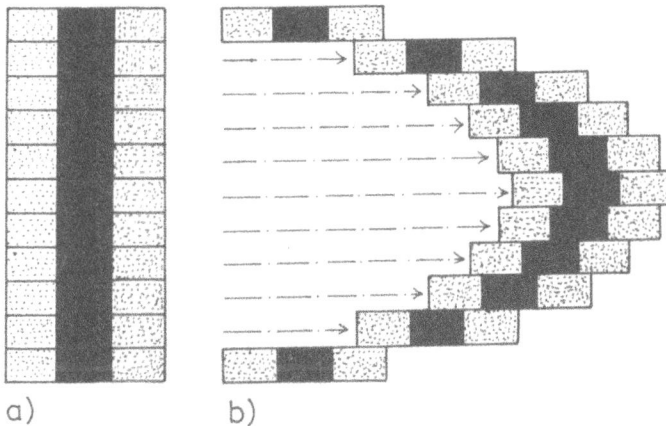

Abb. 104. Scherfaltung: a). Ausgangszustand, b). Scherfalte.

Die Faltenachsen liegen sehr häufig nicht horizontal, sondern sind in streichender Richtung verbogen. Eine solche Neigung nennt man *Achsen-Abtauchen* oder *Achsen-Einschieben* (s. Abb. 94). Durch dieses Phänomen verschwinden Sättel und werden alternierend durch andere ersetzt. Mulden heben sich heraus und sind dann durch Abtragung verschwunden bzw. kommen in der Fortsetzung schon abgetragener Teile herunter und tauchen in die Kruste ein. Sind die Achsen von benachbarten Falten parallel in eine Richtung geneigt, so spricht man von einer *Achsen-Rampe* (s. Abb. 105). Die Ursachen für das Auf und Ab der Faltenachsen ist meistens in der durch die seitliche Einengung der Gesteine bedingten *Längung* senkrecht dazu, d. h. entweder in der Vertikalen oder in Richtung der Faltenachsen zu suchen (s. Abb. 106). Wenn ein Bereich sich aus irgendwelchen Gründen nicht seitlich ausdehnen kann, muß die auftretende Längung durch Krümmung der Faltenachse quer zu ihrer Erstreckung (*Achsen-Quellwellung*) ausgeglichen werden. Verschiedentlich geht diese Verbiegung der

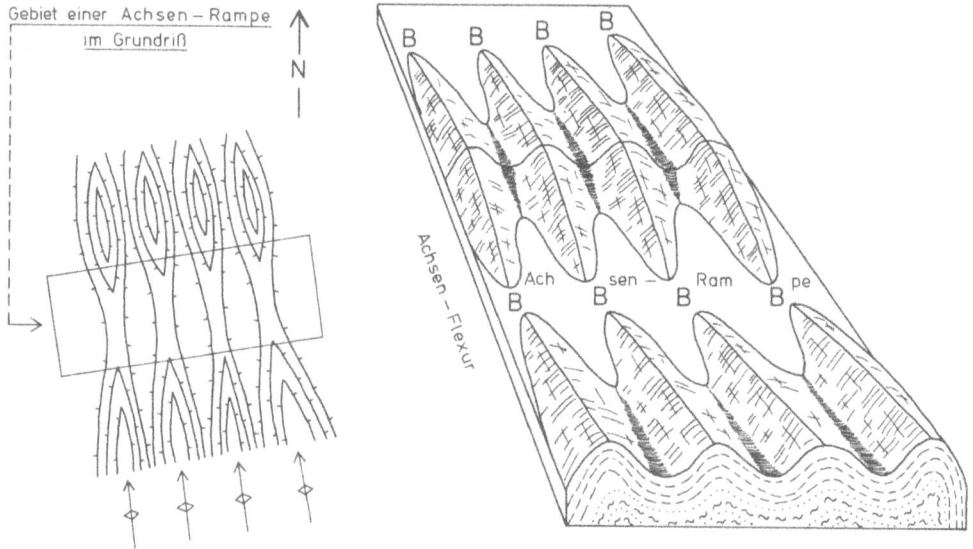

Abb. 105. Blockbild einer Achsen-Rampe.

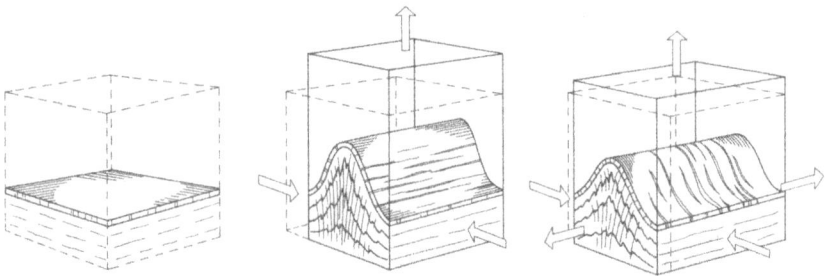

Abb. 106. Ein aus dem Gesteinsverband herausgelöster Quader (links), der im Zuge der einsetzenden Faltung einer seitlichen Einengung unterliegt. Dabei wird vom kritischen Betrag der Einengung an das überschüssige Material entweder nur in der Vertikalen (Mitte) oder überwiegend in Richtung der Faltenachse (rechts) ausgepreßt, wobei der betroffene Faltenkörper eine entsprechende Dehnung mit Bildung von *ac*-Klüften erfährt.

Achse aber auch auf eine jüngere Faltung mehr oder weniger quer zum älteren Falten-Verlauf zurück (*Querfaltung*). In Abb. 107 steht die Faltenachse vertikal, hier herrscht *steilachsige Tektonik* (auch „*Schlingen-Tektonik*" genannt) vor. Sie tritt meist dann ein, wenn bereits aufgekippte Schichtenverbände etwa quer zu ihrem Streichen gefaltet werden.

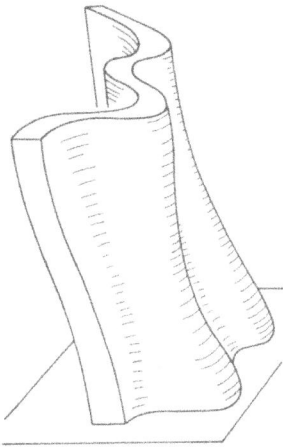

Abb. 107. Modell einer steilachsigen Falte
(nach TISCHER aus SCHMIDT-THOMÉ).

In Abb. 108 ist ein Sattel mit beiderseitigem Achsen-Einschieben dargestellt, von dem die Schichten an allen Seiten nach außen hin einfallen. Bei einer Mulde mit beiderseits auftauchenden Achsen würden diese zum Zentrum hin geneigt sein. Infolge der Achsen-Neigung nach beiden Seiten entsteht an den Rändern des Sattels bzw. der Mulde ein *„umlaufendes Streichen"*. Letzteres ist im Kartengrundriß immer ein Anzeichen für einschiebende Achsen. Die Stärke der Faltung, d. h. die Intensität des Zusammenschiebens eines gefalteten Gesteinsverbandes, läßt sich durch die Abwicklung aller Falten und ihre Ausglättung ermitteln.

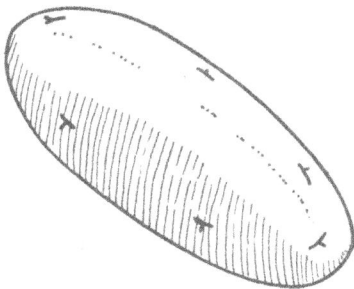

Abb. 108. Sattel im Grundriß.

1.3.1.2 Schieferung, Schiefrigkeit und Linear

Pelitische Sedimentgesteine, insbesondere Ton- und Schluffsteine, weisen häufig ein von der Schichtung unabhängiges, im wesentlichen parallel gerichtetes engständiges Flächengefüge auf, das als *Schiefrigkeit* oder *Schieferung* bezeichnet wird. (Im folgenden wird unter „Schiefrigkeit" das Gefügeelement, unter „Schieferung" der dazu führende

Vorgang verstanden). Die gute Spaltbarkeit an den Schieferflächen beruht auf ihrer Belegung mit neugebildeten Muscovit-Blättchen im mikroskopischen Bereich. Im Dünnschliff erscheinen die Schieferlamellen als winzige Parallelverschiebungen mit Verschiebungsbeträgen im Mikro- bis Millimeterbereich. Daß die Schiefrigkeit das Ergebnis einer Interndeformation infolge tektonischer Einengung ist, erkennt man daran, daß nicht schieferbare, dünne, kompetente Lagen in dem geschieferten Pelit *selektiv* gefältelt (s. Abb. 109) und im Gesteinsverband eingeschlossene Fossilien verformt sind (s. Abb. 111). Insgesamt stellt die Entstehung der Schiefrigkeit einen komplexen Vorgang aus mechanischer Durchbewegung sowie der chemischen und mineralogischen Anpassung des Mineralbestandes an die veränderten *p-T*-Bedingungen während einer Tektogenese dar (s. Abb. 110). Die Stärke der Schiefrigkeit hängt somit

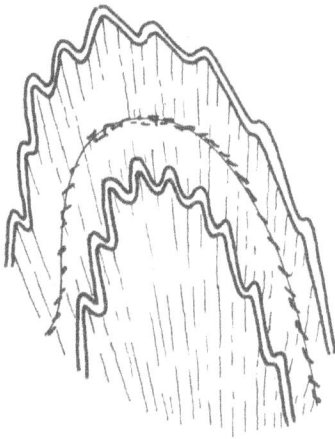

Abb. 109. Geschieferte Falte
mit selektiv gefältelten
kompetenten Lagen.

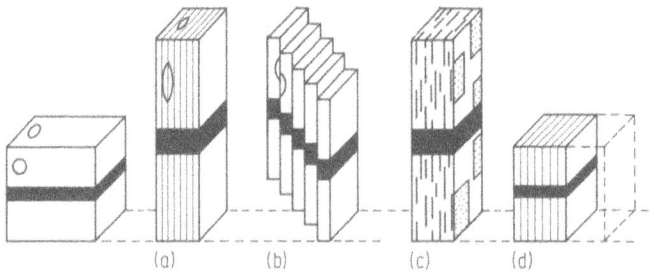

Abb. 110. Formen der Schieferung: (a) Druckschieferung
(b) Bruchschieferung
(c) Kristallisationsschieferung
(d) Schieferung durch Lösungsvorgänge

von Gesteinsausbildung und -verband, tektonischer Beanspruchung, Überlagerungsdruck und Temperatur ab. Ein wesentlicher Faktor der Schieferung ist auch die
Gesteinslösung, wie man an der teilweise oder gänzlichen Auflösung von im Pelit
eingeschlossenen Fossilschalen erkennt (s. Abb. 110d).

Die Schiefrigkeit bildet meistens einen größeren Winkel mit der Schichtung (*Transversalschiefrigkeit*). Eine annähernde „*Parallelschiefrigkeit*" kommt ebenfalls, wenn auch
selten, vor. Wenn ein transversal geschieferter Schichtenverband aus einer Wechsellage-
rung von tonreichen (inkompetenten) und tonärmeren (kompetenteren) Lagen besteht,
so werden die Schieferflächen beim Eintritt in die tonärmeren Schichten „zum Lot hin
gebrochen", d.h. die Schieferflächen durchsetzen die kompetenteren Lagen auf einem
kürzeren Weg (möglichst quer zu den Schichtflächen). Sehr gleichmäßig geschieferte reine
Tonsteine (ohne kompetente Lagen) werden verschiedentlich als *Dachschiefer* abgebaut.

In gefalteten Bereichen mit konstanter Achsenlage ist die Orientierung der Schieferflächen unabhängig vom Streichen und Einfallen der Schichten weithin sehr gleichförmig.
Meistens verläuft die Schiefrigkeit etwa parallel zu den Achsenflächen der Falten (s.
Abb. 109). Das zeigt, daß Faltung und Schieferung im engen genetischen Zusammenhang stehen. Aus der geometrischen Beziehung zwischen Schichtung und Schiefrigkeit
in solchen Falten ergibt sich ein wichtiges Kriterium für die Art der Lagerung. Bei
normaler Lagerung fällt die Schiefrigkeit steiler, bei überkippter Lagerung flacher als die
Schichtung ein. Abweichungen zwischen Schiefrigkeit und Falten-Achsenflächen liegen
dann vor, wenn die Schieferung erst im Anschluß an die Faltung unter geändertem
Beanspruchungsplan erfolgte.

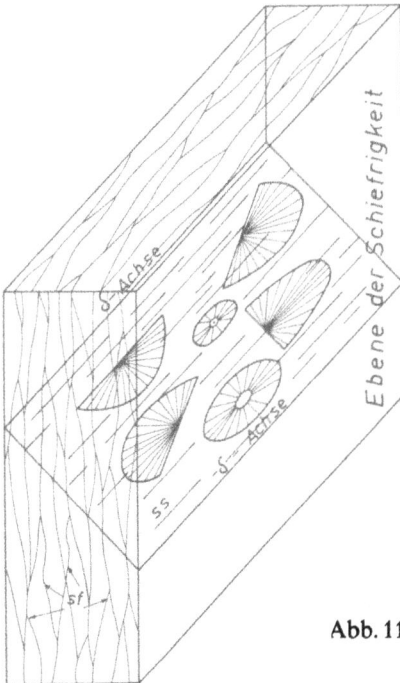

Abb. 111. Schichtfläche (*ss*) mit durch den Schieferungsprozeß
deformierten Fossilien, die in Richtung der δ-Achse
„gestreckt" erscheinen (*sf* = Schiefrigkeit).

Die Schnittlinien der Schieferflächen mit den Schichtflächen erscheinen auf letzteren als feines paralleles *Linien-Gefüge* (*Linear, Lineation*) und werden als *δ-Linear* (*δ-Achse*) bezeichnet. Dieses ist bei achsenflächen-paralleler Schiefrigkeit den Faltenachsen parallel und kann dann zur Bestimmung der letzteren herangezogen werden. Schneiden sich Schiefrigkeit und Feinschichtung in so engem Abstand, daß das Gestein parallel zum δ-Linear in lauter langgestreckte Scheiter oder Griffel spaltet, so spricht man von *Griffelschiefern.*

Bei *zweiachsiger Deformation*, d.h. bei der Verformung eines gedachten kugelförmigen Gesteinskörpers zu einem Rotationsellipsoid, erscheinen auf Schichtflächen, die nicht parallel zur Schiefrigkeit liegen, vorhandene Fossilien nach dem δ-Linear gestreckt (s. Abb. 111). Bei der Faltung und Schieferung kann auch eine *dreiachsige Verformung* des betroffenen Gesteinskörpers, d.h. eine Veränderung der Abmessungen in allen drei Raumkoordinaten *a, b* und *c* (s. Abb. 112) eintreten. Überwiegt die Seitenlängung in *b* (s. S. 153), so wird ein Teil des Gesteinsmaterials in diese Richtung ausweichen. Die Folge ist eine echte Streckung von Fossilien, Geröllen, Ooiden in Richtung *b* und Herausbildung eines linearen Parallelgefüges, d.h. eines Linears (s. Abb. 112), – meist *„Streckungslinear"* (s. S. 172) genannt – mit der auch das δ-Linear zusammenfällt. Die Materialwanderung führt dabei häufig zu Dehnungsfugen quer zu *b* (*Quer-* bzw. *Q-* oder *ac-Klüfte*), die senkrecht zur Faltenachse stehen (s. Abb. 95 u. 106).

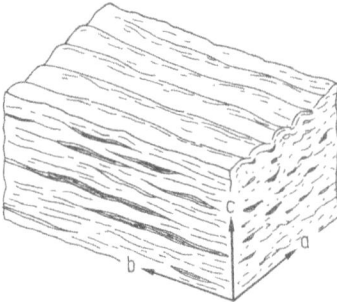

Abb. 112. Schema der Gefügekoordinaten eines Gesteinskörpers, *c* liegt senkrecht zum flächigen Parallelgefüge („Schiefrigkeit"), *b* liegt senkrecht zu *c* und parallel zu einem linearen Parallelgefüge („Streckungslinear"), *a* liegt senkrecht zu *b* und *c*.

Wenn eine Ausweichmöglichkeit in Richtung *b* nicht gegeben ist, kann die Dehnung auch in Richtung *c* erfolgen, d.h. den „*Weg ins Freie*" (nach oben) nehmen. Bei sehr starker Dehnung in *c* entsteht ein *Hochlängungslinear (c-Linear)*, das nicht nur an einem linienhaften Parallelgefüge, sondern wiederum an der charakteristischen Längung von Fossilien usw. zu erkennen ist. Auch das Mineral-Neuwachstum richtet sich bevorzugt nach solchen Linearstrukturen.

Sind in einer dreiachsig deformierten pelitischen Folge kompetente Lagen parallel zur Schiefrigkeit angeordnet, so zeigen diese sehr häufig eine Zerlegung (Boudinage) in Teilstücke mit rundlichen Formen, die *Boudins* genannt werden (s. Abb. 113).

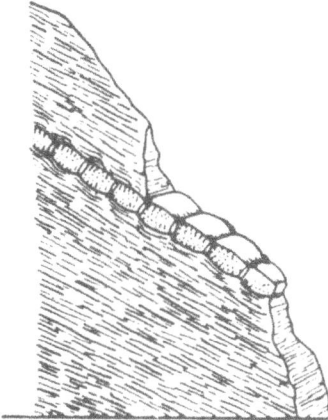

Abb. 113. Boudinage einer Sandstein-Bank zwischen geschieferten Tonsteinen der Siegener Schichten (Unter-Devon) bei Dedenborn, Eifel (nach PILGER & SCHMIDT).

Bei erneuter Beanspruchung eines Bereiches kann eine zweite Schiefrigkeit und bei weiterer Deformation eine dritte zustande kommen. Sie sind meist unregelmäßiger und weitständiger als die erste ausgebildet.

1.3.1.3 Bruch-Erscheinungen

Bruch-Erscheinungen sind das Ergebnis von teils großräumigen, überwiegend jedoch von kleinräumigen Gesteinsdeformationen. Brechende Vorgänge treten dann auf, wenn infolge der tektonischen Beanspruchung die Grenze der Gesteinsfestigkeit überschritten wird; diese Bruchgrenze ist unter gleichen p-T-Bedingungen je nach dem Material verschieden. Bei großem Überlagerungsdruck erreicht das gleiche Gestein seine Bruchgrenze wesentlich später als in hohen Krustenbereichen.

Man kann die Bruch-Erscheinungen einteilen in:

Klüfte und *Spalten* sowie

Verschiebungsbrüche (*Verwerfungen*): Abschiebung, Aufschiebung, Überschiebung, Untervor-Schiebung, Seitenverschiebung.

1.3.1.3.1 Klüfte

Feste Gesteine, die an der Erdoberfläche freiliegen, zeigen in der Regel unzählige Risse und Sprünge, die im Verwitterungsbereich oft geöffnet und dann sehr auffällig sind. Diese *Klüfte*, die im allgemeinen geschlossene feine Trennflächen darstellen, treten selbst in solchen Bereichen auf, die keine Tektogenese durchgemacht haben. Die Länge oder die Größe der einzelnen Kluftflächen bleibt meist im Meterbereich, kann aber auch weit darüber hinausgehen. Die Klüfte treten vielfach als ausgesprochene Flächen-Systeme (*Kluft-Scharen*) mit übereinstimmender Orientierung (Streichen und Einfallen) auf, wobei sich auch mehrere Systeme überschneiden können.

Klüfte haben verschiedenartige Entstehungsursachen. In vielen Fällen handelt es sich um *Dehnungsklüfte* (s. S. 158), häufig aber um *Scherklüfte*. Beide Kluft-Arten weisen deutliche Symmetriebeziehungen zu Faltenbau und Schiefrigkeit auf. Man unterscheidet daher folgende Dehnungskluft-Arten:

ac-Klüfte, die rechtwinklig zur Faltenachse (s. Abb. 106) bzw. zum Streichen und lotrecht zum Einfallen der Schichten verlaufen.

bc-Klüfte haben das gleiche Streichen wie die Schichten, ihr Einfallen ist dem der Schichten im Sinne des Komplementwinkels entgegengesetzt.

ab-Klüfte sind parallel zu den Schichtflächen orientiert.

Die *Scherklüfte* treten in sich kreuzenden Kluft-Paaren auf und werden symmetrologisch *0kl* und *hk0* je nach ihrer Lage im Koordinaten-System (s. S. 147) bezeichnet (s. Abb. 114). Nicht selten blieben Klüfte, insbesondere Dehnungsklüfte, nach ihrer Bildung weiter geöffnet oder waren es vorübergehend und sind durch *Kluft-Minerale* wie Quarz oder Calcit wieder geschlossen worden.

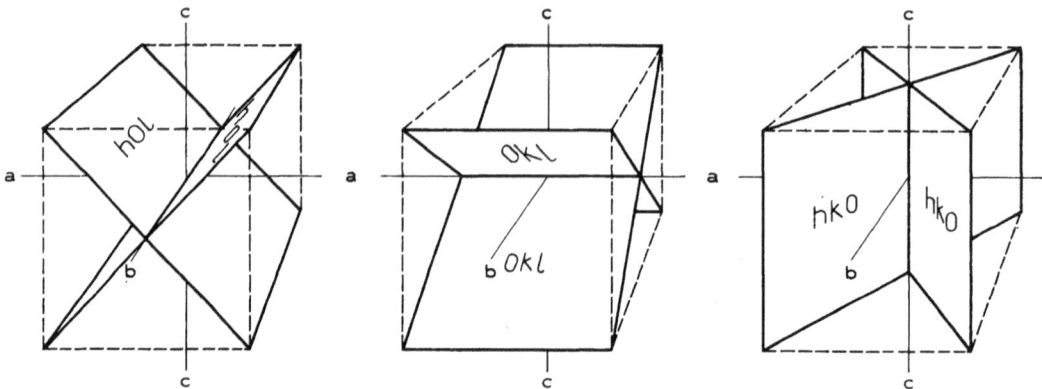

Abb. 114. Scherklüfte im dreiachsigen Koordinaten-System.

Klüfte in tektonisch nicht beanspruchten, ungestört liegenden Schichttafeln gehen auf Spannungen im Gestein selbst zurück. Bei magmatischen Gesteinen werden teilweise sehr gleichmäßige Kluftsysteme durch die *Abkühlung* bei der Erstarrung der Silicat-Schmelze gebildet. Typisch ist bei vulkanischen Gesteinen die Säulen-Bildung der Basalte. Bei Tiefengesteinen kommt zu der Volumen-Abnahme durch Abkühlung auch noch die Bewegung bei der Platznahme (s. S. 205). Schwundklüfte in Sedimentgesteinen können durch Flüssigkeitsverlust bei der Diagenese entstehen. Durch Eingriffe nahe der Oberfläche bilden sich *Entspannungsklüfte*.

Durch die Klüfte wird der Zusammenhalt im Gestein gelockert und damit der Verwitterung Vorschub geleistet. Sie ermöglichen dem Grundwasser die Zirkulation in sonst porenfreien Gesteinen.

1.3.1.3.2 Spalten

Spalten sind Brüche, bei denen sich die durchtrennten Gesteinsteilkörper voneinander entfernt haben. Sie werden oft von Absätzen aus aufsteigenden Mineral- und

Erz-Lösungen oder durch magmatische Schmelzen ausgefüllt. Die Spalte wird dann zum *Gang*. Ein besonderer Spaltentyp, die *Fiederspalte* (s. Abb. 115 u. 124), entspricht den Randspalten eines Gletschers.

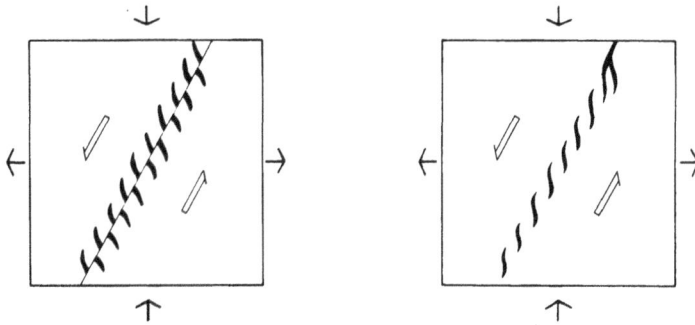

Abb. 115. Fiederspalten: Links als Begleiterscheinung einer Störung, rechts in Richtung einer Störung gestaffelt.

1.3.1.3.3 Verschiebungsbrüche

Flache Tonkuchen wurden von CLOOS einer Dehnung unterworfen, nachdem man ihnen zuvor mit einer Form einen Kreis hineingedrückt hatte. Beispielsweise zeigt die Tonschicht der Abb. 116 nach flexurartiger Dehnung, daß der Kreis zu einer Ellipse umgeformt wurde. Dabei unterstützten Relativbewegungen an Scherflächen die Deh-

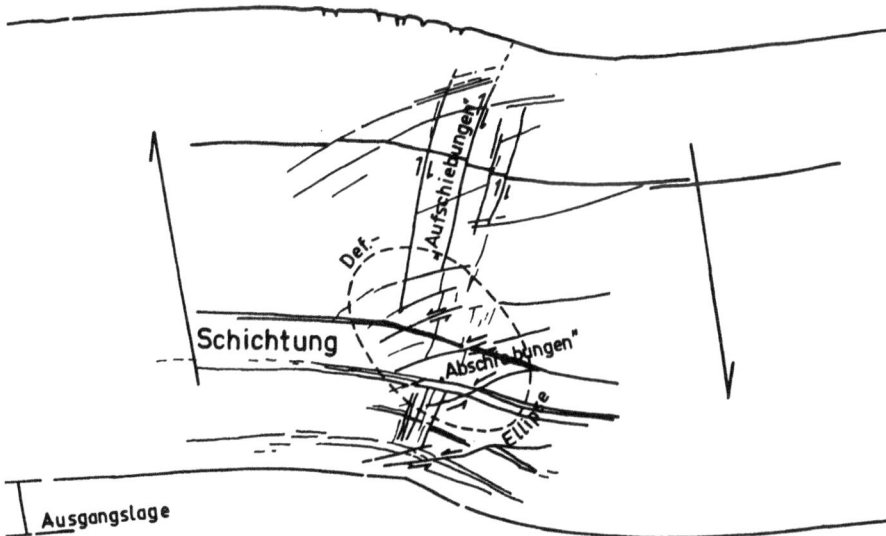

Abb. 116. Flexur mit Scherbrüchen, Zeichnung nach einem Ton-Versuch in der Seitenansicht (nach CLOOS).

nung in Richtung der langen Ellipsenachse und die Verkürzung in Richtung der kürzeren. Man erkennt daran, daß sich auch Bruch-Systeme auf ein *Deformationsellipsoid* (engl. strain ellipsoid) (s. S. 158 sowie Abb. 117, 118 u. 119) und damit auf die Lage der Haupt-Normalspannungen (Haupt-Streßrichtungen) in einem Bereich der Erdkruste, d. h. auf das *Streß-Feld*, beziehen lassen (s. Abb. 120).

Das Streß-Feld zeichnet sich insbesondere an den *Horizontal-Stylolithen* (s. S. 124) ab (s. Abb. 121). Sie geben in Mitteleuropa unverkennbare Anhaltspunkte für die Richtung der tektonischen Einengung auch in ungefalteten Flachland-Gebieten und erlauben so die in den Falten- und Deckengebirgen (s. S. 174 ff.) gewonnenen Ergebnisse auf die Vorländer der Gebirge zu übertragen.

Aus den Abb. 117 und 118 ist ferner zu ersehen, daß an den Scherflächen eine deutliche Verschiebung eingetreten ist. Die Größenordnungen solcher Verschiebungen gehen in der Natur von mikroskopisch kleinen Beträgen über Hunderte von Metern bis zu Kilometern. Von solchen *Verwerfungen* (*Störungen, Brüche*) werden Schichtenkomplexe, Faltenstrukturen oder auch ganze Gebirgsteile zerschnitten. Die Verwerfungsflächen (Störungsflächen, Bruchflächen) selbst können eben oder gekrümmt sein.

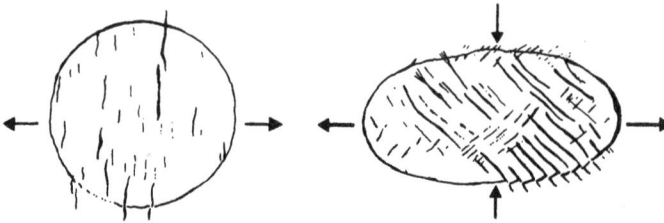

Abb. 117. Verformungsexperiment mit Ton. Bei einachsiger Verformung entstehen Dehnungsrisse (links), bei zweiachsiger Deformation (rechts) Scher-Risse (nach CLOOS).

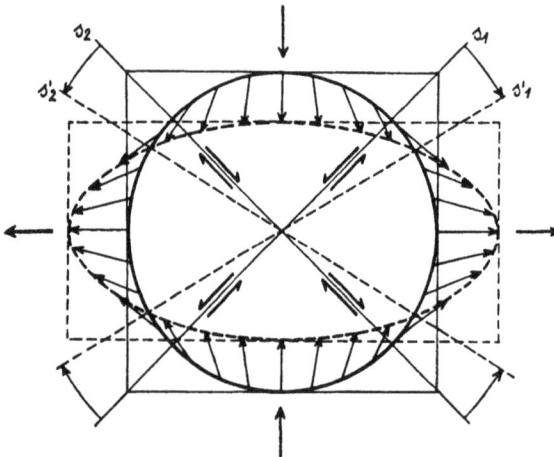

Abb. 118. Deformation einer Kugel zum Ellipsoid durch Dehnung und zweischarige Scherung im Querschnitt. Die zu Beginn der Verformung entstandenen Scherflächen verschwenken beim Fortgang der Formänderung in der Pfeilrichtung.

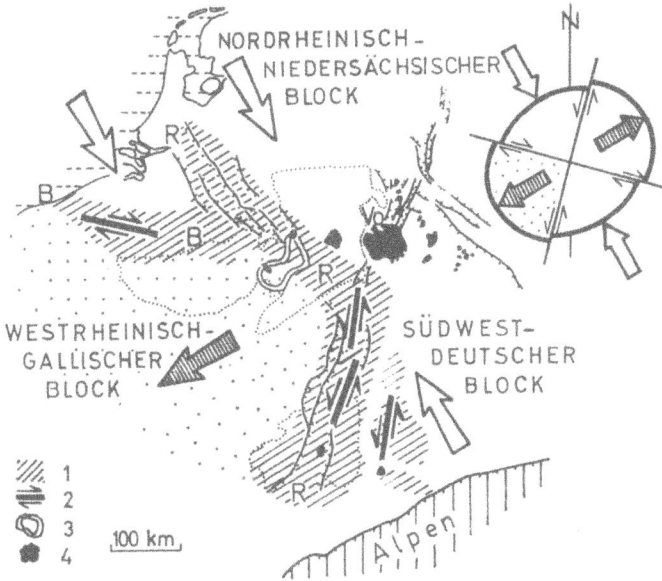

Abb. 119. Das Streß-Feld in Nordwest-Europa (nach AHORNER). Die Pfeile zeigen das heutige Streß-Feld und die horizontalen Blockbewegungen an.
1: Erdbeben-Zonen (R = Rheinische Zone, B = Brabanter Zone).
2: Seismisch-aktive Seitenverschiebungen.
3: Gebiete mit quartärem Vulkanismus.
4: Tertiärer Vulkanismus.

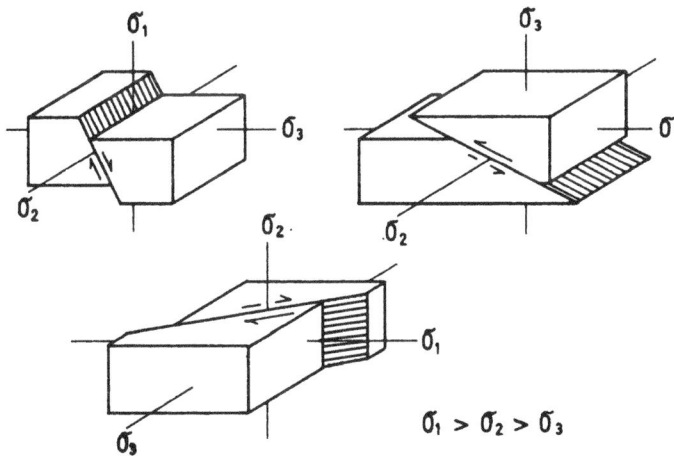

Abb. 120. Die wichtigsten Störungstypen in Beziehung zu den Haupt-Normalspannungen σ_1, σ_2 und σ_3. Für die Orientierung der Störungen in der Erdkruste ist die Lage von σ_1 entscheidend (σ_1 = größte Haupt-Normalspannung; σ_3 = kleinste Haupt-Normalspannung). Oben links: Abschiebung, oben rechts: Überschiebung, unten: Seitenverschiebung (s. Abb. 123) (nach VERHOOGEN).

Abb. 121. Horizontal-Stylolithen zeigen das Streß-Feld in Mitteleuropa an.

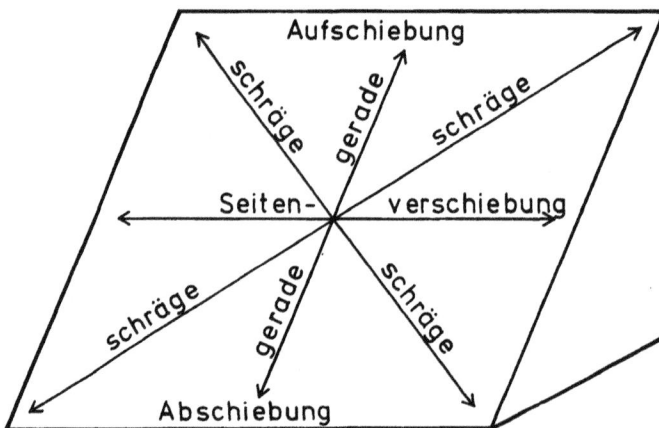

Abb. 122. Die verschiedenen Verwerfungstypen mit möglichen Verschiebungsrichtungen im Blockbild.

Die Abb. 122 u. 123 zeigen schematisch die wichtigsten Verwerfungstypen. Ist eine Scholle relativ zur anderen in der Einfallsrichtung der Verschiebungsfläche abgesunken, so spricht man von einer *Abschiebung* (*Sprung*), im entgegengesetzten Falle von einer *Auf-* bzw. *Überschiebung*. Bei Aufschiebungen ist das Einfallen der Störungsflächen steiler, bei Überschiebungen flacher als 45°. Abschiebungen fallen mit 60–80° ein, flachere Winkel sind selten. Die Schollen-Verschiebung braucht nicht absolut vertikal zu erfolgen, sondern kann auch schräg gerichtet sein (*Schrägab-* bzw. *Schrägaufschiebung*).

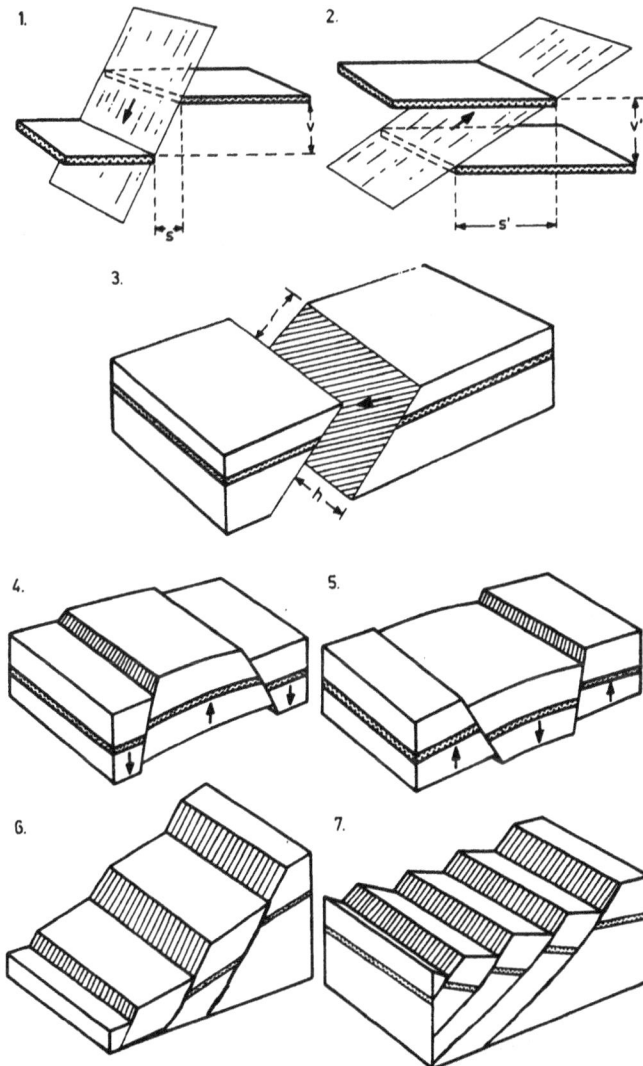

Abb. 123. Die wichtigsten Bauformen der Bruchtektonik. 1. Abschiebung (s: söhlige Verschiebungsweite, v: vertikale Sprunghöhe), 2. Überschiebung, 3. Schrägabschiebung (l: flache Sprunghöhe, h: horizontale Verschiebungsweite), 4. Horst, 5. Graben, 6. homothetische Abschiebungen, 7. antithetische Abschiebungen.

Der Höhenunterschied entsprechender Schichten beiderseits der Störung wird *Sprung-höhe* genannt; dabei unterscheidet man die *wahre (saigere) Sprunghöhe (v)*, bei welcher der Höhenunterschied in der Vertikalen, von der *flachen Sprunghöhe (l)*, bei welcher er auf der Verschiebungsfläche selbst gemessen wird. Abschiebungen sind *Ausweitungsfor-men*, denn sie ergeben in der Horizontalen einen Raumgewinn (*s*); Auf- bzw. Überschiebungen dagegen stellen *Einengungsformen* dar, die einen Raumverlust (*s'*) bewirken.

Durch das Aneinandervorbeigleiten der Gesteinsschollen an einer Verwerfung werden die beiderseitigen Verschiebungsflächen oft geschliffen (*Harnisch*), manchmal regelrecht poliert (*Spiegel*), häufig geschrammt, gestreift oder gestriemt (*Rutschstriemen*). Aus der Anordnung der Striemung, die sich auch abgeschiedenen oder in Abscheidung begriffenen Mineralen, wie z. B. Calcit, mitteilen kann, ist die relative Verschiebungs-richtung ablesbar. So sind die Rutschstriemen häufig in der Richtung der abgesunkenen Scholle glatt, in der entgegengesetzten aber rauh und gekerbt. Sich kreuzende Rutschstreifen zeigen dabei verschiedene Bewegungen zu verschiedenen Zeiten auf der gleichen Störungsfläche an. Oft entsteht auch an der Verwerfungsfläche eine Zone zertrümmerten Gesteins, die *Zerrüttungs-* oder *Ruschelzone* (s. Abb. 124). Sie besteht aus Gesteinstrümmern und Zerreibseln, die von grobkörnigen *tektonischen Brekzien*, die aus kantigen Bruchstücken bestehen, bis zu feinstkörnigem Gesteinsmehl, dem *Mylonit*, reichen.

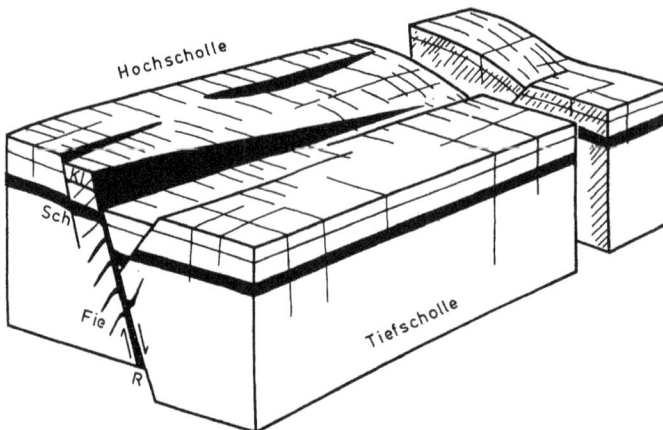

Abb. 124. Blockbild einer Abschiebung, die nach hinten in eine Flexur übergeht (nach CLOOS). Fie: Fiederspalten, Kl: Fiederklüfte, H: Harnischstriemung, R: Ruschelzone (tektoni-sche Brekzie), Sch: Schleppung.

Abschiebungen treten meist gesellig auf und bilden *Bruch-Systeme*, die oft bestimmte Richtungen einhalten. Ist zwischen zwei Störungen eine Scholle gegenüber ihrer Umgebung strukturell relativ abgesunken, spricht man von einem *Graben*, im entgegen-gesetzten Fall von einem *Horst* (s. Abb. 123). Eine abgesunkene Scholle muß aber nicht auch morphologisch eine Senke darstellen, sondern kann, wenn ihre Gesteine wider-

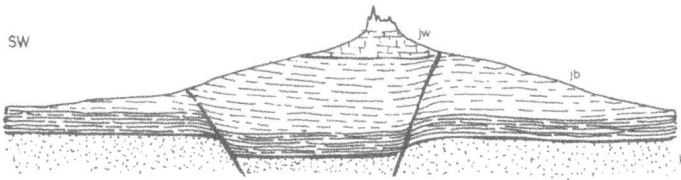

Abb. 125. Der Hohenzollern-Graben (s. Abb. 126) als Beispiel für die Reliefumkehr. Er wurde dank der harten Deckplatte von Malm-Kalk als Berg herauspräpariert. k: Keuper-Mergel, jl und jb: Tone des Lias und Doggers, jw: Malm-Kalk (nach BRINKMANN).

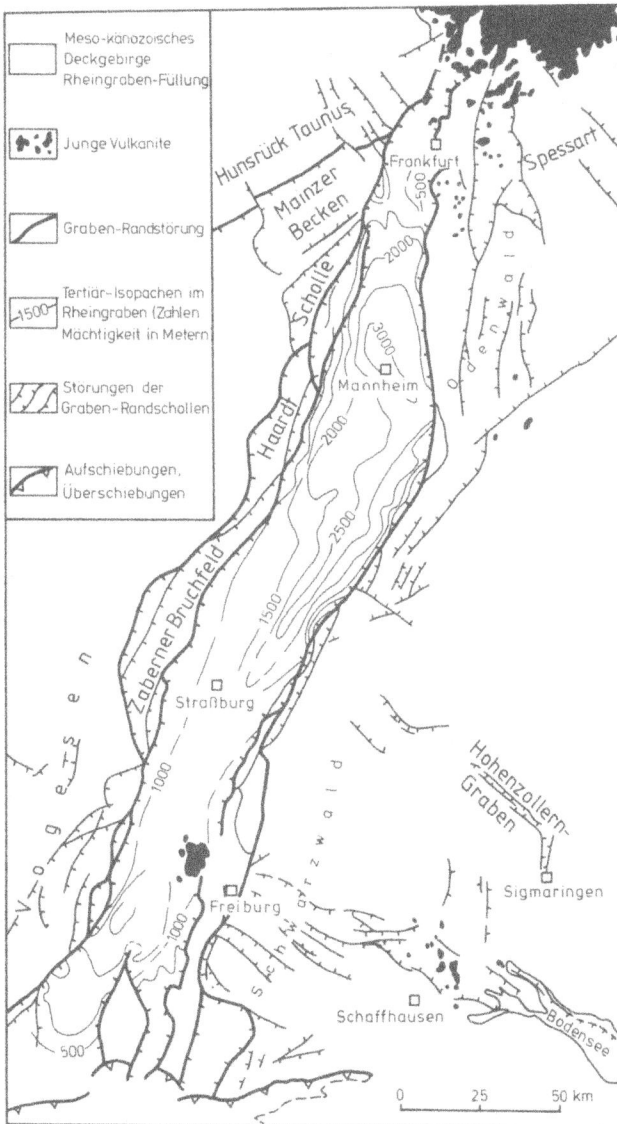

Abb. 126.
Strukturkarte des
Oberrheintal-Grabens
(nach ILLIES).
(Isopachen = Linien
gleicher Schichten-
Mächtigkeit).

standsfähiger gegen die Abtragung sind, gegenüber ihrer Umgebung emporragen (s. Abb. 125). Gleiches gilt in umgekehrter Weise von einem Horst, der durch eine solche *Reliefumkehr* zur Senke wird.

Ein System paralleler Abschiebungen nennt man *Verwerfungstreppe* (*Schollentreppe, Staffelbruch*). Bei *homothetischen Abschiebungen* sind Schichten und Verwerfungsflächen in gleicher Richtung geneigt. Bei *antithetischen Abschiebungen* fallen die Schichten dagegen entgegengesetzt zur Verschiebungsfläche ein. Die verworfene Schicht bleibt daher fast in derselben Höhenlage (s. Abb. 123). Durch *Schollenkippungen* (Rotationen) können homothetische Störungen in eine steilere Lage, antithetische dagegen in eine immer flachere gelangen. Durch die sich hierbei vergrößernden Reibungswiderstände kommen die Bewegungen auf antithetischen Verschiebungsflächen schnell zum Erliegen.

Die Verschiebungsbeträge, insbesondere von Abschiebungen, können sehr groß werden. So gehören in Deutschland die Abschiebungen beiderseits der Oberrhein-Senke (s. Abb. 126 u. 127) zu den größten: Sie betragen im südlichen Teil über 3000 m. Groß ist auch die streichende Länge, die oft Hunderte von Kilometern erreichen kann. Bekannt sind die *Ostafrikanischen Gräben* (Tanganjika- und Njassa-See), das *Rote Meer* und der *Jordan-Graben* (s. Abb. 128). Bei den Graben-Randstörungen handelt es sich meistens nicht um eine einzige Verschiebungsfläche, sondern um eine *Schar von Flächen*, die neben- oder hintereinander gestaffelt, den Verschiebungsbetrag herbeiführen und sich gegenseitig ablösen.

Junge Graben-Systeme sind *Erdbeben-Gebiete* und beweisen so ihre tektonische Aktivität. Das Innere oder die Hauptabschiebungszonen der großen Gräben sind häufig durch *vulkanische Tätigkeit* ausgezeichnet. Die reichliche Förderung vor allem basaltischer Schmelzen (s. S. 218) aus dem Erdmantel, wie z. B. im Ostafrikanischen Graben-System bzw. im Afar-Dreieck (s. Abb. 128), ist ebenfalls als Hinweis darauf zu werten,

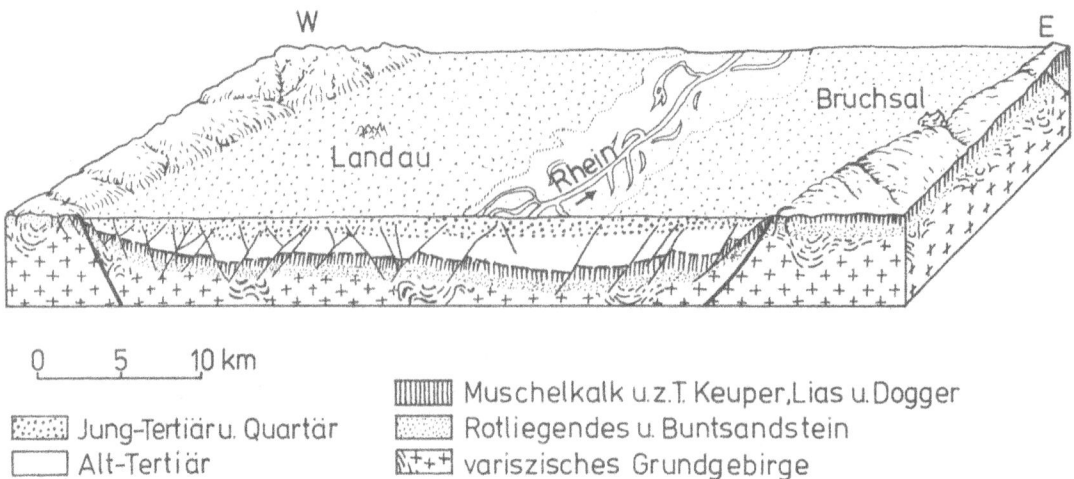

Abb. 127. Blockbild des Oberrheintal-Grabens.

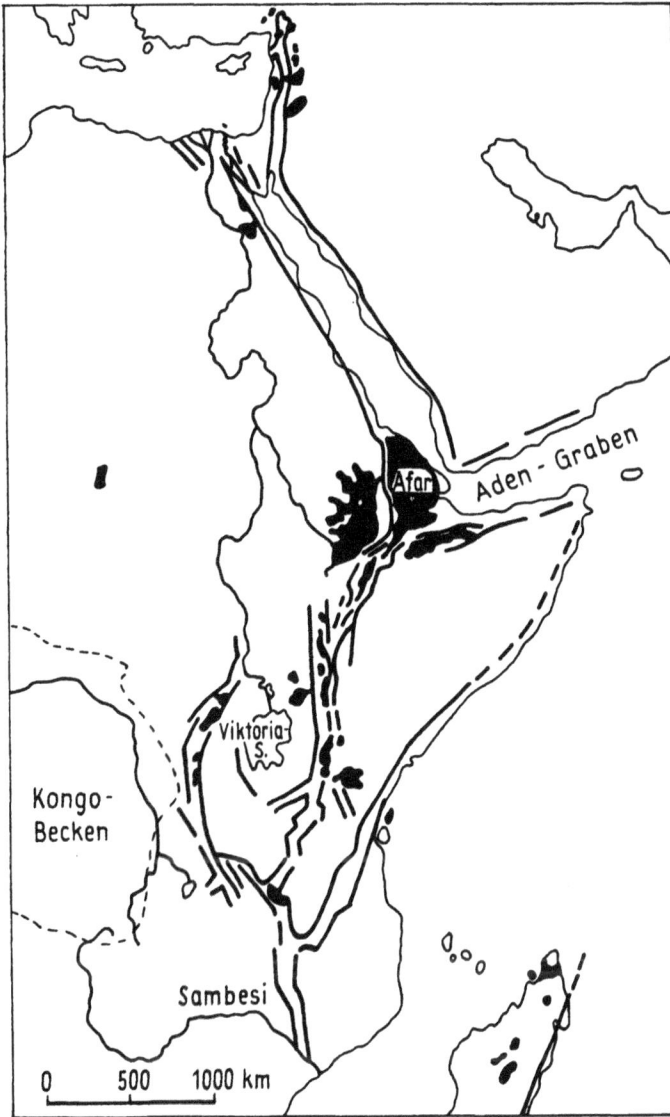

Abb. 128. Das Ostafrikanische Graben-System mit Afar-Dreieck.

daß die Förderspalten sehr tief in den Untergrund hinabreichen und verschiedentlich die gesamte Erdkruste durchsetzen. Von vielen Forschern werden derartige Graben-Zonen als „embryonales Rift" im Sinne der *Plattentektonik* (s. S. 274 ff.) gedeutet.

Entlang des *Grabenbruchs von Surchobsk* in Tadschikistan (Asien) ergaben Vermessungen, daß in den letzten 29 Jahren Verwerfungen bis 26 Zentimeter eingetreten sind, wobei die vertikalen Bewegungen etwa 12–17 mm/a betragen, während die Horizontalbewegungen nur 3,5–4 mm/a erreichen. Nach neuen Berechnungen (ARTUSCHKOW) sind zur

Verschiebung eines mehrere hundert Kubikkilometer großen Blocks der Erdkruste schon relativ geringfügige Flächen-Belastungen von 1 Pa ausreichend. Kleinräumige Bewegungen der Erdoberfläche ergeben sich bereits durch menschliche Tätigkeit. So senkt sich z. B. der Erdboden, auf dem Moskau steht, mit zunehmender Bebauung der Stadt ständig weiter ab, während am Rande Gesteinsmassen mit Geschwindigkeiten von 1–1,8 mm/a aufsteigen. Ähnlich wie in der Moskauer Gegend dürfte es auch in anderen Gebieten aussehen.

Systeme von Auf- bzw. Überschiebungen nennt man *Schuppenbau.* Die einzelnen Aufschiebungen weisen dabei meist geringe Beträge auf, d. h. einige 100 m bis maximal wenige Kilometer; durch die Summierung der Einzelbeträge des Systems wird die Raumverkürzung (Einengung) jedoch beträchtlich.

Überschiebungen verursachen eine sehr starke Raumverkürzung. Wenn sie besonders große Werte erreichen und die überschobenen Gesteinspakete dabei ihre Ursprungsgebiete, die *Wurzelzonen,* verlassen haben, spricht man von *Decken* (s. Abb. 129). Durch den Deckentransport werden riesige Gesteinskörper mit einer Mächtigkeit von etlichen Kilometern und mit Ausdehnungen von Hunderten, ja Tausenden von Quadratkilometern aus dem Inneren eines im Entstehen begriffenen Kettengebirges nach außen verfrachtet. Solche Decken sind insbesondere in den *Alpen* anzutreffen, wo die Überschiebung der *Oberostalpinen Masse* (Nördliche Kalkalpen, Grauwacken-Zone und Silvretta- bzw. Ötztaler Alpen) nach Norden über das *Penninikum* (und andere Einheiten) mehr als 150 km beträgt (s. S. 176).

Auch nach der Deckenbewegung geht die Einengung oft noch weiter, so daß es zur *Deckenfaltung* kommt. *Deckensättel* werden wegen ihrer Hochlage meist rasch abgetragen und lassen den Untergrund unter der auflagernden Decke sichtbar werden. Eine solche Erosionsöffnung wird als *tektonisches Fenster (Deckenfenster)* bezeichnet. In *Deckenmulden,* in denen die Basis der Decke tiefer hinunterreicht, können auch bei tiefgreifender Abtragung noch *Erosionsreste* von ihr erhalten bleiben, die *Deckenschollen* oder *tektonische Klippen* genannt werden (s. Abb. 129).

Überfaltungsdecken gehen aus liegenden Falten hervor (s. Abb. 129). In den Westalpen sind sie besonders im Penninikum (s. S. 176) verbreitet. *Abscherungsdecken* entstehen meist durch Abscherung auf einer besonders geeigneten Abrißfläche in einem Schichtenstapel. Solche Decken finden sich vorwiegend in den Ostalpen. Ist ihre Bewegungsbahn horizontal oder sogar aufsteigend, so geht die Abscherungsdecke auf seitliche Einengung zurück; ist sie abwärts geneigt, kann sie durch *gravitative Gleitung* infolge der Schwerkraft entstanden sein. Hat sich eine Decke nachweisbar über eine ältere Land-Oberfläche hinwegbewegt, d. h. über ein Abtragungsrelief, dann liegt eine *Reliefüberschiebung* vor.

Autochthone Klippen sind wurzellose, an allen Seiten von Verschiebungsflächen begrenzte Deckschollen, die ihre Lage keiner seitlichen Verfrachtung verdanken, sondern aus dem Untergrund herausgepreßt und durch weitere Einengung allseitig unterschoben wurden. Sie täuschen oft Erosionsreste echter Decken vor.

Untervor-Schiebungen sind Relativbewegungen, bei denen die Hangendscholle einer scheinbaren Abschiebung ortsbeständig geblieben ist, während sich die Liegendscholle

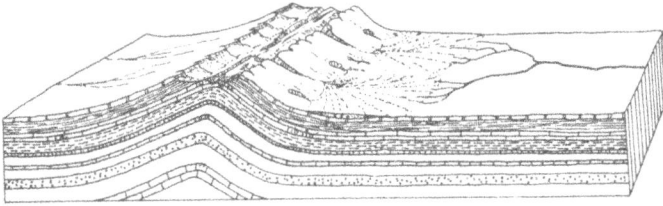

Bildung einer Großfalte und beginnende Zerstörung des Faltenscheitels.

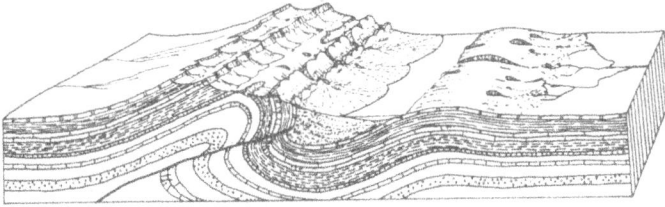

Beginnende Überschiebung bei anhaltender Erosion.

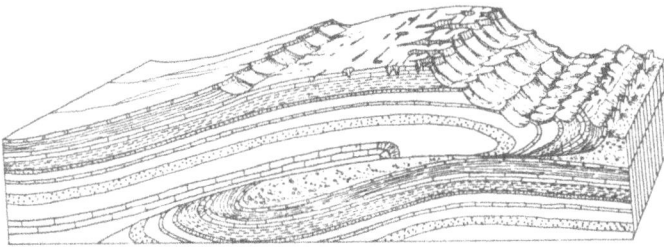

Deckenüberschiebung bei fortschreitender Abtragung.

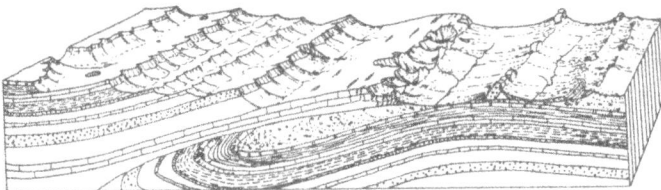

Ende der Bewegung und starke Zerstörung. Nur die Deckenreste („Klippen") im rechten Teil der Abbildung verraten die Überschiebungsweite.

Abb. 129. Schematische Darstellung einer Deckenüberschiebung (nach LONGWELL).

unter ihr absolut bewegt hat. Solche Untervor-Schiebungen sind z. B. in den Alpen und am Harz-Nordrand sowie von vielen anderen Stellen bekannt geworden.

Unter *Seitenverschiebungen (Horizontalverschiebungen, Blattverschiebungen)* werden vorwiegend horizontale Verschiebungen an meist geneigten oder senkrechten Störungsflächen verstanden. Die Seitenverschiebungen sind in ihrer Mehrzahl an Faltengebirge gebunden und gehören zu ihrem tektonischen Inventar. Ganz allgemein durchschneiden

sie den Faltenbau nicht in senkrechter, sondern in diagonaler Richtung. Ihr Verschiebungsbetrag kann bis zu Kilometern reichen. Seitenverschiebungen treten meist in
paarweisen Systemen auf, die sich in annähernd rechtem Winkel kreuzen. Es handelt
sich dann um Scherflächen, die der Dehnung des betroffenen Gebirgsstreifen in b ihre
Entstehung verdanken (s. S. 153). Sie zeigen daher symmetrologisch enge Beziehung
zum Faltenbau. Da die Anlage der Seitenverschiebung oft schon in einem frühen
Stadium der Faltung eintritt, können die Schichten beiderseits der Verschiebungsfläche
unterschiedlich gefaltet sein wie beispielsweise im Schweizer Faltenjura oder im
Aachener Steinkohlen-Revier.

Sehr große, von der Faltung unabhängige Horizontalverschiebungen werden bei
überregionaler Bedeutung als *Paraphoren* bezeichnet. Viele von ihnen sind als *Erdbe-
ben-Linien* bekannt, an denen noch heute Bewegungen erfolgen wie z.B. die *San
Andreas-Störung* (s. Abb. 181) in Kalifornien (Erdbeben von San Francisco im Jahre
1906), *die Alpine Fault* in Neuseeland und die *Tanna-Störung* in Japan.

> Im Bereich der Ozeanböden kennt man die *Transform-Störungen* (transform faults, s.
> S. 272), riesige Seitenverschiebungen mit vielen, bis 1000 km streichender Erstreckung
> (Mendocino- und Murray Fault im Pazifik).

1.3.1.3 Gefügekundliche Arbeitsmethoden

Die Flächen der Teilbarkeit werden in der tektonischen Arbeitsweise nomenklatorisch
als *s*-Flächen bezeichnet. Die *Schichtflächen* heißen *ss* (sedimentäres *s*), die *erste
Schiefrigkeit* s_1 oder sf_1, die zweite s_2 bzw. sf_2 usw. Das *δ-Linear* kann parallel zur
Faltenachse *B* verlaufen und beides parallel zum *Streckungslinear b*. Senkrecht zu
letzterem steht das *Hochlängungslinear c* sowie die *Striemung* auf den *ss*-Flächen infolge
der Biegegleit-Faltung (s. S. 145). Senkrecht zu *B* und *δ*-Linear sind auch die *ac*-Klüfte
(s. S. 160) angeordnet.

Die *bc-*, *ab-* sowie *0kl-* und *hk0-Klüfte* stehen in bestimmten Winkelbeziehungen zu
diesen Gefüge-Elementen. Zur Untersuchung solcher Gefüge-Merkmale bedient man
sich einer flächentreuen Lagenkugel-Projektion (Lambertsche flächentreue Azimutal-
projektion, sog. *Schmidtsches Netz*), in der die Gefüge-Elemente eingetragen werden.
Man begnügt sich dabei nicht mit Einzelwerten, sondern die statistische Arbeitsweise
erfordert die Vereinigung ganzer Meßreihen zu repräsentativen Mittelwerten.

Methodisch denkt man sich die eingemessenen *Flächen* in den Mittelpunkt des
Halbkugel-Durchschnittes gestellt, und zwar unter Berücksichtigung ihres Streichens
und Fallens. Die Fläche schneidet die Kugel-Außenhaut. Diese gekrümmte Schnittlinie
wird auf die Lagenkugel-Projektion, d.h. auf das Schmidtsche Netz projiziert (*Flächenkreis*). Je flacher eine Fläche einfällt, desto nähert liegt ihr Flächenkreis zum Außenkreis
des Netzes. Senkrecht stehende Flächen (Einfallen 90°) gehen durch den Mittelpunkt
des Netzes und bilden eine Gerade.[20] Denkt man sich im Mittelpunkt des Halbku-

---

[20] Für den praktischen Gebrauch benutzt man ein fertiges Netz, das mit einer durchsichtigen
Folie überdeckt als Zeichenunterlage dient.

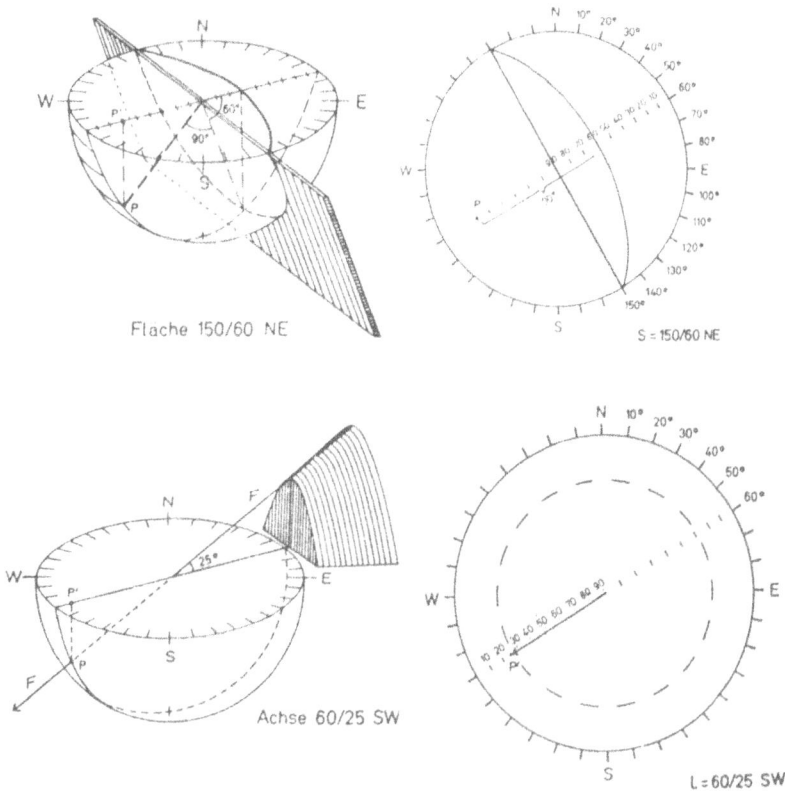

Abb. 130. Lage einer Fläche und ihrer Normalen (oben) und eines Linears bzw. einer Faltenachse (unten) in der unteren Halbkugel. Links Raumbild, rechts Aufsicht. (Nach ADLER, FENCHEL & PILGER). p: Flächenpol, p': Projektion des Flächenpoles auf das Netz, F – F: Faltenachse.

gel-Durchschnittes ein Lot auf die Fläche errichtet, so durchstößt dieses die Halbkugel als *Flächenpol*, der 90° verdreht gegenüber dem Flächenkreis erscheint (s. Abb. 130). Bei ihrer Projektion auf das Netz liegen Pole steil einfallender Flächen in der Nähe des Außenrandes, Pole flach liegender Flächen dagegen in der Nähe des Mittelpunktes des Netzes. Flächen lassen sich also raumlagemäßig auch durch ihre Pole darstellen.

Lineare und *Faltenachsen* gehen ebenfalls durch den Mittelpunkt der Halbkugel; ihr Durchstoßpunkt durch die Kugelhaut wird auf das Netz projiziert.

In der Kristallographie liegen Flächen, die unmittelbar oder in ihrer Verlängerung parallele Kanten bilden, in einer Zone (tautozonale Flächen). Stellt man sich vor, daß eine Falte aus einzelnen Flächenstreifen besteht, so sind deren Schnittkanten der Faltenachse parallel. In der Projektion treffen sich die zu einer Falte gehörenden Flächen wie *tautozonale Flächen* in einem Punkt des Netzes (*ß-Punkt*). Dementsprechend liegen die Flächenpole auf einem Großkreis, welcher der senkrecht zur *B*-Achse verlaufenden *ac*-Fläche entspricht. Man kann somit eine Faltenachse, die im Gelände nicht meßbar ist, entweder durch das Maximum der Flächen-Schnittpunkte oder durch das Lot (Normale) auf den *ac*-Großkreis der Flächenpole bestimmen (s. Abb. 131).

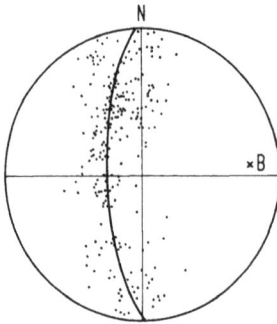

Abb. 131. Flächenpol-Diagramm eines Sattels zur Ermittlung der Raumlagen seiner Faltenachse (nach ZACHER).

1.3.2 Gebirgsbau-Typen

Die verschiedenen, vorstehend dargelegten Formen (Falten, Brüche usw.) sind in der Erdkruste nicht regel- und gesetzlos verteilt, sondern ordnen sich zu bestimmten Zonen mit ähnlichen Struktur-Anlagen, den „Gebirgen", zusammen. Nahezu alle Kettengebirge besitzen einen „alpinotypen" Baustil. Darunter versteht man ein Gebirge mit ausgeprägten Falten- und (oder) Decken-Strukturen, wie sie besonders in den Alpen auftreten.

Das Bruchfalten-Gebirge, das Blockgebirge und auch das durch Salztektonik entstandene Gebirge sind keine „echten" Gebirge, sondern repräsentieren mit ihren Bruchschollen-Strukturen eine „germanotype" Tektonik, die für die festländische Tektogenese außerhalb der Orogene (s. unten) kennzeichnend ist.

1.3.2.1 Das Falten- und Deckengebirge

Die Falten- und Deckengebirge bilden langgestreckte, girlandenförmige, räumlich geschlossene und deutlich umgrenzte Gebirgseinheiten, die Orogene. In ihren tektonischen Strukturen sind Orogene straff durchgegliedert. Verschiedentlich zeigen sie einen zweiseitigen Bau, d.h. eine Aufteilung in zwei nicht immer gleich kräftig entwickelte Stämme, deren Bewegungen jeweils eine nach außen, gegen das Vor- und Rückland, gerichtete Vergenz schufen.

Ein typisches Faltengebirge ist der Schweizer-Französische Faltenjura, dessen größte Bogenlänge am äußersten Rand 370 km und dessen maximale Breite 70 km beträgt. Die gesamte gefaltete Sedimenthaut wurde über den Salzmergeln des Mittleren Muschelkalkes abgeschert und wie ein Tuch zusammengeschoben (s. Abb. 132). Der Sockel blieb ungefaltet, wurde jedoch verschiedentlich verschuppt. Der Faltungstiefgang (s. S. 152) des Faltenjuras ist also nur gering.

Die einzelnen Gebirgsketten des Faltenjuras sind durch langaushaltende Sättel gekennzeichnet. Da die Mächtigkeit der Sedimente im französischen Anteil sehr viel größer ist als im Nordosten (über 3000 m gegenüber 2000–1200 m), treten dort plumpe Koffersättel und -mulden auf. Letztere bilden nahezu ungefaltete Teile des Gebirges und stellen intramontane Becken dar. Im Süden legen sich die inneren Falten südwestlich vom

Abb. 132. Profil durch den Faltenjura (nach HEIM). 1. Mittlerer, 2. oberer Muschelkalk, 3. Keuper, 4–6 Lias, Dogger, Malm, 7. Tertiär (Molasse).

Genfer See an die Westalpen an. Im Osten erscheinen bei gleichzeitiger Bündelung der Faltenketten enge Falten und sogar Überschiebungen, die z. T. mitgefaltet sind. Schließlich erlischt der Faltenbau bei Baden nördlich von Zürich in einer einzigen Falte.

Diagonale Seitenverschiebungen und ein ständiges Auf- und Abtauchen der Faltenachsen lassen erkennen, daß die Dehnung des Gebirgsstranges in *b* erheblich gewesen sein muß.

Die Faltung des Faltenjuras ist nach der Tektogenese der Alpen (s. S. 176f.) während des Jung-Pliozäns erfolgt. Daher spiegelt die Morphologie noch vollständig den Faltenbau wider, denn die Sättel stellen Ketten, die Mulden Täler dar. Das Bach- und Flußnetz ist z. T. antezedent (s. S. 71). Die Tatsache, daß die Jura-Faltung den Sockel weitgehend verschont, die Sedimenthülle aber bis zu 25 km eingeengt hat, wird heute weniger durch Fernschub (BUXTORF, LAUBSCHER) als durch Abwanderung des Untergrundes von Faltenjura und Molasse nach Süden und seine Unterschiebung unter die Alpen infolge Subduktion (s. S. 267) erklärt.

Das *Variszische Gebirge*, das am Ende des Paläozoikums entstand, weist einen wesentlich größeren Faltungstiefgang und stärkeren Zusammenschub als der Faltenjura auf. Zum Faltenbau tritt häufig eine intensive Schiefrigkeit. Andere Faltengebirge sind die *Appalachen*, der *Apennin* und die *Pyrenäen*. In ihnen hat sich – wie auch im Variszischen Gebirge – verschiedentlich der Zusammenschub bis zu Überschiebungen von deckenartigem Ausmaß gesteigert.

Die *Deckengebirge* erlitten eine noch stärkere Einengung als die Faltengebirge. Während der Faltenjura auf ca. ⅔ seiner ursprünglichen Breite zusammengeschoben wurde, sind Deckengebirge, wie z. B. die Alpen, auf weniger als ⅓ quer zum Streichen verkürzt. So ergibt beispielsweise die Abwicklung der ursprünglichen Ablagerungsräume in den Alpen eine Krustenverkürzung, die in der Westschweiz 500–600 km oder mehr und in den Ostalpen 600–750 km oder mehr beträgt.

Am Aufbau der Alpen sind Gesteine verschiedener Ablagerungsräume beteiligt, die während langer geologischer Zeiten, d. h. vom Anfang bis etwa zum Ende des Mesozoikums, als breite Meeresgebiete nebeneinander lagen. Infolge des Deckenbaues liegen heute diese Sedimentationszonen nicht mehr neben-, sondern übereinander.

Die Alpen lassen sich von Norden nach Süden bzw. von Nordwesten nach Südosten in die *Helvetische Zone*, die ursprünglich den nordwestlichen Schelfbereich bildete, die

Penninische Zone als axiale Zone sowie die *Ostalpine Zone* und *Südalpine Zone* als südlichen Teil des Sedimentationsbereiches einteilen. Die Schichtenfolgen dieser Zonen unterscheiden sich durch ihre Fazies deutlich voneinander. Auch der tektonische Stil der einzelnen Zonen ist sehr verschieden und von der Stockwerkshöhe abhängig. Die Alpen bestehen aus zwei recht ungleich entwickelten Stämmen, d.h. Bereichen entgegengesetzter Bewegungsrichtung (s. S. 174). Die *Zone der Südbewegung* (Südalpen) ist nur schmal und zeigt im allgemeinen – von einigen Aufschiebungen abgesehen – nur Faltenbau. Um so mächtiger ist der *Nordstamm*, in dem die helvetischen, penninischen und ostalpinen Decken-Systeme, jedes aus einer Reihe von Decken bestehend, übereinander liegen. Die oberflächennahen Decken (helvetische, romanische und ostalpine Decken) zeigen dabei einen vollständig anderen Baustil als die tiefen Decken der Penninischen Zone. Es gibt jedoch auch im Nordstamm weite Gebiete ohne Deckenbau, so z. B. große Teile der Westalpen (Subalpine Ketten, Provençalische Ketten und Kristallin-Massive).

Die *helvetischen Decken*, deren Ablagerungsraum südlich der Schweizer Kristallin-Massive, insbesondere des Aar-Massivs lag, reichen von Wien bis etwa zur Rhône. Westlich des Rhône-Quertales gibt es keinen helvetischen Deckenbau mehr, sondern allein ein autochthones, d.h. nicht entwurzeltes, allerdings gefaltetes Gebiet, das sich bis zum Mittelmeer verfolgen läßt. Die unterste helvetische Decke, die *Glarner Decke*, besteht fast nur aus ca. 2000 m mächtigem Verrucano (= grober Sandstein des Perms), der an der Glarner Hauptüberschiebung über autochthonen Tertiär-Kalken liegt. Über der Glarner Decke folgen *Mürtschen-, Axen-* und *Säntis-Drusberg-Decke;* letztere besteht fast nur aus Kreide-Gesteinen. Bei der Decken-Bewegung sind also die jüngeren helvetischen Schichtenstapel jeweils nach Norden vorausgeeilt und am weitesten gewandert (s. Abb. 133).

Die *penninischen Decken* der axialen Zone der Alpen, die von Genua bis an den Ostrand der Alpen reicht, bestehen aus überwiegend metamorphen paläozoischen Gesteinen, Ophiolithen (s. S. 296) als Reste eines ehemaligen Ozeanbodens sowie ausgewalzten Graniten, die dem voralpidischen Sockel (Grundgebirge) angehörten. Die Magmatite wurden durch die Alpidische Tektogenese in Orthogneise (s. S. 238) umgewandelt, die riesige liegende Falten bilden.

Die *ostalpinen Decken* sind mehr als 150 km weit über das penninische und helvetische Deckengebäude nach Norden verfrachtet worden. Zu ihnen gehören die *Nördlichen Kalkalpen* sowie die abgerissenen Teile des voralpidischen Sockels, die heute ausge-

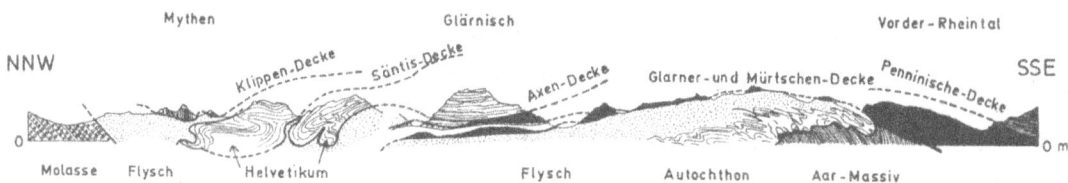

Abb. 133. Profil durch die Decken der Nordschweiz (nach HEIM).

dehnte allochthone, d. h. vom Bildungsort entfernte, *Kristallin-Massen* in den Zentral-alpen (z. B. Silvretta, Ötztaler Alpen) bilden. In großen Fenstern, wie im Unterengadiner Fenster und im Tauern-Fenster, treten inmitten des ostalpinen Deckengebäudes die penninischen Decken zutage (s. Abb. 134).

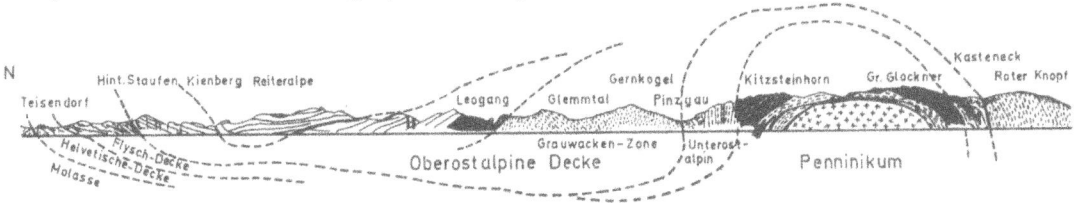

Abb. 134. Profil durch die Decken der Ostalpen (nach CORNELIUS).

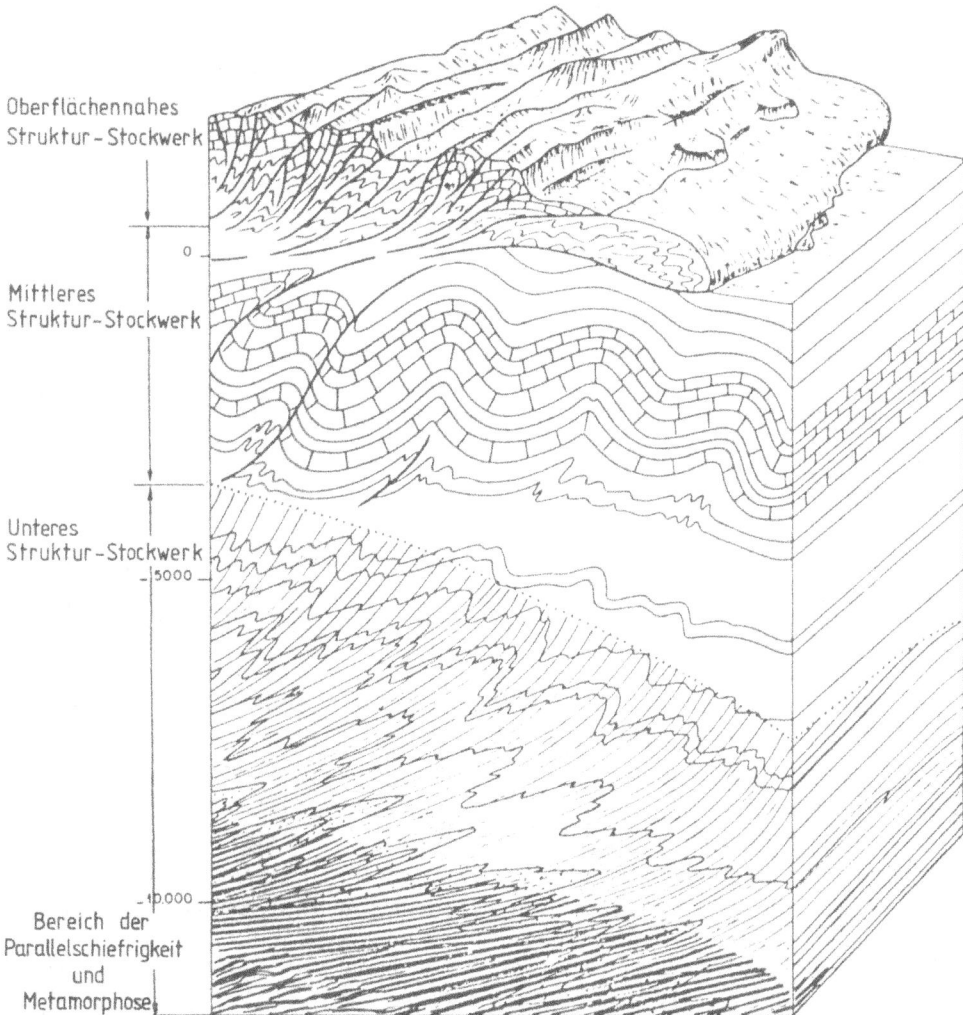

Abb. 135. Struktur-Stockwerke (nach MATTAUER, geändert).

Deckenbau zeigen auch andere Gebirge wie die Karpaten und die Dinariden, in denen beispielsweise auf dem Peleponnes (Griechenland) die Olonos-Pindos-Zone mehr als 150 km weit über die Gavrovo-Tripolitsa-Zone geschoben wurde.

Die Falten- und Deckengebirge zeigen meistens eine *Stockwerksgliederung* des tektonischen Aufbaus, d. h. nach den von oben nach unten sich ändernden Druck- und Temperatur-Bedingungen liegen verschiedenartige Deformationsstile übereinander. Ein Schema solcher Struktur-Stockwerke zeigt Abb. 135. Aus den Struktur-Bildern höherer Stockwerke kann man den Deformationsstil tieferer Stockwerke nicht ohne entsprechende Aufschlüsse – z. B. durch Bohrungen – ableiten.

1.3.2.2 Das Bruchfalten-Gebirge

Außerhalb der Kettengebirge liegen die teils epirogen, teils tektogen Bautypen der *konsolidierten Teile* der Erdkruste mit ihren stabilen Festlandskernen, den *Kratonen*.[21] Diese nicht mehr mobilen Räume reagieren auf tektonische Beanspruchung nicht mehr alpinotyp, sondern mit *Bruchfalten-Bildung* und zeichnen sich daher durch Ausweitungs- und Einengungserscheinungen aus. Typisch sind auch bedeutende horizontal gerichtete Verschiebungen. Beispielsweise bewirkten die tektonischen Kräfte, welche die Alpen schufen, weiter im Norden, in Mitteleuropa, weitgespannte Falten, die durch zahlreiche Brüche zerstückelt, in *Bruchsättel* und -*mulden* zerlegt sind, indem Faltenteile nach oben bzw. nach unten verschoben wurden. Die Bruchtektonik verwandelte die Erdkruste Mitteleuropas in ein wahres *Schollen-Mosaik*. Neben horstartiger Heraushebung von Teilen des alten Variszischen Gebirges wie Harz, Rheinisches Schiefergebirge, Thüringer Wald, Spessart, Böhmer Wald, Schwarzwald und Vogesen gibt es Falten wie Osning oder Teutoburger Wald. Im niedersächsischen Flachland ist dagegen nur *Salztektonik* (s. S. 180 f.) zu finden. Bezeichnend sind zwei *Bruchlinien-Systeme:* Das eine verläuft etwa west-nordwest/ost-südost. Zu diesem gehören die Begrenzungsbrüche von Harz und Thüringer Wald, Wiehengebirge und Teutoburger Wald. Es wird nach der Erstreckung des Harzes als „*herzynische*" *Richtung* bezeichnet. Dagegen streichen die Verwerfungen der „*rheinischen*" *Richtung* etwa N 20° E und sind besonders durch große Grabenbrüche ausgeprägt, die sich vom Oberrheintal-Graben bis zum Leinetal-Graben verfolgen lassen (s. Abb. 136). In nördlicher Fortsetzung zieht diese Zone mit Unterbrechungen bis zum Mjösen-See im Oslo-Graben, in südlicher Fortsetzung über den Rhônetal-Graben bis zum Mittelmeer (*Mittelmeer-Mjösen-Zone*). Derartige weitreichende Störungssysteme werden als *Lineamente* bezeichnet und stellen meist sehr alte Kruste-Schwächezonen dar, die sich erdgeschichtlich immer wieder bemerkbar machten und dabei durch jüngere Sedimentfolgen „durchgepaust" wurden.

Andere Gebiete mit Bruchfaltung treten in Spanien zwischen den Faltengebirgen der Pyrenäen im Norden und der Betischen Kordillere im Süden auf. Auch für diesen Raum

---

[21] Kratone sind Kontinentalblöcke, die seit dem Prä-Kambrium nicht mehr von einer Orogenese ergriffen worden sind. Sie bestehen aus den „*Alten Schilden*" (s. S. 137), dem mehrfach gefalteten und metamorphisierten Grundgebirge sowie dem diskordant auflagernden, nicht gefalteten Deckgebirge, der *Tafel*.

Abb. 136. Die Hauptstörungsrichtungen in Mitteleuropa (nach VON GAERTNER).

ist ein Mosaik von Schollen typisch, die wechselweise gekippt, gefaltet und zerbrochen sind und denen eine tektonische Einheitlichkeit fehlt.

1.3.2.3 Das Blockgebirge

Das tektonische Inventar des *Blockgebirges* besteht aus Brüchen mit vertikaler und horizontaler Komponente wie Seitenverschiebungen und Abschiebungen, die zu Gräben, Horsten sowie homo- und antithetischen Schollentreppen zusammentreten. Falten fehlen, dagegen treten Flexuren und Beulen häufiger auf. Dem Blockgebirge mangeln faltbare Folgen von Sedimentgesteinen. Es besteht überwiegend aus einem Sockel, der durch ältere Gebirgsbildungen versteift ist und dadurch die Fähigkeit zu erneuter Deformation weitgehend verloren hat. Der Sockel liegt entweder offen zutage oder wird von geringmächtigem Deckgebirge diskordant überlagert. Blockgebirge sind an die Kratone (s. S. 178) geknüpft und entstanden durch Krustendehnung.

1.3.2.4 Salztektonik

Besonders komplizierte tektonische Strukturen entstehen immer dann, wenn sich Steinsalz und seine Begleitsalze am Schichten-Aufbau beteiligen. So wird bereits eine geringmächtige Steinsalz-Lage bei tektonischer Beanspruchung zu einer idealen *Gleit-* und *Abscherungsfläche* (s. S. 174). Liegt ein mächtiges Steinsalz-Lager unter einer Schichtenfolge, so kann es zu *echter Salztektonik* kommen, denn das Salz ist extrem faltungsinkompetent und reagiert bei einer relativ geringen Druck-Belastung plastisch, eine Mobilität, die auf dem Gitterbau der Salz-Kristalle beruht. Steinsalz wird schon bei der Druck-Beanspruchung zwischen 50 und 100 bar beweglich, so daß bereits eine relativ geringmächtige Überdeckung von einigen hundert Metern Schichten genügt, um eine plastische Verformung zu erzielen. Durch die inverse Dichteschichtung – das spezifisch leichtere Steinsalz von 2,2 g/cm³ lagert unter dem schwereren Deckgebirge von ca. 2,6 g/cm³ – steht das Salz unter einem Schwere-Auftrieb. Sobald sich ihm die Möglichkeit bietet, durch die Deckschichten hindurch aufzusteigen, wird es sich unter plastischer Fließbewegung selbständig machen und seinen Ablagerungsort verlassen. Es wird vorzugsweise dahin wandern und ausweichen, wo Druck-Entlastung herrscht, z. B. in Dehnungs- und Bruchzonen, oder wo sonst der Aufstieg nach oben möglich ist. Hierzu bieten sich insbesondere die Verwerfungen in Bruchfalten-Gebieten an. Sie erleiden durch das aufdringende Salz eine Erweiterung und Umformung zu pfeiler- oder ekzemartigen *Salzstöcken* sowie *Salzrücken* (s. Abb. 137 u. 138). Die hangenden

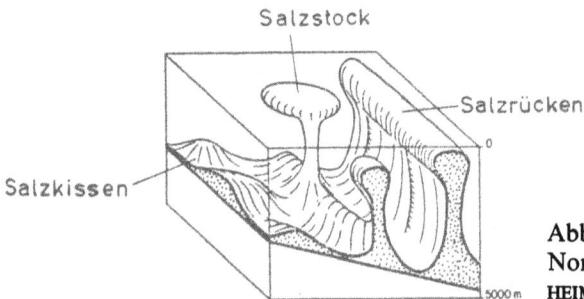

Abb. 137. Salzauftrieb-Typen in Norddeutschland (nach TRUS-HEIM, geändert).

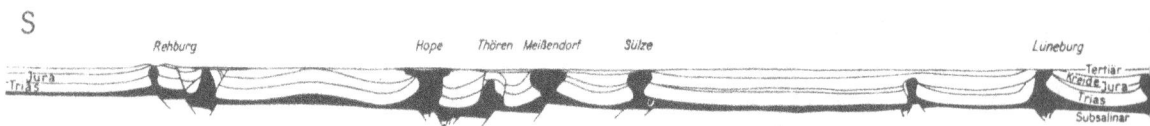

Abb. 138. Profile durch das Zechstein-Salinar (schwarz) und Deckgebirge im Gebiet südlich Lüneburgs.

Gesteinsserien über dem aufsteigenden Salz werden dabei aufgebogen, aufgewölbt und vielfach zerbrochen.

Beim Durchbrechen kommt das Salz nicht nur mit immer jüngeren Schichten in Kontakt, sondern es entstehen die verschiedenartigsten Strukturformen von *Diapiren* (*Salz-Sättel*) mit oft stielartigen Aufstiegszonen (s. Abb. 139) sowie vielfach steilachsigen, häufig isoklinalen Falten in den Salzmassen (s. Abb. 20). Die *Salz-Intrusion* kann so kräftig sein, daß sich das Salz im flachen Krustenbereich pilzartig ausbreitet. Derartige *Salz-Überhänge* sind ebenso wie die Flanken der Salzsättel besonders günstige *Erdöl-Fallen* (s. S. 135). Gelegentlich bricht das Salz bis zur Erdoberfläche durch und fließt aus. Solche *Extrusionen* sind in Persien erfolgt.

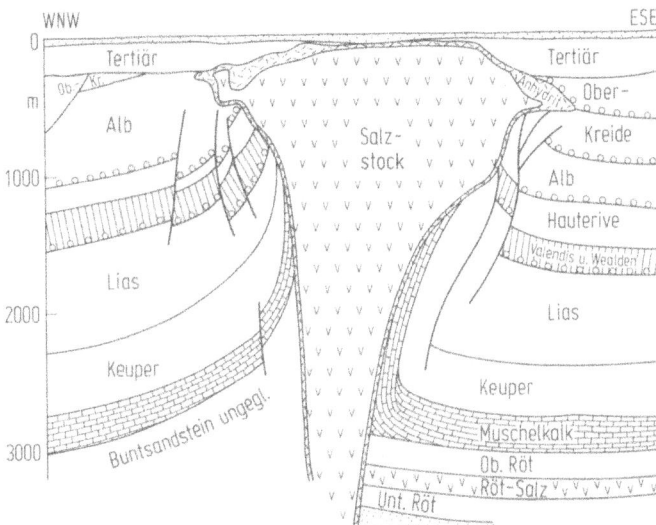

Abb. 139. Der Salzstock von Wienhausen-Eicklingen bei Celle (nach BENTZ).

Ein Gebiet typischer Salztektonik stellt Norddeutschland dar. Hier liegen unter einer 2000–3000 m mächtigen Schichtenfolge des Mesozoikums (Trias bis Ober-Kreide) Hunderte Meter von Salzen des Zechsteins (s. S. 127). Die Salzstöcke folgen deutlich der rheinischen und herzynischen Bruchrichtung (s. S. 178), wie man an den langgestreckten *Salz-Linien* erkennt (s. Abb. 136). An anderen Stellen, wo das Deckgebirge relativ geringmächtig und damit der örtliche Überlagerungsdruck entsprechend niedrig ist, im niedersächsisch-thüringischen-hessischen Gebiet, bildet das Salz *linsenartige Kissen* mit Aufbeulungen der darüber liegenden Schichtenfolgen. Insgesamt bezeichnet man die umgestaltete Bruchtektonik nach STILLE als *saxonische Tektonik*, bei der die Hauptursache für den widersprüchlichen Bau des norddeutschen Bruchfalten-Gebirges, d.h. für Einengungs- und Ausweitungsformen auf oft engem Raum, in dem ganz verschiedenen Festigkeitsverhalten des Salzes zu sehen ist. An den Rändern des Zechstein-Salinars geht die saxonische Bruchfalten-Tektonik in einen einfachen germanotypen Baustil über.

Viele Gebiete mit Salztektonik werden heute als „pseudotektonisch" betrachtet, da die „tektonische" Formung das Ergebnis der *Eigenbeweglichkeit des Salzes* ist, das zu seiner Aktivierung nicht einmal tektogener Impulse bedarf.

Nach TRUSHEIM läuft eine derartig in Gang gekommene *Halokinese* kontinuierlich ab, und zwar über Zeitspannen von vielen Jahrmillionen (s. Abb. 140). Dabei können durchaus Stillstandsperioden und danach wieder ein erneuter Salz-Aufstieg eintreten.

Insgesamt ist – wie beim Faltenjura – der tiefere (Prä-Zechstein-)Untergrund an der Salztektonik nur wenig beteiligt und stellt tektonisch ein völlig anderes Stockwerk dar.

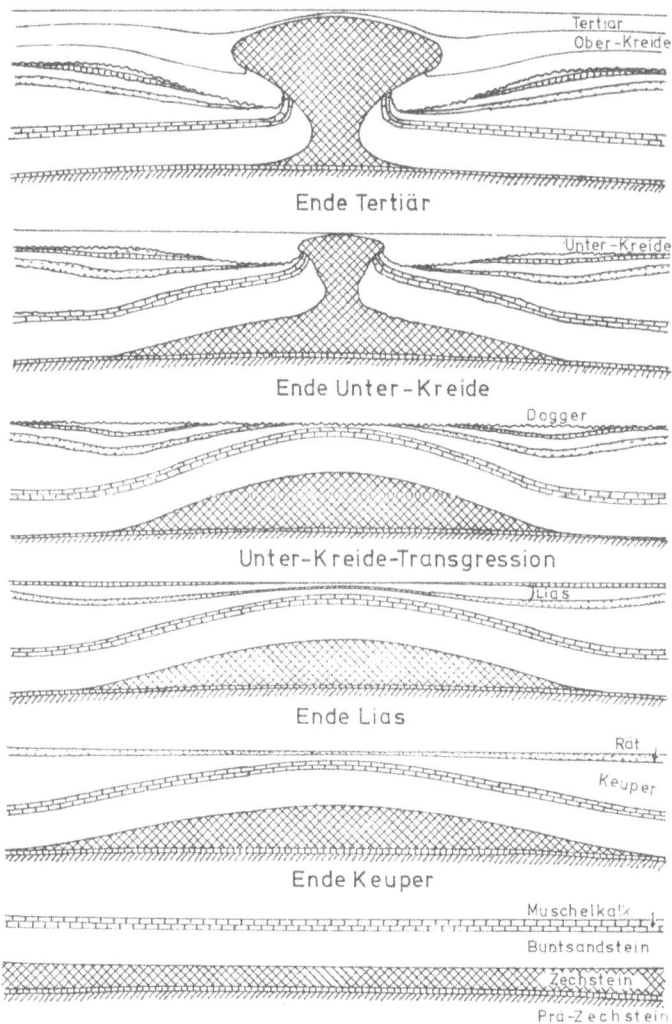

Abb. 140. Verschiedene Entwicklungsstadien eines Zechstein-Salzstockes vom Ende der Muschel-kalk-Zeit bis zum Ende des Tertiärs (nach TRUSHEIM).

2 Magmatismus

Die epirogenen und tektogenen Krustenbewegungen sind Begleiterscheinungen von Massenverlagerungen in tieferen Bereichen der Erdkruste und im Oberen Mantel. Teile von Mantel und Kruste befinden sich (zeitweilig) in schmelzflüssigem Zustand. Diese meist silicatischen Gesteinsschmelzen werden als *Magma* bezeichnet. Alle die mit dem Magma zusammenhängenden Vorgänge faßt man unter dem Begriff *Magmatismus* zusammen und unterscheidet dabei den *Plutonismus*, d.h. alle magmatischen Vorgänge in der Erdkruste, vom *Vulkanismus*, den magmatischen Vorgängen auf oder in der Nähe der Erdoberfläche. Die aus dem Magma entstehenden Gesteine nennt man *Magmatite* (*magmatische Gesteine* oder *Erstarrungsgesteine*) und trennt dabei die im plutonischen Bereich erstarrten *Tiefengesteine* oder *Plutonite* von den an der Erdoberfläche entstandenen *Vulkaniten*. Bezieht man für die Einteilung der Erstarrungsgesteine diese auf die Erdoberfläche, so lassen sich die *Extrusiva* (*Ergußgesteine*) den *Intrusiva*, d.h. in den Bereich der Kruste eingedrungenen Magmatiten, gegenüberstellen. Dabei zählen die subvulkanischen Gesteine (s. S.198) neben den Plutoniten zu den Intrusiva.

2.1 Vulkanismus

Unter *Vulkanismus* versteht man alle Vorgänge und Erscheinungen, die mit der Förderung von Gesteinsschmelzen (Magmen) aus tieferen Bereichen der Erde zur Erdoberfläche oder in ihre unmittelbare Nähe im Zusammenhang stehen. Die Austrittsstelle von festen, flüssigen und gasförmigen Förderstoffen an der Erdoberfläche wird *Vulkan* genannt. Auf der Erde gibt es 550 in historischer Zeit und auch heute noch „tätige" Vulkane. Auf einer Karte erkennt man, daß sie in ganz bestimmten Zonen gehäuft vorkommen, so z.B. im Bereich der zirkumpazifischen Kontinentalränder, in Randgebieten des Mittelmeeres sowie im Bereich der Ostafrikanischen Grabenbrüche (s. S. 168). In Deutschland liegt der *Vogelsberg* in der Nordost-Fortsetzung des Oberrheintal-Grabens und in diesem selbst zeugt der *Kaiserstuhl* bei Freiburg von vulkanischen Vorgängen. Man erkennt daran, daß der Vulkanismus an geologische Bruch- und Schwächezonen der Lithosphäre (s. S.11) geknüpft ist, und daß sich die Förderprodukte durch die Zerrüttungszonen ihren Weg bis an die Erdoberfläche bahnten.

Solche Ausbrüche von Förderprodukten, insbesondere von Lava, können friedlich vonstatten gehen: Das Magma fließt ruhig aus. Ganz anders verhielt es sich beim Ausbruch des Krakataus, wo im Jahre 1883 infolge der gewaltigen Flutwelle, die von der Explosion ausgelöst wurde, 40000 Menschen den Tod fanden. Ebenso starben Tausende von Menschen beim Ausbruch der Montagne Pelée auf Martinique im Jahre 1902.

Die Ursachen für dieses unterschiedliche Verhalten der Vulkane liegt in der Krustenstruktur und Art der Schmelze begründet. In einem ungestörten Krustenbereich steht das Magma, das eine hochkomprimierte Flüssigkeit darstellt, die sich gegenüber kurzzeitiger Beanspruchung wie ein fester Körper verhält, unter dem Druck der auflastenden Gesteinsmassen. Durch tektonische Ereignisse, beispielsweise durch das Aufreißen von tiefreichenden Verwerfungen, wird das Gleichgewicht gestört und das primäre Magma dringt nach dem Prinzip der verbundenen Gefäße so weit in den Spalten und Hohlräumen auf, bis der hydrostatische Druck in der Schmelze dem Belastungsdruck der umgebenden Gesteinsverbände entspricht. Es kann dabei bis zur Erdoberfläche aufsteigen und dort ausfließen. Sehr häufig erreicht der *Magma-Spiegel* diese Höhe

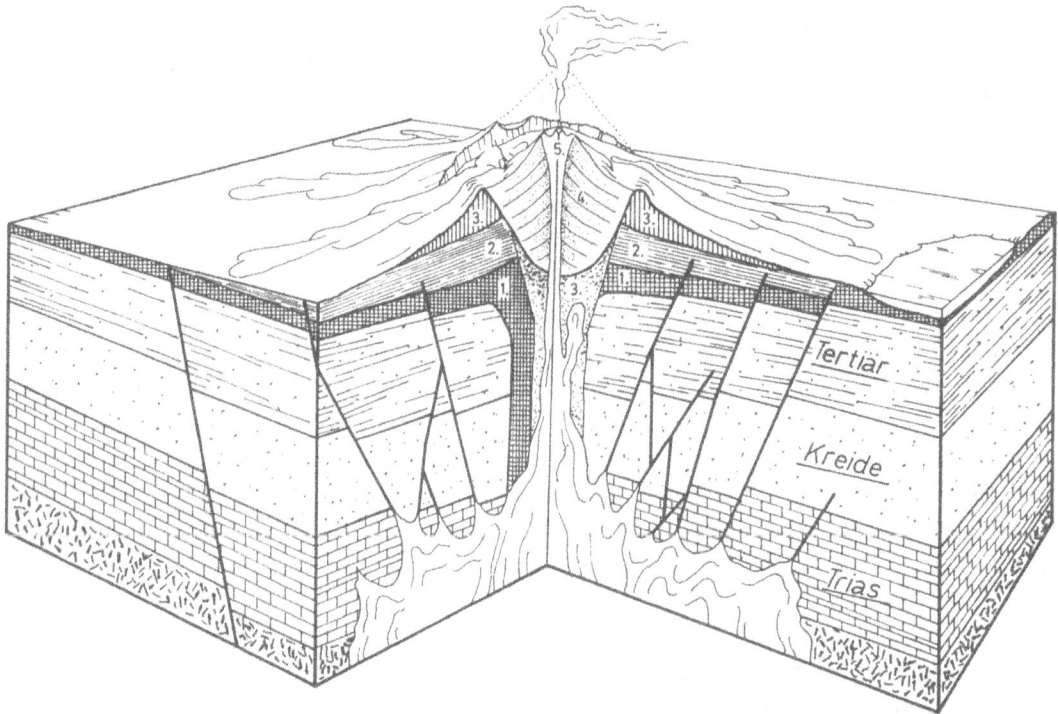

Abb. 141. Profil durch den Vesuv (nach Rittmann). Der Untergrund besteht aus Trias-Carbonaten, in die der Vulkan-Herd allmählich hochgedrungen ist und deren Auflösung die eigenartige chemische Entwicklung der Schmelze bedingt hat, Kreide- und Tertiär-Gesteinen. Seit prähistorischer Zeit lassen sich vier Entwicklungsstadien nachweisen:
1. Ur-Somma, 2. Alt-Somma, 3. Jung-Somma, 4. Vesuv-Aschen und -Laven und 5. Krater von 1906. Die Tätigkeit begann in prähistorischer Zeit, wahrscheinlich vor 12000 Jahren. Der kleine Vulkan der Ur-Somma war aus trachytischen Lockermassen und Lava aufgebaut. Nach einer längeren Ruhezeit lebte die Tätigkeit seit 6000 v.Chr. mit phonolithischen Leucittephriten wieder auf, welche den Schichtvulkan des Alt-Sommas bildeten. In einem dritten Stadium entstand der Jung-Somma mit leucittephritischen Förderprodukten. Die historische Tätigkeit des Vesuvs begann mit dem Ausbruch im Jahre 79 n.Chr. In der damals entstandenen Gipfelcaldera bildete sich anschließend der heutige Vesuv.

nicht, sondern bildet einen *Vulkan-Herd* (*Magma-Kammer*) in der Kruste (s. Abb. 141 und 143), dessen Tiefenlage schwanken kann, wie die Herdtiefe des Vesuvs gezeigt hat. Seine Tätigkeit begann etwa vor 12 000 Jahren. Seit ca. 1200 v. Chr. förderte der Vesuv gegenüber der früheren Lava ein mehr basisches (s. S. 214), d. h. Ca-reiches Magma. Dieses ist nur durch einen Anstieg der Herd-Oberfläche zu erklären, denn in ca. 5000 m Tiefe liegen triadische Kalke, die seit jener Zeit allmählich von der Schmelze aufgelöst wurden und Ursache des erhöhten Ca-Gehaltes sind (s. Abb. 141). Andere Vulkan-Herde, wie die von Hawaii, liegen in nur 2000 m Tiefe. Sie werden von Zufuhrkanälen gespeist, die bis in Tiefen von 40–60 km und darüber hinaus reichen; die Schmelzen entstammen somit unmittelbar dem Oberen Erdmantel.

Einen Teil des Weges aufwärts steigt die Schmelze aus dem Herd hydrostatisch, unter dem Druck des Hangenden auf. Aber einen Durchbruch zur Erdoberfläche kann sie sich nur dort bahnen, wo die Kruste geschwächt, ausgedünnt oder von Störungen durchsetzt ist. Die für diese letzte Wegstrecke erforderliche Energie wird von den im Magma gelösten Gasen geliefert. Diese sind nach RITTMANN in erster Linie H_2O-Dampf, sowie HCl, H_2S, CO, CO_2, HF, ferner CH_4, NH_3, N_2, SO_2, SiF_4, Ar und andere Edelgase. Sie befinden sich bei gleichbleibenden *p-T*-Bedingungen zunächst mit der Schmelze im Gleichgewicht. Beim Aufstieg der Schmelze zur Erdoberfläche werden die Gase durch Abnahme des hydrostatischen Drucken freigesetzt; ein Vorgang, der mit dem Öffnen einer Sektflasche verglichen werden kann, wenn durch plötzlichen Druckabfall das im Sekt gelöste CO_2 emporperlt. Die Tiefe, in der das Magma zu „schäumen" beginnt, hängt von der Art und Menge der in ihm gebundenen Gase sowie von seiner Temperatur ab. Wenn ein Magma dünnflüssig ist, werden die Gase leicht freigesetzt; sie schießen als Blasen an die Oberfläche. Ist das Magma dagegen zäh, wird die Verflüchtigung der Gase gehemmt und in Extremfällen sogar verhindert, so daß sich Taschen im Inneren des Magmas bilden. Dort sammelt sich das Gas, bis es genügend Energie gewonnen hat, um den Druck von oben zu überwinden. Das Magma steigt explosionsartig auf und kann heftige und gefährliche Ausbrüche erzeugen. Ein Vulkan entsteht. Er ist so lange tätig, bis die fortschreitende Entgasung den Auftrieb der Lava zum Erlahmen bringt.

Zu Ausbrüchen kann es auch ohne hydrostatische Druck-Entlastung durch Abkühlung der Schmelze kommen. Durch die Temperatur-Abnahme kristallisieren schon über 100 °C mehr und mehr Minerale aus ihr aus (s. Tab. 9). Die dabei freiwerdende *Kristallisationswärme* wirkt dem Temperatur-Abfall der Schmelze eine Zeitlang entgegen. Infolge der fortwirkenden Kristallisation wird die Restschmelze ständig geringer und damit der Dampfdruck (Innendruck) immer größer. Schließlich nimmt letzterer durch diese „*thermisch retrograde Dampfdruck-Steigerung*" derart zu, daß er den hydrostatischen Druck der Magma-Säule oder den Außendruck der auflastenden Gesteine übersteigt. Es kommt zum Ausbruch des Magmas. Eine solche Erhöhung des Innendrucks kann auch durch *Gas-Aufnahme* bei Aufschmelzung von Nebengesteinen durch das Magma, z. B. Carbonaten (Freiwerden von CO_2), eintreten.

Sehr wesentlich für die vulkanische Tätigkeit ist der Zustand der Vulkan-Schlote. Bei „verstopftem" Schlot durch erstarrte Lava steigt der Innendruck so stark an, daß es zu gefährlichen Ausbrüchen und Explosionen kommen kann, bei denen oft Teile des Vulkans weggesprengt werden (s. S. 189).

Der Stand der Magma-Säule im Schlot eines Vulkans kann erheblich schwanken. Im Ätna hat man Schwankungen von über 800 m innerhalb eines Monats beobachtet. Diese Oszillation erklärt die *Flanken-Ausbrüche* vieler Vulkane. Mit der Höhe der Magma-Säule verändert sich auch der Druck auf die Seitenwände des Schlotes. Je höher das Magma steigt, desto größer wird die Gefahr seitlicher Ausbrüche. Durch Gas-Ausbrüche entstehen Risse und Spalten in den Flanken des Berges, meist radial zum Zentralkrater angeordnet (s. Abb. 143), und flüssige Lava tritt aus, in der Regel an der tiefsten Stelle der Spalte. Gleichzeitig sinkt die Magma-Säule im Schlot, was zu einem Nachlassen des hydrostatischen Druckes im Vulkan-Herd und zu einem heftigen Aufschäumen der im Magma gebundenen Gase führt. Da diese Gase durch den Schlot entweichen können, verlaufen die seitlichen Lava-Ausbrüche meist sehr ruhig.

Der vorstehend beschriebene *Eruptionsmechanismus* ist auf das engste verknüpft mit dem *Chemismus des Magmas*. Basische, d. h. kieselsäure- oder SiO_2-arme Schmelzen (s. S. 214), wie z. B. Basalt-Laven, sind im allgemeinen dünnflüssig und fließen relativ ruhig aus den Förderkanälen aus. Je saurer, d. h. kieselsäure- oder SiO_2-reicher ein Magma ist, desto zähflüssiger verhält es sich. Das liegt darin begründet, daß die molekularen Grundbausteine der Silicate (s. S. 21), die SiO_4-Tetraeder (s. S. 16), bei einem kieselsäurereichen und niedrig temperierten Magma dazu neigen, sich bereits in der Schmelze miteinander zu verbinden – sogar schon ehe die eigentliche Kristallisation (s. S. 206) beginnt – und somit die Fließfähigkeit herabsetzen. Da im allgemeinen die basischen Anteile einer Schmelze zuerst auskristallisieren, nimmt der saure Charakter der Restschmelze bei fallender Temperatur und ansteigendem Dampfdruck stark zu, so daß diese nur noch ein geringes Fließvermögen besitzt. Bei *Explosionen* werden meist allein Lockerstoffe und Gas gefördert, weil die Restschmelze schon fast erstarrt ist. Beim Krakatau-Ausbruch flog der Staub bis in Höhen von 8000 m; Lava floß jedoch nicht aus.

Typisch für den Ausbruchsmechanismus saurer Schmelzen sind auch *gerichtete Druckwellen* (engl. directed blasts). Sie treten vor allem zu Beginn eines Ausbruchs auf und können, wie das die Eruption des Mount St. Helens 1980 gezeigt hat, von enormer zerstörender Brisanz sein.

Explosionen sind Ausnahmen im Leben der Vulkane. Während der längsten Zeit ihres Daseins befinden sie sich nicht in Ausbruchs-, sondern in Dauertätigkeit. Der Magma-Spiegel liegt tief, in der Schmelze steigen große Gasblasen auf; bei solchen *Blasen-Explosionen* bilden sich Lava-Fontänen oder Aschen-Regen. Schließlich erstarrt die Schlotfüllung und der Vulkan erlischt (s. Tab. 9).

Den Explosionen steht eine zweite Art der Lava-Förderung gegenüber, die *Effusionen*, das sind Ausflüsse der Schmelzen an der Oberfläche. Die chemische Zusammensetzung dieser Schmelzen ist ausschließlich basisch. Sie entgasen relativ langsam und sind heißer sowie dünnflüssiger als saure Schmelzen. Die höchsten Lava-Temperaturen wurden mit 1350 °C bestimmt, in der Regel betragen sie 1000–1200 °C. Die Effusion erfolgt solange, bis die fortschreitende Entgasung den Auftrieb der Lava zum Erlahmen bringt.

Die Temperaturen der ausfließenden und sich abkühlenden basischen Lava läßt sich aus ihren Farben ermitteln.

weißes Glühen	$\geq 1480\,°C$
gelbliches Glühen	$\geq 1100\,°C$
hellrotes Glühen	$\geq 870\,°C$
dunkelrotes Glühen	$\geq 650\,°C$

Erfolgt der Ausbruch nur an einer Stelle als *Zentraleruption*, bildet sich meist ein mehr oder minderer *zylinderförmiger Schlot*, der oben in einen *trichterförmigen Krater* mündet, sowie ein *Vulkanberg*, der sich aus dem geförderten Material aufbaut. Zentraleruptionen können je nach Art der Schmelze explosiver oder effusiver Natur sein, d. h. es werden Lockerprodukte oder Lava, gelegentlich auch beides gefördert.

Dringt das Magma in einer Linie aus Spalten hervor, so spricht man von *Linien-* oder *Spalten-Eruptionen*.

Die einzelnen Ausbrüche eines Vulkans können durch kürzere (Minuten, z. B. Stromboli) oder längere (Tage) Ruhephasen unterbrochen werden. Die wachsende Dauer dieser Intervalle signalisiert das Abklingen der vulkanischen Tätigkeit.

Dringt Grundwasser in die Förderzonen oder in die Magma-Kammer eines Vulkans ein, so können sich stark explosive „*phreatische*" Ausbrüche ereignen. Die treibenden Kräfte der Vulkan-Dynamik lassen sich neuerdings in den Asche-Ablagerungen identifizieren: Wenn ein Grundwasser-Zutritt zur Förderzone oder Magma-Kammer Dampfexplosionen auslöst und so einen Ausbruch in Gang bringt, dann wird das Magma zu glasig erstarrter Asche zerstäubt, die keine ˙eingeschlossenen Gasblasen enthält. Wenn hingegen der Magmen-Aufstieg durch expandierende Gasblasen in der Schmelze bewirkt wird, dann enthält das zu winzigen Glasbruchstücken (Vulkan-Asche) zerstäubte Magma zahllose Gasbläschen.

Nach der Art ihrer Tätigkeit und der Viskosität ihrer Schmelzen können folgende Vulkan-Typen unterschieden werden:

2.1.1 Linearvulkane (Decken- oder Plateauvulkane)

Bei den *Linearvulkanen* benutzt das Magma eine tiefreichende Spalte oder eine Spaltenzone als Aufstiegsweg zur Erdoberfläche. Die Effusionen finden während längerer Zeit aus stets neu aufreißenden Spalten statt. Dabei fließen meist große Mengen von dünnflüssiger, leicht entgasender, meist basaltischer Lava (s. S. 218) aus, die weite Gebiete überfluten, Senken und Flußtäler ausfüllen und alles was sich in den Weg stellt, ob Wälder oder Siedlungen, vernichten. Nicht selten kommt es zu einer ungeheuren Ausbreitung der Lava, die Hunderttausende von Quadratkilometern bedecken kann (s. Abb. 142 u. 144). Meistens liegen mehrere *Lava-Decken* übereinander. Die Einzeldecken sind im allgemeinen nur 5–15 m dick, während die Gesamtmächtigkeit von 300 bis 5000 m reicht wie z. B. auf Island, auf dem Columbia-Plateau in Nordamerika, dem Deccan-Plateau in Indien oder im Paraná-Becken in Brasilien. Die Lava-Decken des Paraná-Beckens nehmen eine Fläche von 750 000 km^2, die des Deccan-Plateaus sogar

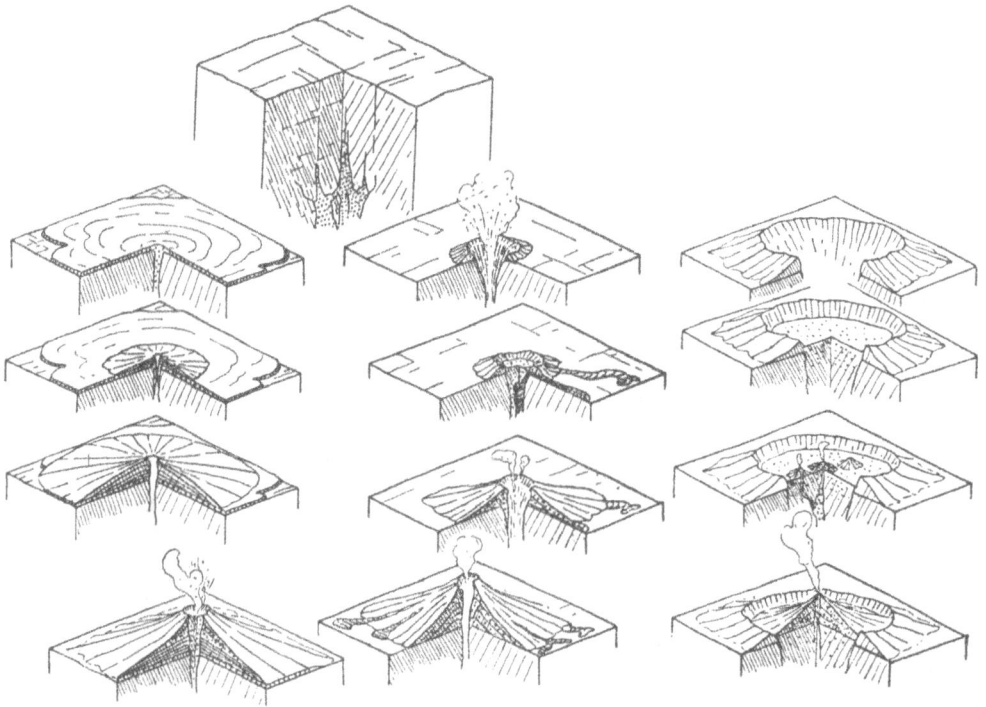

Abb. 142. Genetische Übersicht vulkanischer Großformen. Links: Effusiv-Reihe mit Deckenvul-
kan, Decken-Schildvulkan, Schildvulkan und Schichtvulkan, Mitte: Explosionsreihe
mit Maar, Maar mit Lava-Strom, Lockerstoff-Vulkan und Schichtvulkan, rechts:
Caldera-Reihe mit Caldera, gefüllte Caldera, zweite Vulkan-Generation und
Vesuv-Stadium (nach CLOOS).

von 1 Mio. km² ein. Insgesamt entstehen bei dieser Art des Vulkanismus ausgedehnte
mächtige Tafeln von *Plateau-* oder *Flutbasalten*, welche die Morphologie und das
Flußnetz ganzer Landschaften von Grund auf verändern.

Linear-Ausbrüche besonderer Art sind *Explosionsgräben* oder *-spalten*. Sie entstehen,
wenn sich in tieferen Bereichen von Förderspalten große Gasmengen von der Schmelze
befreit haben, so daß der große Überdruck das „Dach" der Spalte wegsprengt. So wurde
an der Eldgja-Spalte in Südisland während der frühesten Besiedlung der Insel zwischen
930 und 950 n. Chr. durch eine gewaltige Explosion ein schmaler Graben von 30 km
Länge aufgerissen und ca. 9 km³ Lockerstoffe (s. S. 192 ff.) gefördert.

Die Laven der Linearvulkane bestehen überwiegend aus Alkalibasalten (s. S. 218), aber
auch Phonolithen und Trachyten (Tab. 13a u. b).

2.1.2 Zentralvulkane

Als Förderweg für die vulkanischen Produkte tritt bei den *Zentralvulkanen* an die Stelle der Spalte ein *Schlot*, d. h. eine Röhre. Von der Fließfähigkeit des Magmas hängt die Art der Zentralvulkane ab.

2.1.2.1 Schildvulkane (Zentrale Lava-Vulkane)

Durch wiederholte Zentraleruptionen und anschließendes Übereinanderfließen unzähliger Lava-Ströme, die je nach ihrer Viskosität mit unterschiedlicher Geschwindigkeit, aber meist nicht schneller als 10–20 km/h talwärts fließen, entstehen die *Schildvulkane*, die nach ihrer flachen oder buckelartigen Form benannt sind. Die Erhabenheit des Schildes weist darauf hin, daß die Lava im Gegensatz zu derjenigen der Deckenvulkane etwas viskoser ist. Diese Zustandsänderung macht sich auch darin bemerkbar, daß gelegentlich Explosionen eintreten.

Die Schildvulkane bilden nach den Deckenvulkanen die größten Vulkangebiete auf der Erde. So ist die *Insel Hawaii* ein riesiger Schildvulkan, dessen Basis in ca. 5000 m Wassertiefe liegt, während sich der Mauna Loa 4170 m und der Mauna Kea 4201 m über NN erheben. Der Durchmesser der Insel beträgt 400 km. Die Hänge der Schildvulkane sind sehr flach, und der steilwandige Krater ist meist von einem Lava-See erfüllt, dessen Temperatur in einer Tiefe von 10 m bis zu 1100 °C, an der Oberfläche 750–750 °C beträgt. Durch den hohen hydrostatischen Druck der Magma-Säule kommt es oft zum Aufreißen randlicher Spalten, aus denen über 50 km lange Lava-Ströme fließen.

2.1.2.2 Schichtvulkane

Schichtvulkan (Stratovulkan) ist ein Sammelbegriff für alle abwechselnd aus Lava-Decken und Lockermassen aufgebauten Vulkane, aus deren Abfolge die Vulkan-Geschichte ablesbar ist. Der einfache Schichtvulkan bildet einen um den Schlot entstandenen *Kegelberg* mit leicht konkaven Hängen und einem *Krater* an der Spitze (s. Abb. 143 u. 144). Wächst der Vulkan über eine gewisse Höhe hinaus, so können die Wände dem hydrostatischen Seitendruck der Magma-Säule, die den Schlot füllt, nicht mehr standhalten, und es brechen seitliche Spalten auf. Daher ist der Kegel von Lava-Gängen und schichtparallelen *Lagergängen (Mantelgängen)* durchsetzt. Manche Gänge reichen bis zur Oberfläche der Außenhänge und enden in parasitären Kegeln. Bei heftigen Ausbrüchen kann das Dach über dem Herd durch das Materialdefizit einbrechen (s. Abb. 145) oder der Berggipfel kann weggesprengt werden. An Stelle der oberen Teile des Berges tritt nach einer solchen Katastrophe ein großer trichterförmiger Krater, die *Caldera* (s. Abb. 142). Bei späteren Eruptionen entsteht innerhalb der Caldera ein *neuer Kegel*. Beispielsweise galt der *Vesuv* im Altertum als erloschen. Er erlebte jedoch im Jahre 79 n. Chr. einen gewaltigen Ausbruch, bei dem Pompeji und Herculaneum begraben wurden und der verstopfte Krater des vorgeschichtlichen *Somma-Vulkans* bis auf einen kleinen Rest in die Luft gesprengt wurde (s. Abb. 141).

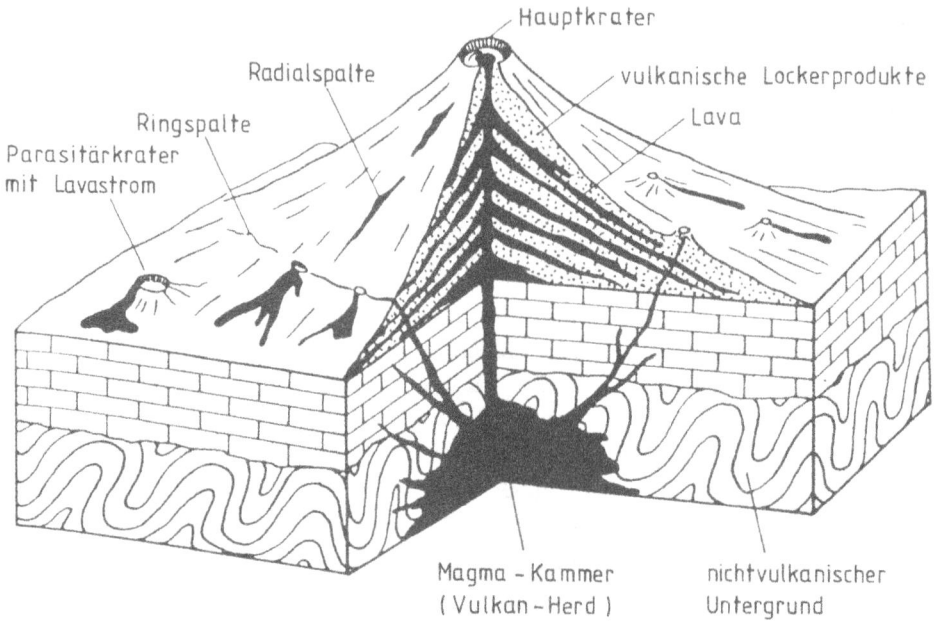

Abb. 143. Schematische Darstellung eines Schichtvulkans (nach RAST).

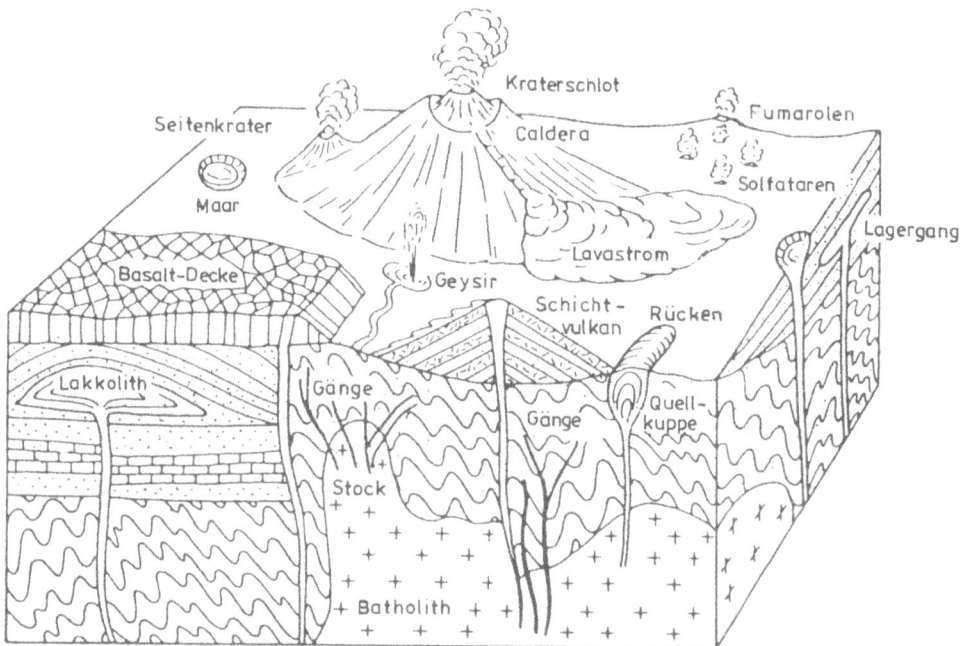

Abb. 144. Schematische Darstellung verschiedener magmatischer Intrusiv-Körper sowie der wichtigsten vulkanischen Phänomene (nach *Autorenkollektiv*, geändert).

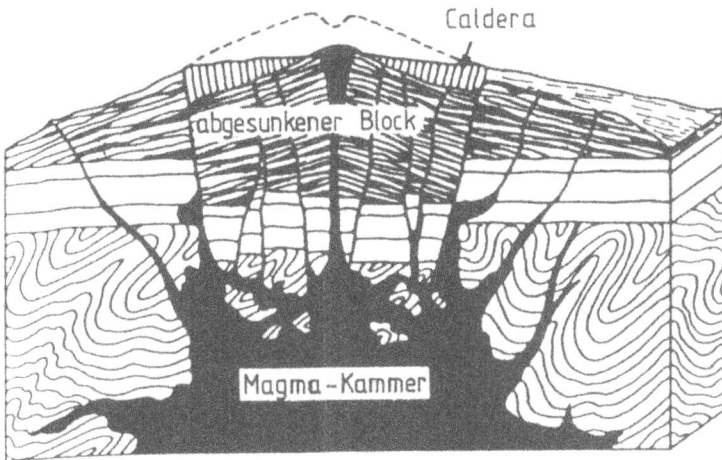

Abb. 145. Entstehung einer Caldera durch Einbruch (nach RAST).

Durch PLINIUS d. Jg. ist bekannt, daß zunächst eine gewaltige *Aschen-Eruption* erfolgte, bei der große Mengen von *Lapilli* (s. S. 198) ausgeschleudert wurden, die *Pompeji* begruben. Darauf traten *Lava-Ergüsse* an den Flanken aus. Einer dieser Lava-Ströme an der Westflanke des Vesuvs überflutete *Herculaneum*.

> Sehr groß sind die Calderen, bei denen nicht nur die Gipfel, sondern große Teile des Vulkankegels selbst zerstört wurden, wie beim *Krakatau* oder bei *Santorin* (Griechenland).

Bei vielen Schichtvulkanen sind die Förderkanäle der Lava und des Lockermaterials an lange Spalten gebunden; die Vulkankegel liegen dann in einer Reihe hintereinander (z. B. Auvergne, Island).

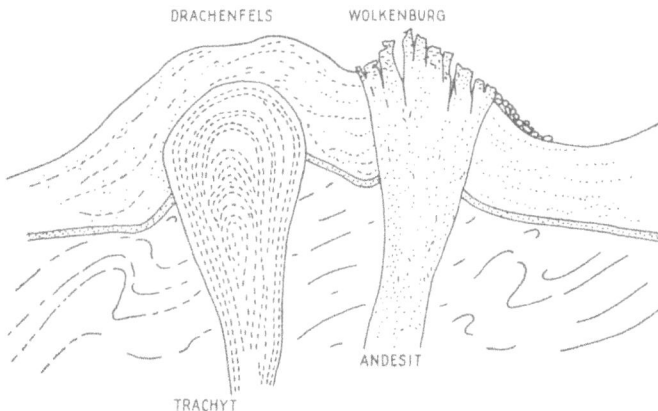

Abb. 146. Quellkuppe des Drachenfels und Staukuppe der Wolkenburg, rekonstruiert nach der Anordnung des Fließgefüges (nach SCHOLTZ).

Die magmatischen Schmelzen der Schichtvulkane sind gegenüber denjenigen der Schildvulkane wesentlich viskoser, d.h. kieselsäurereicher. Bei Schichtvulkanen mit viskosem Magma ist die innere Zähigkeit der Schmelze oft so groß, daß sie sich nach Aufdringen im Schlot nicht mehr seitlich ausbreiten kann. Es entstehen *Staukuppen*, wie sie von der *Wolkenburg im Siebengebirge* (s. Abb. 146) oder den *Domen der Auvergne* fossil bekannt sind. Gelegentlich erstarrt das Magma bereits im Schlot. Der Druck der nachrückenden Schmelze oder der Gase preßt den *Lava-Pfropfen* nadelförmig aus der Schlotröhre empor, so daß er dann den Krater überragt. An der *Montagne Pelée* auf Martinique erfolgte im Mai 1902 die Bildung einer solchen *Lava-Nadel* (*Lava-Dorn*). Nach fast 3 Tagen sprengten die eingeschlossenen Gase den Schlot frei und eine 800 °C heiße *Glutwolke* (s. unten) raste mit 150 m/s Geschwindigkeit zu Tale und zerstörte die Stadt St. Pierre. Anschließend bildete sich eine neue Lava-Nadel, die bis Ende Mai eine Höhe von 476 m erreichte. Ihr Durchmesser betrug 150 m.

2.1.3 Lockerstoff-Vulkane

Sehr viskose, meist saure Schmelzen gelangen nicht mehr an die Oberfläche. Durch explosionsartige Ausbrüche werden nur *Lockerprodukte* gefördert. Die *Lockerstoff-Vulkane* lassen sich nach der Ausbildung der Förderwege in *zentrale* und *lineare* Typen sowie nach der Verbreitung der Lockermassen in decken-, wall- und kegelförmige Lockerstoff-Vulkane einteilen. Die Ausbruchskessel können durch eigene Lockerprodukte begraben oder durch später eingeschwemmte Lockerstoffe bedeckt sein.

Ein eigener Typ der Lockerstoff-Vulkane sind *Ignimbrit-Decken*, Absätze von sauren, sehr gasreichen Fördermassen. Voraussetzung für die Bildung solcher *Glutwolken* ist eine mit enormer Volumen-Zunahme verbundene Entgasung des aufsteigenden Magmas. Dieses bildet dabei relativ oberflächennah unzählige gasgefüllte Bläschen, wobei der Innendruck der sich aus dem Magma befreienden Gase den atmosphärischen Luftdruck nicht wesentlich übersteigt. So können sich die Bläschen weiter ausdehnen, bis ihre Wandungen schließlich explosionslos in winzige Teilchen, bestehend aus heißen *Lava-Tröpfchen* und kleinen, meist y-förmigen *Bimsstein-Splittern* (s. S. 197) zerrissen werden, die mit dem hocherhitzten, bis 800 °C heißen Gasstrom, gleichsam versprüht, eine *Suspension* bilden. Diese ist ferner mit noch mehr oder weniger flüssigen *Lava-Fragmenten, Bimsstein-Fetzen, vulkanischem Glas* (Obsidian, s. S. 216), *zertrümmerten älteren Vulkangesteinen* sowie bereits vorgebildeten *Mineralkristallen* beladen. Die Tragkraft und enorme Mobilität einer solchen Glutwolke beruht darauf, daß aus dem glühenden Material unablässig neue Gase freigesetzt werden, die sich ausdehnen und dabei konvektiv aufsteigen. Die Suspensionen laufen etwa wie überkochende Milch aus, wälzen sich nach dem Prinzip der Luftkissen-Boote mit erheblicher Geschwindigkeit – oft mehr als 150 m/s – die Vulkan-Hänge hinab, auf Wegen, die zunächst durch Täler vorgezeichnet sind, und breiten sich über weite Flächen – oft Hunderte von Quadratkilometern – aus, dabei alles, was sich in den Weg stellt, niederwälzend und verbrennend. Im Gegensatz zu Lava-Strömen wird die Ausbreitung der Glutwolken auch nicht durch das Relief eines Gebietes wesentlich behindert. Beim Erkalten trennt sich das noch immer glühende suspendierte Festmaterial vom Gas und sinkt in sich zusammen. Im Gegensatz zu den normalen vulkanischen Aschen (s. S. 198) bilden die Glutwolken-Absätze kein poröses Sediment, sondern sie verschweißen wegen ihrer noch großen Wärme und Plastizität. Bedingt durch die Turbulenz der Strömung, besteht die Ablagerung aus einem ungeschichteten Durcheinander von Partikeln unterschiedlichster Größe. Die dem kühlen Erdboden aufliegenden tieferen und die der Luft ausgesetzten höheren, rasch erstarrenden Partien konservieren diese Regellosigkeit. Die inneren Teile bleiben noch lange heiß und plastisch. Durch die Auflast der höheren Partien werden eingelagerte Lava-Brocken, Bimsstein-Fetzen, Glas-Fragmente und Kristalle (s. S. 192) senkrecht zum Druck, d. h. flach, eingeregelt und es kommt zur Ausbildung einer feinlamellierten „Schichtung". Derartige Ignimbrit-Decken erreichen oft mehrere 100 m Mächtigkeit. Im *Yellowstone Nationalpark* (USA) bedecken sie eine Fläche von ungefähr 7500 km^2, doch sind von *Neuseeland* und *Sumatra* auch Areale von 25000 km^2 bekannt.

Morphologisch bilden Ignimbrite oft flache Tafeln, unter denen ein altes Relief verborgen sein kann. Sie zeigen oft steile Erosionsränder wie z. B. im Yellowstone Park.

Ausbrüche von deckenartig verbreitetem Lockermaterial erfolgten meist aus schlotförmigen Förderkanälen. Die postglaziale Lockerdecke des *Laacher See-Vulkanismus* geht auf mehrere Ausbruchsstellen zurück, dabei kamen alkali- und gasreiche Magmen zum Zuge. Die Eruptionen förderten Bimsstein (s. S. 197), vulkanische Aschen und Lava-Fetzen sowie Nebengesteinstrümmer. Das Auswurf-Material wurde unter Mithilfe des Westwindes (s. S. 31) in Form von ausgedehnten *Wurffächern* verbreitet (s. Abb. 147). Eine dünne Schicht von Auswurf-Material läßt sich noch bei Göttingen nachweisen.

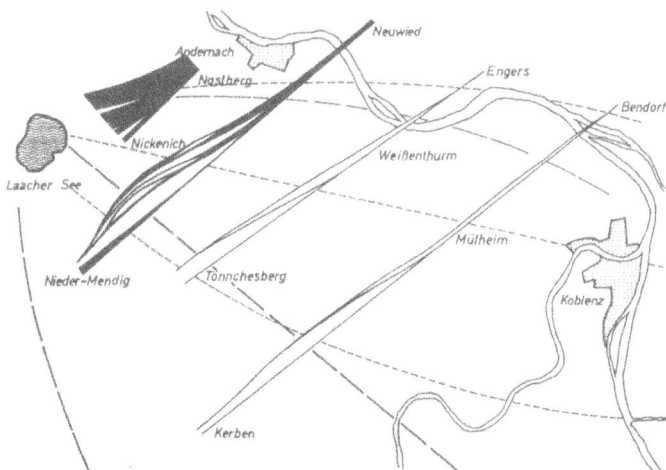

Abb. 147. Streufächer des Auswurf-Materials vom Laacher See: Mächtigkeit und Verteilung der Haupt-Britzbank (nach FRECHEN).

Die Umgebung des Laacher See-Kraters ist durch zahlreiche Steinbrüche so gut erschlossen, daß dieser fossile Vulkan heute wohl der am besten erforschte der Welt ist. Ein Wasser-Einbruch in den Vulkan-Schlot löste den phreatischen Vulkanausbruch aus. Dieses letzte hochexplosive Vulkan-Ereignis in Mitteleuropa ereignete sich vor 11 020 Jahren. Es läßt sich so präzise datieren durch Wuchsstörungen in den Baumringen eines fossilen Waldes in Dättnau in der Schweiz, dem eine Verdunkelung der Sonne durch Vulkan-Asche und Schwefelsäure-Aerosole jahrelang zusetzte. Etwa Mitte Juli explodierte der Laacher See-Vulkan. Die Jahreszeit läßt sich aus den verkohlten Resten des Kiefern-Birken-Espen-Waldes schließen, in dem der Vulkan ausbrach: Das Laub war voll entfaltet, die Traubenkirschen trugen noch unreife Früchte. Druckwellen warfen den Wald bis in fünf Kilometer Entfernung nieder. Abgeknickte Bäume standen verkohlt da, doch bald war alles vom Aschen-Regen verschüttet. Zeitweise schossen 100 000 Tonnen Asche und Gase pro Sekunde aus dem Krater. Auf die ersten pulsierenden Druckwellen, die Asche und Bimsstein mit Geschwindigkeiten bis zu 400 km/h zu Tal trieben, folgten Glutwolken mit Temperaturen bis zu 500 Grad Celsius. Ein Teil von ihnen erreichte in zwölf Kilometer Entfernung den Rhein und löste dort Dampfexplosionen aus. Nach zwei bis drei Tagen war die Vulkan-Energie erschöpft. Zurück blieben Tausende Quadratkilometer „verbrannter Erde". Ein Aschen- und Schwefelsäure-Schleier in der Atmosphäre bescherte der Erde noch jahrelang kalte Sommer, eisige Winter und rotleuchtende Sonnenuntergänge.

Verschiedentlich quollen „nasse" Staubwolken nur über die Krater-Ränder des Laacher Eruptionszentrums und ergossen sich als Schlammströme in die nächsten Täler. Auf diese Weise entstanden die *Traß-Vorkommen* des Brohl- und Nette-Tales.

Gelegentlich werden die Ausbruchtrichter der Lockerstoff-Vulkane von einem *Ringwall* aus Aschen, Schlacken (s. S. 197) und Bimsstein (s. S. 197) umgeben. Bei weiterem Aufbau entstehen *Locker-* oder *Schlackenkegel*, die jedoch nicht die Ausmaße der Schichtvulkane erreichen.

2.1.4 Gasvulkane

Die vulkanische Tätigkeit kann sich auch nur in *Gas-Explosionen* mit geringer oder ohne Materialförderung äußern. Dabei entstehen *Durchschlag-Röhren*, die sich allmählich mit Gesteinsschutt füllen. Durch wiederholte Gas-Ausbrüche wird das Nebengestein an der Erdoberfläche trichterförmig ausgeräumt und der *Sprengtrichter* von einem kleinen Aufschüttungswall umgeben. Die oft mit Wasser gefüllten Hohlformen heißen *Maare* (s. Abb. 142 u. 144). In der Eifel findet man sie als mehr oder weniger runde, kleine und tiefe Seen, wie das *Doppel-Maar des Laacher Sees, das Pulver-Maar* und das *Gemündener Maar*. Dem *Randecker Maar* in der Schwäbischen Alb fehlt eine Grundwasser-Füllung, es wird als *Trocken-Maar* bezeichnet.

Die mit Tuff (s. S. 198) gefüllten Durchschlag-Röhren der *Kimberlite Pipes* in Südafrika sind als *Diamanten-Lieferer* bekannt; ähnliche Vorkommen bestehen auch in Simbabwe, im Kongo, in der Jakutisch-russischen Republik, in Arkansas (USA) und Brasilien. Bei mehreren „Pipes" Südafrikas zeigte sich, daß die oberflächlich kreisförmigen oder elliptischen Schlotröhren sich nach unten allmählich zu einer schmalen Spalte verengen (s. Abb. 148). Die gespannten Gase haben also für einen großen Teil ihres Weges eine

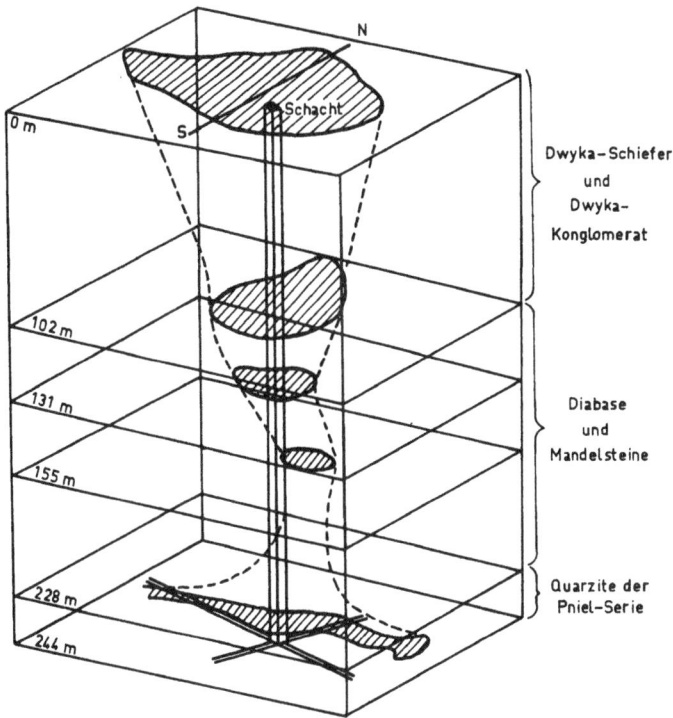

Abb. 148. Sich nach oben erweiternde Kimberlit-Schlotröhre, die nach unten in eine Spalte übergeht. St. Augustine Mine bei Kimberley (nach Du Toit).

ältere Spalte benutzt und mußten erst die letzten 200 m Deckgebirge mit eigener Kraft durchschlagen. Die im Tuff eingebetteten, bis faustgroßen Diamanten wurden aus sehr großer Tiefe emporgefördert, wie die p-T-Bildungsbedingungen künstlich hergestellter Diamanten erkennen lassen.

2.1.5 Untermeerische Vulkane

Dem Boden der Tiefsee, insbesondere im Pazifik, sitzen weit entfernt von den mittelozeanischen Rücken – unzählige isolierte schild- oder auch kegelförmige Vulkan-berge mit runden oder ovalen Querschnitt und Hangneigungen von 5–35° auf, die als *Seamounts* bezeichnet werden und Ausdruck des Intraplatten-Vulkanismus (s. S. 277) sind. Einige wenige erheben sich als Inseln oder Atolle (s. S. 104) über den Meeresspiegel. Ferner kommen submarine Tafelberge vor, die *Guyots* (s. S. 4). Viele Seamounts liegen über ausgedehnten Spalten, an denen das Magma jeweils durch Hauptkanäle aufdrang und eine Lava-Decke über die andere türmte. Einige Seamounts sind an einen zentralen Schlot gebunden. Bei manchen Seamounts besteht der Gipfel aus einem Krater, in dem Lava austreten kann. Krater mit Durchmessern von mehr als 2 km gelten als

Einsturz-Kessel oder Calderen (s. S. 189). Förderkanäle am Rande solcher Calderen können die Austrittsstellen weiterer submariner Lava-Ergüsse sein und die Calderen schließlich auffüllen, so daß ein untermeerischer Tafelberg entsteht.

Untermeerische Vulkane sind auch im Bereich der mittelozeanischen Rücken und ihrer Verzweigungen weit verbreitet (s. S. 264).

An den Spalten der mittelozeanischen Rücken kann Meerwasser eindringen, das in der Nähe der aufsteigenden Schmelzen stark erhitzt wird, so daß es zur Bildung *heißer Quellen* am Meeresboden kommt. Das heiße Wasser löst Metall- und Sulfid-Ionen aus den Basaltgesteinen. Treten solche *hydrothermalen Lösungen* wieder am Meeresboden aus, so werden die Kationen bei Berührung mit dem kalten Meerwasser ausgefällt und bilden entweder massive Zink, Kupfer-, Eisen-, Blei-, Cadmium- und Silbersulfide oder Erzschlämme, wie z. B. im Roten Meer. Während frische ozeanische Basalte weniger als 0,15‰ Cu und 0,10‰ Zn enthalten, sind beide Metalle in den Sulfid-Niederschlägen mehr als zehntausendfach angereichert!

> Austritte von stark strömendem, heißem, durch Sulfide schwarz gefärbtem Wasser werden als „*black smokers*" bezeichnet.

2.1.6 Vulkanische Förderprodukte

Die z. T. bei der Beschreibung der verschiedenen Vulkan-Typen angeführten Förderprodukte bestehen aus Laven, Lockermaterial und gasförmigen Stoffen.

Unter *Lava* versteht man das ausgeflossene, noch flüssige oder erstarrte Magma, *Blocklaven* sind sehr dünnflüssige und gasreiche, heiße, basische Schmelzen. Ihre Erstarrung dauert infolge der inneren Beweglichkeit relativ lange. Mit der Abkühlung steigt die Gas-Konzentration (s. S. 185) und gegen Ende der Kristallisation tritt eine stürmisch verlaufende Gas-Entbindung ein, die eine rauhe, blockartige Oberfläche entstehen läßt. Die gasarmen, meist sauren Schmelzen sind im allgemeinen viel zähflüssiger und bilden daher die Fließbewegung in wulst- und strickartigen Oberflächenformen (*Wulst-* oder *Stricklava*) ab. Herabfallende Einzelstücke lassen an den Flanken eines solchen Lavastromes *Blockhalden* entstehen.

Da Lava unter Volumen-Verminderung erstarrt, bilden sich meist *Schwundklüfte* parallel (Plattung) und senkrecht zur Abkühlungsfläche. Insbesondere das senkrechte Kluft-System kann wie beim Basalt (s. Tab. 13a) eine sehr regelmäßige Aufspaltung in etwa sechsseitige, seltener fünfseitige *Säulen* hervorrufen (s. S. 160).

Fließen Laven auf den Meeresboden aus, so entstehen durch die jähe Abkühlung kopf- bis kissengroße, zusammenhängende Körper, die man als *Kissenlava* bezeichnet. Während sie im Inneren noch flüssig sind, werden sie von außen von einer *Glashaut* überzogen, die einen rundlichen oder ovalen Lava-Körper einschließt (s. Abb. 149). Dadurch wird die Oberfläche auf ein Minimum reduziert. Platzt die Glashaut, bildet sich eine Ausstülpung, die sich wiederum mit einer Glashaut überzieht. Dieser Prozeß kann sich oftmals wiederholen, wenn der Nachschub von flüssiger Lava im Inneren der von der Glashaut umgebenen Lava-Kissen anhält. Kissenlaven (Pillow-Laven) sind ins-

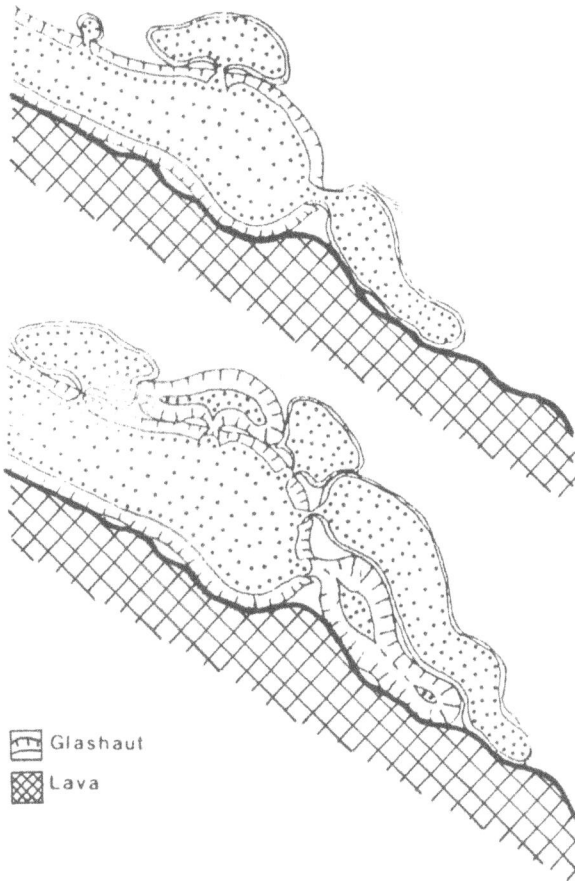

Glashaut

Lava

Abb. 149. Entwicklung von Kissenlaven (nach BALLARD & MOON).

besondere beim ozeanischen Intraplatten-Vulkanismus (s. S. 277) und im Bereich der ozeanischen Riftzonen (s. S. 277) weit verbreitet.

Insgesamt bilden die im Temperaturbereich von $900-700\,^{\circ}$C erstarrten Laven den größten Teil der Vulkanite.

Hoch in die Luft geschleuderte glühende Lava-Fetzen, die im Flug durch Rotation eine abgerundete Gestalt erhalten und im erstarrten Zustand auf den Boden fallen, nennt man *Bomben*. *Schlacken* sind Lava-Brocken von unregelmäßiger Form und oft blasig-poröser Beschaffenheit. Sie bilden sich an der Ober- und Unterseite eines Lavastromes oder sind Auswurfprodukte. *Wurfschlacken* sind glutflüssige Fetzen, die sich bereits im Schlot abkühlen. *Schweißschlacken* waren beim Aufprall noch nicht erstarrt und schmiegen sich deshalb dem Boden fest an. Zu den ausgeworfenen Lockermassen gehören weiterhin die *Bimssteine*, die unregelmäßige Fetzen sehr viskoser, stark explosiver Magmen darstellen. Infolge der plötzlichen Druck-Entlastung blähen die entweichenden Gase die erstarrende Lava stark auf, so daß diese sehr porös und leichter als Wasser wird. In ihren Poren können freie Gase zurückbleiben; sie sind jedoch meist lufterfüllt. Nußgroße glasige Bimsstein-Bröckchen werden *Lapilli* genannt. Bimsstein-Bildung findet sich bevorzugt bei dacitischen, trachytischen, rhyolithischen und phonolithischen Magmen (s. Tab. 13 a u. b sowie Tab. 14).

Als *Auswürflinge* bezeichnet man Nebengesteinsbrocken von meist unregelmäßig-eckiger Gestalt sowie auch Reste älterer, verfestigter Laven, die bei der Explosion ausgeschleudert wurden. *Aschen* sind staubartige Lockerstoffe, die ein Gemisch von kleinsten Lava-Tröpfchen und Nebengestein darstellen. Die aus der Luft abgesetzten Lockermassen werden unter dem Einfluß von Wasser meist zu *Tuffen* verfestigt. Geschlossene *Tuff-Decken* findet man beispielsweise im Gebiet von Niedermendig (Laacher See-Vulkanismus, s. S. 193) oder im Siebengebirge, wo eine bis zu 300 m mächtige Trachytuff-Decke vorkommt. Tuffe, die mehr als 50 % klastisches Sedimentmaterial (oder Sedimentlagen) enthalten, nennt man *Tuffite*.

Alle im festen oder flüssigen Zustand durch ausbrechende Gase bei vulkanischen Ereignissen mitgerissenen und ausgeworfenen Lockerstoffe wie Bomben, Bimssteine, Lapilli, Auswürflinge und Aschen werden als *Tephra* bezeichnet. Die klastischen vulkanischen Produkte wie Tephra, Tuff, Tuffit oder Ignimbrit werden unter der Sammelbezeichnung *Pyroklastika* oder *Pyroklastite* zusammengefaßt.

Lahare sind vulkanische Schlammströme aus wasserdurchtränkten vulkanischen Aschen, die insbesondere beim Ausbruch von Schichtvulkanen mit wassererfülltem Krater oder mit reichlicher Wasserdampf-Förderung bzw. auch durch das Schmelzen einer Schnee- oder Eiskappe des Vulkans entstehen.

2.1.7 Subvulkanismus

Schmelzkörper, die in geringer Tiefe unter der Erdoberfläche steckengeblieben und dort erstarrt sind, werden als subvulkanisch bezeichnet. *Subvulkane* entstanden überall dort, wo aufdringendes Magma vorher ausgeworfene Tuff-Massen nicht mehr durchbrochen hat, wie beispielsweise die Subvulkane des Siebengebirges (Drachenfels) oder des Hegaus (Hohentwiel). Nicht selten hat sich das Magma an der Grenze zwischen Liegendgestein und auflagernder Tuff-Decke ausgebreitet. Solche *Lagergänge* erreichen oft erhebliche Mächtigkeit und Ausdehnung, insbesondere dann, wenn Schmelzen mehrfach übereinandergeflossen sind. Häufig hat das aufsteigende Magma die überlagernden Lockergesteine beulenartig aufgetrieben und hochgewölbt. Man nennt solche rundlichen Keulenformen *Quellkuppen* (s. Abb. 146). Daneben kommen auch schüssel-, pinien- und trichterförmige Gebilde vor, die auf basische, wenig viskose Magmen zurückgehen. Die Form solcher subvulkanischer Intrusionen läßt sich auch an der *Einregelung tafeliger Einsprenglinge* (s. S. 216), d.h. bereits in der Schmelze früh abgeschiedener Kristalle, insbesondere Feldspat-Kristalle, ablesen. Sie ordnen sich mit ihrer Längserstreckung parallel zur Strömungsrichtung an. Ein derartiges *Fließgefüge* (s. S. 205) weist z. B. der Drachenfels auf (s. Abb. 150). Bei Intrusivkörpern ohne Fließgefüge lassen sich zur Ermittlung ihrer Form u. a. die Säulung (s. S. 196) bzw. die parallel zu den Abkühlungsflächen entwickelte Plattung heranziehen.

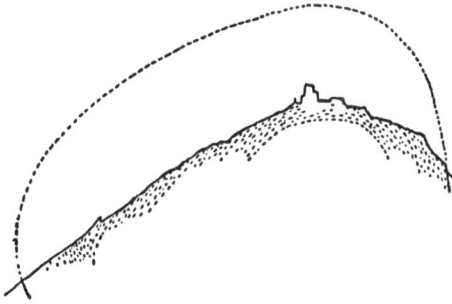

Abb. 150. Ost/West-Schnitt durch den Subvulkan des Drachenfels. Kurze Striche bezeichnen die Anordnung der Feldspat-Kristalle des Trachyts, die gestrichelte Linie die rekonstruierte Umgrenzung des Subvulkans (nach H. & F. Cloos).

Zum Subvulkanismus gehören auch die tiefen Schlotteile, die durch die Abtragung freigelegt worden sind. Dabei kann man nicht immer feststellen, in welcher Aufschluß-tiefe ein Schlot heute vorliegt. Verschiedentlich läßt sich dies mit Hilfe von in den Schlot gefallenen Bruchstücken des durchschossenen Nebengesteins, das zur Zeit des Ausbruchs an der damaligen Erdoberfläche vorlag, bestimmen. So konnte man beispielsweise feststellen, daß über dem *Schlot des Katzenbuckels* im Odenwald zur Zeit seiner Tätigkeit eine ca. 800 m mächtige und über den „Pipes" in Südafrika eine etwa 1000 m dicke Decke aus Sedimentgesteinen lag.

2.1.8 Postvulkanische Erscheinungen

Noch lange nach dem Ende der eigentlichen aktiven Ausbruchstätigkeit werden frühere Vulkan-Gebiete durch Aufdringen von Gasen (s. S. 185) gekennzeichnet. Stellen, an denen neben solchen Gasen überwiegend *Wasserdampf* von 200°–800°C austritt, nennt man *Fumarolen* (s. Abb. 144). Das Wasser dieser Dampfquellen setzt sich aus *Grundwasser* (vadoses Wasser) und *juvenilem Wasser*, d. h. solchem aus dem Erdinnern, zusammen. Insbesondere der Anteil schwerer Isotope (Argon 40, Schwefel 34 und Deuterium) deutet auf die tiefvulkanische Herkunft des letzteren. Fumarolen führen vorwiegend Chloride, Fluoride und freies Chlor. Zu ihnen gehören auch die *borführenden Dampfquellen der Toscana*, deren Dampf zur Elektrizitätsgewinnung verwandt wird (s. S. 14).

Bei allen diesen *vulkanischen Exhalationen* wirkt der Wasserdampf oxidierend. So verwandeln sich vom Dampf mitgeführte Eisenchloride in Magnetit (Fe_3O_4) und Eisenglanz (Fe_2O_3).

Postvulkanische Dampfquellen mit hohem H_2S-Gehalt und Temperaturen unter 200°C werden nach der bekannten Solfatara bei Neapel *Solfataren* genannt. Durch Oxidation des H_2S bei Zutritt des Luftsauerstoffes bildet sich freier Schwefel, dessen Kristalle einen Hinweis auf die Art der Dampftätigkeit geben. Alle Metall-Verbindungen im Nebengestein werden durch die Bildung von H_2SO_4 in Sulfate umgewandelt (Alaun, Gips, Eisenvitriol, Realgar), daher herrschen leuchtende Gesteinsfarben vor, wie an vielen Stellen des Yellowstone Nationalparks (USA).

Schlammsprudel entstehen, wenn in Gebieten mit Fumarolen- oder Solfataren-Tätigkeit Dampf-Austritte in kleine schlammgefüllte Kessel einmünden. Eine geringe Menge des Dampfes kann sich unter dem Schlamm anreichern, bis sich eine Dampfblase gebildet hat. Diese steigt dann nach oben, wo sie blubbernd platzt und dadurch einen Teil des Schlammes verspritzt. Anschließend beginnt der Prozeß von neuem.

CO_2-Exhalationen geringerer Temperatur heißen *Mofetten*. Sie treten beispielsweise im Laacher See-Gebiet und seiner Umgebung auf, wo sich im Boden oder auch in Kellern von Häusern CO_2 sammelt. Löst sich das Kohlendioxid in aufsteigenden Quellwässern, so bilden sich *Säuerlinge*, die als Heilquellen geschätzt sind.

Zu den postvulkanischen Erscheinungen gehören auch die *Geysire* (s. S. 81) sowie die *Erhöhung des Temperatur-Gradienten* (s. S. 13). Letzterer beträgt z. B. im Bereich der Schwäbischen Alb stellenweise über 90 °C/km. Erhöhte geothermische Temperaturen bewirken auch die Erwärmung des Grundwassers, für die Island ein Beispiel liefert, wo viele Städte mit heißem Quellwasser beheizt werden.

2.2 Plutonismus

Sind Magmen nicht zur Erdoberfläche durchgebrochen, sondern in großen Tiefen erstarrt, so haben sich die Schmelzen unter anderen physikalischen (und chemischen) Bedingungen abgekühlt und verfestigt als vorstehend dargelegt. Man nennt die dabei entstandenen Erstarrungsgesteinsmassen *Plutone* oder *Tiefengesteinsmassive*. Die magmatischen Schmelzen stammen aus größeren Tiefen (Oberer Erdmantel und tiefere Kruste) und dringen in höhere Stockwerke (plutonisches und subvulkanisches Stockwerk) der Oberkruste ein. Dieser Vorgang wird als *Intrusion* bezeichnet und dauert 10^5–10^6 Jahre. Bei jedem Magma ist der Aufstiegsmechanismus, das Intrusionsniveau und die Form der Platznahme verschieden, so daß jeder Pluton eine eigene Gestalt und Struktur aufweist. Die Schmelzen entstehen entweder durch Differentiation (s. S. 209) primärer basischer Magmen aus den Oberen Mantel oder durch Aufschmelzung (Anatexis, s. S. 242) infolge Gesteinsmobilisation (s. S. 240 ff.). Plutone sind fast ausschließlich an die mobilen Zonen der Erdkruste gebunden. Plutone basischer Magmatite zeigen meist geringere Ausmaße als diejenigen saurer Magmatite.

2.2.1 Form und innere Struktur der Plutone

Es ist sehr schwierig, den Umfang und die Form der Plutone zu bestimmen, da im allgemeinen nur ihr von der Abtragung freigelegtes Oberteil angeschnitten ist (s. Abb. 151). Diese Anschnittsform zeigt sich in der Mehrzahl unregelmäßig gelappt und

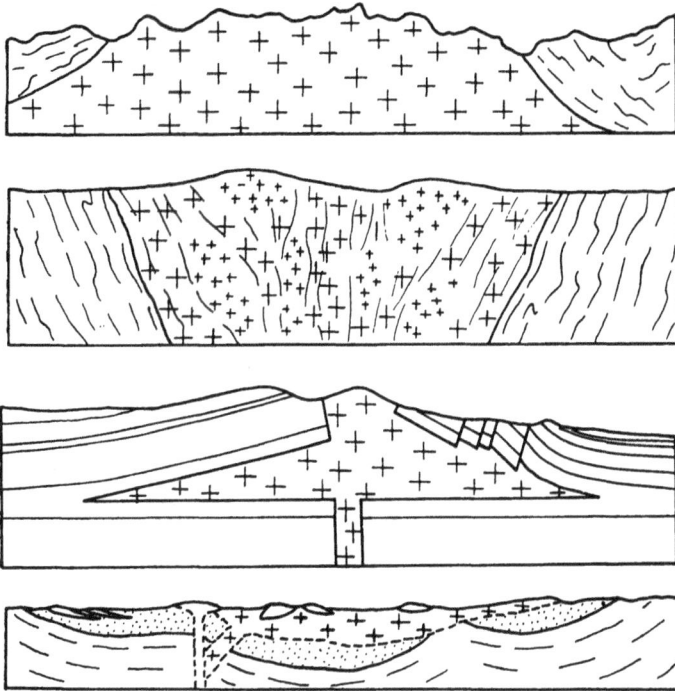

Abb. 151. Pluton-Formen von oben nach unten: Batholith, Trichterpluton bei New York und Lakkolith Mount Elden in Arizona (nach ROBINSON) sowie Bushveld-Pluton in Südafrika (nach BALK).

verzweigt, z. T. auch kreisförmig, oval, bogenförmig und gestreckt. Der *Brocken* im Harz ist ein relativ kleiner Pluton, dessen heutige Oberfläche nur 135 km² einnimmt, während der *Bushveld-Pluton* in Südafrika eine Anschnittsfläche von 95 000 km² besitzt. Der *ostafrikanische Zentral-Granit* stellt mit 250 000 km² den größten bekannten Pluton dar.

Viele Plutone durchschneiden diskordant (s. S. 113) die tektonischen Strukturen des Nebengesteins. Andere sind hingegen konkordant in diese Strukturen intrudiert, wie z. B. die flachschüsselförmige, 60 km lange und 30 km breite *Intrusion von Sudbury* (Ontario/Kanada), die an der Grenze Archaikum (kristalliner Sockel)/Algonkium (spätpräkambrischer Sedimentmantel) eindrang. Gleiches gilt auch für den *Bushveld-Pluton*, der eine ähnlich geformte, 5 km dicke, 50 km lange und 100 km breite Schüssel bildet, die mit der Tiefe nur durch die Aufstiegswege der Schmelze verbunden ist. Noch mehr den subvulkanischen Lagergängen angepaßt sind Intrusivformen, bei denen sich die Schmelze entlang der Schichtgrenzen von Sedimentgesteinen oder an flachen tektonischen Spalten ausbreitete. War die Auflast der Deckschichten geringer als der in der Schmelze vorhandene Druck, konnten jene aufgewölbt werden, so daß der erstarrende Pluton einen pilzförmigen, verschiedentlich auch seitlich verästelten Querschnitt aufweist. Solche Gebilde heißen *Lakkolithe* (s. Abb. 144 u. 151). Die trichter- bis schüsselförmigen Plutone nennt man *Lopolithe*.

Unter *Batholithen* versteht man große Plutone, die sich zur Tiefe hin verbreitern und deren tatsächliche untere Grenze sich der Beobachtung entzieht (s. Abb. 144 u. 151), wie z. B. beim *Adamello-Pluton* in den Südalpen. Durchdringt die Schmelze das Nachbargestein mehr oder weniger vertikal, so entstehen die meist rundlichen *Stöcke*.

Vulkanoplutone sind eigenartige magmatische Erscheinungen, die vom Vulkanismus über Subvulkanismus bis zum Plutonismus reichen. Sie entstehen, wenn sich in einer Magma-Kammer unter einem Vulkan ein Druckdefizit infolge von Lava-Ausflüssen und Entgasungen gegenüber dem Belastungsdruck der auflagernden Deckgesteine einstellt. Sinkt dann ein kegelförmiger Block des Daches ein, so wird der aufreißende Zwischenraum von der Schmelze in Form eines *Ring-Dike* (s. Abb. 152) gefüllt. In letzterem treten daher plutonische Gesteine (Granite o. ä.) im subvulkanischen Raum neben die früher ausgeflossenen Laven (Basalte u. a.). Bei Überdruck in der Magma-Kammer bilden sich dagegen im Nebengestein senkrecht zur Begrenzung des Magmakörpers verlaufende *konzentrisch-konische Dehnungsrisse* (engl. cone sheets), die mit Schmelze erfüllt werden. Die inneren Kegelspalten stehen meist steiler als die äußeren.

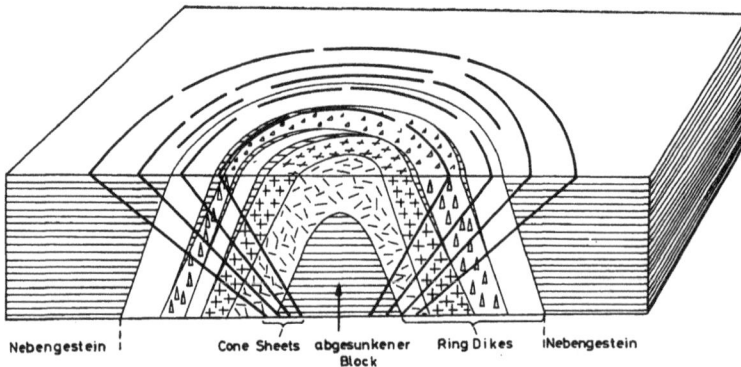

Abb. 152. Ring-Dikes und Cone Sheets (nach RICHEY).

Kleinere Ring-Dikes treten in Schottland und Norwegen auf. In Südwestafrika kommen Vulkanoplutone von sehr großem Ausmaß wie *Brandberg* und *Messum* vor, bei denen ein erheblicher Teil des eingebrochenen vulkanischen Materials im Magma aufgeschmolzen wurde.

Insgesamt treten Plutone in einem großen Bereich der Oberkruste auf, welcher von maximal 20 km Tiefe bis wenige Kilometer unter die Erdoberfläche reicht (*Hochplutone*). In den tieferen Zonen erscheinen Plutone, die nach unten verfließen und in den Bereich der anatektischen Gesteinsmobilisation (s. S. 241 f.) übergehen.

Noch nicht völlig geklärt ist der Mechanismus, mit dem die Schmelzen in die von ihnen später eingenommenen Räume eindrangen. Ihre Platznahme kann auf verschiedene Weise verlaufen. Die einfachste Lösung ist die magmatische Hebung der Gesteine über der Schmelze, wie sie bei Lakkolithen mit ebener Basisfläche und aufgewölbtem Dach vorliegt. Nach der Aufstemmungshypothese erfolgt die Raumbeschaffung durch mechanisches Abstemmen und Herausbrechen von Nebengesteinsteilen aus dem jeweiligen Dach-Bereich, die dann in die Tiefe sinken und eingeschmolzen werden (overhead stoping n. DALY). Wahrscheinlich sind viele plutonische Schmelzmassen analog zum Salz (s. S. 181) diapirisch, d. h. durch Fortdrängen des entgegenstehenden Gesteins, aufgedrungen, wobei die Platznahme dadurch begünstigt wurde, daß die Kruste während der Tektogenese verschiedentlich unter Dehnungsbeanspruchung stand und die Magmen sich öffnende Räume und Spalten vorfanden. Daher erscheinen die Plutone überwiegend in den Orogen-Zonen der Erde. Mit steigendem Niveau in der Oberkruste verändert sich die Gestalt der Plutone vom konkordanten zu diskordanten Formen mit winkligen Begrenzungen; der „Diapir" wird zum Polygon. In der zeitlichen Zuordnung der Intrusion zur Tektogenese unterscheidet man *synkinematische (syntektonische) Intrusiva* (z. B. die variszischen Plutone) und *spät- bis posttektonische Intrusiva* (z. B. Adamello-Pluton), je nachdem, inwieweit der Pluton noch von den tektonischen Vorgängen erfaßt wurde. Synkinematische Intrusiva werden in die Krustenbewegung einbezogen, so daß sie sich nicht selten dem Gebirgsbau anpassen. Es handelt sich vorwiegend um *Granitoide des S-Typs* (s. S. 219) in tiefen Intrusionsniveaus mit konkordanten Kontakten zum Nebengestein. Die Pluton-Füllung zeigt dann oft

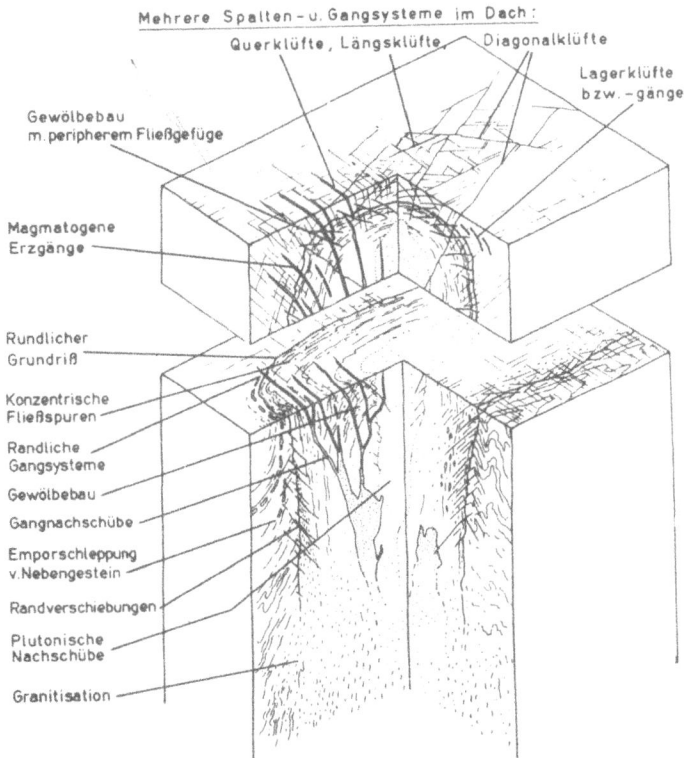

Abb. 153. Fließgefüge und ‚Granittektonik' (Kluftsysteme und Gangspalten) im schematischen Raumbild eines Plutons (nach CLOOS, geändert).

randlich oder bis in das Innere eine gneisartige Schiefrigkeit (s. S. 232). Die spät- bis postkinematischen Intrusiva durchschneiden häufig diskordant die Strukturen des Gebirges in hohen Intrusionsniveaus und bestehen überwiegend aus *Granitoiden des I-Typs* (s. S. 219).

Die Abkühlungsgeschwindigkeit der Schmelze bestimmt wesentlich das Gefüge (s. S. 216) der Plutonite. Bei großen Magma-Massen und relativ gut isolierendem Nachbargestein ist genügend Zeit dafür vorhanden, daß bei der Erstarrung der Schmelze alle Mineral-Arten (Gemengteile) auskristallisieren können. Allerdings zeigen nicht alle Minerale gute, allseitig ausgebildete (idiomorphe) Kristall-Flächen (s. S. 19), sondern nur die *Erstausscheidungen*. Während der weiteren Auskristallisation werden die nachfolgenden Kristalle mehr und mehr an ihrem Ideal-Wachstum gehindert. Die zuletzt auskristallisierenden Minerale müssen sich mit dem noch vorhandenen Raum begnügen, füllen die verbliebenen Zwickel und können daher keine Kristall-Flächen mehr entwickeln. Aufgrund der langsamen Temperatur-Abnahme sind die Tiefengestei-

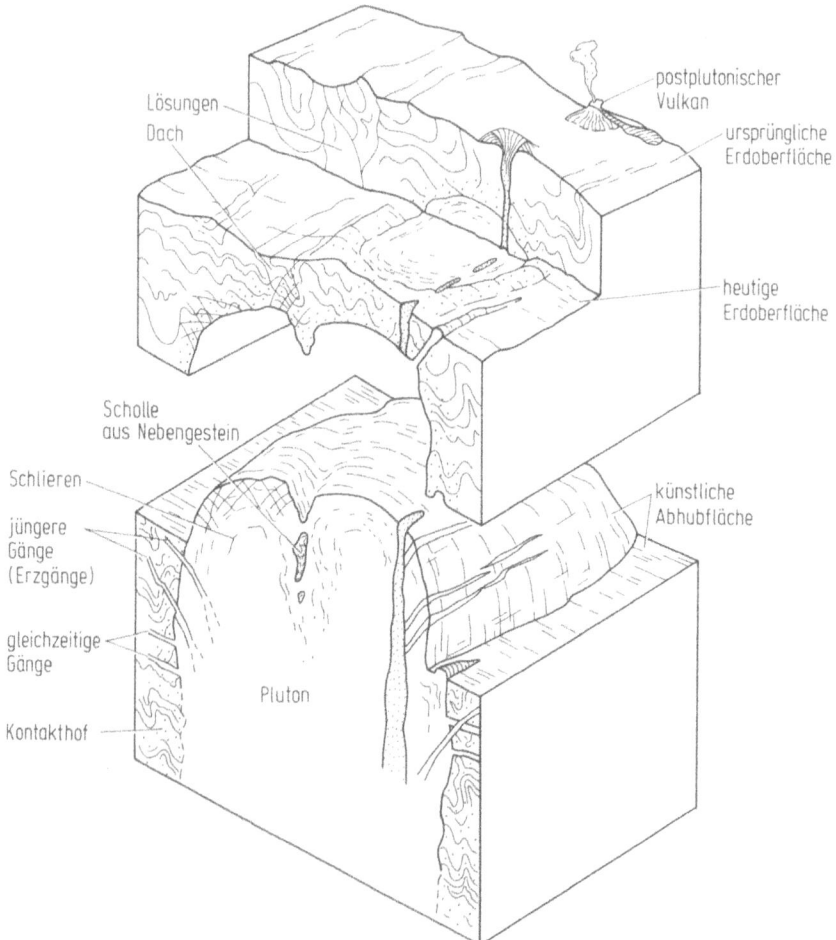

Abb. 154. Der Pluton im Verhältnis zur Kruste und zur Erdoberfläche (nach Cloos, geändert).

ne vorwiegend grob- bis mittelkörnig und ihre Gemengteile häufig richtungslos angeordnet. Eine sehr langsame Abkühlung führt zu besonders großen Mineralen. Am Rande eines Plutons, wo die Abkühlung rascher erfolgt, bleiben die Minerale kleiner, und das Gestein ist daher feinkörnig.

Das aufdringende Magma ist meist nicht homogen. Es bringt bereits aus der Tiefe früh auskristallisierte Minerale (s. S. 216) mit, die sich entsprechend der Strömungsrichtung anordnen, so daß oft ein deutliches Fließgefüge (s. S. 217) entsteht (s. Abb. 153 u. 155). Vom ursprünglichen Dach-Bereich oder dem seitlichen „Rahmen" des Plutons können Gesteinssplitter und Schollen (Xenolithe) aufgenommen werden (s. Abb. 154), die in der Schmelze mehr oder weniger umgewandelt und angeschmolzen als *Einschlüsse* verdriften oder bei weiterer Aufschmelzung in *Schlieren* und *Spindeln* zerfließen. Nach dem Erstarren der äußeren Teile eines Plutons geht bei noch zähflüssigem Zustand des inneren Bereiches die Bewegung, meist ein vertikales Aufsteigen, weiter; die schon erstarrten äußeren Teile, insbesondere die Dach-Region, aber auch die Flanken werden daher aufgebeult, gedehnt und tektonisch beansprucht. Als Ergebnis dieser „*Granit-Tektonik*" entstehen regelmäßige Systeme von *Längs-* und *Querklüften, Spalten* und *Scherflächen* (s. Abb. 153). Die flach liegenden *Lagerklüfte* (*L-Klüfte*) ordnen sich schalenförmig parallel zum Fließgefüge (s. Abb. 155). Auf diese Kluft-Systeme geht die

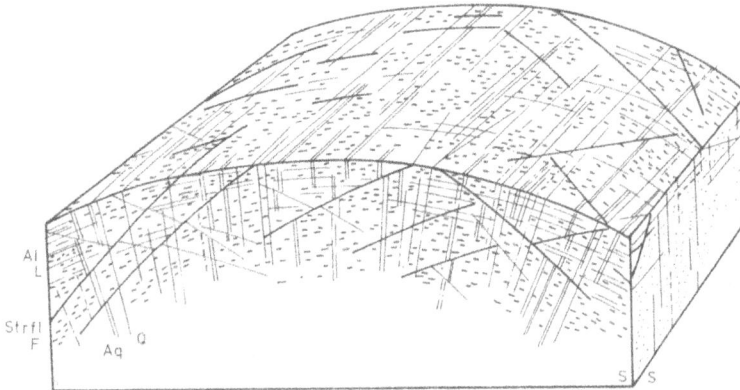

Abb. 155. Plutongewölbe mit Fließgefüge (F), Lagerklüften (L), Querklüften (Q), z.T. mit Gangfüllung (Aq), Längsklüften (S), diagonalen Streckflächen (Strfl.) und Aplit-Lagergängen (Al) (nach CLOOS).

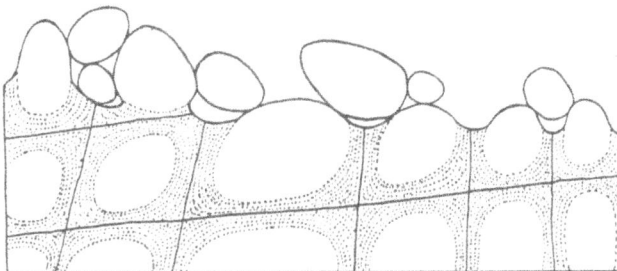

Abb. 156. Schema der Wollsack-Verwitterung.

gute Teilbarkeit vieler Tiefengesteine zurück. *Restschmelzen* und *-lösungen* (s. S. 209) füllen die Spalten als *Gänge* (s. Abb. 153 u. 154). Zur Klüftung des Plutons tritt die *Bankung*, eine Zerteilung des Gesteins durch Fugen, die durch Druck-Entlastung bei der Abtragung des Deckgesteins parallel zur Erdoberfläche aufreißen. Sie bedingt mit den Quer- und Längsklüften die typische *Wollsack-Verwitterung* freistehender Tiefengestein-Vorkommen (s. Abb. 156).

2.3 Magma, Magmatite, Magmatische Sippen und Magmatische Lagerstätten

2.3.1 Das Magma

Magmen sind natürlich vorkommende, meist silicatische Schmelzen. Neben Verbindungen mit hohem Schmelzpunkt enthalten sie Dämpfe niedrig-siedender Flüssigkeiten sowie Gase.

2.3.1.1 Beschaffenheit des Magmas

Die schwerflüchtigen Anteile eines Magmas bestehen vorwiegend aus Silicaten und in der Reihenfolge abnehmender Bedeutung aus den Oxiden von Al, Fe, Ca, Mg, Na und K. Die Mischungsmöglichkeiten dieser Bestandteile sind ziemlich gering. Bei dem überwiegenden Teil der Magmatite liegt der SiO_2-Gehalt bei 50–75%. Hohe Alkali-Gehalte sind häufig mit hohen, hohe Erdalkali-Gehalte meist mit niedrigen SiO_2-Werten gekoppelt. Die leichtflüchtigen Anteile des Magmas bestehen vorwiegend aus Wasser, daneben sind CO_2, CO, HCl, HF, H_2S sowie eine Anzahl weiterer Stoffe in geringer Menge anwesend. Sie sind in der Schmelze z. T. absorbiert, z. T. auch chemisch gebunden enthalten; ihre Gesamtmenge im Magma beträgt einige Gewichtsprozente. Experimentelle Untersuchungen haben ergeben, daß eine Granit-Schmelze unter einem Druck, der 5 km Deckgebirge entspricht, 10% H_2O in Lösung halten kann und bei diesen Bedingungen bis 700 °C hinunter leichtbeweglich bleibt.

Die Mischung von Bestandteilen unterschiedlicher Flüchtigkeit in einem Magma führt dazu, daß sich der Schmelzpunkt des Gesamtsystems gegenüber dem der Einzelstoffe erheblich erniedrigt (s. S. 207). Während Quarz bei 1713 °C und die Mehrzahl der gesteinsbildenden Silicate zwischen 1100 und 1600 °C schmelzen, liegt die Schmelz- bzw. Erstarrungstemperatur von Silicat-Gemischen bei 1000 °C. Die leichtflüchtigen Bestandteile drücken den Erstarrungspunkt um weitere 200–300 °C herab.

2.1.1.2 Abkühlung des Magmas

In dem Anfangsstadium der magmatischen Erstarrung wird der Kristallisationsverlauf durch die leichtflüchtigen Bestandteile kaum beeinflußt. Es kristallisiert die Hauptmenge der Silicat-Minerale. Der Kristallisationsverlauf ist jedoch meist recht kompliziert. Aus Untersuchungen ist bekannt, wie sich die Stoffgemische aus mehreren Komponenten – man spricht von Zweistoff- und Dreistoff-Systemen usw. – in beliebigen Mischungsverhältnissen verhalten, wenn sie aus dem geschmolzenen in den festen Zustand übergehen. Besonders bedeutungsvoll ist dabei, daß die einzelnen Minerale sich nicht nach der Reihenfolge ihrer Schmelztemperaturen abscheiden. So stellt z. B. Quarz immer eine der letzten Ausscheidungen dar, obwohl er fast den höchsten Schmelzpunkt besitzt. Die Anwesenheit anderer Komponenten drückt jedoch seinen Schmelzpunkt herab. Die Folge der Ausscheidung wird also bestimmt durch die jeweilige chemische Zusammensetzung der Schmelze, die sich durch Ausscheiden der Kristalle ständig verändert. Ein lehrreiches Beispiel bietet das *Plagioklas-Diagramm* (s. Abb. 157). Die Plagioklase stellen eine *Mischkristall-Reihe* zwischen *Albit* und *Anorthit* dar (s. S. 24). Die beiden Komponenten sind vollkommen miteinander mischbar, sowohl im flüssigen als auch im festen Zustand. Mit jeder Schmelz-Zusammensetzung auf der *Liquidus-Kurve*[22] steht ein bestimmter *Mischkristall* der *Solidus-Kurve* im Gleichgewicht. Aus

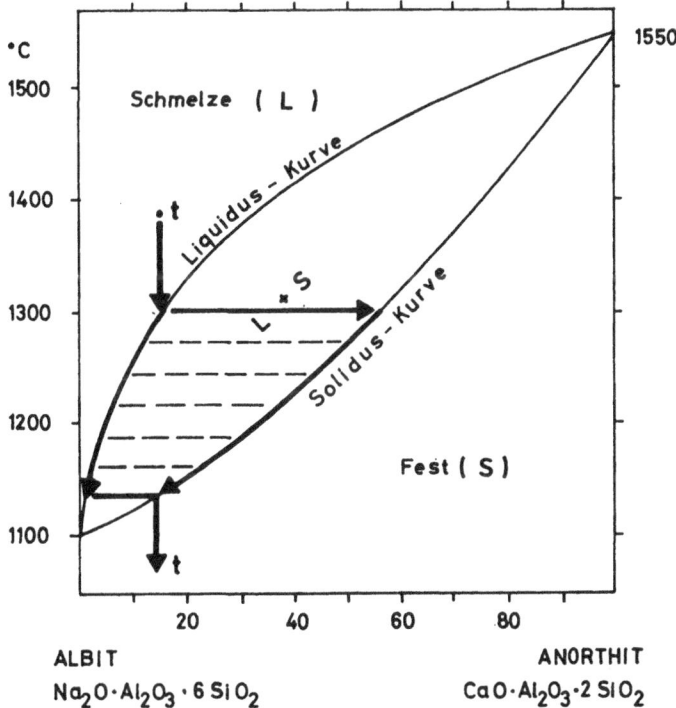

Abb. 157. Zustandsdiagramm des Systems Albit-Anorthit. t: Zusammensetzung der Ausgangsschmelze.

---

[22] Die Liquidus-Kurve bezeichnet diejenigen Temperaturen, oberhalb welcher alles Material geschmolzen ist, und die Solidus-Kurve die Temperaturen, unterhalb welcher alle Komponenten im festen Zustand sind.

einer Schmelze mit z. B. 85 % Albit beginnen bei 1300 °C die ersten Kristalle mit 55 % Anorthit auszukristallisieren (s. Tab. 10). Die Restschmelze wird dadurch albitreicher, ihr darzustellender Punkt wandert deshalb auf der Liquidus-Kurve gegen die Albit-Seite, so daß die nächsten auskristallisierenden Mischkristalle ebenfalls albitreicher werden. Die Zusammensetzung der Schmelze verschiebt sich also mit sinkender Temperatur zugunsten des Albits. Die früheren Ausscheidungen werden dem veränderten Magma gegenüber instabil und wieder aufgezehrt und umgeschmolzen, damit das System im Gleichgewicht bleibt. Meistens reagieren jedoch die auskristallisierten Minerale nicht restlos mit dem Magma, sondern werden nur teilweise angegriffen, wie *Resorptionen* und *Reaktionssäume* zeigen. Anorthitreiche Feldspäte umhüllen sich mit neuen albitreicheren Abscheidungen und werden so dem System entzogen. Sie erhalten dadurch einen anhand der optischen Eigenschaften gut erkennbaren *Zonarbau* von anorthitreichem Kern und zunehmend albitreicherer Hülle. Je rascher die Erstarrung erfolgt, desto weniger können die abgeschiedenen Kristalle mit dem verbleibenden Magma reagieren.

Sind die beiden Komponenten im geschmolzenen Zustand miteinander mischbar, im festen jedoch nicht, so bilden sie keine Mischkristalle. Kühlt eine Schmelze aus 50 % *Diopsid* und 50 % *Anorthit* ab, so beginnt bei 1328° sich Anorthit auszuscheiden (s. Abb. 158). Die Zusammensetzung der Restschmelze verschiebt sich zugunsten des Diopsids; dieser kristallisiert aber erst bei E (1270 °C). An diesem *eutektischen Punkt*, der erheblich unter demjenigen der einzelnen Komponenten liegt, erstarrt die gesamte

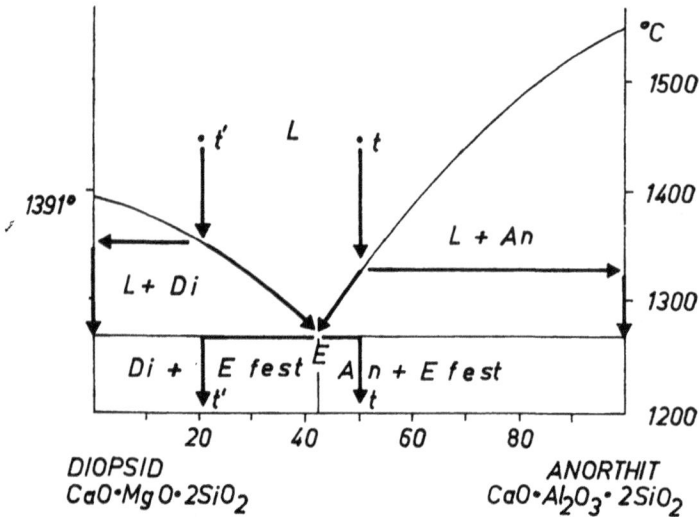

Abb. 158. Zustandsdiagramm des Systems Dioposid-Anorthit mit zwei Liquidus-Kurven. Die Solidus-Kurven fallen mit den Seitenlinien des Diagramms zusammen. E: Eutektikum. Im Falle *t'* beginnt die Ausscheidung mit Diopsid. Das erstarrte Gestein besteht dann aus 22 % Diopsid-Einsprenglingen und einer eutektischen Grundmasse (78 %) von Diopsid und Anorthit.

Schmelze. Die oberhalb der *eutektischen Temperatur* entstandenen Anorthit-Kristalle konnten in Ruhe, d. h. idiomorph (s. S. 19) wachsen, während die schlagartige Erstarrung der Restschmelze zu einer *feinkörnigen Grundmasse* führt, so daß sich insgesamt eine *porphyrische Struktur* (s. S. 216) ergibt. Bei basischen Schmelzen, z. B. Basalt, ist kein eutektischer Punkt vorhanden.

Da die Ausscheidung der Mineral-Komponenten in einer bestimmten Reihenfolge eintritt, verändert sich der Chemismus eines Magmas. Wie vorstehend erläutert (s. S. 208), beginnt die Kristallisation bei Plagioklasen mit dem ca-reichen Anorthit und verläuft über Bytownit (80 % Ca), Labradorit (60 % Ca), Andesin (40 % Ca) und Oligoklas (20 % Ca) zum Si-reicheren und Ca-freien Albit (s. Tab. 10). Die Schmelze wird durch diesen Ausscheidungsmechanismus zunehmend SiO_2-reicher, d. h. saurer.

> In SiO_2-armen, aber relativ alkalischen Schmelzen bilden sich an Stelle der Feldspäte die *Feldspat-Vertreter* (s. S. 24) oder *Foide* (= *Feldspatoide*); es handelt sich um feldspatähn-liche Minerale (s. Tab. 11 u. 13 b), jedoch mit weniger Silicium, so entsteht z. B. statt Albit ($NaAlSi_3O_8$) der Nephelin ($NaAlSiO_4$).

Eine ähnliche Kristallisationsfolge besteht auch bei den dunklen Gemengteilen von Erzen (Metallsulfiden und -oxiden) bzw. vom Olivin über Pyroxen und Hornblende zum Biotit (vgl. Tab. 10). Bleibt noch freie Kieselsäure übrig, so erfolgt ihre Kristallisation als Quarz zuletzt. Die zuerst ausgeschiedenen Kristalle, insbesondere Erz, Olivin und Pyroxen oder auch der Anorthit besitzen gegenüber der immer saurer werdenden Schmelze ein höheres spezifisches Gewicht. Sie können daher in dieser absinken und so als *Bodensatz* dem System entzogen werden. Durch diese *gravitative Kristallisationsdiffe-rentiation* bleiben die sauren Bestandteile des Magmas länger flüssig, die sehr gasreich sind und daher unter hohem Dampfdruck stehen. Überwinden die Gase den Druck der überlagernden Gesteinsmassen, so können Klüfte und Spalten aufreißen oder die Gesteinsdecke kann völlig durchschlagen werden (explosive Gasausbrüche s. S. 194 u. Tab. 9). Tritt keine Druck-Entlastung ein, so spalten sich aus der *Restschmelze* bei Temperaturen unter 700 °C eigenartige Lösungen ab, die in ihrem „fluiden" Zustand oberhalb der kritischen Temperatur des Lösungsmittels gewissermaßen die Eigen-schaften von Gasen und Flüssigkeiten vereinigen (*Pegmatitisches Stadium*). Nach Spannung und Beweglichkeit verhalten sie sich wie Gase; nach ihrem beträchtlichen Gehalt an schwerflüchtigen Stoffen stehen sie den Schmelzen nahe (s. Abb. 159). Sie können in Spalten des Nebengesteins oder des bereits erstarrten Magmas wandern. Dort bilden sie das *Gang-Gefolge* des Muttergesteins. Bei den *Apliten* handelt es sich um feinkörnige Ganggesteine, während die *Pegmatite* sehr grobkörnig sind. Sie können Quarze, Feldspäte und Glimmerplatten von 1 m und mehr Durchmesser und bedeuten-der Dicke enthalten. Da sich in der Restschmelze auch seltene Elemente anreichern, gehören *Pegmatit-Gänge* zu wichtigen Mineral-Fundstätten: Zinn-, Wolfram-, Molyb-dän-, Titan-, Beryll-, Topas-, Flußspat-, Turmalin-, Uran- und Gold-Pegmatite. *Lamprophyre* sind Differentiate von Restschmelzen, die vornehmlich bei der gravitati-ven Kristallisationsdifferentiation (s. oben) entstehen, insbesondere dann, wenn die abgesunkenen Si-ärmeren Minerale in der Tiefe wieder aufgelöst werden, so daß das

Tabelle 9. Schema der plutonischen und vulkanischen Ereignisse bei Abkühlung des Magmas

Abnehmende Temperatur →		Plutonischer Zyklus		Vulkanischer Zyklus
Magma flüssig	Erst-kristallisation >1000 °C	Liquid-magmatisches Stadium		Eruptionsstadium
Ausscheidung nicht-silicatischer Gemengteile				
Ausscheidung der Hauptmenge der Silicate, Kontaktmetamorphose, Steigender Gasdruck in der Restschmelze	Haupt-kristallisation ca. 700 °C			
Maximum der Dampfspannung, Magmatische Nachschübe	Rest-kristallisation ca. 600 °C		Pegmatitisches Stadium	
Abspaltung einer Dampfphase, Pneumatolyse	ca. 400 °C		Pneumatolytisches Stadium	Fumarolen-Stadium
Dampfspannung sinkt, Wässerige Restlösungen			Hydrothermales Stadium	ca. 200 °C Solfataren-Stadium

Tabelle 10. Schema der Kristallisationsdifferentiation eines basaltischen Magmas nach ZEIL

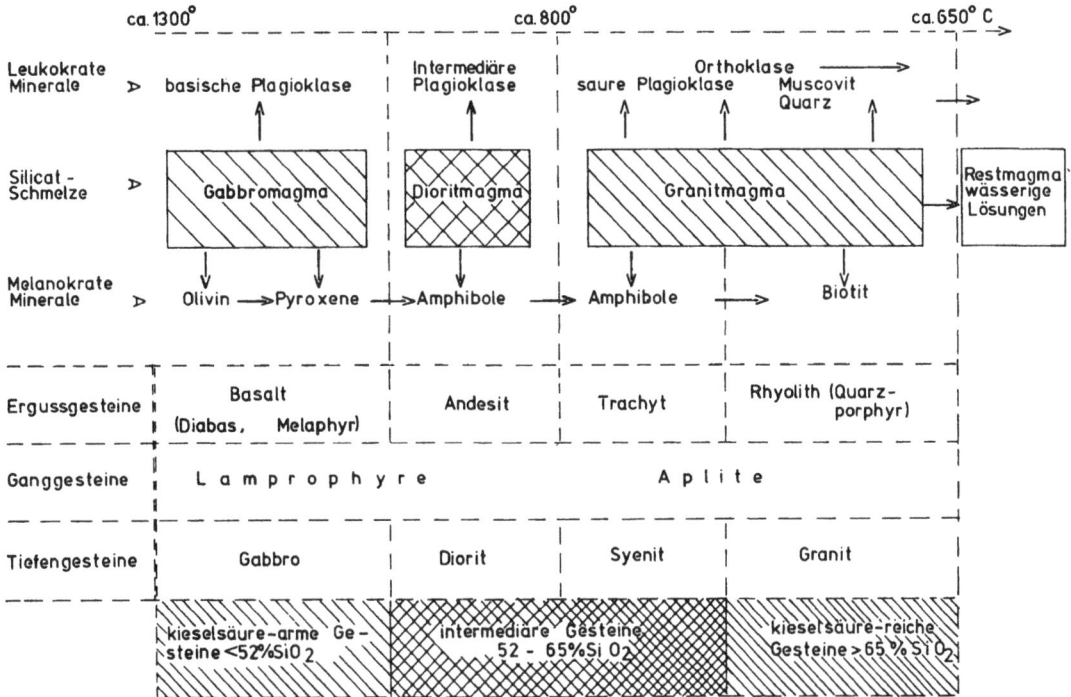

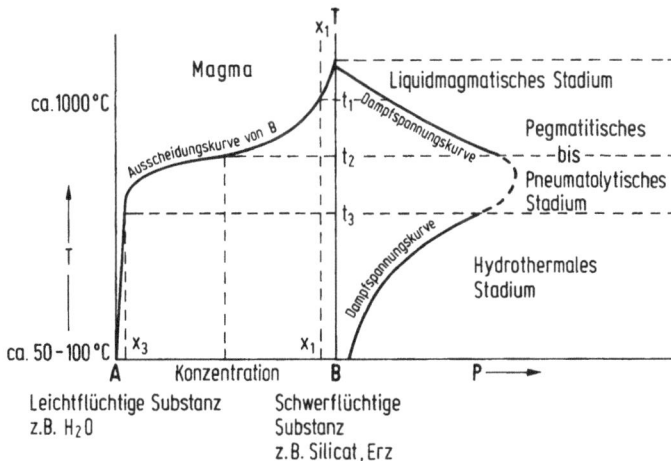

	ca. 1300°		ca. 800°		ca. 650° C
Leukokrate Minerale ⊳	basische Plagioklase	Intermediäre Plagioklase	saure Plagioklase	Orthoklase → Muscovit Quarz	
Silicat-Schmelze ⊳	Gabbromagma	Dioritmagma	Granitmagma		Restmagma wässerige Lösungen
Melanokrate Minerale ⊳	Olivin →Pyroxene →Amphibole	→ Amphibole		Biotit	
Ergussgesteine	Basalt (Diabas, Melaphyr)	Andesit	Trachyt	Rhyolith (Quarz-porphyr)	
Ganggesteine	L a m p r o p h y r e		A p l i t e		
Tiefengesteine	Gabbro	Diorit	Syenit	Granit	
	kieselsäure-arme Gesteine <52%SiO₂	intermediäre Gesteine 52 - 65%SiO₂	kieselsäure-reiche Gesteine >65% SiO₂		

Abb. 159. Diagramm des Verhaltens magmatischer Systeme während der Abkühlung (nach NIGGLI). Da sich aus dem System bei der Abkühlung fast nur die schwerflüchtige Komponente B abscheidet (linke Kurve), reichern sich die leichtflüchtigen Stoffe A in der Restlösung an. Trotz sinkender Temperatur steigt deshalb der Innendruck (rechte Kurve), erreicht einen Höchstwert (pneumatolytisches Stadium) und geht erst mit der einsetzenden Kondensation der Dämpfe allmählich zurück.

ursprünglich einheitliche Magma unten basischer als oben ist. Solche basischen Schmelzen durchsetzen dann in Spalten den bereits erstarrten höheren Teil des Plutons.

Neben diesen „*gespaltenen*" (diaschisten) gibt es die „*ungespaltenen" (aschisten) Gang-Gesteine*, die in ihrer Zusammensetzung völlig mit ihrem Muttergestein übereinstimmen, aber wegen der raschen Abkühlung ein anderes Gefüge als dieses besitzen.

Auf das pegmatische folgt das *pneumatolytische Stadium*, in dem bei Temperaturen zwischen 550 und 400°C besonders Gase und gasreiche Lösungen entweichen. Sie werden in das Nebengestein, aber auch in bereits erstarrte Bereiche eines Plutons gepreßt und wandeln das durchströmte Gestein tiefgreifend um. Dem „Druckgefälle" entsprechend erleiden die Dach-Regionen eine stärkere Durchströmung und damit pneumatolytische Umwandlung als die Flanken. Bevorzugt werden Klüfte, so z.B. die Q-Klüfte (Abb. 155), als Ventile benutzt. Im Gegensatz zur Kontaktmetamorphose (s. S. 235) ist die Stärke der pneumatolytischen Umwandlung nicht radial um den Pluton zoniert, sondern räumlich sehr unterschiedlich ausgebildet (typische Minerale, s. Tab. 15).

Im *hydrothermalen Stadium* (s. Tab. 9) schließlich werden bei Temperaturen von 400°–100°C nur noch stark verdünnte wässerige Lösungen aus dem Magma-Körper in das Nebengestein gepreßt. Dabei entstehen ebenfalls Mineral-Neubildungen durch Absatz in Hohlräumen oder durch Veränderung bzw. Verdrängung anderer Minerale.

Außer durch gravitative Kristallisationsdifferentiation kann sich ein Magma durch *Liquation*, d.h. durch Entmischung und Absinken einer oxidischen oder sulfidischen Schmelzphase aus einer Silicatschmelze (Entmischungsdifferentiation) oder durch Gastransport mobiler Komponenten innerhalb einer Schmelze von unten nach oben bzw. im Temperaturgefälle (Gastransport-Differentiation) verändern. Eine Veränderung des Magmas tritt auch durch *Assimilation*, d.h. Aufnahme von Fremdgestein, ein. Basische Gesteine werden dabei in sauren Schmelzen exotherm[23], saure Gesteine in basischen Schmelzen unter Wärmeverlust aufgeschmolzen. Durch Vermischung von zwei Schmelzen verschiedener genetischer Herkunft, d.h. unterschiedlicher Zusammensetzung, sowie auch durch Aufschmelzung großer Mengen von Nebengestein und nachfolgende Vermischung mit der Schmelze entstehen *hybride Magmen (Hybridisierung)*.

Schon während des Aufstieges und der Platznahme einer Schmelze beginnt ihre Abkühlung. Die Eigenwärme des Magmas und die bei der Kristallisation freiwerdende Kristallisationswärme werden nach außen abgeleitet. Es kommt zu einem Wärmefluß in das Nebengestein, der durch dessen Wärme-Leitfähigkeit, Porenanteil und Kluftgefüge gesteuert wird. Meist tritt am Kontakt ein Temperatursprung ein, der ca. 30–45% der Magma-Temperatur beträgt. Daher können größere Kontakthöfe, d.h. Bereiche mit kontaktmetamorphen Veränderungen des Nebengesteins (s. S. 235), nur in tieferen Stockwerken der Erdkruste auftreten, in denen Magma-Volumen, Intrusionstemperatur und Verweildauer der Schmelze ausreichen, um die Wärme-Ausbreitung in einer für die Kontaktmetamorphose (s. S. 235 ff.) ausreichend langen Zeitspanne weiträumig zu gewährleisten.

---

[23] Exotherm = chemische Reaktion mit Wärme-Überschuß.

2.3.2 Magmatite (Erstarrungsgesteine)

Die Magmatite bestehen überwiegend aus Silicat-Mineralen, die zusammen mit der oft auskristallisierten überschüssigen Kieselsäure, dem Quarz, die gesteinsbildenden *Hauptgemengteile* bilden. Dazu kommen als wesentliche Begleiter die fast immer vorhandenen *Nebengemengteile*. Die Hauptgemengteile lassen sich nach ihrer chemischen Zusammensetzung in zwei Gruppen einteilen: Die *hellen felsischen* oder *salischen*[24] *Minerale* sind SiO_2-reich und bestehen überwiegend aus Ca-Na-K-Al-Silicaten, während die *dunklen mafischen* oder *femischen*[25] *Minerale* SiO_2-ärmer sind und meist Mg-Fe-Ca-Silicate (Olivin, Pyroxen, Hornblende, Biotit) darstellen (s. Tab. 11). Je höher der SiO_2-Gehalt ist, desto mehr herrschen bei Magmatiten helle Gemengteile vor;

Tabelle 11. Die Hauptgemengteile der Magmatite
1. Felsische (helle) Minerale

Mineral	Kristall-System	Theoretische Formel	Härte n. MOHS	Dichte	Bemerkungen
Quarz	trigonal und hexagenal	SiO_2	7	2,65	Hell, durchscheinend. Mit Messerstahl nicht ritzbar.
Feldspäte Orthoklas Mikroklin	monoklin triklin	$KAlSi_3O_8$	6	2,53 bis 2,56	Häufigste Silicate. Hell, gelb, fleischfarben. Zwillinge sehr häufig (Karlsbader Zwillinge), durch die verschiedene Lichtbrechung in einer Ebene liegender Zwillingsflächen leicht kenntlich.
Plagioklas Albit Anorthit	triklin	$NaAlSi_3O_8$ $CaAl_2Si_2O_8$	6 bis 6,5	2,61 bis 2,77	Meist weiß, Misch-Kristall, Zwillingsbildung ist typisch (Albit- und Periklingesetz), daher leicht kenntlich an Parallelstreifung.
Feldspatvertreter (Foide) Leucit Nephelin	tetragonal hexagonal	$KAlSi_2O_6$ $NaAlSiO_4$	5,5 bis 6,0	2,5 2,78 bis 2,88	Weißlich-grau, glasglänzend. Leicht mit Quarz verwechselbar, mit HCl zersetzbar. Farblos, grau-weißlich.
Glimmer Muscovit	monoklin	$KAl_2(OH,F)_2[AlSi_3O_{10}]$	2 bis 2,5		Heller K-Glimmer, silberglänzend.

[24] Vom S(i) und Al.
[25] Von Fe und M(g) bzw. von Ma(gnesium) und F(e).

2. Mafische (dunkle) Minerale

Mineral	Kristall-System	Theoretische Formel	Härte n. MOHS	Dichte	Bemerkungen
Biotit	monoklin	$K(Mg,Fe)_3(OH,F)_2$ $[AlSi_3O_{10}]$	2,5 bis 3,0	2,8 bis 3,2	Dunkler K-Glimmer mit wechselndem Mg-Fe-Gehalt.
Hornblenden (Amphibole)	monoklin				Meist schwarz und langprismatisch. Spaltwinkel 124,5°.
Strahlstein-Reihe		z.B. Tremolit $(Ca_2Mg_5)[(OH)_2$ $Si_8O_{22}]$	5 bis 6	2,9 bis 3,2	Vorkommen meist nur in Metamorphiten.
Hornblenden		z.B. ‚Gemeine Hornblende' mit heterogener Zusammensetzung	5 bis 6	3,1 bis 3,4	In sauren und intermediären Magmatiten sowie in Metamorphiten.
Natronhornblenden		z.B. Glaukophan $Na_2(Mg,Fe)_3Al_2$ $[(OH)_2Si_8O_{22}]$	5 bis 6	3,0 bis 3,15	Glaukophan nur in Metamorphiten.
Augite (Pyroxene)		z.B. Enstatit $MgSi_2O_6$		3,1	Meist schwarz und kurzprismatisch. Spaltwinkel ca. 87°. In basischen Plutoniten und katazonalen Metamorphiten.
Orthaugite	rhombisch	z.B. Broncit $(Mg,Fe)_2Si_2O_6$			
Klinaugite	monoklin	z.B. Diopsid $CaMgSi_2O_6$ z.B. ‚Gemeiner Augit' mit heterogener Zusammensetzung	6	3,3 bis 3,5	Langprismatisch im Gegensatz zu anderen Augiten. Seine blättrige Absonderung wird Diallag genannt. Typisch grüne Farbe, in Plutoniten und Vulkaniten der Alkali-Gesteine (s. S. 221).
Alkaliaugite	monoklin	z.B. Ägirin $NaFeSi_2O_6$	6,5	3,7	
Olivin (Peridot)	rhombisch	$(Mg,Fe)_2SiO_4$	6,5 bis 7,0	3,2 bis 4,2	Nur in basischen und ultrabasischen Magmatiten.

mit abnehmendem SiO_2-Gehalt[26] treten die dunklen Minerale hinzu, die auch das höhere spezifische Gewicht dieser Gesteine verursachen. Daher kann bei Plutoniten[27]

---

[26] SiO_2 wird in der Petrographie aus historischen Gründen „*Kieselsäure*" genannt. SiO_2-reiche Gesteine werden daher als *sauer*, SiO_2-arme als *basisch* bezeichnet, obwohl die „sauren" wegen ihres hohen Na- und K-Gehaltes bei der Hydrolyse in chemischem Sinne basisch reagieren.

[27] Bei Vulkaniten ist dieses wegen der meist dunkel gefärbten Glasbasis nicht mehr möglich.

Tab. 12. Die Hauptgruppen der Magmatite (nach RAST, *geändert)*

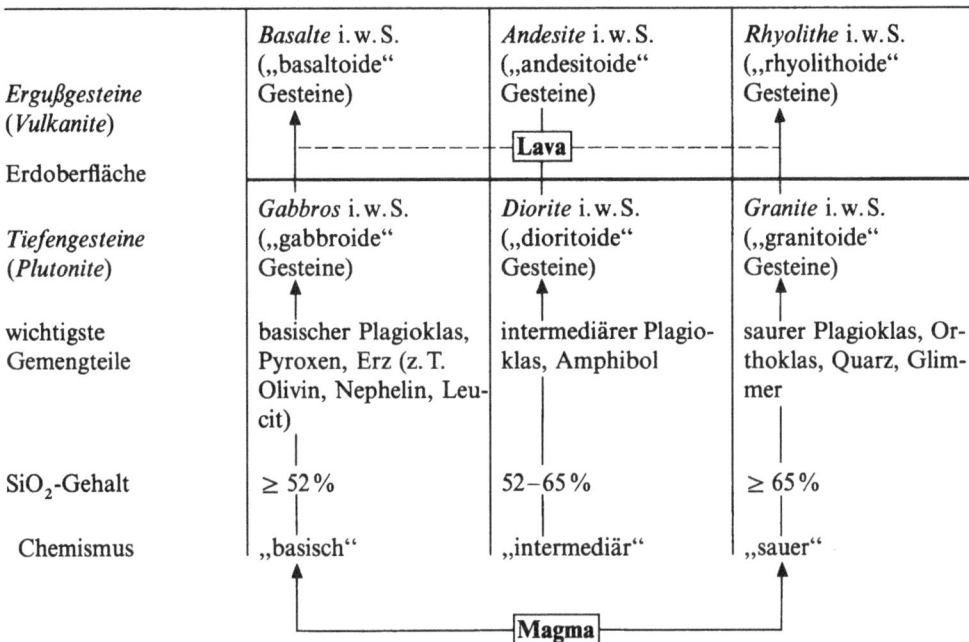

	Basalte i.w.S. („basaltoide" Gesteine)	Andesite i.w.S. („andesitoide" Gesteine)	Rhyolithe i.w.S. („rhyolithoide" Gesteine)
Ergußgesteine (Vulkanite)	↑	↑ Lava	↑
Erdoberfläche			
Tiefengesteine (Plutonite)	Gabbros i.w.S. („gabbroide" Gesteine) ↑	Diorite i.w.S. („dioritoide" Gesteine) ↑	Granite i.w.S. („granitoide" Gesteine) ↑
wichtigste Gemengteile	basischer Plagioklas, Pyroxen, Erz (z.T. Olivin, Nephelin, Leucit)	intermediärer Plagioklas, Amphibol	saurer Plagioklas, Orthoklas, Quarz, Glimmer
SiO_2-Gehalt	≥ 52 %	52–65 %	≥ 65 %
Chemismus	„basisch" ↑	„intermediär"	„sauer" ↑
	Magma		

im allgemeinen schon die Helligkeit des Gesteins als Anhaltspunkt für den SiO_2-Gehalt benutzt werden. *Leukokrate Magmatite* bestehen vorwiegend aus hellen, *melanokrate* dagegen aus dunklen Mineralen. Dazwischen liegt die Gruppe der *intermediären (mesotypen) Gesteine* (s. Tab. 12).

Für die Mehrzahl der Magmatite gilt folgende Regel für die Ausscheidungsfolge:

1. Nebengemengteile.
2. Mafische Silicate in der Reihenfolge Olivin, Pyroxen, Hornblende, Biotit.
3. Salische Silicate, zuerst die Ca-reichen, dann die Na-reichen Plagioklase und der Orthoklas. Die zuerst ausgeschiedenen Feldspäte sind in der Regel *idiomorph* (s. S. 19), die später ausgeschiedenen Feldspäte oft *hypidiomorph* (nur teilweise eigengestaltig) ausgebildet.
4. Quarz. Er ist immer *xenomorph* (s. S. 19) ausgebildet.

Als letzten Rest der leichtflüchtigen Bestandteile enthalten die meisten Magmatite etwa 0,2 % H_2O in Form winziger Flüssigkeitseinschlüsse. Flüchtige Stoffe sind auch in einigen Mineralen in geringen Mengen chemisch gebunden, wie z.B. H_2O in Hornblenden und Biotit oder Cl und F im Apatit.

2.3.2.1 Gefüge der Magmatite

Unter dem *Gefüge* von Magmatiten versteht man die Gestalt der Gemengteile und ihre räumliche Anordnung im Gestein. Das Gefüge wird von der Struktur und Textur des Erstarrungsgesteins bestimmt. Die *Struktur* kennzeichnet, bei Vorhandensein von Gemengteilen, Größe, Form und Verband der Kristalle. Die Tiefengesteine zeigen überwiegend wegen ihrer langsamen Erstarrung im Gegensatz zu den schnell erstarrten Ergußgesteinen eine *vollkristalline Struktur*. Die Größe der ausgeschiedenen Minerale hängt vorwiegend von den leichtflüchtigen Bestandteilen ab, da diese das Kristall-Wachstum erleichtern, überwiegend dadurch, daß sie die Viskosität der Schmelze erniedrigen. Sehr gasreiche Restschmelzen erstarren daher zu Gesteinen mit extrem grobkörnigen pegmatitischem Gefüge. In solchen Pegmatiten (s. S. 209) sind Riesenkristalle bis 10 m Länge bekanntgeworden.

Bei den Vulkaniten reicht dagegen wegen der raschen Wärme-Abgabe die Zeit für eine geordnete Kristallisation nicht aus. Die Erstarrung dauert höchstens so lange, daß sich kleine Minerale bilden können, die eine *feinkörnige Struktur* ergeben. Oft vollzieht sich diese Kristall-Ausscheidung im mikrokristallinen Bereich, so daß eine *dichte Grundmasse* entsteht. Die Abkühlungsgeschwindigkeit kann aber auch so hoch sein, daß die Schmelze *glasig* (amorph) erstarrt. Saure Schmelzen neigen wegen ihrer hohen Viskosität unter gleichen p-T-Bedingungen stärker als basische zur Glas-Bildung. Saure Gesteinsgläser sind der *Obsidian* mit 2 % und der erdgeschichtlich ältere *Pechstein* mit 4–8 % Wasser-Gehalt.

Bei näherer Betrachtung vieler Ergußgesteine stellt man fest, daß sie größere, in einer feinkörnigen Grundmasse eingebettete Minerale enthalten. Diese Einsprenglinge (s. S. 198) kristallisierten bereits in größerer Tiefe (im Magma) aus und wanderten als fertige Kristalle zum Ausbruchsort. Man bezeichnet eine solche Struktur als porphyrisch und alle dadurch gekennzeichneten Ergußgesteine als *Porphyre* (s. Abb. 160). Stofflich stimmen die Einsprenglinge vielfach mit den Bestandteilen der Grundmasse überein, wie z. B. die Quarz- und Orthoklas-Einsprenglinge im Quarzporphyr.

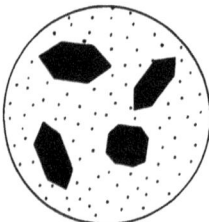

Abb. 160. Porphyrische Struktur im Schliffbild, zwanzigfache Vergrößerung. (Dünnschliffe sind durchsichtige Plättchen von 20–30 µm Dicke aus Mineralen oder Gesteinen für Durchlicht-Untersuchungen im Mikroskop).

Die Struktur der Erstarrungsgesteine wird ferner durch die Gestalt der Gemengteile beeinflußt, die bei ihrer Entstehung idiomorphe Kristalle wie die Erstausscheidungen (s. S. 204) oder xenomorphe Formen wie die zuletzt auskristallisierenden Minerale bilden. Nach den Längenverhältnissen der drei Raum-Dimensionen (a, b, c) unterscheidet man folgende Gestalt der Gemengteile:

a) $a < b > c$: kurzsäulig, säulig, stengelig, faserig,

b) $a > b < c$: quaderförmig, dicktafelig, dünntafelig, blättrig,

c) $a \sim b \sim c$: isometrisch, im Extremfall kugelförmig.

Unter *Textur* versteht man die räumliche Anordnung, d. h. Raumlage, Verteilung und Raum-Ausfüllung, der Gemengteile. Voll auskristallisierte Erstarrungsgesteine (Pluto-

Abb. 161. Fluidal-Textur im Schliffbild, zwanzigfache Vergrößerung.

nite) sind fast frei von Hohlräumen und haben vielfach eine richtungslos-gleichmäßige Körnung (z. B. Granit). Größere Einsprenglinge sind meist nahezu statistisch und regellos verteilt. Die Gemengteile können aber auch eine lineare oder flächenhafte Anordnung haben. Eine *Fluidaltextur* (*Fließgefüge*) entsteht, wenn frühgebildete tafelige oder plattige Kristalle in die Fließrichtung der Schmelze eingeregelt werden (s. Abb. 161). Das Gefügebild von Magmatiten mit gleichmäßig körnigen, mehr oder minder idiomorphen Gemengteilen (z. B. Granit) ist mosaikartig (s. Abb. 162). Im *ophitischen Gefüge*, wie es basische Vulkanite oft zeigen, bilden tafelige oder leistenförmige Kristalle ein sperriges Gerüst, in dessen Zwischenräumen sich die übrigen Bestandteile befinden (s. Abb. 163). Beim *intersertalen Gefüge* sind Zwischenräume von einer relativ feinkörnigen Grundmasse, beim *hyalophitischem Gefüge* von Glas ausgefüllt.

Das Gefüge vieler Ergußsteine ist durch Entgasung hohlraumreich und porig, wie das der schaumig aufgeblähten *Bimssteine* (s. S. 197). Die ehemaligen Hohlräume können später durch Lösungen mit Stoffen verschiedener Art und Herkunft, wie z. B. Quarz, Calcit oder Achat, ausgefüllt werden. Dadurch entsteht eine *Mandelstein-Struktur* (z. B. Diabas-Mandelstein).

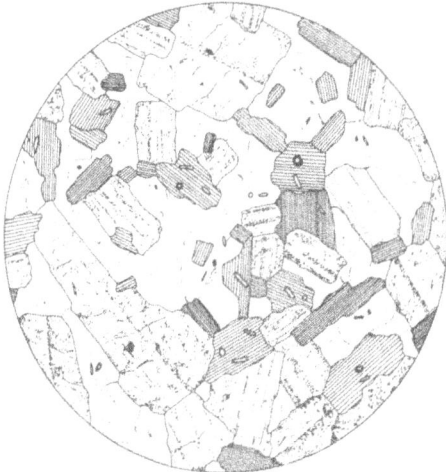

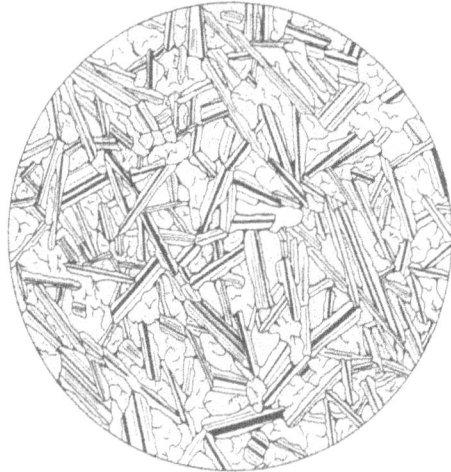

Abb. 162. Mosaikartiges, idiomorph-hypidiomorphes Gefüge eines Biotit-Granits im Schliffbild (Dunkle Minerale: Biotit, helle Minerale: Quarz, andere Minerale: Orthoklas), vierzigfache Vergrößerung (nach REINISCH).

Abb. 163. Ophitisches Gefüge von Basalt im Schliffbild mit Plagioklas-Leisten, vierzigfache Vergrößerung (nach ROSENBUSCH).

2.3.2.2 Einteilung der Magmatite

Am Aufbau der Erdkruste sind zur Hauptsache zwei Stämme von Magmatiten beteiligt: *Basalte*[28] und *Granitoide* (Granite, Granodiorite, Monzonite). Granitoide sind Magmatite, die entweder aufgeschmolzenem Mantel- oder Krustenmaterial entstammen. Basalte stellen mehr als 90 % aller Vulkanite; sie entstehen durch Aufschmelz-Vorgänge im Oberen Mantel.

> Bei Basalten lassen sich zwei Gruppen unterscheiden, die *Tholeiitbasalte (Tholeiite)* und die *Alkalibasalte*. Die tholeiitischen Basalte führen neben anderen basaltischen Mineralen als typisches Gemengteil Orthopyroxen sowie in Quarztholeiiten auch freien Quarz. Weniger SiO_2-Gehalt haben die Alkalibasalte, unter ihnen die Alkali-Olivin-Basalte, die neben Pyroxen, Olivin und Plagioklas (s. Tab. 11) auch einen geringen Nephelin- bzw. Leucit-Gehalt aufweisen, und die sehr SiO_2-armen Basanite mit ihren extremen Endgliedern, den Nepheliniten, die reichlich Nephelin führen, bzw. den ihnen entsprechenden Leucititen (s. Tab. 13 b).

Diese verschiedene basaltischen Gesteinsgruppen belegen, daß der Obere Mantel keineswegs so homogen ist, wie verschiedentlich angenommen wird. Schmelzversuche an peridotitischen und basaltischen Gesteinen unter hohen Drücken und Temperaturen, wie sie in verschiedenen Tiefen der Lithosphäre (s. S. 11) und Asthenosphäre (s. S. 11) herrschen, zeigen, daß allein vom Druck abhängig sehr verschiedenartige Erstarrungsprodukte entstehen, nach deren Entfernung ebenso unterschiedliche Restschmelzen verbleiben. Bei besonders hohen Drücken, die Tiefen von 100–200 km entsprechen, entstanden ultrabasische Erstausscheidungen von Olivin und Pyroxen, wobei der Rest der Gesteinsschmelze eine basaltische Zusammensetzung annahm. Es wird daher angenommen, daß in größeren Tiefen „Restgesteine" vorhanden sind, Rückstände, aus denen basaltisches Material ausgeschmolzen wurde. Das Ausgangsmaterial müßte demnach ultrabasische Olivin-Pyroxen-Gesteine und Basalt in sich vereinen. Für dieses hypothetische Ausgangsmaterial hat man den Namen „*Pyrolit*" (von Pyroxen und Olivin) geprägt. Seine Existenz wird dadurch bestätigt, daß Basalte nicht selten Einschlüsse der vermuteten Restgesteine wie Olivin-Knollen oder Pyroxen-Fragmente enthalten.

> Den Vorgang dieses Ausschmelzens von Basalt im Oberen Mantel kann man sich wie folgt vorstellen: Unter geeigneten *p-T*-Bedingungen im Peridotit bilden sich kleine, isolierte, dünnflüssige Mengen von Basalt-Magma, die weniger dicht als das Restmaterial sind und daher leicht aufsteigen und sich zu sammeln vermögen. Dieser Vorgang würde die physikalische Beschaffenheit dieser tieferen Region des Oberen Mantels, der Asthenosphäre (s. S. 11), erklären, die man sich nicht als völlig, sondern nur als partiell aufgeschmolzen vorstellt. Es wird mit Schmelzanteilen von 10–30 % gerechnet. Die sich ansammelnde und zum weiteren Aufstieg bereiten Schmelzen werden „*Asthenolithe*" genannt. Sie vermögen aufgrund ihrer geringen Dichte und Viskosität an solchen Stellen

---

[28] Der Betriff „*Basalt*" wird entgegen seines üblichen Gebrauches in der bisherigen Literatur nach der neueren Terminologie stark eingeschränkt. Um den Lesern nicht mit komplizierten terminologischen Problemen zu belasten, wird hier der Begriff „Basalt" weiterhin als Sammelname für junge basische Ergußgesteine verwendet.

Tabelle 13a. Die wichtigsten Magmatite ohne Feldspat-Vertreter in Anlehnung an MURAWSKI

Gläser	jung	←——— Obsidan ———→						Tachylit	
	alt	←——— Pechstein (über 4% Wasser) ———→						Palagonit	
Erguß-gesteine (Vulkani-te)	jung	Liparit (= Rhyo-lith, Rhyoda-cit)	Dacit	Trachyan-desit (z. B. Latit)	Andesit	Alkali-trachyt	Trachyt	(Feldspat-) Basalt	Pikrit (Olivin vorherrschend)
	alt	Quarz-kerato-phyr	Quarz-porphyr (Plagio-phyr)	Quarz-porphyrit		Porphyrit	Kerato-phyr	Ortho-porphyr = Orthophyr	Melaphyr Diabas	Paläopikrit
Gang-gesteine	(melano-krat) diaschist (leuko-krat) aschist	←——————— (Lamprophyre) ———————→ Kersantit Minette Odinit ←——(Tiefengesteine + ... aplit [wenn feinkörnig], + ... pegmatit [wenn grobkörnig])——→ Malchit Rizzonit ←(Tiefengesteinsname + ... porphyr, + ... porphyrit [wenn Feldspat = vorwiegend Plagioklas])→							
Tiefengesteine (Plutonite)		Alkali-granit	Granit (Kali-feldspat ≅ Plagio-klas) (Grano-diorit) (Kali-feldspat < Plagio-klas)	Quarz-diorit Trond-hjemit mit Horn-blende u. Biotit: Tonalit	Monzonit (Kali-feldspat ≅ Plagioklas)	Diorit	Alkali-syenit Larvikit	Syenit	Gabbro mit Orthau-giten: Norit fast nur Plagioklas: Anorthosit	Peridotit = Dunit (Olivin vorherrschend) Pyroxenit (Pyroxen vorherrschend) Hornblendit (Hornblende vorherrschend)
Hauptgemengteile		sehr plagio-klasarm Orthoklas + Plagioklas + Quarz, dazu: Biotit (z. B. Muscovit) ± Hornblende, ± Augit	mit Plagioklas Quarz, Hornblen-de, Biotit, ± Augit	Vor-wiegend Plagioklas Hornblen-de, Biotit, ± Augit	Orthoklas und Plagioklas Hornblen-de, Biotit, ± Augit	Vor-wiegend Plagioklas	sehr plagio-klasarm Orthoklas + Plagio-klas, Hornblende, Biotit, Augit	mit Plagioklas	Vorwiegend Ca-reiche Plagioklase, Augit als Diallag oder Orth-augite, gem. Augit, ± Horn-blende, ± Biotit	Praktisch ohne helle Bestandteile. Oft viel Olivin. Augit als Dial-lag oder Orth-augit, gem. Augit, ± Horn-blende (z. T. viel), ± Biotit

aufsteigen, wo Bruch- und Schwächezonen in der Lithosphäre (s. S. 11) vorhanden sind, um in verschiedenen Stockwerken der Kruste Magma-Kammern zu bilden.

Die Granitoide sind auf die Kontinente beschränkt und bilden die Mehrzahl aller Plutone. Die Granitoide des I-Typs[29] weisen als Differentiate primärer Mantel-Schmelzen niedrige Gehalte an Alkalien und seltenen Erden sowie hohe Ni-, Cr- und Mg-Gehalte auf. Granitoide des S-Typs oder Anatexite (s. S. 241 f.) zeigen typische Eigenschaften der Kruste wie hohe Gehalte an Alkalien und Seltenen Erden bzw. niedrige Ni-, Cr- und Mg-Gehalte sowie Relikte der anatektischen Aufschmelzung (s. S. 242) wie „alte" Zirkon-Kerne, Granate und Sillimanite/Disthene (s. S. 231).

Aus den basaltischen und granitischen Stamm-Magmen läßt sich die gesamte Vielfalt der Plutonite und Vulkanite durch die Vorgänge der *magmatischen Differentiation* wie *Liquation* (s. S. 214) und *Kristallisationsdifferentiation* (s. S. 209), wobei in beiden Fällen bei tektonischer Beanspruchung Schmelzen oder Schmelzenteile abgepreßt und in

---

[29] „I" steht für „igneous" = magmatisch, d.h. aus der Tiefe stammend, „S" für „sedimentary".

Tabelle 13b. Die wichtigsten Magmatite mit Feldspat-Vertretern in Anlehnung an MURAWSKI

	Nephe-lin- Phonolith Leucit-	Foid- Trachyte	Nephelin- Tephrit Leucit- (= Otta- janit)	Nephelin- (z. B. Limburgit) Basanit Leucit- (Vesuvite z. T.)	Nephelinit	Olivin- Leucitit	Leucitit	Augitite (Augit weit vor- herrschend)
Ergußgesteine *(Vulkanite)*								

Gang- gesteine	(melano- krat) diaschist (leuko- krat) aschist	←——————————————— (Lamprophyre) ———————————————→
		Tinguaït Monchiquit Teschenit + Camptonit
		←————————————(Tiefengesteinsname + ... aplit)————————————→
		←—(Tiefengesteinsname + ... porphyr, + ... porphyrit [wenn Feldspat = vorwiegend Plagioklas])—→

	Nephelin- (Eläolith- syenit) Syenit Leucit-	Nephelin- Shonkinit Leucit-	Essexit	Theralith	Ijolith (und Urtit)	Missourit (= Olivin- fergusit)	Fergusit	Jacupi- rangit u. a.
Tiefengesteine *(Plutonite)*								

	Alkali- feldspäte Nephelin, Leucit, Augit (Diopsid, Ägirinaugit), Alkalihornblenden, ± Biotit. (Shonkinit: mit größeren Mengen von Mafiten)	vor allem Kalifeld- spat Augit (Diopsid, Titan- augit, Ägi- rinaugit), Alkalihorn- blenden, Biotit	Plagioklas + Kali- feldspat, Nephelin, Augit	ohne Olivin mit Olivin Plagioklase, Nephelin, Leucit, Augit, (basal- tischer Augit, Titanaugit), Alkalihorn- blenden, Biotit	praktisch feldspatfrei Nephelin, Ägirinaugit	Augit, Olivin, Leucit, ± Biotit	Leucit (dazu auch Leucit, Nephelin und Plagio- klas), Augit (Diopsid), Olivin, Bio- tit	Titan- augite, Oli- vin, Foid- (Feldspat-) Komponen- te schwach
Hauptgemengteile								

andere Bereiche verfrachtet werden können, des *Abspaltens der Gang-Gefolgschaft* (s. S. 209), der *Assimilation* (s. S. 212) sowie der *Mischung (Hybridisation)* herleiten.

Die wichtigsten Magmatite sind in den Tabellen 12, 13a u. b aufgeführt. Die Tabellen zeigen, daß es fast zu jedem Tiefengestein (Plutonit) ein entsprechendes Ergußgestein (Vulkanit) gibt. So haben z. B. *Gabbro* und *Basalt, Diorit* und *Andesit* sowie *Granit* und *Liparit* (= *Rhyolith*) jeweils dieselbe chemische und mineralogische Zusammensetzung.

In Mitteleuropa sind für die *jüngeren*, weniger verwitterten (tertiären und quartären) und *älteren*, anchimetamorph (s. S. 226) veränderten (paläozoischen) *Ergußgesteine* verschiedene Bezeichnungen üblich. Die veränderten feinkörnigen Basalte werden als *Melaphyre* bezeichnet. Sind in ehemaligen Basalten die Plagioklase in verschiedene wasserhaltige Kalkalumosilicate, die Pyroxene und Olivin in Chlorit und Serpentin umgewandelt, so heißen sie *Diabase* (s. Erläuterung zu Tab. 14).

Tabelle 14 enthält die Einteilung der Erstarrungsgesteine nach ihrer chemischen und mineralogischen Zusammensetzung in Form eines Doppeldreieck-Diagrammes. Es zeigt, daß ein Gestein niemals zugleich im oberen und unteren Dreieck auftreten kann, d. h. Quarz und Feldspat-Vertreter schließen sich gegenseitig aus.

2.3.2 Magmatische Sippen

Die Magmatite lassen sich nach ihrer chemischen Zusammensetzung zu zwei *cogenetischen Gemeinschaften* (comagmatische Provinzen) zusammenfassen. In den alpinotypen Gebirgen (s. S. 174), so z. B. in den jungen Kettengebirgen, die u. a. auch Teile des Pazifiks säumen, treten Magmatite auf, die bei allen sonstigen Verschiedenheiten durch den gemeinsamen vorherrschenden Gehalt an Calcium und ihre relative Armut an Alkalien gekennzeichnet sind. Man bezeichnet sie als *Kalkalkali-Gesteine* oder *Pazifische Sippe* (Abb. 164). Die Kalkalkali-Gesteine bilden sich, wenn bei partieller Aufschmelzung subduzierter Ozeanischer Kruste (s. S. 272) Magmen entstehen, welche beim Aufstieg durch die Kontinentale Kruste Ca-reiches, sialisches Material aufnehmen (s. S. 279) sowie einer vielfältigen Differentiation (s. S. 212) unterliegen. Die Magmatite der Bruchzonen, wie sie die großen kontinentalen Grabenbrüche oder die ozeanischen Intraplatten-Spalten (s. S. 277), aber auch die germanotypen Bruchfalten- und Blockgebirge darstellen, sind dagegen durch das reichliche Vorhandensein von Alkalien, insbesondere Natrium charakterisiert. Sie werden *Alkali-Gesteine* oder *Atlantische Sippe* genannt; ihre Schmelzen stammen aus dem Erdmantel (s. S. 218). Eine große Zahl von Alkali-Gesteinen zeigt eine SiO_2-Unterbilanz, so daß sich in ihnen vielfach keine Feldspäte, sondern Feldspat-Vertreter (Foide) bildeten. Dementsprechend führen diese Gesteine als Plutonite oder Vulkanite auch andere Namen und sind denen der Kalkalkali-Reihe nicht unmittelbar vergleichbar (vgl. Tab. 13a u. b sowie 14).

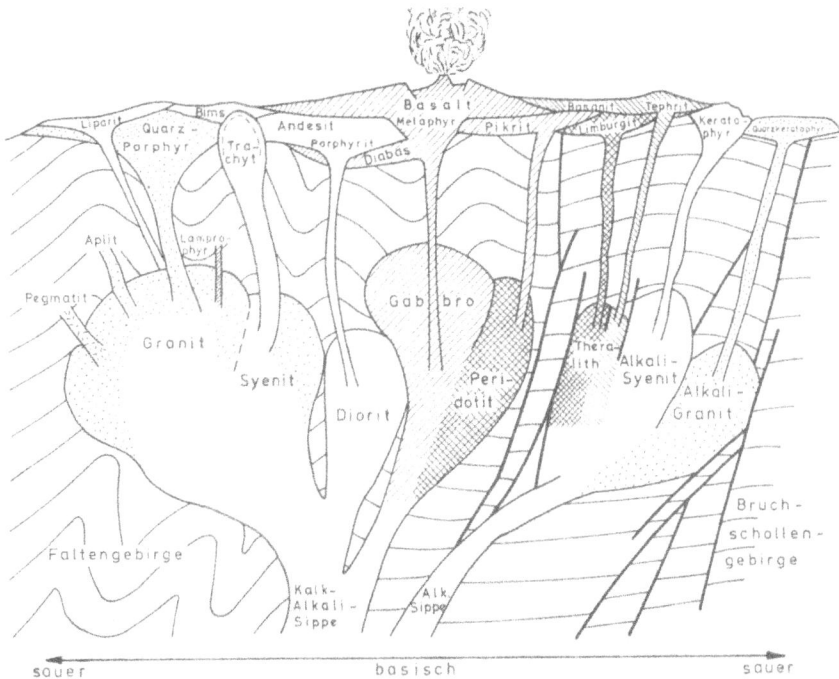

Abb. 164. Stammbaum der magmatischen Gesteine.

Tab. 14. Gliederung der Magmatite in Doppeldreieck-Darstellung nach STRECKEISEN

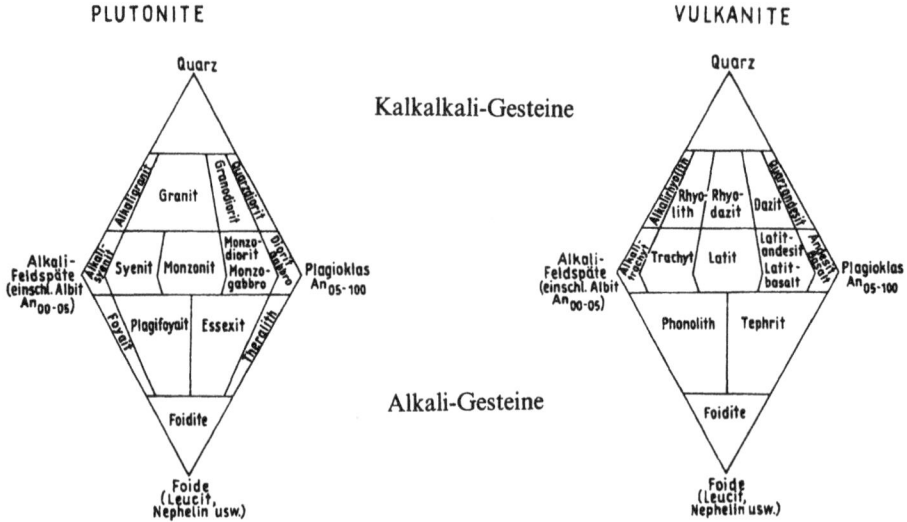

PLUTONITE   VULKANITE

Kalkalkali-Gesteine

Quarz

Alkalifeldspate
Granodiorit
Granit
Quarzdiorit
Diorit
Alkali-
Feldspäte
(einschl. Albit
An_{00-05})
Syenit | Monzonit
Monzo-
diorit
Monzo-
gabbro
Gabbro
Plagioklas
An_{05-100}
Foyait
Plagifoyait | Essexit
Theralith

Foidite

Alkali-Gesteine

Foide
(Leucit,
Nephelin usw.)

Quarz

Alkalifeldspate
Rhyolith
Rhyo-
dazit
Quarzandesit
Dazit
Alkali-
Feldspäte
(einschl. Albit
An_{00-05})
Trachyt | Latit
Latit-
andesit
Latit-
basalt
Andesit
Plagioklas
An_{05-100}
Phonolith | Tephrit

Foidite

Foide
(Leucit,
Nephelin usw.)

Links: Einteilung der Plutonite gemäß ihren Hauptgemengteilen. Im Diagramm fehlen die Mafitite (mit 90 % mafischen Gemengteilen) wie Peridotit und Pyroxenit.

Rechts: Einteilung der Vulkanite gemäß ihren Hauptgemengteilen. Im Diagramm fehlen die Mafitite (mit 90 % mafischen Gemengteilen) wie Pikrit usw. Die folgenden jungen und alten Vulkanite (s. Tab. 13a) sind gleicher Zusammensetzung: Rhyolith (= Quarzporphyr), Andesit (= Porphyrit), Alkalitrachyt (= Keratophyr), Basalt (= Diabas, Melaphyr).

Die Atlantische Sippe wird verschiedentlich noch in eine durch Na-Vormacht gekennzeichnete *Atlantische Sippe i.e.S.* und eine durch K-Vormacht ausgezeichnete *Mediterrane Sippe* aufgeteilt.

Wegen der Möglichkeit eines Irrtums in der geographischen Verteilung der magmatischen Sippen und um ihre geologisch-tektonische Bedeutung besser hervorzuheben, schlug RITTMANN (1981) vor, den Begriff „Atlantische Sippe" durch den Begriff *kratogene Sippen* (s. S. 178) und die „Pazifische Sippe" durch den Namen *orogene Sippen* zu ersetzen.

Nach STILLE kann man in bezug auf die Orogenese (s. S. 283 ff.) von *Initialem* (atlantischem), *Synorogenem* (pazifischem), *Subsequentem* und schließlich *Finalem* (atlantischem) *Magmatismus* sprechen (s. S. 285 ff.).

2.5 Magmatische Lagerstätten

Zu den *magmatischen Lagerstätten* gehören alle diejenigen, deren *Erz-Gehalt* primär aus der Tiefe stammt. Eine erste Möglichkeit für die Erz-Anreicherung ist die Entmischung der Magmen, durch welche die schweren sulfidischen und basischen Bestandteile nach unten sinken (s. Abb. 165). Sie bilden basische Gesteine (Dunite, Peridotite und

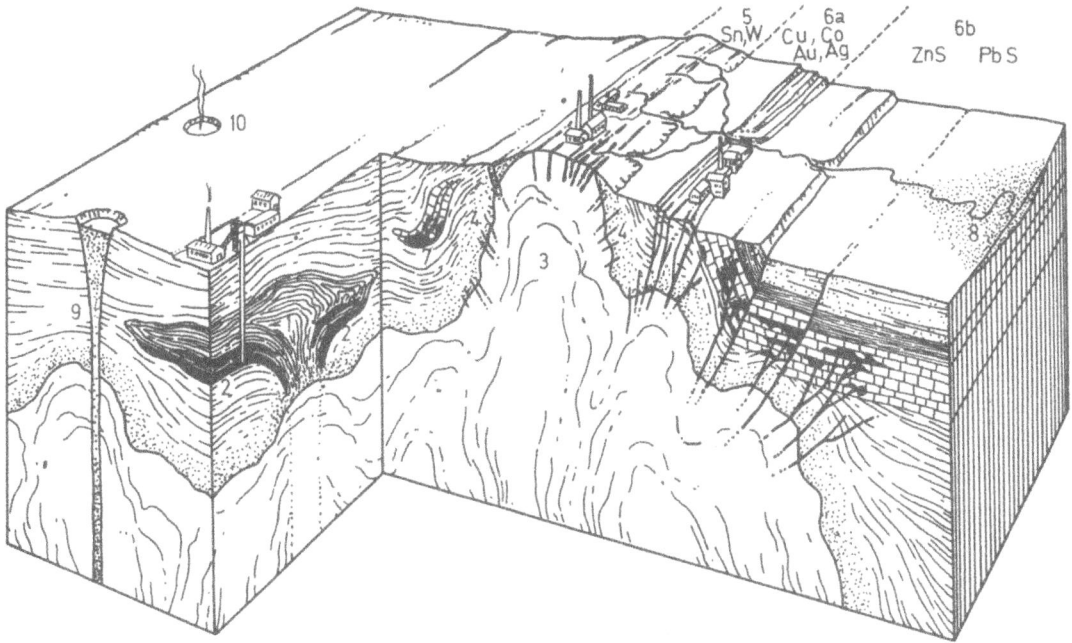

Abb. 165. Schematische Darstellung der wichtigsten magmatischen Lagerstätten (nach WAGNER).
1: Basischer Lakkolith, 2: intragmatische Lagerstätten von Pt, Cr, Ni, Co, Fe,
3: Pluton, 4: Kontaktlagerstätten, 5: pneumatolytische Lagerstätten von Sn, W,
6a: ältere hydrothermale Lagerstätten (vorwiegend Gänge), 6b: jüngere hydrothermale Lagerstätten (vorwiegend Verdrängungen), 7: Kalklinse mit Erzlager, 8: Seifen,
9: Diamanten-Vorkommen, 10: Borate.

Gabbros), die eine Reihe von Schwermetall-Mineralen mit sich führen, so z.B.
Magnetkies (FeS) oder *Nickelmagnetkies* [(Fe,Ni)S], wie die Vorkommen von *Sudbury*
(s. S. 201) oder *Petsamo* in Finnland. Weiterhin können solche Lagerstätten *Chromit*
(FeO · Cr_2O_3), *Magnetit* (Fe_3O_4), *Titaneisen* [(Ti, Fe)$_2O_3$] und *Platin* enthalten. Die
Erz-Konzentration der *liquidmagmatischen Lagerstätten* ist in Form von tropfen-,
schlieren- oder linsenförmigen Körpern entwickelt.

   Am Ende der Haupt-Erstarrung erfolgt außerhalb der Plutone die Bildung der
perimagmatischen Lagerstätten, die sich mit abnehmender Temperatur teilweise aus
Restschmelzen und zum anderen aus *Erz-Lösungen* abscheiden. Dabei handelt es sich
einerseits um die schon vorstehend beschriebenen *pegmatitischen Lagerstätten* (s.
S. 209), andererseits um die *pneumatolytischen Bildungen*, die durch *Entgasung der
Schmelze* zwischen 500–400 °C entstehen (s. Abb. 166 u. Tab. 9). Dazu gehören
Magnetit (Fe_3O_4), *Zinnstein* (SnO_2), *Wolframit* ($FeWO_4$), *Molybdänglanz* (MoS_2),
Kupferkies ($CuFeS_2$) sowie *Feldspat, Quarz* und *Flußspat* (CaF_2, s. Tab. 15).

   Die metallführenden Dämpfe wandern in Spalten und Schichtfugen des Nebengesteins
ein. Schon geringe Änderungen der „überkritischen" Zustandsbedingungen im vorliegenden *p*-*T*-Bereich führen dazu, daß sich die schwerlöslichen Erze aus dem gasförmigen

Transportmedium ausscheiden. Durch die starken Säuren, die bei diesem Vorgang frei werden, erleidet das Nebengestein eine tiefe und gründliche Zersetzung. Lösliche Carbonate wie Kalkstein werden dabei metasomatisch besonders stark vererzt. Darunter versteht man, daß ein gesamtes Gestein oder Teile desselben durch ein Reaktionsprodukt (aus dem vorhandenen Gestein und der zugeführten mobilen Phase) im Austausch ersetzt werden.

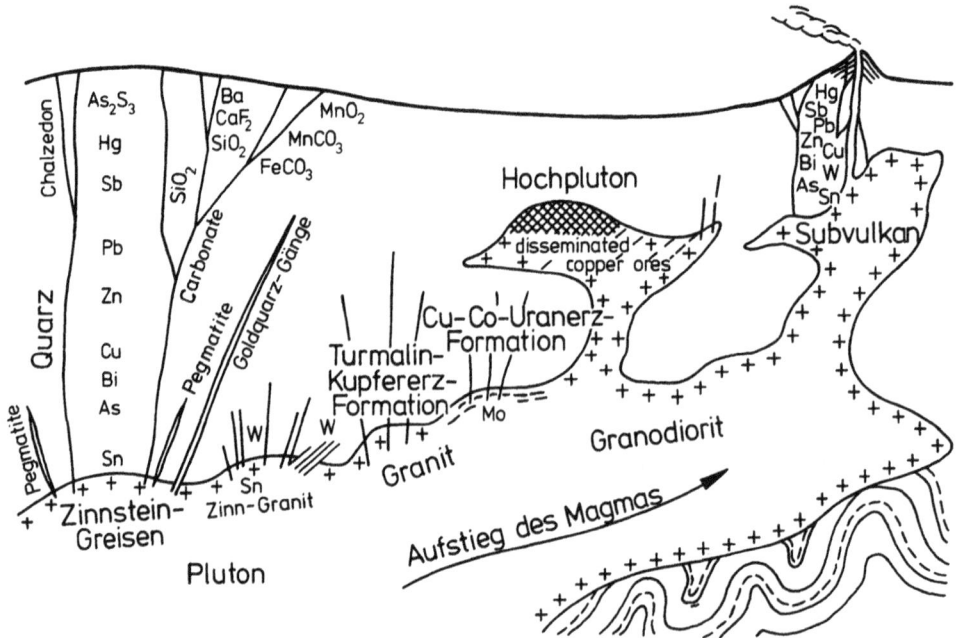

Abb. 166. Die magmatischen und pegmatitischen (links), hydrothermalen (mitte und links oben) und vulkanischen Erz-Lagerstätten (rechts). Die „disseminated copper ores" sind hydrothermale Imprägnationslagerstätten in Form von Pyrit-Kupferkies-(Molybdänglanz-)Imprägnationen bei Verdrängung silicatischer Gesteine.

Greisen entstehen, wenn die höchsten, bereits erstarrten Teile eines Granitplutons durch pneumatolytische Einwirkung autometasomatisch umgewandelt werden. Sie führen oft Zinnstein, Wolframit und sulfidische Erze (s. Abb. 166).

Bei absinkender Temperatur bilden sich aus den zu überhitzten wässerigen Lösungen abgekühlten Dämpfen die magmafernen *apo-* bis *telemagmatischen hydrothermalen Lagerstätten* (s. Abb. 167), verbunden mit weiteren *metasomatischen Verdrängungen*. Je nach Temperatur und Bildungstiefe sind verschiedene Stockwerke übereinander zu unterscheiden. Im *heiß-thermalen Bereich* (400–300 °C) entstehen *Gangformationen* von *Gold-Quarz* und *Kupfer*, im *mittel-thermalen Bereich* (300–200 °C) von *Kupfer* und *Pyrit* (Kupfer- und Kies-Formation), *Blei-Silber-Zink*, *Silber-Kobalt-Nickel-Wismut-Uran* und *Zinn-Silber-Wolfram* sowie im *schwach-thermalen Bereich* von *Antimon-Quecksilber-Arsen* und *Blei-Zink*. Telethermal (unter 100 °C) sind *Blei-Zink-* und *Eisen-Mangan-Formationen*.

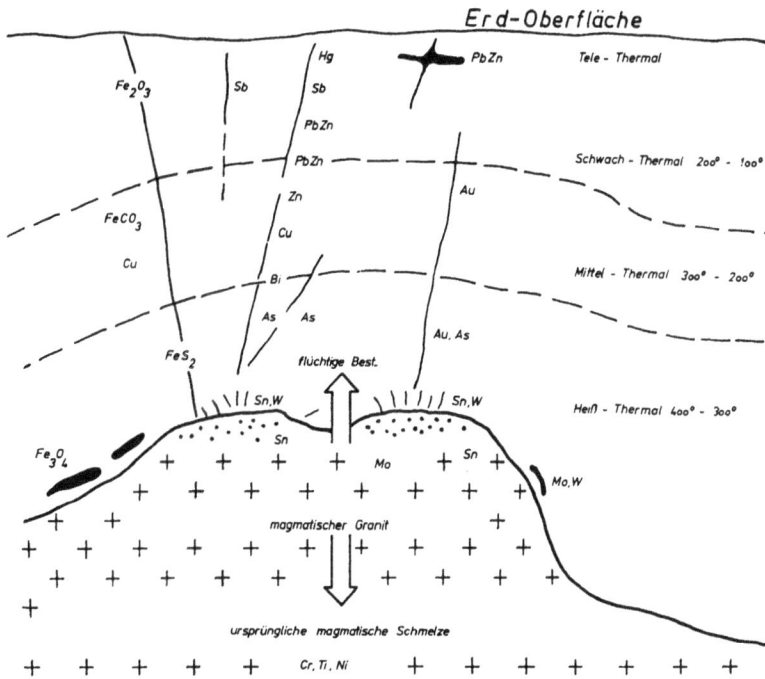

Abb. 167. Schema der hydrothermalen Erz-Lagerstätten (nach PETRASCHEK). Blei und Zink liegen vorwiegend als Bleiglanz (PbS) und Zinkblende (ZnS) vor.

In der Kupfer- und Kies-Formation ist *Pyrit* (FeS_2) das häufigste Erz-Mineral. *Kupferkies* wird bei Rio Tinto (Spanien) gewonnen. Die *Kupfer-Arsen-Gänge von Montana* (Butte) enthalten 4–5 % Kupfer. *Blei-Silber-Zink-Formationen* werden heute noch im Harz und Erzgebirge abgebaut. Zu den *Kobalt-Nickel-Wismut-Silber-Uran-Formationen* gehören beispielsweise die Gänge des mittleren Schwarzwaldes und die reichen Silber-Funde des Erzgebirges (Joachimstaler = Taler) sowie auch die Vorkommen von Uran und Radium.

Sehr häufig sind die magmatischen Lagerstätten in Gestalt einer mehr oder weniger konzentrischen, im Schnitt mit der Erdoberfläche *ringförmigen Folge der Mineral-Paragenesen* (Minerale gleicher Bildungsbedingungen) um den erzliefernden Pluton angeordnet, z. B. um den *Ramberg-Granit* im Harz. Eine derartige Verteilung der Erze charakterisiert die ursprüngliche Anordnung der unterschiedlichen Bildungstemperaturen mit zunehmender Distanz vom Pluton, d. h. die primären *Teufen-Unterschiede*. Überlappen sich die Mineral-Bildungsbereiche durch starken Temperatur-Abfall, so liegt *Teleskoping* vor.

Zu den *vulkanischen Lagerstätten* zählen insbesondere die *Schwefel-Vorkommen* sowie die untermeerischen *exhalativ-sedimentären Erz-Vorkommen* mit *Schwefelkies* wie etwa das bei *Meggen* an der Lenne oder im *Rammelsberg* bei Goslar. Auch die *Roteisenstein-Lager im Lahn-Dill-Gebiet* gehören dazu.

3 Metamorphose (Gesteinsumwandlung)

Unter *Metamorphose (Gesteinsumwandlung)* versteht man die Umwandlung des Mineralbestandes und Gefüges von Gesteinen in der Erdkruste durch Veränderungen von Druck (p) und Temperatur (T) unter Beibehaltung des chemischen Pauschalchemismus im festen Zustand. Daher werden die an der Erdoberfläche stattfinden Vorgänge der Verwitterung (s. S. 46) und Diagenese (s. S. 109) einerseits sowie der Aufschmelzung (s. S. 241) andererseits nicht in diesen Begriff einbezogen. Die zur Bildung metamorpher Minerale führenden Reaktionen laufen in Gegenwart einer fluiden Phase (H_2O und CO_2) im Kluft-, Poren- und Intergranular-Raum der von der Metamorphose betroffenen Gesteine ab. Die aus Sedimentgesteinen hervorgegangenen Metamorphite bezeichnet man als *Para-*, die aus Erstarrungsgesteinen entstandenen als *Orthogesteine*.

Die *Anchimetamorphose* ist ein zwischen der Diagenese und der Metamorphose liegender Umwandlungsvorgang in kalkfreien Peliten und Psammiten. Als ihr Produkt werden geschieferte Tonsteine („Dachschiefer", s. S. 157) und ältere Ergußgesteine wie Melaphyr (s. S. 220) und Diabas (s. S. 220) angesehen.

Steigen bei der Umwandlung die Temperatur und der Druck an, so handelt es sich um eine *prograde* oder *progressive (fortschreitende) Metamorphose*. Eine *retrograde* oder *regressive (zurückschreitende) Metamorphose = Retrometamorphose* oder *Diaphthorese)* ist eine (durch Abkühlung) von höheren zu niedrigeren Temperaturen und Drücken verlaufende Umwandlung. Dabei wird der Mineralbestand instabil und paßt sich den neuen niedriggradigen Bedingungen unter Gefüge-Veränderung an. Grundsätzlich erleiden alle hochgradigen Metamorphit-Komplexe bei p-T-Rückgang eine solche retrograde Metamorphose. Da aber bei den meisten prograd-metamorphen Mineral-Reaktionen (s. S. 229 f.) H_2O frei wird, ist die Voraussetzung für eine retrograde Metamorphose ein geschlossenes System, aus dem H_2O nicht entweichen kann. Das ist nur selten der Fall, wie z. B. in Teilen der Alpen. Meistens liegen aber die höchstgradigen Mineral-Paragenesen ohne retrograde Veränderung vor. Daraus ist zu schließen, daß nach dem Höhepunkt der prograden Metamorphose H_2O langsam entweichen konnte, so daß Hochtemperatur/Hochdruck-Mineralbestand und -gefüge gewissermaßen „eingefroren" wurden. Eine Rolle spielt auch, daß eine Anpassung der einmal entstandenen Mineral-Paragenesen an die fallenden p-T-Bedingungen im allgemeinen nur sehr zögernd erfolgt.

Wenn allerdings bei Abnahme von Druck und Temperatur die tektonische Deformation anhält, können hochmetamorphe Gesteine wie z. B. Gneise (s. S. 238) durch retrograde Umwandlung die Tracht von Phylliten (s. S. 238) annehmen und sind nur an Resten des früheren Gefüges und Mineralbestandes als *Diaphthorite* oder *Phyllonite* zu erkennen.

3.1 Die Regionalmetamorphose

In den Orogen-Zonen der Erde tritt nicht selten eine Gesteinsumwandlung von beträchtlicher Ausdehnung auf, die man wegen ihrer regionalen Verbreitung als *Regionalmetamorphose* bezeichnet. Bei rascher Versenkung von Gesteinsserien und damit starkem Druckanstieg, aber nur sehr langsamer Temperatur-Erhöhung (10–15 °C/km) kommt es zur *regionalen Versenkungsmetamorphose*. Trotz oft tiefer Versenkung fehlen Anzeichen einer Durchbewegung des Metamorphose-Gutes wie z. B. eine während der Umwandlung erworbene Schiefrigkeit. Man nimmt heute an, daß die Bedingungen der Versenkungsmetamorphose vor allem in Subduktionszonen (s. S. 267) gegeben sind.

Meistens weisen die von einer Regionalmetamorphose betroffenen Gesteinsserien Merkmale thermischer Einwirkungen (*Thermometamorphose*) und Anzeichen mehr oder minder starker Durchbewegung (*Dynamo-* oder *Dislokationsmetamorphose*) auf, d. h., sie erlitten eine *Thermodynamo-Metamorphose*. Der wesentliche Unterschied zur Versenkungsmetamorphose besteht in einer mit dem Druckanstieg mehr oder weniger synchron verbundenen Wärme-Zufuhr. Früher glaubte man, daß die Temperatur-Erhöhung, die zur regionalen Metamorphose notwendig ist, nur die Folge einer Versenkung des betreffenden Gesteinskomplexes in größere Tiefen sei. Je tiefer die Absenkung erfolgte, desto stärker sollte auch die Metamorphose sein. Aus dieser Vorstellung heraus stellten GRUBENMANN & NIGGLI (1924) eine Zonen-Gliederung mit *Epi-, Meso-* und *Katazone* auf, in welcher die Epizone geringer, die Katazone starker Umwandlung entsprachen. Inzwischen hat man jedoch erkannt, daß die Druck- und Wärme-Verteilung in der Erdkruste nicht nur in Tiefenzonen angeordnet ist, sondern daß die Wärme in Form von *Wärmedomen* auch zum Metamorphose-Gut – sogar bis nahe zur Erdoberfläche – aufsteigen kann. Für die Umwandlung kommt es daher weniger auf die tatsächliche Tiefenlage, sondern auf den regional vorherrschenden Wärmefluß (s. S. 13) bzw. auf den Temperatur-Gradienten (s. S. 13) an. Epi-, Meso- und Katazone können somit ebensogut neben- wie untereinanderliegen.

Die Metamorphose-Zonen können die Strukturen des Gebirges völlig unabhängig schneiden, wie z. B. in den Sudeten. Die Wärmedome sind dann vielfach von rundlicher Form; die Grenzen der Metamorphose-Zonen legen sich im Kartenbild konzentrisch um den Wärmeherd herum. Verschiedentlich treten auch mehr oder weniger langgestreckte Metamorphose-Zonen parallel zur Längserstreckung eines Gebirges auf, wie z. B. in den Westalpen.

In Wärmedomen gelten Temperatur-Gradienten von 50 °C/km als normal; es sind aber auch Werte von 70–100 °C/km bekannt. Derartig steile Temperatur-Gradienten lassen sich u. a. durch einen erheblich gesteigerten Wärmefluß (s. S. 13) aus dem Erdmantel erklären. Teilweise liegen dabei Hochlagen der Mohorovičić-Diskontinuität vor, also lokale Mantel-Aufbeulungen (Mantel-Diapire, s. S. 278); aber auch Magmen-Einschübe sind für den erhöhten Wärmefluß verantwortlich zu machen. Ferner kann sich aus dem Wechsel unterschiedlich wärmeleitender Gesteine – so ist in sauren Gesteinen (s. S. 214) wie Graniten oder Gneisen die Wärme-Leitfähigkeit höher als in basischen wie Basalt oder Gabbro; Sedimentgesteine sind besonders schlechte Wärmeleiter – in bestimmten Bereichen ein Wärmestau bilden. Schließlich dürfte die Reibungswärme bei tektonischen Prozessen eine Rolle spielen.

Aus diesen Gründen führte ESKOLA anstelle der Tiefenzonen-Gliederung den Begriff des *Mineralfazies-Prinzips* ein. Demnach gehören zu einer *Mineralfazies* (*Metamorphose-Fazies*) die Gesteine, deren Mineralbestand in einem bestimmten Druck- und Temperaturbereich ein chemisches Gleichgewicht erreicht hat und durch bestimmte Minerale, die *Kritischen Minerale*, charakterisiert ist, die nur bei einem bestimmten Pauschalchemismus des Gesteins und unter genau definierten und gleichen *p-T*-Bedingungen stabil sind. Ein Druck- und Temperatur-Diagramm der Mineral-Fazies (s. Abb. 168) enthält daher nicht nur die Gesteinstypen der Regionalmetamorphose, sondern erlaubt auch die sinnvolle Einbeziehung der kontaktmetamorphen Umwandlungsgesteine (s. S. 235 ff.).

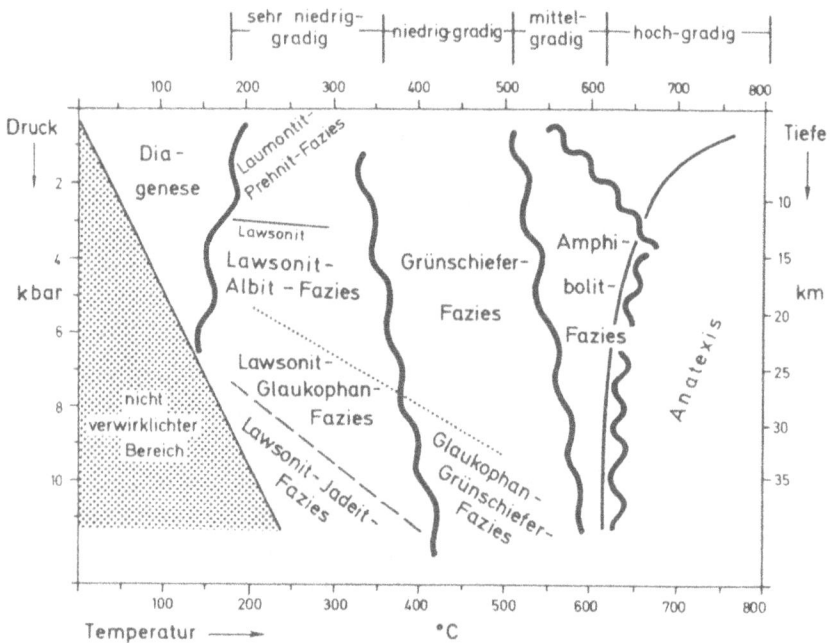

Abb. 168. Schematisches Druck-Temperatur-Diagramm der Metamorphose-Arten. (Der *p-T*-Bereich links unterhalb des niedrigstmöglichen Temperatur-Gradienten von etwa 10 °C/km ist in der Natur nicht verwirklicht). Die dem Druck zugeordneten Tiefen sind maximale Tiefen; sie können auch geringer sein. Die Glaukophan-Fazies umfaßt Gesteine, die unter Temperaturen umgebildet werden, welche bei normalem Temperatur-Gradienten in 10 km Tiefe auftreten. Sie zeigen aber Drücke an, die erst in der 2½- bis 3fachen Tiefe zu erwarten wären (s. S. 229). (Vereinfacht nach WINKLER, geändert).

Folgende *Faziesbereiche der Regionalmetamorphose* werden unterschieden: Die niedrigste Faziesstufe stellt die *Zeolith-Fazies* mit dem kritischen Mineral *Laumontit* dar, die durch das Verschwinden des sedimentären Zeoliths Heulandit nach der Reaktion

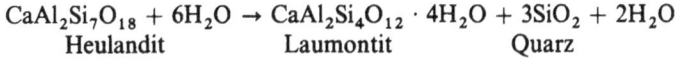

$$CaAl_2Si_7O_{18} + 6H_2O \rightarrow CaAl_2Si_4O_{12} \cdot 4H_2O + 3SiO_2 + 2H_2O$$
$$\text{Heulandit} \qquad\qquad \text{Laumontit} \qquad\qquad \text{Quarz}$$

gekennzeichnet ist. Sie schließt sich bei Temperaturen von wenig unterhalb 200 °C und Drücken von 2–4 kbar an den Bereich der Diagenese (s. S. 109) an. Bei Temperatur-Erhöhung auf 250 °C bis 300 °C geht Laumonit unter Wasser-Abgabe in *Wairakit* ($CaAl_2Si_4O_{12} \cdot 2H_2O$) über. Ferner erscheint *Prehnit* nach der Reaktion

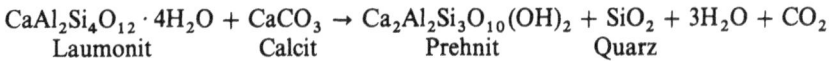

$$CaAl_2Si_4O_{12} \cdot 4H_2O + CaCO_3 \rightarrow Ca_2Al_2Si_3O_{10}(OH)_2 + SiO_2 + 3H_2O + CO_2$$
$$\text{Laumonit} \qquad\qquad \text{Calcit} \qquad\qquad \text{Prehnit} \qquad\qquad \text{Quarz}$$

Dazu kommen *Pumpellyit* und *Epidot*. Bei Drücken von mindestens 3 + 0,2 kbar wird zwischen 200 und 400 °C bei der regionalen Versenkungsmetamorphose (s. S. 227) die *Lawsonit-Pumpellyit-Albit-Fazies* (s. Abb. 168) erreicht nach der Reaktion

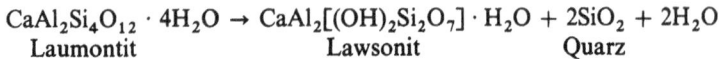

$$CaAl_2Si_4O_{12} \cdot 4H_2O \rightarrow CaAl_2[(OH)_2Si_2O_7] \cdot H_2O + 2SiO_2 + 2H_2O$$
$$\text{Laumontit} \qquad\qquad \text{Lawsonit} \qquad\qquad \text{Quarz}$$

Steigt der Druck bei der Versenkungsmetamorphose auf mindestens 6–7 kbar, so kommt es zur vor allem aus jungen Orogen-Zonen bekannten *Glaukophan-Lawsonit-Pumpellyit-Fazies*, die wegen der Blaufärbung des Natriumamphibols Glaukophan auch *Blauschiefer-Fazies* (*Glaukophanschiefer-Fazies*) genannt wird und deren Bedingungen nur in Subduktionszonen (s. S. 267) verwirklicht sind.

Glaukophan bildet sich nach folgender Reaktion:

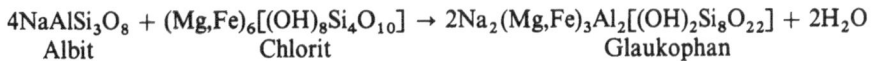

$$4NaAlSi_3O_8 + (Mg,Fe)_6[(OH)_8Si_4O_{10}] \rightarrow 2Na_2(Mg,Fe)_3Al_2[(OH)_2Si_8O_{22}] + 2H_2O$$
$$\text{Albit} \qquad\qquad \text{Chlorit} \qquad\qquad\qquad\qquad \text{Glaukophan}$$

In der Glaukophan-Lawsonit-Pumpellyit-Fazies fehlt der oberhalb 300 °C nicht mehr beständige Illit (s. S. 55), ebenso der erst in der mittleren Grünschiefer-Fazies (s. unten) beheimatete Biotit. Bei weiterer Versenkung, d. h. ansteigendem Druck, wird vor allem in Grauwacken zunächst die *Lawsonit-Jadeit-Fazies* und bei Drücken von mindestens 12 kbar schließlich der Bereich der *Eklogit-Fazies* (s. S. 231) erreicht.

Mit steigender Temperatur schließt sich ab 400–410 °C die *Grünschiefer-Fazies* an, so benannt nach dem häufigen Auftreten deutlich grün gefärbter Minerale wie *Chlorit*, *Epidot* und *Aktinolith* (Strahlstein). Als charakteristisch gelten in basischen Gesteinen folgende Reaktionen:

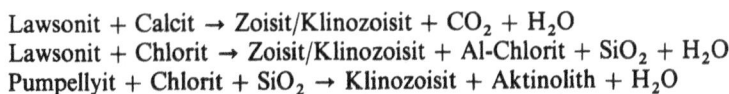

Lawsonit + Calcit → Zoisit/Klinozoisit + CO_2 + H_2O
Lawsonit + Chlorit → Zoisit/Klinozoisit + Al-Chlorit + SiO_2 + H_2O
Pumpellyit + Chlorit + SiO_2 → Klinozoisit + Aktinolith + H_2O

In Peliten und Psammiten verschwinden die sedimentären Minerale Kaolinit (s. S. 54f.), Montmorillonit (s. S. 56) und Glaukonit (s. S. 105); Illit (s. S. 55) bildet sich zu *Muscovit* um. Für diesen Bereich zwischen 2 und 4 kbar ist die Reaktion:

$$Al_2Si_2O_5(OH)_4 + 2SiO_2 \rightarrow Al_2Si_4O_{10}(OH)_2 + H_2O$$

$$\text{Kaolinit} \qquad \text{Quarz} \qquad \text{Pyrophyllit}$$

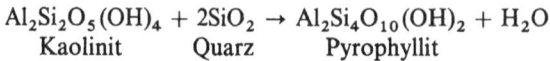

Für die *niedrigstgradige Zone (oder Subfazies) der Grünschiefer-Fazies* mit *Quarz-Albit-Muscovit-Chlorit* ist das Fehlen von Biotit charakteristisch, dagegen das Auftreten von *Stilpnomelan* (aus Glaukonit + SiO_2) typisch. In der mittleren Zone, der *Quarz-Albit-Epidot-Biotit-Subfazies*, erscheint erstmals *Biotit*, der bis in die Amphibolit-Fazies (s. unten) beständig bleibt; dagegen verschwinden Stilpnomilan und Pyrophyllit nach den Reaktionen:

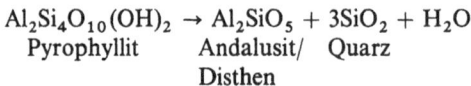

$$\text{Stilpnomelan} + \text{Phengit} \rightarrow \text{Biotit} + \text{Chlorit} + SiO_2 + H_2O$$

$$Al_2Si_4O_{10}(OH)_2 \rightarrow Al_2SiO_5 + 3SiO_2 + H_2O$$

$$\text{Pyrophyllit} \qquad \text{Andalusit/} \quad \text{Quarz}$$
$$\text{Disthen}$$

Die höchstgradige Zone der Grünschiefer-Fazies, die *Quarz-Albit-Epidot-Hornblende-Almandin-Subfazies*, wird durch mehrere Reaktionen charakterisiert, die alle zur Bildung von *Almandin*, einem Vertreter der Granat-Gruppe (s. S. 25), führen:

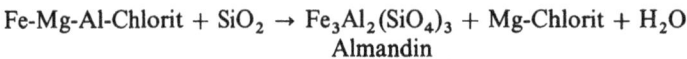

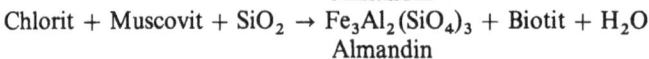

$$\text{Fe-Mg-Al-Chlorit} + SiO_2 \rightarrow Fe_3Al_2(SiO_4)_3 + \text{Mg-Chlorit} + H_2O$$
$$\text{Almandin}$$

$$\text{Chlorit} + \text{Muscovit} + SiO_2 \rightarrow Fe_3Al_2(SiO_4)_3 + \text{Biotit} + H_2O$$
$$\text{Almandin}$$

Diese Reaktion erfordert eine Temperatur von ca. 500 °C und einen Druck von 4 kbar.
   Werden Gesteine der Hochdruck-Niedertemperatur-Metamorphose (Versenkungsmetamorphose), insbesondere der Glaukophan-Lawsonit-Pumpellyit-Fazies (s. S. 229), allmählich aufgeheizt, gehen sie in die Grünschiefer-Fazies unter Bildung von *Glaukophan, Klinozoisit* und *Chlorit* über. Die Obergrenze der Grünschiefer-Fazies ist erreicht, wenn Fe-Chlorit, Muscovit und Quarz in ehemaligen Peliten und Grauwacken sowie Albit in basischen Gesteinen verschwinden. Sie liegt bei etwa 550 °C; statt des Albits in Ca-haltigen Gesteinen mit 0–7 % Anorthit-Komponente (s. Abb. 157) bildet sich von hier an *Oligoklas* bis *Andesin* (mit 15–30 % Anorthit-Gehalt). Damit beginnt bei etwa 550 °C die *Amphibolit-Fazies*, die mit dem Erscheinen von *Cordierit* und/oder *Staurolith* in Peliten mit folgender Reaktion einsetzt:

$$\text{Chlorit} + \text{Muscovit} \rightarrow \text{Staurolith} + \text{Biotit} + SiO_2 + H_2O$$

In ehemaligen Grauwacken verläuft sie wie folgt:

$$\text{Chlorit} + \text{Muscovit} + \text{Quarz} \rightarrow \text{Cordierit} + \text{Biotit} + Al_2SiO_5 + H_2O$$
$$\text{Andalusit/Disthen}$$

Die *niedriggradige Zone der Amphibolit-Fazies* ist bei geringen Drücken (*Abukuma-Typ*) durch die Minerale *Muscovit* und *Cordierit* ausgezeichnet und im allgemeinen almandinfrei. Bei höheren Drücken (*Barrow-Typ*) erscheinen *Muscovit, Almandin* und *Staurolith* der *Staurolith-Almandin-Subfazies*. Der Barrow-Typ ist frei vom Andalusit; die Drücke sind hier zu hoch. Bei Temperatur-Erhöhung wird Staurolith instabil nach der Reaktion:

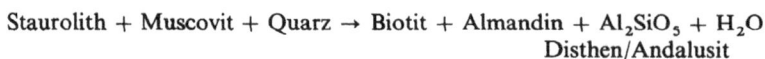

$$\text{Staurolith} + \text{Muscovit} + \text{Quarz} \rightarrow \text{Biotit} + \text{Almandin} + Al_2SiO_5 + H_2O$$
$$\text{Disthen/Andalusit}$$

Damit ist die mittlere Zone der Amphibolit-Fazies, die *Disthen-Almandin-Muscovit-Subfazies* erreicht, in der die folgenden Paragenesen möglich sind:

Muscovit – Cordierit – Andalusit
Muscovit – Almandin – Andalusit
Muscovit – Almandin – Sillimanit
Muscovit – Almandin – Disthen.

Die höchstgradige Zone der Amphibolit-Fazies, die *Sillimanit-Almandin-Orthoklas-Subfazies*, ist durch das völlige Verschwinden von Muscovit und das Erscheinen von *Orthoklas* in ehemaligen Peliten und Grauwacken markiert. Die kritischen Paragenesen sind:

Orthoklas – Cordierit – Andalusit
Orthoklas – Cordierit – Almandin – Sillimanit
Orthoklas – Almandin – Sillimanit

In *basischen Gesteinen* bilden sich in der gesamten Amphibolit-Fazies *Hornblende* und *Plagioklas* sowie *Almandin*. Bei Temperaturen über 700 °C werden saure Gesteine von granitischem Pauschalchemismus aufgeschmolzen (s. S. 242), wenn ein genügender Wasser-Gehalt vorhanden ist. Gesteine basischer Zusammensetzung sowie ehemalige Kalk- und Mergelsteine erfordern dagegen weit höhere Schmelz-Temperaturen. Somit folgen auch oberhalb 700–750 °C noch weitere Fazies-Bereiche, nämlich die *Granulit-Fazies* mit der a) *Amphibol-Granulit-* und b) *Pyroxen-Granulit-Subfazies* sowie die *Eklogit-Fazies*. Die Granulit-Fazies ist ein Sonderfall der Regionalmetamorphose, der bei Temperaturen von 700–850 °C und Drücken von 7–10 kbar bei weitgehender Wasser-Armut der Ausgangsgesteine eintritt. Dies kann zum einen bei basischen Magmatiten von etwa basaltischer Zusammensetzung, die ihren weit höheren Schmelzpunkt nicht erreichten, zum anderen bei Gesteinen granitischer Zusammensetzung (Granite, Quarzporphyre, Rhyolithe, Gneise), die mangels ausreichendem Wasser-Gehalts nicht aufgeschmolzen wurden, der Fall sein. Kritische Mineral-Reaktionen dafür sind in basischen Magmatiten:

$$\text{Hornblende} + SiO_2 \rightarrow \text{Hypersthen} + \text{Klinopyroxen} + \text{Plagioklas} + H_2O$$

und in sauren Ausgangsgesteinen:

$$\text{Biotit} + \text{Sillimanit} + SiO_2 \rightarrow \text{Almandin} + \text{Orthoklas} + H_2O$$

Eklogite sind Hochdruck-Äquivalente von basaltischem Chemismus. Sie zeigen die Paragenese Granat (Pyrop, grossularreich) + Omphacit + Rutil ± Disthen ± Quarz. Zu ihrer Bildung sind Temperaturen von 700–800 °C und Drücke von 17 bis 18 kbar erforderlich.

In Ultramafiten ist unter den *p-T*-Bedingungen des Oberen Mantels (> 1000 °C) die Paragenese Olivin-Orthopyroxen-Klinopyroxen-Spinell stabil. Bei noch höheren Temperaturen (> 1300 °C) und Drücken (> 15 kbar) reagieren Spinell mit Pyroxen zu Olivin und Granat (mit über 70 % Pyrop-Anteil). Solche Gesteine erscheinen als *Xenolithe* von Lherzolithen (s. S. 277) in effusiven Alkali-Gesteinen (s. S. 221).

„Faziesempfindliche" Gesteine sind vor allem die Umwandlungsprodukte von Tonsteinen und basischen Magmatiten. Dagegen sind z. B. Quarzite und metamorphe saure Magmatite relativ „faziesunempfindlich". Deshalb übernimmt man die Faziesbezeichnung der faziesempfindlichen Gesteine auch für faziesunempfindliche Gesteine. Man sagt z. B.: „Ein Quarzit liegt in Grünschiefer-Fazies vor". Die Faziesbezeichnung hat also nicht unbedingt etwas mit dem tatsächlichen Mineralbestand zu tun, sondern gibt nur die „stabile Mineral-Kombination" für ein besonderes faziesempfindliches Gestein an.

Neben der ESKOLASchen Mineralfazies-Einteilung werden nach wie vor die Bezeichnungen Epi-, Meso- und Katazone verwendet. Die neuerdings von WINKLER vorgenommene Ablösung des Mineralfazies-Prinzips durch ein System metamorpher Zonen mit vier Metamorphose-Graden führt etwa wieder zu den Zonen von GRUBENMANN & NIGGLI zurück, erscheint aber unter geologisch-petrogenetischen Aspekten nicht recht sinnvoll.

Außer der Wanderung von H_2O und CO_2 (s. S. 226) tritt bei der Metamorphose im Normalfall keine Stoff-Wanderung auf; sie verläuft dann *isochemisch*. Werden aber Lösungen (oder Gase) z. B. Alkalien oder Kieselsäure zugeführt, so findet eine *allochemische Metamorphose* statt, die mit *Metasomatose*, d. h. chemischer Verdrängung der ursprünglichen Minerale und Neubildung bisher nicht vorhandener Minerale, verbunden ist. Häufig kommt die *Alkali-Metasomatose* vor, bei der K und Na zugeführt werden (z. B. Kalifeldspat-Bildung bei höheren, Albitisierung bei niedrigen Temperaturen im epizonalen Bereich).

Reagieren Kalksteine mit Kieselsäure, bilden sich Kalksilikat-Felse. Bei der Zufuhr von Fe- und Mg-reichen Lösungen können aus Kalk und Dolomit nutzbare Lagerstätten entstehen. Im epizonalen Bereich sind *Siderit* (Erzberg in der Steiermark) und *Magnesit* (Radentheim, Westpyrenäen) entstanden. Im katazonalen Bereich haben sich die *Skarne* Mittelschwedens gebildet.

Polymetamorphe Bildungen sind solche, die zwei oder mehrere Aufheizungen und Durchbewegungen, zeitlich ineinandergreifend oder auch nach längeren Zeit-Abständen, erfahren haben.

Da die Kristallisation der Minerale bei der Metamorphose in festem Gesteinsverband erfolgt, behindern sich die einzelnen sprossenden Kristalle gegenseitig in ihrem Wachstum und bilden folglich keine idealen Kristallformen aus, sondern sie sind xenomorph miteinander mehr oder minder verzahnt. Man spricht von einem *kristalloblastischen Gefüge* wie es z. B. Feldspat und Quarz zeigen. Einige Minerale setzen sich jedoch beim Wachstum durch und bilden dann *Idioblasten* wie z. B. Granat, Staurolith, Disthen, Turmalin und teilweise auch Hornblende.

Die während der Thermodynamo-Metamorphose entstehenden Metamorphite zeigen deutlich den Einfluß einer Beanspruchung durch gerichteten Druck (*Streß*) in Form einer *Schiefrigkeit* (s. Abb. 169). Man nannte sie daher früher „*Kristalline Schiefer*". Die Minerale dieser Gesteine zeigen eine *Gefüge-Regelung*, wobei blättchenförmige Minerale sich parallel zur Schiefrigkeit (Kristallisationsschiefrigkeit) lagenförmig anordnen (*s-Tektonit*). Wenn zwischen dem Gitterbau (s. S. 16) der neu- oder umgebildeten Minerale und ihrer Kristallform (s. S. 18) enge Beziehungen bestehen, wie z. B. bei Glimmern und Chloriten (s. S. 24), so zeigen solche Schichtgitter-Minerale führende

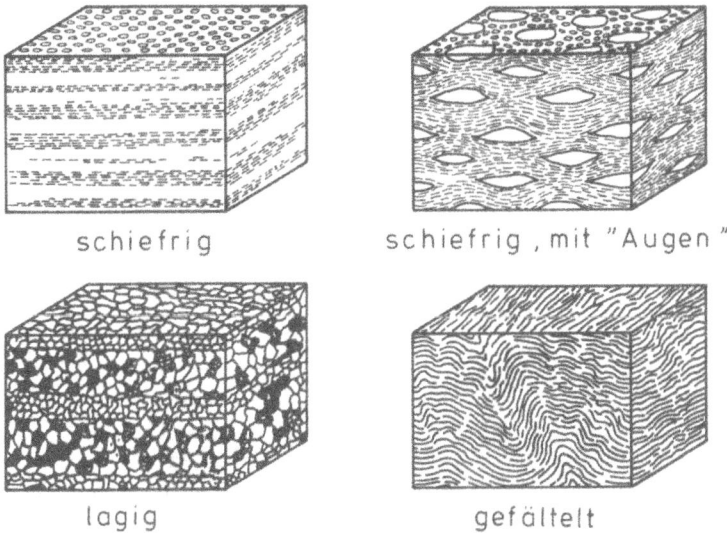

Abb. 169. Häufige Makrogefüge von regionalmetamorphen Gesteinen.

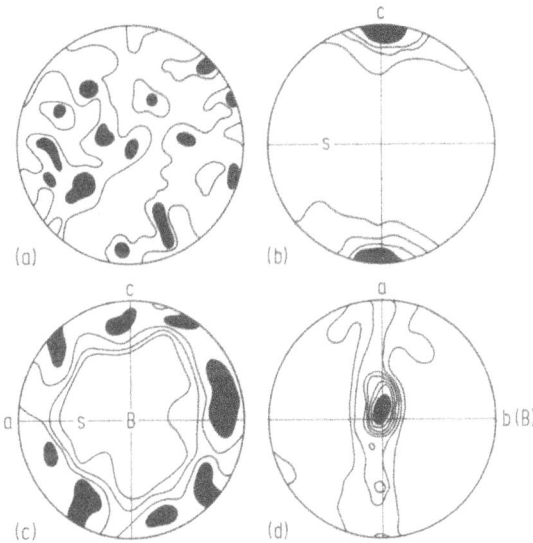

Abb. 170. a) Gefüge-Diagramm der kristallographischen c-Achsen von 330 Calciten aus Kalkstei-
        nen vom Thurn-Paß, Tirol. Eine Gefüge-Regelung ist nicht vorhanden.
    b) Gefüge-Diagramm der Richtungen senkrecht zu den Schicht-Strukturen von 100
        Muscoviten aus einem Glimmerschiefer im Odenwald. Das Häufigkeitsmaximum
        liegt senkrecht zur Schiefrigkeit (s).
    c) Gefüge-Diagramm der c-Achsen von 140 Quarzen aus einem Glimmerschiefer vom
        Isergebirge. Hier ist ein Gürtel mit Untermaxima senkrecht B vorhanden.
    d) Gefüge-Diagramm der Richtungen senkrecht zu den Schicht-Strukturen von 134
        Biotiten aus metamorphen Sandsteinen vom Brenner. Hier liegt ein Gürtel senkrecht
        zu B mit Maximum in c vor. Die Dichtelinien sind in Prozenten abgestuft. Die
        Gefüge-Diagramme a–d wurden mit Hilfe des Schmidtschen Netzes (s. S.127f.)
        erstellt (Nach SANNDER).

Metamorphite eine ausgezeichnete Spaltbarkeit im Millimeter- bis Zentimeter-Bereich. Feldspäte werden nach ihren Spaltflächen (s. S. 23 f.) eingeregelt, so daß eine plattige Spaltbarkeit der Metamorphite im Zentimeter- bis Dezimeter-Bereich entsteht. Durch mikroskopische Einmessung von Gitter-Richtungen, z. B. optischer Achsen, solcher eingeregelter Minerale mit Hilfe des *Universal-Drehtisches* kann der tektonische Beanspruchungsplan von Metamorphiten bestimmt werden (s. Abb. 170). Stäbchenförmige Minerale zeigen meist eine achsiale Regelung (s. Abb. 171); man nennt solche Metamorphite *b*-Tektonite.

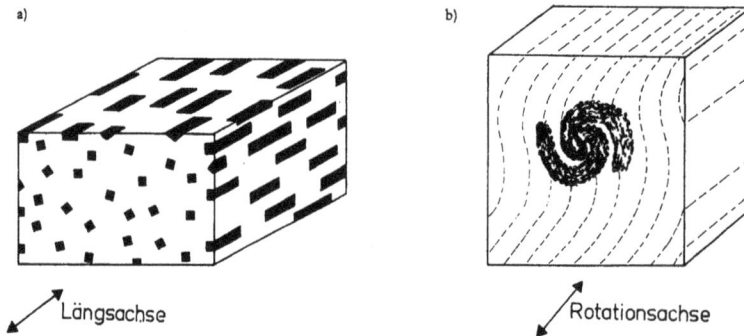

Abb. 171. Einregelung von Kristallen (a) mit den Längsachsen, (b) mit der Rotationsachse (z. B. ,Schneeball-Granat'). (Nach FLICK, QUADE & STACHE).

Die *Einregelung von Mineralen* in Gesteinen, die einer Metamorphose unterliegen, erfolgt entweder durch *Rotation* vorhandener, z. B. tafeliger oder prismatischer Kristalle in die Schiefrigkeitsebene oder durch *Translation* (s. S. 90), d. h. Zerscherung des Gitters, wodurch sie sich den Gleitebenen des Makrogefüges anpassen. Eine Drehung von Mineralen während der Verformung ist durch *verlagerte Interngefüge* nachweisbar. Man versteht darunter Kristalle, die ein ehemaliges Parallelgefüge ($s_i = s_{intern}$) erkennen lassen, das gegenüber der Schiefrigkeit des Gesteins ($s_e = s_{extern}$) verlagert ist. Hinsichtlich der Altersverhältnisse von tektonischer Verformung und Kristallisation unterscheidet man die a) *präkristalline Deformation*, bei der die Verformung älter als die Kristallisation ist; letztere bildet also das vorher entstandene Deformationsgefüge ab und fixiert es durch alle späteren Verformungen hindurch als *Reliktgefüge*, b) die *parakristalline Deformation*, bei der wachsende Kristalle laufend gedreht werden, so daß Porphyroblasten mit sichelförmigem Interngefüge entstehen (s. Abb. 171) und c) die *postkristalline Deformation*, die nach der Kristallisation erfolgt. Minerale können dabei zerbrechen; das Gefüge des Gesteins ist dann kataklastisch. Vom Alter der Metamorphose ausgehend, spricht man a) von *prätektonischer Kristallisation*, b) von *syntektonischer Kristallisation* und c) von *posttektonischer Kristallisation*, bei der die Porphyroblasten keine tektonische Beanspruchung erkennen lassen. Wachsen diese in der Richtung des vorgegebenen Gesteinsgefüges weiter, entsteht eine *Abbildungskristallisation* (s. S. 232). Durch die große Rekristallisationsfähigkeit bei steigender Temperatur besitzt das Metamorphose-Gut eine hohe säkulare Plastizität, und so werden die

Formen ruptueller Deformation zunehmend durch fließende Bewegungsbilder abgelöst (s. S. 153 u. Abb. 169).

Liegt bei der Versenkung von Krustenteilen in größere Tiefe oder beim Aufsteigen von Wärme in Form von Wärmedomen nur ein allseitig wirksamer Belastungsdruck infolge der auflagernden Gesteinslast vor, so kommt es zur „*statischen Thermometamorphose*". Wegen des Fehlens verformender Durchbewegungen entstehen ungeschieferte Metamorphite, in denen das ursprüngliche Gefüge noch weitgehend erhalten bleibt, während sich der Mineralbestand dagegen ändert (s. Abb. 169 links unten).

3.2 Die Kontaktmetamorphose

Ein Sonderfall der Metamorphose ist die *Kontaktmetamorphose*, bei der als Wärmequelle schmelzflüssige Magmen dienen, die an das kühle Nebengestein Wärme abgeben und damit dort *Neu- und Umbildungen* hervorrufen. Mit zunehmender Entfernung von der Berührungsstelle, vom Kontakt, nimmt die Stärke der Umwandlung ab. Man bezeichnet den räumlichen Bereich, innerhalb dessen sich bleibende Umprägungen vollziehen, als *Kontakthof* (s. Abb. 172 u. 173). Große Kontakthöfe mit einem bis mehrere Kilometer vom Kontakt entfernten Umkreis besitzen viele Plutone, während die Wirkung von Vulkanen und Subvulkanen meist sehr gering ist. Bei Spalten-Intrusionen (Gängen) mißt der Kontakthof sogar nur Millimeter oder Zentimeter.

Bei der Kontaktmetamorphose werden reine *Kalksteine* durch Sammelkristallisation in *grobkörnige Marmore* umgewandelt. Aus Mergel- und unreinen Kalksteinen sowie carbonatischen Sandsteinen entstehen *isochemisch Kalksilicat-Felse* (s. S. 232), wobei sich durch Reaktion ihrer Carbonat- und Silicat-(Quarz-)Anteile verschiedene Ca-Mg-Silicate (Diopsid, Grossular, Wollastonit, Vesuvian, Tremolit, Zoisit, Anorthit)

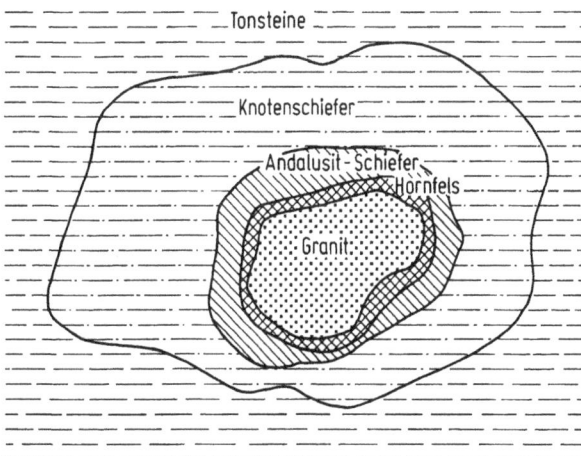

Abb. 172. Kontakthof eines durch Abtragung freigelegten Granit-Plutons.

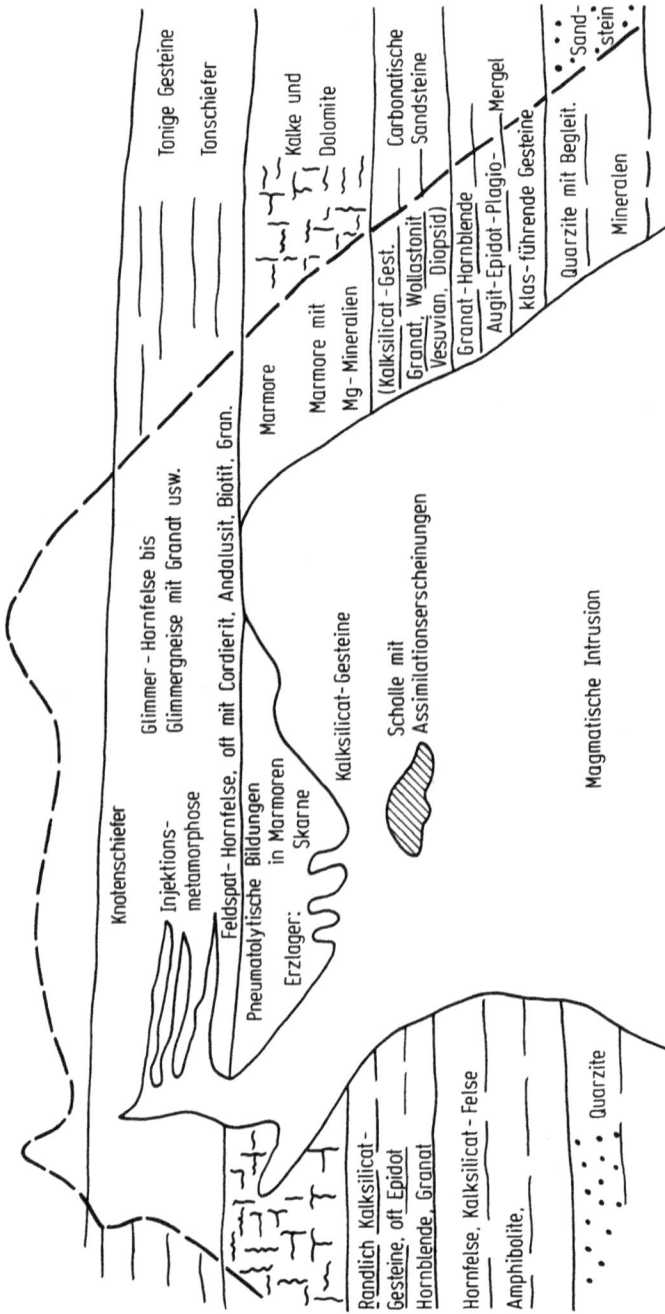

Abb. 173. Schema einer Kontaktmetamorphose mit den Umwandlungen innerhalb des Kontakthofes (gestrichelt) (nach ZEIL, geändert).

Tab. 15. Die an thermischen und pneumatolytischen Kontakten entstehenden Minerale (nach ZEIL)

	an thermischen Kontakten	an pneumatolytischen Kontakten
Feldspäte:	Orthoklas $KAlSi_3O_8$	
Glimmer:	Biotit, $K(Mg, Fe)_3[(OH)_2\|AlSi_3O_{10}]$	Lepidolith, $KLi_2Al[(F, OH)_2\|Si_4O_{10}]$
	Muscovit, $K\,Al_2[(OH)_2\|AlSi_3O_{10}]$	Zinnwaldit, $KLiFeAl[(F, OH)_2\|AlSi_3O_{10})$
Amphibole:	Tremolit, $Ca_2Mg_5[OH\|Si_4O_{11}]_2$	Aktinolith, $Ca_2(Mg, Fe)_5[OH\|Si_4O_{11}]_2$
Pyroxene:	Diopsid, $CaMg[Si_2O_6]$	Hedenbergit, $CaFe[Si_2O_6]$
Granate:	Grossular, $Ca_3Al_2[SiO_4]_3$	Andradit, $Ca_3Fe_2[SiO_4]_3$
Sonstige Silicate:	Wollastonit, $Ca_3[Si_3O_9]$	Topas, $Al_2[(OH, F)_2\|SiO_4]$
	Andalusit, $Al_2[O\|SiO_4]$	Turmalin, B- und F-haltiges Silicat (Mg, Fe, Li, Al)
	Cordierit, $Mg_2Al_3[AlSi_5O_{18}]$	Skapolith, Na-Ca-Al-Silicate mit Cl-, CO_3- und SO_4-Gehalt
		Fluor-Apatit, Flußspat CaF_2

Tab. 16. Die wichtigsten im Kontaktbereich entstehenden Minerale

1. *Ultramafite*
   - a. sehr niedriggradig   Serpentin + Quarz + Talk
   - b. niedriggradig   Serpentin + Brucit + Forsterit
   - c. mittelgradig   Serpentin + Forsterit + Plagioklas
   - d. hochgradig   Plagioklas + Forsterit + Antophyllit

2. *Basalte und Andesite*
   - a. niedrig/mittelgradig   Hornblende + Plagioklas + Diopsid
   - b. hochgradig   Orthoamphibol/Hypersthen

3. *Carbonatgesteine*
   - a. niedriggradig   Zoisit + Grossular + Anorthit + Wollastonit + Vesuvian
   - b. mittelgradig   Forsterit + Tremolit + Calcit + Dolomit + Diopsid + Grossular

4. *Pelite/Psammite*
   - a. niedriggradig   Biotit + Muscovit + Hornblende
   - b. mittelgradig   Staurolith + Muscovit + Quarz + Grossular
   - c. hochgradig   Muscovit + Quarz + Orthoklas + Cordierit + Andalusit

je nach den herrschenden *p-T*-Bedingungen bilden (s. Tab. 15 u. 16). Reine Sandsteine werden zu *Quarziten*, unreine Sandsteine in Quarzite mit entsprechenden Begleitmineralen (Plagioklas, Muscovit, Biotit, Hornblende) umgewandelt. Bei *Tonsteinen* (Tonschiefer, Schieferton) zeigt sich die Veränderung bei Annäherung an den Pluton zuerst in der Bildung von lediglich kleinen Knötchen, Flecken oder getreidekornähnlichen Gebilden in sonst unveränderten Gesteinen. Sie sind Anzeichen der ersten Umwandlung zu Alumosilicaten (Cordierit, Andalusit[30]). Näher zum Kontakt werden die Gesteine

---

[30] $Al_2O_3 + SiO_2 \rightarrow Al_2SiO_5$
    Ton   Quarz Andalusit

immer kristalliner. Biotit tritt neben Hornblende, Granat und Quarz reichlich auf, und es entstehen oft größere, garbenähnliche Porphyroblasten (*Garbenschiefer, Fruchtschiefer*). Im *inneren Kontakthof* (Temperaturen 700–900 °C) selbst erscheinen als Minerale u. a. Quarz, Orthoklas, Andalusit (Andalusit-Schiefer, s. Abb. 172), Cordierit und Biotit, die solchen Kontaktgesteinen einen gneisartigen Habitus verleihen.

Oft bilden sich aus Ton- und Schluffsteinen im inneren Kontakthof feinkörnige, splitterharte, muschelig brechende Metamorphite, die man wegen ihres hornartigen Durchscheinens an dünnen Bruchrändern *Hornfelse* nennt. Die neuen Minerale (Cordierit, Hypersthen, Granat, Sillimanit, Spinell, Korund, Feldspat und Quarz) sind regellos miteinander verwachsen, dadurch wurden die ursprünglichen Strukturen, z. B. die Schichtung, nahezu völlig ausgelöscht.

Wird die Bildung von Kontaktgesteinen nicht nur aus dem vorhandenen Mineralbestand bestritten, sondern durch Stoff-Zufuhr aus dem Magma variiert, so spricht man von einer *Kontaktmetasomatose*.

Im Kontaktbereich von Ergußgesteinen sind *Ton* und *Mergel* meist rot gebrannt (*Frittung*). *Sandstein* wird durch Berührung mit Oberflächen-Magma teilweise an- und glasig umgeschmolzen, *Braunkohle* durch Hitzeeinwirkung zu Steinkohle veredelt, wie z. B. am Hohen Meißner in Hessen.

3.3 Metamorphite (Metamorphe Gesteine)

Die Tabellen 17 u. 18 zeigen die wichtigsten Metamorphite. Beispielsweise entsteht aus *Tonsteinen* im Bereich der *Grünschiefer-Fazies* (s. S. 229) bzw. in der *Epizone* durch die Neubildung von Chlorit, Sericit (feinschuppiger Muscovit) Albit, Quarz u. a. ein Chlorit-Sericit- oder Sericit-Albit-Schiefer, Gesteine, die man als *Phyllite* bezeichnet. Ihre Spaltflächen werden durch parallel in die Schiefer- oder Schichtflächen eingeregelte Chlorit- und Sericit-Kristalle hervorgerufen (s. Abb. 169 links oben).

Gelangen die Phyllite in den Bereich der *Amphibolit-Fazies* bzw. in die *Mesozone*, so werden die vorher gebildeten Minerale instabil und es entsteht aus Sericit Muscovit und aus Chlorit Biotit. Andere Minerale wie Almandin (s. S. 25) und Staurolith u. a. werden neu gebildet. Es entsteht ein *Glimmerschiefer* (Tab. 17 u. 18), der noch deutlich das frühere Gesteinsgefüge zeigt.

Bei noch stärkerer Zunahme von Druck und Temperatur in der höchstgradigen *Amphibolit-Fazies* bzw. *Katazone* werden die vorliegenden Minerale zu Orthoklas, Andalusit/Sillimanit, Cordierit u. a. umgewandelt, und es entsteht ein *Paragneis* (Tab. 17 u. 18). Dieser kann noch lagige Reliktstrukturen des Ausgangsgesteins zeigen (s. Abb. 169 links unten).

Bei der Entstehung der *Orthogneise* wurde ein Magma von granitischer Zusammensetzung während der Erstarrung einem Druck ausgesetzt und dadurch geschiefert oder ein erstarrter Magmatit umkristallisiert und geschiefert.

Tab. 17. Einteilung der wichtigsten Metamorphite nach ihrer Mineralfazies

Ausgangsgestein	Grünschiefer-Fazies	Amphibolit-Fazies	Granulit-Fazies
Tonsteine	Phyllite	→ Phyllite → Glimmerschiefer	→ Migmatite/Granulite
sandige Tonsteine	Quarzphyllite	→ Glimmerschiefer	→ Migmatite/Granulite
Grauwacken	Paragneise	→ Paragneise	→ Migmatite/Granulite
Granite, Rhyolithe	Orthogneise	→ Orthogneise	→ Granulite/Migmatite
Sandsteine	Quarzite	→ Quarzite	→ Quarzite
Kalksteine	Marmor	→ Marmor	→ Marmor
Tonmergelsteine basische			
Magmatite	Grünschiefer	→ Amphibolite	→ Pyroxengranulite → Eklogite
ultrabasische Magmatite	Serpentinite	→ Olivinfelse	→ Olivinfelse → Granat-peridotite

Aus *Kalksteinen* entstehen in allen Metamorphose-Zonen *Marmore*, wobei Form und Größe der Kristalle Anhaltspunkte für den Grad der Umkristallisation darstellen. Aus *Sandsteinen* bilden sich *Quarzite*.

Granulit ist der Sammelbegriff für feinkörnige, selten massige, meist geschieferte feldspatreiche Gneise ohne oder mit nur wenig Glimmer oder Hornblende (OH-haltige Minerale, s. Tab. 11). Granulite sind aus magmatischen oder sedimentären Ausgangsgesteinen hervorgegangen. Gestreckte Quarze (und Feldspäte) in Gestalt flacher, parallel zu den Schieferflächen eingeregelter, flacher Linsen verleihen ihnen ihren typischen Habitus (s. Abb. 169). Gelegentlich zeigen sie sogar eine Bänderung von helleren (sauren) und dunkleren, mehr basischen Lagen. Helle Granulite besitzen etwa granitischen Chemismus mit Quarz, Orthoklas, Plagioklas, Disthen und Granat; dunkle Granulite mit Pyroxen, Plagioklas und Granat sind aus Mergelsteinen oder basischen Magmatiten entstanden.

Leptite sind feinkörnige Gneise magmatischer (*Ortho-Leptite*) oder sedimentärer Herkunft (*Para-Leptite*), die in der Hauptsache aus Quarz und Feldspat bestehen. *Hälleflinten* sind noch feinkörniger, zeigen oft ein Lagengefüge und stellen umgewandelte Vulkanite und Tuffe dar.

Eklogite bestehen aus basischen Mineralen, von denen grüner Omphacit (Na-Mg-Ca-Al-Augit) und roter Granat sehr typisch sind. Da Eklogite in den Vulkan-Schloten der Kimberlite zusammen mit Diamanten vorkommen, muß man ihren Bildungsort besonders tief ansetzen.

Orthogesteine unterscheiden sich von *Paragesteinen* gleicher Pauschalzusammensetzung durch typische *Spurenelement-Gehalte*. So zeigen z. B. Orthogneise ein geringeres K/Rb-Verhältnis und durchschnittlich geringere Al-, Ti-, Cr-, Ni- und Co-Werte als Paragneise. Bei Grünschiefern und Amphiboliten, d. h. Metamorphose-Produkten von Basalten oder dolomitischen Mergelsteinen, sind ehemalige Basalte an hohen Ni-, Cr-, V- und Co-Werten zu erkennen.

Tabelle 18. Einteilung der wichtigsten Metamorphite nach Metamorphose-Zonen

Metamorphose-Zonen	Temperatur in °C	All-seitiger Druck	Ein-seitiger Druck (Streß)	Gefüge	Ton-stein	Arkose, Grau-wacke, toniger Sandstein
„Epizone"	niedrig 180–300	niedrig	meist stark	feinkörnig, stark geschiefert	Phyllit	Sericit z. T. Quarz
„Meso-zone"		mittel	vielfach noch stark	mittel-körnig, geschiefert		Glimmer
„Kata-zone"	> 500		hoch	im allge-meinen schwächer	mittel bis grobkör-nig, schwach geschiefert bis massig		Paragneis

(Links neben der Tabelle, vertikal: rückschreitend (Diaphthorese) zunehmend)

Die Nomenklatur für Metamorphite mit geringem Umwandlungsgrad ist schwierig, da diese noch weitgehend die Merkmale der Ausgangsgesteine aufweisen. Es wird der Vorsatz „Meta"- verwendet; ein ehemaliger Diabas wird zu einem „Meta-Diabas", eine Grauwacke zu einer „Meta-Grau-

4 Granitisation und Anatexis (Gesteinsmobilisation)

Unter *Granitsation* (*Feldspatisation*) versteht man die rein chemische Umwandlung sedimentärer Nebengesteine eines Granit-Plutons in Gesteine mit granitischem oder granitähnlichem Mineralbestand und Gefüge durch Stoff-Zufuhr (Ionen-Ströme) ohne wesentliche Temperatur- und Druckerhöhung, d. h. ohne daß dabei ein magmatisches Stadium durchlaufen wird. Eine solche Metasomatose geschieht durch Zufuhr von feldspatbildenden, d. h. im wesentlichen Alkalien führenden Agentien (Lösungen, Gase), aus einer Granitschmelze bei gleichzeitiger Verdrängung der vorhandenen Minerale. Die Feldspatisation führt zur *Sprossung* (*Blastese*) mehr oder minder idiomorpher Feldspat-Großkristalle, die das sedimentäre Ausgangsgestein in größeren oder geringeren Mengen durchsetzen. Die neugebildeten Feldspäte werden in Richtung auf den Granit immer zahlreicher. Mikroskopisch enthalten sie zahlreiche Reste der verdrängten Minerale wie Quarz, Biotit, Zirkon u.a. Granitisationen sind relativ kleinräumige Vorgänge in Anschluß an die eigentliche Granit-Bildung (s. Abb. 153).

Feldspatisationen sind vor allem in schiefrigen Gesteinen zu beobachten, die der Stoffzufuhr eine gute Wegsamkeit boten. Hierzu gehören die *Augengneise*, in denen die

Ausgangsgestein						
Granit, Quarz-diorit, saure Vulkanite und Tuffe	dolomitischer basischer Ton-mergelstein und Mergel-stein	Basalt, Diabas, Diorit, Gabbro und andere basische und ultrabasische Gesteine	Mergelstein und merge-liger Kalk-stein	Quarz-sandstein	Kalkstein	Kohle
quarzit phyllit schiefer Orthogneis	Grünschiefer Para-Horn-blenden-schiefer Para-Amphibolit	Ortho-Horn-blenden-schiefer Ortho-Amphibolit Plagioklas-Biotit-Hornblende-Gneis Eklogit	Kalkphyllit (Kalkgehalt > 10 %) Kalk-glimmer-schiefer Kalk-silicat-Gneis Kalksilicat-Fels	Quarzit	Marmor	Graphit

wacke". *Schiefer* ist ein feldspat-freier bis -armer (< 20 %) Metamorphit mit deutlichem Parallel-gefüge, *Gneis* ein feldspat-führender (> 20 %) Metamorphit mit Parallelgefüge und *Fels* ein Meta-morphit ohne Parallelgefüge.

neugebildeten Feldspäte in Form großer „*Augen*" (*Porphyroblasten*) auftreten. Bei zunehmender Granitisation bilden sich diffus und wolkig verteilte Feldspäte, wodurch die ursprünglichen Strukturen des Ausgangsgesteins nur noch nebulös durchschim-mern. Solche Gesteine heißen *Nebulite*. Durch alle diese Vorgänge der *Metablastese* werden die betroffenen Gesteine in ihrem Pauschalchemismus, Mineralbestand und Gefüge zunehmend granitähnlicher. Verschwinden auch die letzten nebulitischen Reliktstrukturen ganz, so bleibt ein richtungslos-körniger Granit übrig.

Die teilweise oder völlige *Aufschmelzung von Gesteinen* wird als *Anatexis* bezeichnet. Eine Grenze zur Regionalmetamorphose ist nur sehr schwer festzulegen, da die *p-T*-Bedingungen bei beiden nicht unterschiedlich zu sein brauchen (s. S. 231) und somit Aufschmelzungen bereits im regionalmetamorphen Bereich eintreten können, wenn beispielsweise *genügend Porenwasser* vorhanden ist. Das freiwerdende Wasser ist bei hohen Drücken und Temperaturen ein aggressives Lösungsmittel für Silicate, insbeson-dere für die felsischen Minerale wie Orthoklas und Quarz, während die mafischen Minerale wegen ihres hohen Schmelzpunktes weniger gut gelöst werden. Solche *intergranularen Silicat-Lösungen* werden durch den hohen Druck (und die Druckbewe-gung) aus dem Gestein ausgepreßt und sondern sich in Form heller *Quarz- und Quarz-Feldspat-Lagen*, die den ehemaligen Schicht- oder Schieferflächen folgen, vom melanokraten dunklen Restgewebe ab. Derartige Lagen bilden sich jedoch nicht immer nur durch Ausblutung, sondern können auch durch Zufuhr von magmatischen Restschmelzen (Pegmatite) entstanden sein. Gesteine, die aus zwei oder mehreren petrographisch unterscheidbaren Anteilen bestehen, nennt man *Migmatite*.[31] Migmatite mit aus dem Ausgangsgestein ausgeschwitzten sauren Adern heißen *Venite*, mit lagenförmigen Injektionen magmatischer Differentiate *Arterite*. Auch der noch nicht schmelzfähige Restbestand wird mit fortschreitender Migmatisierung zunehmend beweglicher und löst sich in einzelne Schollen auf. An fließenden Faltenbildern (s. S. 153) ist die hohe Mobilität der Migmatite zu erkennen, die sich schließlich zu einer homogenen Masse umbilden.

Insgesamt führt der Vorgang der *Metatexis* (teilweise Aufschmelzung) zu migmatischen Gefügen, bei denen sich der Altbestand = *Paläosom*, d. h. das mehr oder weniger umgewandelte Ausgangsmaterial, vom Neubestand = *Neosom*, d. h. dem neugebildeten Anteil von aplitischem, pegmatischem oder granitischem Charakter, unterscheiden läßt. Das Neosom kann aus *Leukosom*, einem relativ hellen, an Feldspat und/oder Quarz angereicherten Teil, oder aus *Melanosom*, einem relativ dunklen, aus mafischen Mineralen (Biotit, Hornblende u. a.) angereichertem Teil bestehen. Die Neosom-Anteile im Gestein werden *Metatekte*, die Paläosom-Anteile *Restite* genannt.

Das nächste, sich unmerklich anschließende Stadium der *Diatexis* (weitgehende bis vollständige Aufschmelzung) erfaßt größere Gesteinskomplexe und dabei immer mehr auch die melanokraten Bestandteile. Schließlich entsteht ein *palingenes Magma*. Je näher die Zusammensetzung des Ausgangsgesteins der des granitischen Eutektikums kommt, desto geringer ist die diatektische Temperatur. So werden Orthogneise mit granitischem Mineralbestand bzw. Granite bereits bei 650°C und Wasserdampf-Drücken von 5 kbar aufgeschmolzen, Grauwacken oder Paragneise mit grauwackenähnlicher Zusammensetzung bei etwa 670°C und Tonsteine bzw. Phyllite um 700°C. Das sind die minimalen Schmelztemperaturen im Anfangsstadium der Diatexis; sie entsprechen den Solidus-Temperaturen (s. S. 207 f.). Die Liquidus-Temperaturen liegen erheblich höher. Es ist demnach keine besonders hochtemperierte Metamorphose für die Bildung von Erstschmelzen in „sauren" Sedimenten nötig. Diese Druck-Temperatur-Bedingungen sind bei einem normalen p-T-Gradienten etwa in 25–30 km Krustentiefe zu erwarten. In den Orogen-Zonen, wo Druck und Temperatur ansteigen, treten auch schon in höheren Krustenbereichen Aufschmelz-Vorgänge ein.

In größerer Erdtiefe, wo der Wassergehalt generell geringer ist, kommt es zum Zusammenbruch der OH-haltigen Silicate. Es entstehen wasser-untersättigte Magmen von höherer Temperatur. Die meisten granitischen Magmen haben nur einen Wassergehalt von 1–2 %, während die Sättigung bei etwa 10 % H_2O (unter 5 kbar Druck) liegt. Nur solche wasser-untersättigten Magmen können bis in die Nähe der Erdoberfläche durchbrechen. Wassergesättigte Magmen kristallisieren vorher und bleiben demnach in tieferen Krustenbereichen stecken.

---

[31] Von meigma (griech.) = Mischung, da man früher glaubte, die hellen Lagen seien durch magmatische Injektionen entstanden.

Ein palingenes Magma kann somit an seinem Bildungsort erstarren oder wegen seiner Mobilität und seiner infolge der Aufschmelzung im Gegensatz zu der nicht geschmolzenen Umgebung geringeren Dichte in höhere Krustenteile aufsteigen und dort als *Pluton* erstarren, wobei durch Differentiation und Assimilation (s. S. 213) noch Veränderungen im Chemismus möglich sind. Palingene Intrusionen unterscheiden sich nicht von juvenilen Magmen, die unmittelbar aus den schmelzflüssigen tieferen Zonen der Erde stammen (s. S. 11). Aus einem basischen (basaltischen) Magma, das durch anatektische Bildungen aus Peridotiten des Ermantels stammt (s. S. 218), können durch Differentiation höchstens 5 Volumenprozent Granitschmelze hervorgehen. Da 95 % von den in der Erdkruste vorhandenen Plutonen granitisch, 98 % aller Oberflächen- und Subvulkane aber basaltisch sind, muß man annehmen, daß der weitaus überwiegende Teil aller Granite palingen entstanden ist. Aus diesem Grunde sieht man heute die tieferen Stockwerke der Oberkruste als die Bildungsstätte der meisten granitoiden Magmen an.

Während der großen Orogenesen (s. S. 283 ff.) werden die Gesteine einerseits durch tiefe Versenkung (s. S. 285), andererseits durch den Anstieg der Temperatur infolge verstärkten Wärmeflusses aus dem Erdmantel aufgeheizt. Zwischen den unveränderten Sedimenten der Erdkruste und den mobilisierten Gesteinen bilden die Metamorphite eine Zone des Übergangs. Die „*Migmatitfront*" bezeichnet die Obergrenze der Mobilisation; sie steigt im Verlauf der Orogenese an und erhöht die Faltbarkeit der Oberkruste. Die aufgeheizten Gesteine erleiden eine *Migmatisierung* (Metatexis) oder werden durch Palingenese sogar völlig aufgeschmolzen. Ein Teil der Schmelzen bleibt am oder nahe dem Ort der Entstehung, ein anderer kommt ins Wandern. Aus den Schmelzen austretende Lösungen und Gase durchsetzen unter Metablastese weite Bereiche der Umgebung und führen verschiedentlich zur Granitisation. Nach dem Abschluß der Orogenese sinkt die Wärmefront wieder ab, dieser Vorgang leitet die Erstarrung der Kruste zum Kraton (s. S. 301) ein.

IV. Geologie und Geophysik

1 Schwere, Isostasie und Gravimetrie

Die Schwerkraft (Gravitation) ist auf der Erdoberfläche keineswegs überall gleich. Schon durch die Abplattung der Erde (s. S. 1) ergibt sich eine Abnahme der Gravitation vom Pol zum Äquator. Daneben treten aber Schwere-Unterschiede (Anomalien) auf, die auf Ansammlungen von Material mit größerer oder kleinerer Dichte im Untergrund zurückzuführen sind. Die Untersuchung des Schwerfeldes der Erde ist Aufgabe der Gravimetrie.

Nach dem Newtonschen Gravitationsgesetz müssen Gebirge, die sich über ihre Umgebung erheben, auch eine seitliche Massen-Anziehung ausüben. Der französische Astronom und Mathematiker BOUGUER (1698–1758) entwickelte ein Verfahren, um die Massen-Anziehung durch Gebirge zu ermitteln; nach dieser Bouguer-Korrektur werden heute Schwere-Messungen auf den Meeresspiegel umgerechnet, d.h. der Einfluß von Oberflächenhöhen und Gelände-Unterschiede korrigiert. Bei seiner Breitengrad-Vermessung in Peru fand BOUGUER, daß der *Chimborazo* (6267 m über NN) eine kleinere seitliche Lot-Abweichung, also geringere Schwere besaß, als es nach den theoretischen Berechnungen für die Massen-Anziehung der Gesteine dieses Gebirgszuges zu fordern gewesen war. Er schloß daraus, daß hier die Dichte geringer sein mußte, als man vorher angenommen hatte. Dieses Beobachtungsergebnis wurde von PRATT (1854) und AIRY (1855) verschieden gedeutet. PRATT, der herausfand, daß der *Himalaja* trotz seiner großen Höhe und Breite eine viel zu geringe Lot-Ablenkung hervorruft, deutete das offensichtliche Massen-Defizit dadurch, daß der Himalaya aus leichteren Gesteinen aufgebaut ist als seine flachere Umgebung, insbesondere die tiefliegende Ganges-Ebene. Der Höhenunterschied an der Erdoberfläche würde durch einen umgekehrt proportionalen Dichte-Unterschied der Gesteine bis zu einer Ausgleichsfläche in einer bestimmten Tiefe aufgewogen. AIRY ging dagegen von dem Gedanken aus, daß unter dem Gebirge leichtere Gesteine von ca. 2,7 g/cm³ in größere Tiefen hinabreichen müßten als unter der flachen Umgebung, daß ein Gebirge also wie ein Eisberg, von dem nur ein kleiner Teil über den Meeresspiegel ragt, in einem dichteren Medium von ca. 3,3 g/cm³ schwimme. Damit erhielt die Vorstellung der *Isostasie* ihre Form und Bezeichnung als Tauch-Gleichgewicht benachbarter, verschieden dichter oder unterschiedlich dicker Krustenschollen (s. Abb. 174).

Die Vorstellung der Isostasie spielt in der Theorie der Gebirgsbildung eine große Rolle. Man nimmt heute an, daß sich in den Zonen der jungen alpidischen Gebirge (s. S. 298) die betreffenden Krustenstreifen nicht in einem isostatischen (hydrostatischen) Gleichgewicht befinden. So zeigen die jungen Kettengebirge fast alle eine kräftige Hinabstülpung der Sial/Sima-Grenze (Conrad-Diskontinuität) und der Sima/Mantel-Grenze (Mohorovičić Diskontinuität), wie viele refraktionsseismische Untersuchungen beweisen (s. Abb. 175). Dieses Zuviel an leichtem Material wird durch die Subduktion (s.

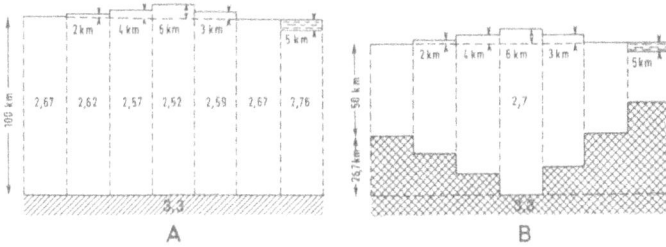

Abb. 174. Die Erklärung der Isostasie nach PRATT (A) und AIRY (B). Erläuterung im Text.

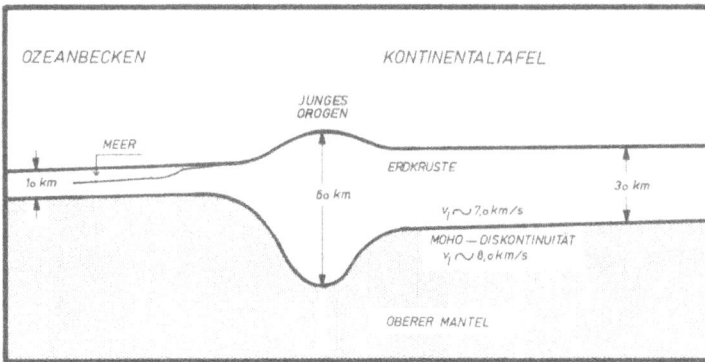

Abb. 175. Die Dicke der Erdkruste unter Ozeanen, jungen Orogenen und Kontinenten.

S. 267) bzw. Kollision (s. S. 294), d. h. durch das Hinabpressen leichteren Materials im Orogen-Bereich, verursacht. Wegen der daraus resultierenden Unterschwere werden die Gebirge nach der Tektogenese (s. S. 291) isostatisch emporgetragen und gehoben, bis ein Ausgleich erfolgt ist. Dieses Aufsteigen kann jedoch wegen der hohen Viskosität der tieferen Krustenbereiche bzw. des Oberen Mantels keineswegs rasch, sondern nur in geologischen Zeiträumen erfolgen.

Im Gegensatz zu den jungen Gebirgen zeigen die meisten Gebiete der Erde trotz wechselnder Höhenlage eine ausgewogene Schwere-Verteilung. Dies gilt auch für die ozeanischen Bereiche, obwohl sich Kontinente und Ozeane in ihrem Aufbau grundlegend unterscheiden (s. S. 8). Über den Ozeanen fehlen einige tausend Meter Gestein von der durchschnittlichen Dichte 2,7 g/cm^3, an deren Stelle Wasser mit 1 g/cm^3 vorhanden ist. Da trotzdem keine Schwere-Anomalien vorliegen, muß man daraus schließen, daß im Untergrund der Ozeane dichtere Gesteine vorhanden sind, die das Schwere-Defizit der leichten Wasser-Massen wieder ausgleichen. Die Kontinente ragen über das ozeanische Krustenniveau, weil sie bis zur Kruste/Mantel-Grenze in ca. 33 km Tiefe aus leichterem Material bestehen als die Ozeanische Kruste, deren Untergrenze bereits bei 6–13 km unter NN liegt (s. Abb. 3 u. 4). Überall dort, wo eine *junge Senkung* in oder in der Nähe von Gebieten mit markantem Schwere-Defizit erfolgt, wie diejenige der

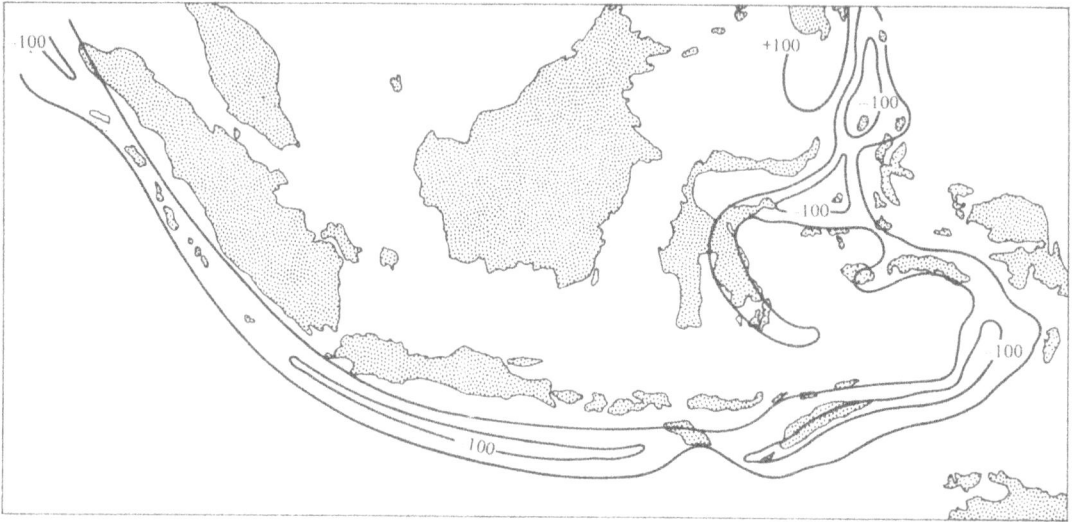

Abb. 176. Die regionalen Schwere-Anomalien im Bereich des indonesischen Inselbogens (nach MEINESZ). (Die Zahlen geben die Abweichungen gegenüber der normalen „Schwere" [Erd-Beschleunigung] in mgal [1 Gal = 1 cm/s²] an).

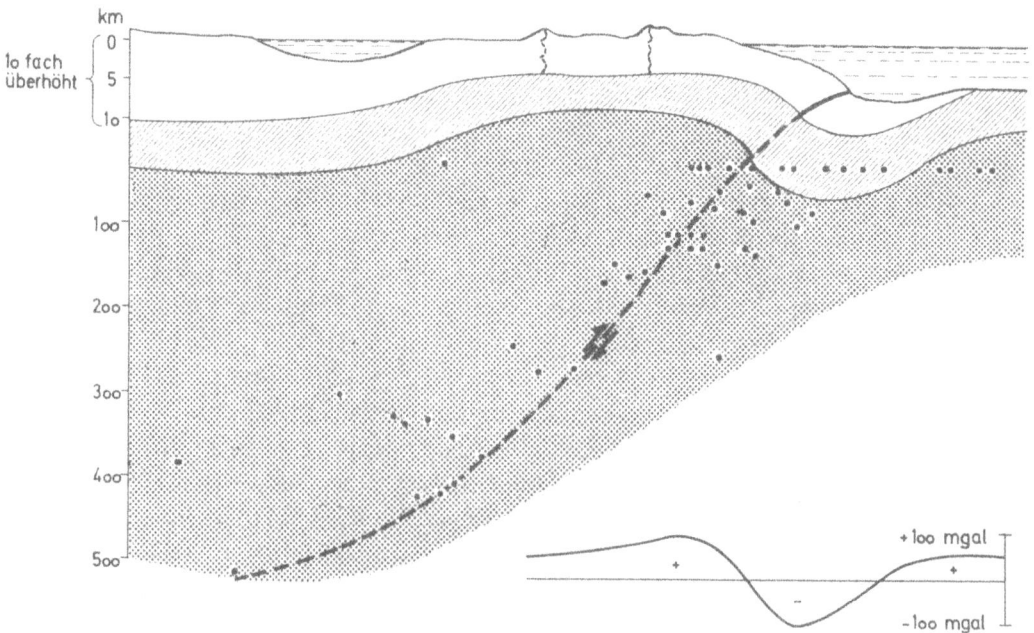

Abb. 177. Beziehung zwischen der Entstehung von Inselreihen und Tiefsee-Rinnen einerseits sowie der Verteilung der Erdbeben-Herde (schwarze Punkte) und Schwere-Anomalien andererseits im Bereich des indonesischen Inselbogens (nach BENIOFF UND MEINESZ). (punktiert: Erdmantel, schraffiert: Ozeanische Kruste, weiß: Kontinentale Kruste).

Tiefsee-Rinnen vor Indonesien bei Java und bei Sumatra bzw. im Timor-Ceram-Bogen oder vor den Philippinen bzw. vor Japan, liegen *starke Störungen der Isostasie* vor (s. Abb. 176 u. 177). Sie stehen im Zusammenhang mit landeinwärts geneigten, relativen Aufschiebungen Kontinentaler Kruste über den ozeanischen Krustenbereich, durch welche eine Verdickung der leichten Oberkruste infolge ihrer tektonischen Verdoppelung eintritt. Der ozeanische Krustenbereich wird randlich nach unten gedrückt; dort entstehen die Tiefsee-Rinnen als oberflächliches Anzeichen der gewaltigen Krustenbewegung. Für letztere spricht auch, daß sich die *Herde zahlreicher Erdbeben* in solchen Gebieten mit Schwere-Defizit auf einer Fläche anordnen, die vom Kontinentalrand schräg unter den Kontinent einfällt, wobei die tiefsten Bebenherde in 700 km Tiefe, d.h. schon im Mantel, liegen. Außerhalb dieser *Benioffschen Flächen* kommen nur 50–70 km tiefe Herde vor.

Negative und positive *Schwere-Anomalien* sind nicht selten mit großen Grabenbrüchen (s. S. 168) verbunden. Im *Ostafrikanischen Graben-System* liegen deutliche *negative Schwere-Verteilungen* vor, während das *Rote Meer* und *Abessinien* positive zeigen. Die Ursache für letztere dürften die mächtigen Basalt-Decken in diesem Teil des Grabensystems sein.

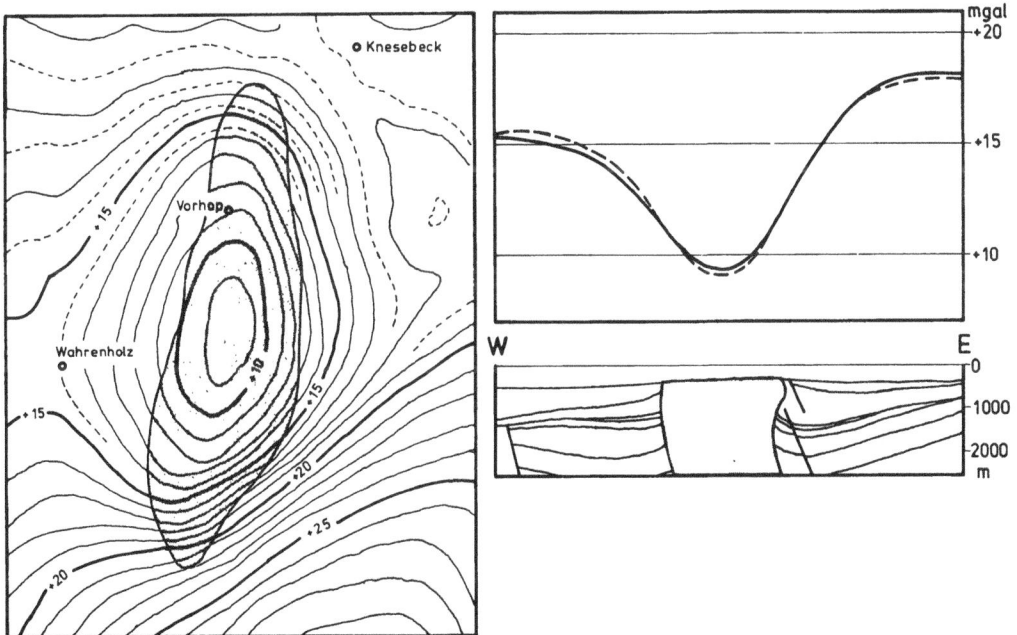

Abb. 178. Schwere-Anomalien im Bereich des Salzstockes Vorhop (Niedersachsen), nach Messung der *Seismos* und Auswertung der *Preußag*.
Links: Isanomalen-Karte und Grundriß des Salzstockes.
Rechts: Geologisches Profil und Schwere-Profil (gemessen: durchgezogene, berechnet: gestrichelte Linie).

Kleinere, regional nicht so ausgedehnte Schwere-Anomalien in der Oberkruste gehen auf einerseits sehr schwere, andererseits aber auch spezifisch besonders leichte Einlagerungen zurück. Beispielsweise heben sich die *Salzstöcke* (s. S. 180) wegen ihrer im Gegensatz zur Umgebung deutlich geringeren Dichte (um 2,2 statt 2,5 g/cm^3) auf einer Schwerekarte Nordwest-Deutschlands als Minima klar heraus (s. Abb. 178). *Erz-Lagerstätten* zeichnen sich dagegen durch positive Anomalien aus. Auch die aus dichteren (stärker diagenetisch verfestigten und verdichteten) Gesteinen bestehenden Muldenflügel der gefalteten Molasse (s. S. 290 f.) Bayerns zeigen im Gegensatz zu den weniger dichten Schichten in den Muldenkernen jeweils ein deutliches Schwere-Plus.

Würde man alle bisher aufgeführten Schwere-Anomalien ausgleichen, so blieben dennoch Abweichungen von der rotationssymmetrisch bedingten Verteilung der Gravitation bestehen, wie Satelliten-Messungen ergeben haben. Diese Abweichungen erstrecken sich unabhängig von Ozeanen und Kontinenten über Tausende von Kilometern. Das stärkste Minimum liegt mit seinem Zentrum im Indischen Ozean und zieht nach Norden bis über den Himalaja. Umgebende Maxima haben ihre Zentren u. a. in Neuguinea, im Südwesten Afrikas und nordwestlich der Britischen Inseln. Wegen ihrer großen Ausdehnung sucht man die Ursache dieser Dichte-Unterschiede in Inhomogenitäten des Unteren Mantels sowie des Erdkerns.

2 Erdbeben und Sprengseismik

Unter *Erdbeben* versteht man natürliche Erschütterungen der festen Erde. Sie stellen kurzfristige geologische Vorgänge dar. Ihre Entstehung kann auf dreierlei Weise zustande kommen. Die seltenen *Einsturz-Beben* treten beim Einbrechen von unterirdischen Hohlräumen, z. B. in Karst-Gebieten (s. S. 81 ff.), auf. *Vulkanische Beben*, die 7 % aller Beben ausmachen, entstehen durch Erschütterungen bei vulkanischen Ausbrüchen. Ihre Reichweite bleibt ebenfalls gering. 90 % aller Beben entstehen durch *tektonische Bewegungen* in der Erdkruste und im Mantel (s. S. 8 ff.). Die von ihnen ausgelösten Wellen nehmen zum Teil ihren Weg durch den Erdball und verraten daher viel über dessen Aufbau (s. S. 6 ff.).

Die Erdbeben sind nicht so sehr Ausdruck von Faltungsvorgängen, sondern vielmehr von brechender Tektonik (s. S. 168). Die Verschiebungsfläche selbst ist häufig in ihrer gesamten Ausdehnung der Bebenherd, der von großen Tiefen bis zur Erdoberfläche reichen kann. So wurde beim Erdbeben von San Francisco 1906 an der San Andreas-Störung ein 7 m überschreitender Verschiebungsbetrag festgestellt (s. Abb. 181). In anderen Fällen kann der Bebenherd je nach der auslösenden Ursache punktartig begrenzt oder auch räumlich ausgedehnt sein. Erdbeben treten immer dann auf, wenn die stetige Bewegung an einer Verschiebungsfläche durch Verkeilung oder erhöhte Reibung behindert ist, so daß die Spannung dadurch stark ansteigt und plötzlich stärkere Bewegungen auslöst.

Die Begriffe *Ortsbeben, Nahbeben* und *Fernbeben* bringen die Entfernung des Bebens zum Ausdruck. Nach der *Herdtiefe* werden die Beben in *oberflächennahe* oder *normale Erdbeben* (bis etwa 70 km Tiefe), *mitteltiefe* in 70–300 km und *Tiefherd-Beben* in 300–700 km eingeteilt. Für die Berechnung denkt man sich das Beben von einem Punkt inmitten des Herdes ausgehend und nennt diesen das *Hypozentrum*; senkrecht über diesen an der Erdoberfläche liegt das *Epizentrum*. Um dieses Kerngebiet ziehen sich konzentrische Linien gleicher Bebenstärke, die *Isoseisten*. Für die Beschreibung der örtlichen Erdbeben-Stärke wird die zwölfteilige *Mercalli-Sieberg-Skala* benutzt (s. Tab. 19), die sich auf subjektiv gefühlte Erschütterungen beziehen. Außerhalb dieser makroseismischen Schütter-Fläche liegt das mikroseismische Gebiet, in dem die instrumentelle Aufzeichnung durch *Seismographen* geschieht. Letztere sind meist an einem Pendel oder an Federn aufgehängte schwere Massen. Infolge ihrer Trägheit bleiben sie bei Erschütterungen des Bodens relativ zu diesem mehr oder weniger in Ruhe (s. Abb. 179). Die Relativbewegungen zwischen dem Erdboden oder der mit ihm fest verbundenen Aufhängung der Masse und der Masse selbst werden auf einer Spule aufgezeichnet und ergeben charakteristische *Laufzeit-Kurven (Seismogramme)*. Aus der Zeitdifferenz zwischen Ankunft der P- und S-Wellen (s. S. 6 ff.) an einer Erdbeben-Station kann die Entfernung zum Hypozentrum ermittelt werden. Zur Bestimmung der geographischen Koordinaten des Bebenherdes benötigt man die Registrierung von mindestens drei Stationen.

Genaue Angaben über die Stärke eines Bebens geben die Werte der *Magnitude* (Erdbeben-Größe) nach RICHTER. Dabei wird versucht, die freigesetzte Energie im Erdbeben-Herd in einer logarithmischen Skala darzustellen. In die Berechnung gehen die Ausschlagweite der Seismographen, die Entfernung der Station zum Erdbe-

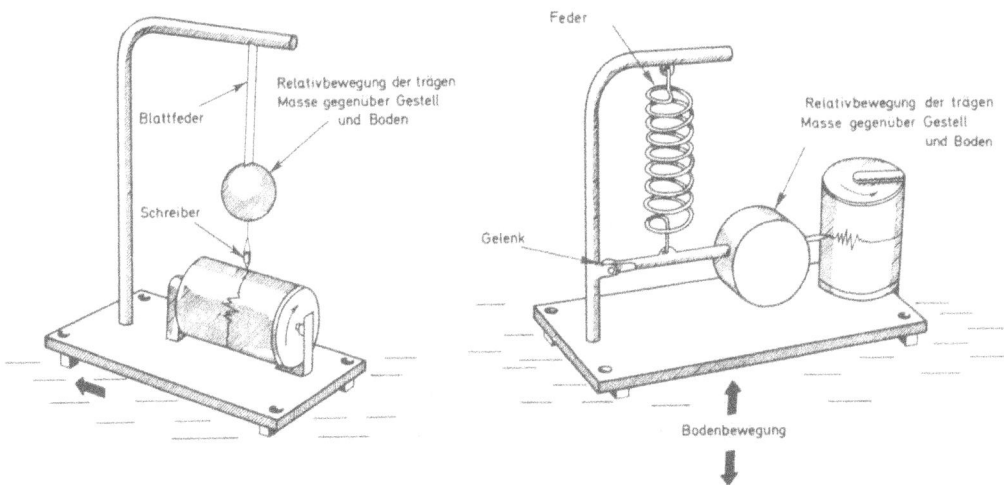

Abb. 179. Links: Seismograph zur Registrierung der horizontalen Komponente der Bewegung. Rechts: Seismograph zur Registrierung der vertikalen Bewegung (Nach EARTH, geändert).

Tabelle 19. Erdbeben-Stärke nach MERCALLI-SIEBERG *und* RICHTER

Kennzeichnende Vorgänge	Intensität	Magnitude M	Energie in J
Nur von Erdbeben-Instrumenten registriert (sonst nicht spürbar)	1	2,0	10^9
Nur ganz vereinzelt von ruhenden Personen wahrgenommen (obere Geschosse von Hochhäusern)	2	2,5	10^{10}
Nur von wenigen verspürt (ähnlich den Verkehrserschütterungen vorbeifahrender Fahrzeuge)	3	3,0	10^{11}
Von vielen wahrgenommen, Geschirr u. Fenster klirren (Dielen und Balken knarren, Möbel schwanken)	4	3,5 — 4,0	10^{12}
Hängende Gegenstände pendeln, Schlafende erwachen (Türen schlagen, Fenster zerspringen, Wasser wird verschüttet)	5	4,5	10^{13}
Leichte Gebäudeschäden, feine Putzrisse, Bücher fallen aus Regalen, Geschirr zerspringt)	6	5,0	10^{14}
Sichtbare Putzrisse, Spalten in Wänden u. Schornsteinen (vereinzelt stürzen Dachziegel u. Schornst. herab)	7	5,5	10^{15}
Große Spalten im Mauerwerk; Giebelteile u. Gesimse stürzen ein (Bäume schwanken, Fabrik-Schornsteine stürzen ein)	8	6,0 — 6,5	10^{16}
Wand- u. Dacheinstürze an einzelnen Bauten, Erdrutsche (erhebliche Risse an der Erdoberfläche)	9	7,0	10^{17}
Einstürze vieler Bauten, Bodenspalten bis 1,00 m Dämme u. Deiche werden beschädigt, Eisenbahn-Schienen verbogen	10	7,5	10^{18}
Viele Bodenspalten, Rutschungen u. Felsstürze in den Bergen (umfassende Zerstörungen an Kunstbauten)	11	8,0	10^{19}
Starke Veränderungen der Erdoberfläche (vollkommene Zerstörung, Veränderung von Flußläufen u. Seen)	12	8,5	10^{20}

ben-Herd, die Herdtiefe und eine empirisch ermittelte Konstante für den Untergrund-Einfluß ein. Daher sind z. B. Beben von M 3 und M 6 nicht durch eine doppelte, sondern durch eine 1000-fach größere Bewegungsamplitude unterschieden. Die Werte liegen theoretisch zwischen 0,1 und 10, in der Praxis wird aber die Stärke M 10 nicht überschritten. Beben ab 0,4 sind instrumentell sicher nachweisbar, ab 2,5 fühlbar, während bei M 4,5 meist schon leichter Schaden angerichtet wird, der sich bei M 7 zur Katastrophe ausweiten kann (s. Tab. 19 u. 20).

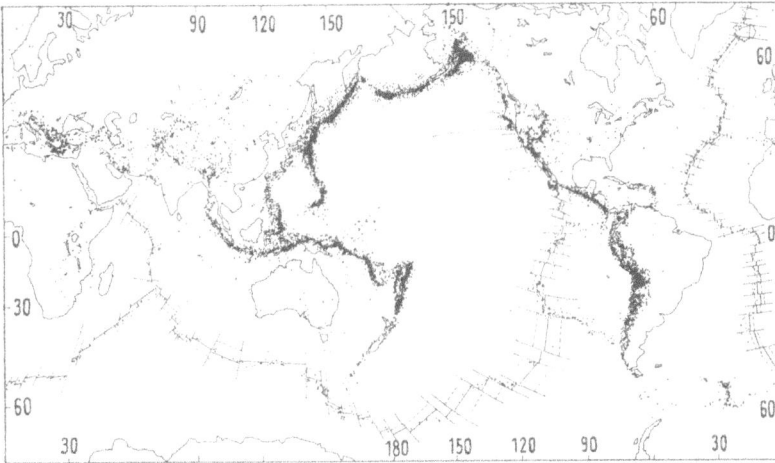

Abb. 180. Karte der flachgründigen Bebenherde der Erde (nach BARAZANGI & DORMAN und BULLARD).

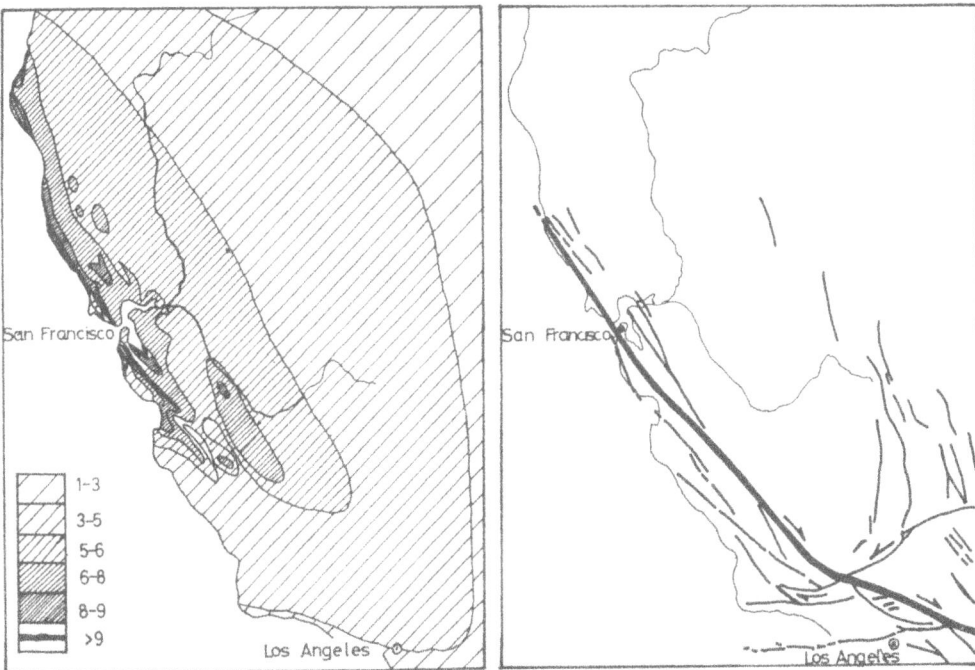

Abb. 181. Seismotektonische Karte von Kalifornien. Links: Isoseisten-Karte des Bebens von 1906, rechts: die San Andreas-Störung (nach HILL/DIBBLEE aus BRINKMANN).

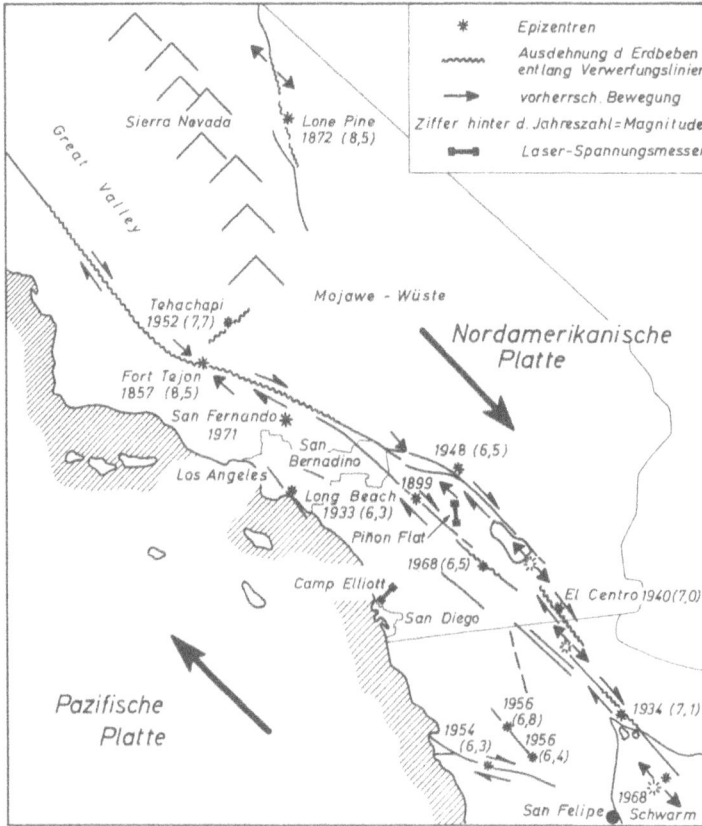

Abb. 182. Übersicht über die Erdbeben und Bruchtektonik im Gebiet von Los Angeles, Kalifornien (nach BERGER).

Auf einer Karte, die die *Verteilung der Erdbeben-Gebiete* auf der Erde enthält, erkennt man, daß ihre Häufung an die jungen alpidischen Kettengebirge geknüpft ist, deren Faltengürtel von vielen Brüchen durchsetzt werden (s. Abb. 180). Als Bebenherde besonders hervorzuheben sind die pazifischen Tiefsee-Rinnen und die Paraphoren, wie z. B. die San Andreas-Störung (s. S. 172), bei denen sich der Zusammenhang zwischen junger Tektonik und Erdbeben klar erkennen läßt (s. Abb. 181 u. 182). In diesen Zonen liegen auch die Herde aller großen *Katastrophenbeben* (s. Tab. 20).

> Strenge Vorschriften über Gründung, Baumaterial und -ausführung in erdbebengefährdeten Gebieten können vorbeugend wirken. So hat sich der Beton-Skelettbau mit Bewehrung aus nichtrostendem Stahl als günstig erwiesen. Man konnte feststellen, daß die größte seismische Energie an S-Wellen (s. S. 8) geknüpft ist, da bei ihnen der Boden horizontal bewegt wird. Nur Beton-Skelettbauten überstehen solche Horizontalbewegungen.

Seismische Wogen, die *Tsunamis,* gehen auf starke Seebeben zurück. Sie werden auf dem offenen Meer infolge ihrer großen Wellenlänge (100–1000 km) kaum wahrgenommen,

Tabelle 20. Die schwersten historisch belegten Erdbeben

Datum	Ort	Stärke nach der Richter-Skala	Opfer und Zerstörung
1356	Basel		300 Tote
1556	China		830 000 Tote
1755	Lissabon		32 000 Tote
1693	Sizilien		60 000 Tote
1721	Iran		250 000 Tote
1905	Indien		20 000 Tote
1906	San Francisco	8,3	452 Tote
			250 000 Obdachlose
1906	Chile	8,6	20 000 Tote
1908	Messina, Italien	7,5	83 000 Tote
1915	Italien	7,5	29 980 Tote
1920	China	8,6	200 000 Tote
1923	Yokohama, Japan	8,3	99 391 Tote
			43 476 Vermißte
1927	Japan	7,9	35 000 Tote
1932	China	7,6	70 000 Tote
1934	Indien	8,4	10 700 Tote
1935	Indien	7,5	50 000 Tote
1939	Chile	8,3	28 000 Tote
1939	Türkei	7,9	45 000 Tote
1948	Japan	7,3	5 131 Tote
1949	Ecuador	6,8	6 000 Tote
1950	Indien	7,1	25 000 Tote
1957	Iran	7,4	2 500 Tote
1960	Agadir, Marokko	5,8	völlige Zerstörung der Stadt
1960	Chile	8,3	5 000 Tote
1962	Iran	7,1	12 230 Tote
1963	Skopje, Jugoslawien	7,3	1 000 Tote
1964	Alaska	8,4	131 Tote
1968	Iran	7,4	12 000 Tote
1970	Peru	7,7	66 794 Tote
1972	Iran	6,9	5 057 Tote
1972	Nicaragua	6,2	10 000 Tote
			200 000 Obdachlose in Managua
1974	Pakistan	6,3	5 200 Tote
1976	Guatemala	7,5	22 778 Tote
1976	Tangshan, China	bis 8,2	242 000 Tote
			500 km Eisenbahn-Schienen zerstört
1976	Philippinen	7,8	8 000 Tote
1976	Friaul, Italien	7,6	1 000 Tote
			viele Ortschaften zerstört
1976	Osttürkei	7,9	4 000
1977	Rumänien	7,5	1 541 Tote
1978	Iran	7,7	25 000 Tote
1978	Algerien	7,3	4 500 Tote
1980	Süditalien	7,2	4 800 Tote
			300 000 Obdachlose

Tabelle 20. Fortsetzung

Datum	Ort	Stärke nach der Richter-Skala	Opfer und Zerstörung
1985	Mexiko	8,1	30 500 Tote 100 000 Obdachlose
1986	Kalamata, Griechenland	5,8	21 Tote
1986	San Salvador	6,7	2 000 Tote
1987	Ecuador	7,3	1 000 Tote 50 000 Vermißte 300 000 Obdachlose
1988	Armenien	6,9	50 000 Tote zahlreiche Städte und Ortschaften zerstört
1988	China	7,1	1 000 Tote 100 000 Häuser zerstört
1989	San Francisco	6,9	275 Tote
1989	Nordchina	7,1	3 000 Tote
1990	Iran	7,3	viele Ortschaften und Städte zerstört
1991	Pakistan	6,6	17 Tote
1991	Afghanistan	6,8	1 700 Tote viele Ortschaften zerstört
1991	Georgien	7,1	130 Tote viele Ortschaften zerstört
1991	Syrakus, Italien	5,5	11 Tote 500 Obdachlose
1992	Osttürkei	6,2	850 Tote

pflanzen sich aber mit Geschwindigkeiten bis zu 700 km/h fort und richten beim Auflaufen in Meerengen und trichterförmigen Buchten durch Anschwellen der Wassermassen riesige Zerstörungen an. An der Japanischen Ostküste wurden Tsunamis bis zur Höhe von 40 m beobachtet und 1896 11 000 Häuser weggeschwemmt. Beim Erdbeben von Chile (1960) richteten seismische Wogen nicht nur schwere Schäden im epizentralen Bereich, sondern noch auf Hawaii an.

Neue Untersuchungen berechtigen zur Annahme, daß es eines Tages möglich sein wird, Erdbeben mit Hilfe eines Netzes von Beobachtungsstationen, Seismographen, Extensometern, Laser-Instrumenten, Gravimetern u. a. vorauszusagen (s. Abb. 183). Es besteht ferner die Hoffnung, schweren Beben zuvorzukommen, indem man sie vorzeitig und dosiert auslöst. Der Plan geht dahin, große Störungszonen mit Neigung zur Spannungskonzentration (s. S. 248) in kleine Teilstücke entsprechend geringerer Energiespeicherung aufzugliedern, und zwar dadurch, daß man durch Flüssigkeitseinpressung in Bohrlöcher die Verwerfungsfläche „schmiert", d. h. den Reibungswiderstand an ihr vermindert. Dadurch werden zwar wie z. B. bei Denver (Colorado, USA) kleine Beben unmittelbar ausgelöst, energiereiche katastrophale Erdbeben aber verhindert.

Aus der Erdbeben-Forschung ist die *Sprengseismik* als wichtiger Zweig der Angewandten Geophysik hervorgegangen. Durch künstliche, in flachen Bohrlöchern mit

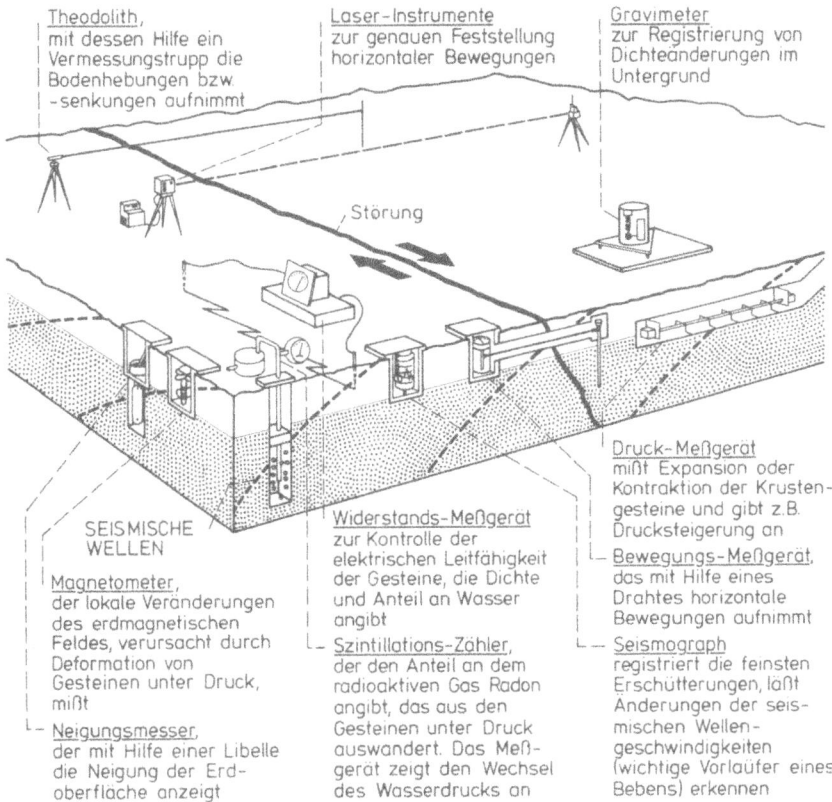

Abb. 183. Methoden der Erdbeben-Voraussage (nach National Geography aus NEGENDANK).

Sprengungen erzeugte Erschütterungen entstehen Wellen, die an Unstetigkeitsflächen im Untergrund zurückgeworfen werden (*Reflexionsseismik*, s. Abb. 184). Bei der *Refraktionsseismik* gelangt nur der zurückgebrochene Strahl zur Auswertung. Man kann damit Voraussagen über die stratigraphischen und tektonischen Gegebenheiten treffen, welche für die praktische Lagerstätten-Forschung (Erdöl, Erdgas, Kohlen, Salz und Erze) von größter Bedeutung sind.

3 Magnetik und Paläomagnetismus

Mit *magnetischen Feldwaagen* sowie neuerdings auch mit *Torsionsmagnetometern* kann man heute selbst geringfügige Unterschiede in der Stärke und Richtung des Magnetfeldes der Erde (s. S. 2 f.) nachweisen, die auf Abweichungen in der Magnetisierung (Suszeptibilität) der Gesteine beruhen.

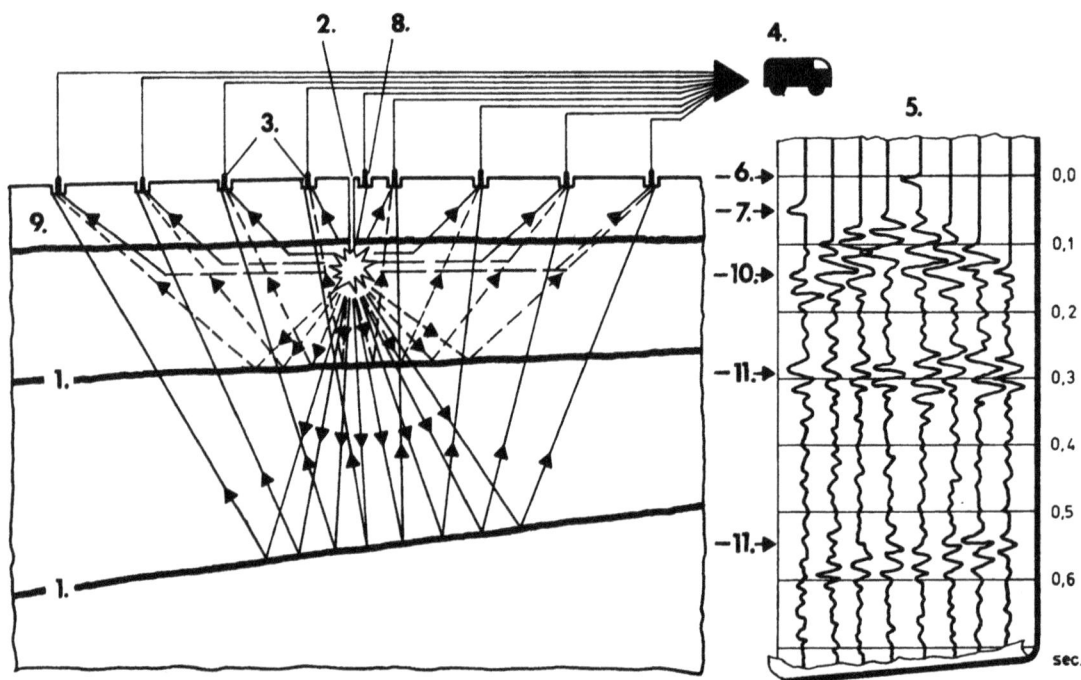

Abb. 184. Schema einer reflexionsseismischen Messung (nach Bentz).
1. Schichtgrenzen, 2. Schußbohrung, 3. Seismographen (Geophone), 4. Meßwagen,
5. Seismogramm, 6: Abriß, 7: Laufzeit, 8: Laufzeit-Seismograph, 9: Verwitterungs-
schicht, 10: Refraktionseinsätze, 11: Reflexionseinsätze.

Die Magnetisierung eines Gesteins setzt sich aus einem induktiven und einem
remanenten Anteil zusammen, der bei der Bildung des Gesteins entstand. Die Remanenz
kann verschiedene Ursachen haben. Beispielsweise bildet sich bei der Abkühlung von
Magmatiten (etwa Basalt) in ferromagnetischen Mineralen wie Magnetit (Fe_3O_4),
Magnetkies (FeS) und Titanomagnetit (Mischkristall des Magnetits und des Titan-
eisenspinells Fe_2TiO_4) kurz unterhalb des *Curie-Punktes*[32] (beim Magnetit 525 °C) auch
in einem schwachen erdmagnetischen Feld eine starke Remanenz, die Thermorema-
nenz, während bei sinkenden Temperaturen die hierzu nötige Koerzitivkraft stark
ansteigt. Somit wird das beim Durchgang durch den Curie-Punkt bestehende Feld
gleichsam „eingefroren". Ein später entstehendes abweichendes Magnetfeld vermag
dagegen an dem erkalteten Gestein wegen der erforderlichen, erheblich größeren
Koerzitivkraft keine nennenswerte Veränderung hervorrufen. Damit besteht die
Möglichkeit, mit Hilfe der Remanenz die Richtung des ursprünglichen paläomagnetischen Feldes früherer Erdperioden zu ermitteln. Auch Sedimente können Träger eines

---

[32] Der Curie-Punkt ist die Temperatur, über der ein bestehender Magnetismus in einem
magnetischen Material verschwindet; unmittelbar unter dieser Temperatur ist dieses jedoch
leicht magnetisierbar.

„eingefrorenen" Magnetismus sein, indem sich schon magnetisierte Mineral-Bestand-teile (in strömungsfreien Gewässern) mit ihrer magnetischen Achse (wie kleine Kompaß-Nadeln) unter Anpassung an das während der Sedimentation herrschende Magnetfeld ablagern.

Die paläomagnetischen Untersuchungen ergaben, *daß die Pole im Verlauf der Erdgeschichte gewandert* sind, und zwar stetig in Richtung auf die heutige Lage. Da gleichaltrige Gesteine aus den verschiedenen Kontinenten jeweils einen kontinenteige-nen, systematisch voneinander abweichenden Verlauf der Pol-Wanderung ergeben, wird daraus gefolgert, daß sich Kontinente relativ zueinander bewegt haben.

Die paläomagnetischen Untersuchungen zeigen, daß die heutigen Nordkontinente im Kambrium getrennt waren und wahrscheinlich erst in der Kaledonischen Gebirgsbil-dung (s. S. 298) zum Nordkontinent „*Laurasia*" zusammengeschoben wurden. An diesen wurde der Südkontinent „*Gondwana*" durch die Variszische Orogenese (s. S. 298) angeschoben, so daß der Großkontinent „*Pangäa*" entstand, der seit der Trias im allmählichen Zerfall begriffen ist. Noch im Kambrium, Ordovizium, Silur und Devon lag Mitteleuropa auf der Südhalbkugel in der Nähe des Äquators und verlagerte sich während Karbon, Perm und Trias nach Norden. Der Südpol lag während dieser Zeit im Gondwana-Kontinent; von ihm ging die damalige Vereisung (s. S. 262) aus. Erst seit der Kreide-Zeit nehmen die Kontinente eine der heutigen Verteilung ähnliche Lage ein (s. Abb. 185). Bei ihrer Verlagerung haben sie die Spuren ihrer geologischen und biologischen Geschichte mitgeschleppt (vgl. S. 262). So findet man auf den tropischen Inseln Südasiens eindeutige Spuren von Eiszeiten, auf Spitzbergen aber Steinkohlen als Hinterlassenschaft subtropischer Wälder.

Das erdmagnetische Feld hat sich im Laufe der Erdgeschichte mehrfach umgepolt. So erweisen sich auf Island, in Hessen, in Japan und anderswo die Flut- und anderen Basalte in ihren verschiedenen Strömen oder Lagen umgekehrt polarisiert magnetisch. Die Zeitdauer einheitlicher Polarität erstreckte sich über Jahrmillionen, während der Polaritätswechsel in einer Zeitspanne der Größenordnung von 10–20 000 Jahren erfolgte. Dabei schwächte sich das Feld ab und verschwand während eines kurzen Zeitraumes ganz, um sich anschließend mit neuen Vorzeichen wieder aufzubauen (s. S. 265) sowie Abb. 187 u. 188. Das eigenwillige Verhalten des erdmagnetischen Feldes scheint von Strömungsänderungen im Äußeren Erdkern (s. S. 12) ausgelöst zu werden.

Neben diesen Anomalien infolge der globalen Umpolung des Magnetfeldes kommen solche kleineren Ausmaßes vor, die durch verschieden stark magnetische Gesteine in der Erdkruste erzeugt werden. Träger der *Magnetisierung von Gesteinen* ist insbesondere Magnetit. Magnetithaltige Eisenerz-Vorkommen und Magmatite (z. B. Basalte) erzeu-gen in den meisten Fällen einen mehr oder minder starken *Störkörper* und können daher mit Hilfe magnetischer Prospektionsmethoden[33] erkannt und in ihrer genauen Umgren-zung von der Erdoberfläche aus erkundet werden.

---

[33] Prospektion = Aufsuchen nutzbarer Lagerstätten mit geologischen, geophysikalischen oder geochemischen Methoden.

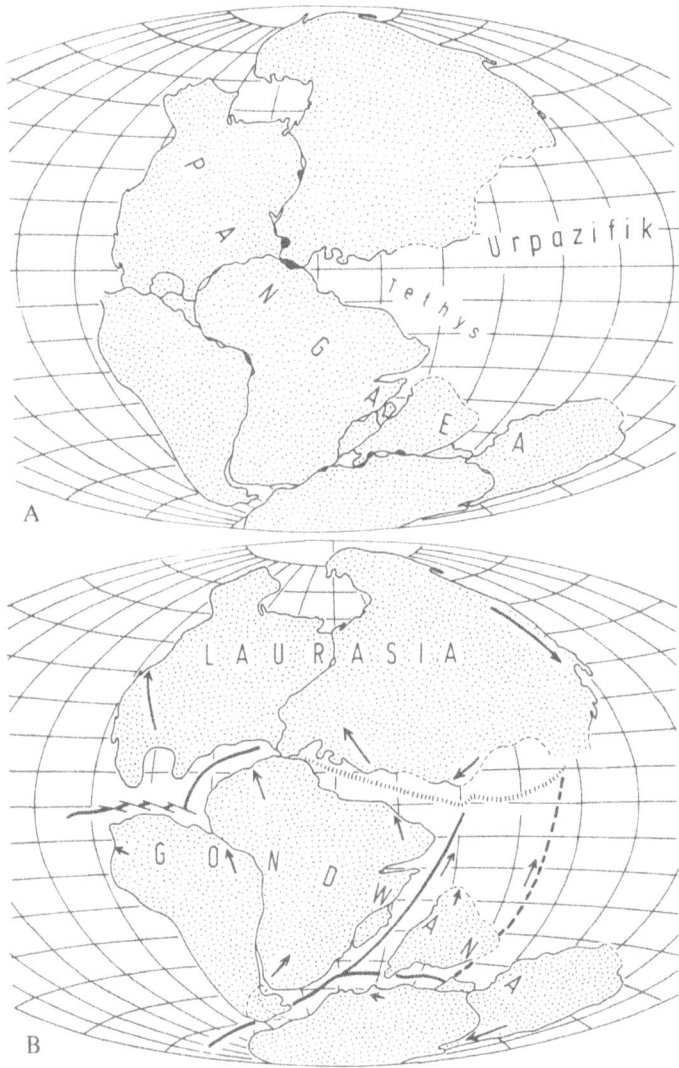

Abb. 185. Die Verteilung der Kontinente in der jüngeren Erdgeschichte (nach DIETZ & HOLDEN).
  A. gegen Ende des Paläozoikums, vor etwa 230 Mio. J.
  B. gegen Ende der Trias, vor etwa 180 Mio. J.

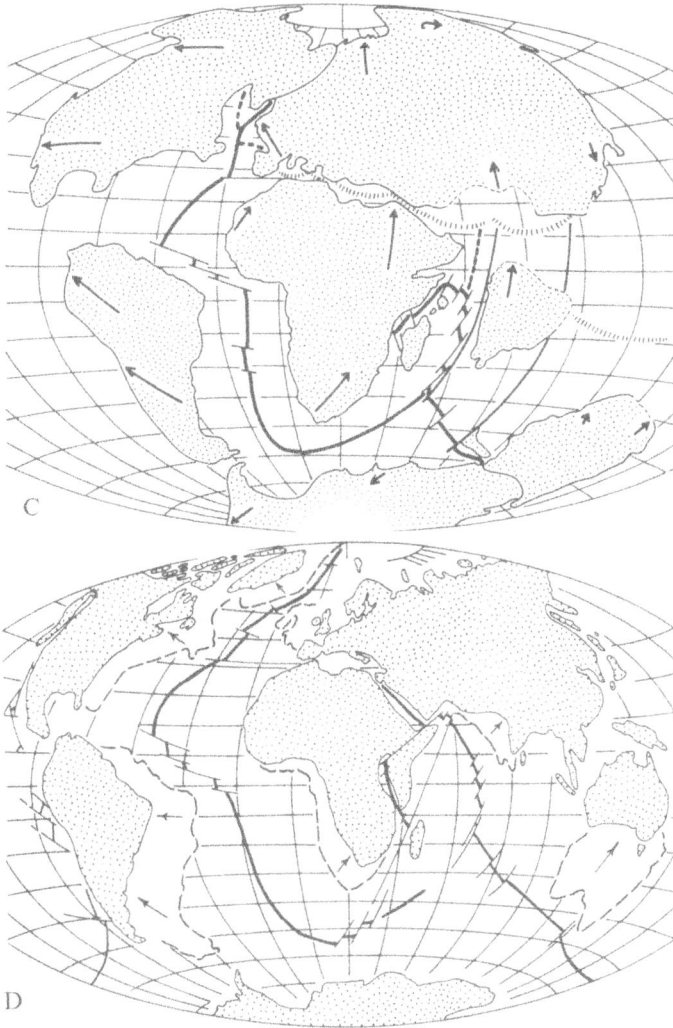

C. gegen Ende der Kreide, vor etwa 70 Mio. J.

D. in etwa 50 Mio. J. (s. S. 274).

Die Pfeile geben die Bewegungsrichtungen an. Die mittelozeanischen Rücken sind durch schwarze Linien, die Tethys ist durch eine schraffierte Zone gekennzeichnet.

4 Geoelektrik

Geoelektrische Methoden stützen sich auf Unterschiede der elektrischen Leitfähigkeit von Gesteinen. Weiteste Anwendung finden *elektrische Widerstandsmessungen* vom Bohrloch aus (*Schlumberger*-Verfahren) zur Auffindung von Erdöl- und Erd-gas-Lagerstätten. Die Diagramme für die einzelnen Bohrlöcher werden korreliert und liefern mit den Bohrkernen Anhaltspunkte für die Art der Gesteine einer Schichtenfolge und ihre Mächtigkeit (s. Abb. 186).

Auch in der Hydrogeologie lassen sich solche Verfahren anwenden, denn grundwasser-führende Schotter besitzen beispielsweise einen größeren Widerstand als stauende Ton-Schichten. Mit Hilfe des *Gleichstrom-Verfahrens*, das nach der Vierpunkt-Methode mit zwei Elektroden zur Strom-Abgabe und zwei Suchsonden zur Ermittlung der Äquipotential-Linien des elektrischen Feldes zwischen den Elektroden arbeitet, wird die Dicke, Beschaffenheit und besonders die Durchlässigkeit der wasserführenden Schichtenfolge bestimmt.

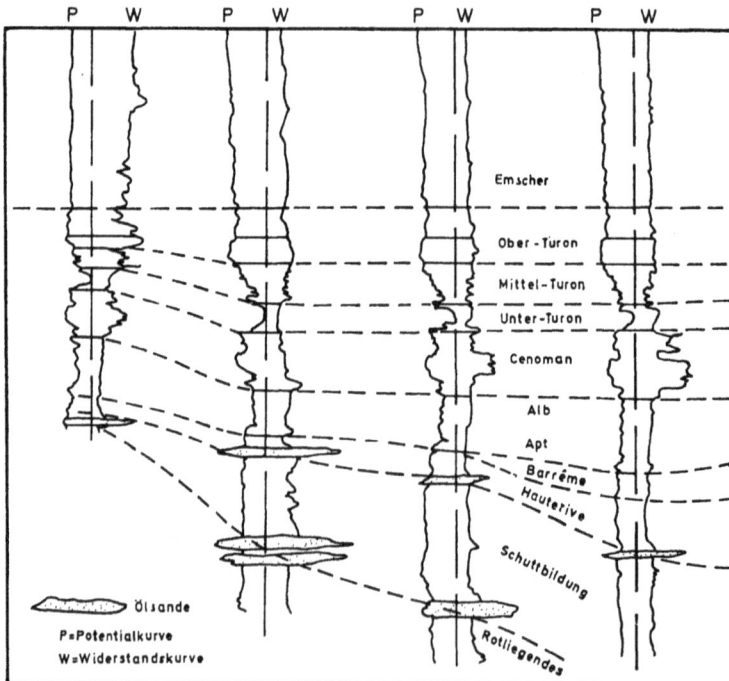

Abb. 186. Konstruktion eines geologischen Profils durch die Verknüpfung geoelektrischer Bohr-loch-Messungen in ölführenden Schichten Norddeutschlands (nach Deecke).

V. Das geotektonische Geschehen

1 Geotektonische Hypothesen

Eine der interessantesten, wenn auch schwierigsten und in hohem Maße hypothetischen Fragen der Geologie ist die nach dem Mechanismus und den Ursachen für die Entstehung der Großstrukturen der Erde. Die Versuche, den gegenwärtigen geotektonischen Zustand der Erde aus dem Wirken endogener Kräfte zu erklären, werden als *„geotektonische Hypothesen"* bezeichnet. Keine der zahlreichen Hypothesen kann allerdings von soweit gesicherten, unwidersprochenen Tatsachen ausgehen, daß sie als *„Theorie"* im mathematisch-naturwissenschaftlichen Sinn gelten könnte. Alle Hypothesen stellen Anschauungsbilder mit vielen Fragezeichen dar, die insbesondere die Gebirgsbildung (Orogenese) und andere Großstrukturen (Kontinente und Ozeane) zum zentralen Gegenstand haben.

1.1 Ältere geotektonische Hypothesen

Die gesteigerte magmatische Tätigkeit während der Gebirgsbildung führte dazu, aufsteigende plutonische Schmelzen als Motor der Orogenese zu betrachten (*plutonische Erhebungshypothese*). Diese Hypothese wurde jedoch fallengelassen, als man feststellte, daß die Plutone in Orogenen ebenso wie die umgebenden Sedimente passiv in die Höhe gehoben waren.

Danach stand für lange Zeit die *Schrumpfungs-* oder *Kontraktionshypothese* an der Spitze aller Hypothesen. Durch die ständige Abkühlung der Erde und die dadurch erfolgte Schrumpfung sollte sich ihre Kruste runzeln. Da die „Schrumpfung" aber nicht stetig vor sich geht, sondern zeitlich auf bestimmte Epochen der Erdgeschichte und räumlich auf einzelne Zonen der Kruste beschränkt ist, besteht ein Widerspruch zwischen der anscheinend gleichmäßig verlaufenden Abkühlung der Erde und der Kurzfristigkeit der tektonischen Vorgänge. Außerdem ist die Ursache für die Kontraktion, der angenommene Wärmeverlust, keineswegs nachweisbar. Es ist sogar wahrscheinlich, daß die an den Weltraum abgegebene Wärme durch radioaktive Prozesse (s. S. 28) ausgeglichen wird. Schließlich stellt die Erdkruste auch kein Gewölbe dar, das den Druck weiterleiten kann, sondern besteht aus einzelnen Krustenschollen, die auf einer schweren Unterlage „schwimmen".

Die *Kontinentalverschiebungshypothese* von WEGENER geht davon aus, daß ein einheitlicher Ur-Kontinent in einzelne Sial-Schollen zerbrach, die als Kontinente auf dem Sima „schwimmend" auseinanderdrifteten. Dabei wurden an ihrer Front Faltengebirge aufgestaut. Man weiß heute, daß ein einheitlicher Südkontinent „Gondwana" zerfallen ist und daß Südamerika und Afrika seit dem Jura auseinanderdriften (s. Abb. 185). Dafür spricht insbesondere, daß 1. die Ostküste Südamerikas und die Westküste Afrikas einen verblüffend übereinstimmenden Verlauf haben, 2. die geologischen Verhältnisse beider Kontinente überraschend gleichartig sind, 3. erdgeschichtliche tier- und pflanzen-ökologische Beziehungen zwischen beiden Kontinenten bestehen und 4. Zeugnisse der permo-karbonischen Vereisung in Südamerika, Afrika, Vorder-Indien, Australien und der Antarktis, d.h. auf den Bruchstücken des ehemaligen Gondwana-Kontinents, zu finden sind.

Die HAARMANNsche *Oszillationshypothese* und die *Undationshypothese* VAN BEMME-LENs lassen die oben angeführte Erhebungstheorie in neuem Gewand wieder aufleben. Sie gehen davon aus, daß subkrustale magmatische Differentiationen, die mit Dichte-Änderungen und Material-Verlagerungen verknüpft sind, zu hydrostatischen Ausgleichsbewegungen und damit zu Oszillationen der äußeren Gesteinshülle führen. Die Erdkruste wird dadurch aufwärts und an anderen Stellen aus isostatischen Gründen abwärts bewegt; es bilden sich Erhebungen (= Geotumore) und Einsenkungen (= Geodepressionen). Diesem Vorgang der „Primärtektogenese" folgt, verursacht durch das schwerkraftbedingte Abgleiten des Sedimentmantels von den Flanken der Aufbeu-lungen, die „Sekundärtektogenese". Wenn auch heute das Auftreten großer Gleitdecken und -massen nicht zu bestreiten ist, so läßt sich gegen die Oszillationshypothese einwenden, daß für einen viele Kilometer reichenden Deckentransport riesige Geotumo-re mit einem entsprechenden Böschungswinkel erforderlich sind, aber nicht nachge-wiesen wurden. Auch nach der Vorstellung VAN BEMMELENs bleibt die Erdkruste an Ort und Stelle „fixiert". Seine Undationshypothese rechnet jedoch mit seitlich beweglichen Geotumoren, die sich wie wandernde Wellenberge verlagern können.

Wegen des engen Neben- und Nacheinanders senkender, stauchender und hebender Bewegungen und des im Grundriß oft bogen- oder schlingen-, ja sogar wirbelförmigen Verlaufes der meisten Orogene kommen nur solche Gebirgsbildungshypothesen in Betracht, die mit fließender Materialbewegung rechnen. Die *Unterströmungshypothese* verlegt den Antrieb zur Orogenese unter das Gebirge. „Unterströmungen" sind nach AMPFERER, SCHWINNER, KRAUS u.a. Fließbewegungen in zähplastischen subkrustalen Tiefenzonen, durch welche die verschiedensten Krustenbewegungen hervorgerufen werden. Regionale Unterschiede in der Wärme-Abgabe des Mantels sollen die Ursache für solche Konvektionsströmungen sein. Als Energiequelle für diese durch Wärmediffe-renzen bedingten thermischen Ausgleichsbewegungen wird von vielen Forschern die durch radioaktiven Zerfall freigesetzte Wärme angenommen. Über den Aufquell-Zonen der Unterströmungen steigen Schwellen auf, die durch Dehnung in Blockgebirge zerfallen. In den Konvergenzzonen wird die Kruste unter Bildung von Geosynklinalen weit in die Tiefe gezogen und anschließend unter Bildung von Gebirgen zusammenge-schoben.

1.2 Die Neue Globaltektonik: die Plattentektonik

Die älteren geotektonischen Hypothesen gingen vorwiegend von Beobachtungen auf den Kontinenten und hier insbesondere von den jungen Kettengebirgen aus. Die ausgedehnten ozeanischen Räume wurden dabei nicht oder nur kaum in Betracht gezogen. Durch die rasch fortschreitende Erforschung der Ozeane ergab sich in den letzten drei

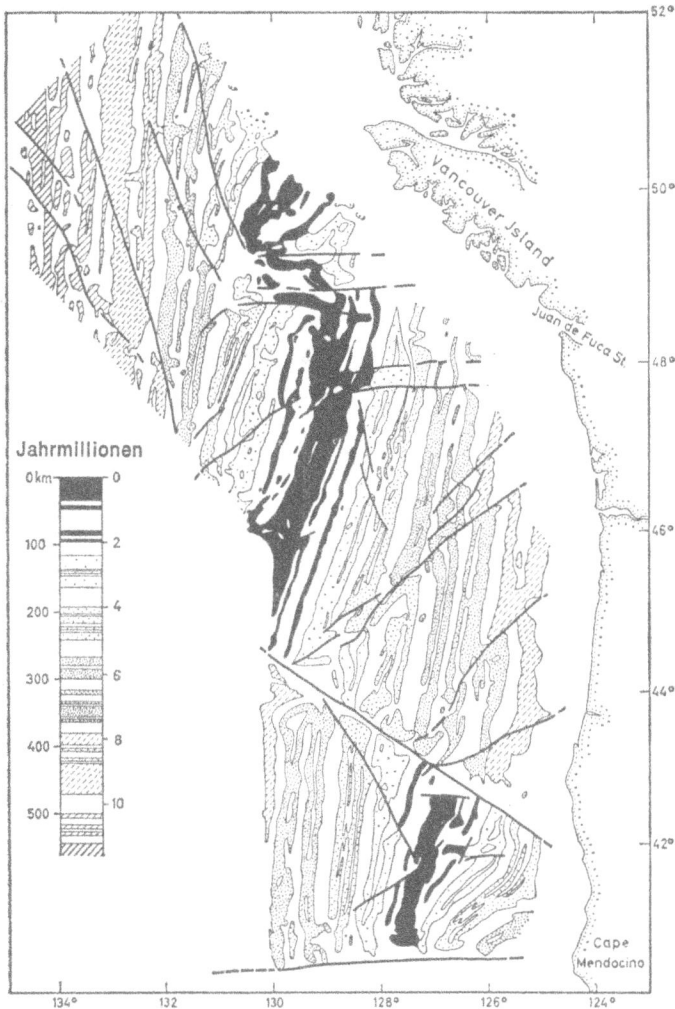

Abb. 187. Kartenskizze der Verbreitung des basaltischen Ozeanbodens durch ‚sea floor spreading' im Ostpazifik beiderseits der Juan de Fuca-Schwelle (Nordende des mittelozeanischen Rückens im Pazifik. Schwarz: heutiger Schwellenbereich. Übrige Signaturen: Gebiete mit einem erdmagnetischen Feld, welches dem heutigen entspricht. Weiß: Gebiete der Pol-Umkehr. Für die letzten 10 Millionen Jahre ergibt sich, vom heutigen Rücken (schwarz) gemessen, nach beiden Seiten jeweils ein Breiten-Zuwachs des Ozeanbodens um 400–500 km (nach RAFF & MASON, PAVONI, VINE u.a., geändert).

Jahrzehnten ein neues Bild: Lotungen im Atlantik in der ersten Hälfte dieses Jahrhunderts hatten eine durchgehende Schwelle, den *Mittelatlantischen Rücken*, festgestellt, nun wurden solche mittelozeanischen Rücken auch im Pazifik und Indik entdeckt. In diese Erhebungen sind *Scheitelgräben* eingesenkt. Senkrecht dazu verlaufen zahlreiche Seitenverschiebungen (*Transform-Störungen*). Die Rücken bestehen vorwiegend aus Tholeiitbasalten (s. S. 218) oder basaltähnlichen Gesteinen (engl. MORB = middel oceanic ridge basaltes). Die Vermessung des erdmagnetischen Feldes im Bereich der mittelozeanischen Rücken (s. Abb. 187 u. 188), insbesondere an der Mittelatlantischen Schwelle, hat ergeben, daß spiegelbildlich auf beiden Seiten ihrer Axialzonen nebeneinander angeordnete, rückenparallele, positiv und negativ gepolte *Anomalie-Streifen* vorhanden sind. Dieser symmetrische Wechsel der Anomalien ist dadurch zustande gekommen, daß magnetitführende Schmelzen stetig im Scheitel der Rücken aufdrangen, sich nach beiden Seiten ausbreiteten und bei ihrer Abkühlung, d. h. bei Durchgang durch den Curie-Punkt, remanent magnetisiert wurden (s. S. 256). Bei

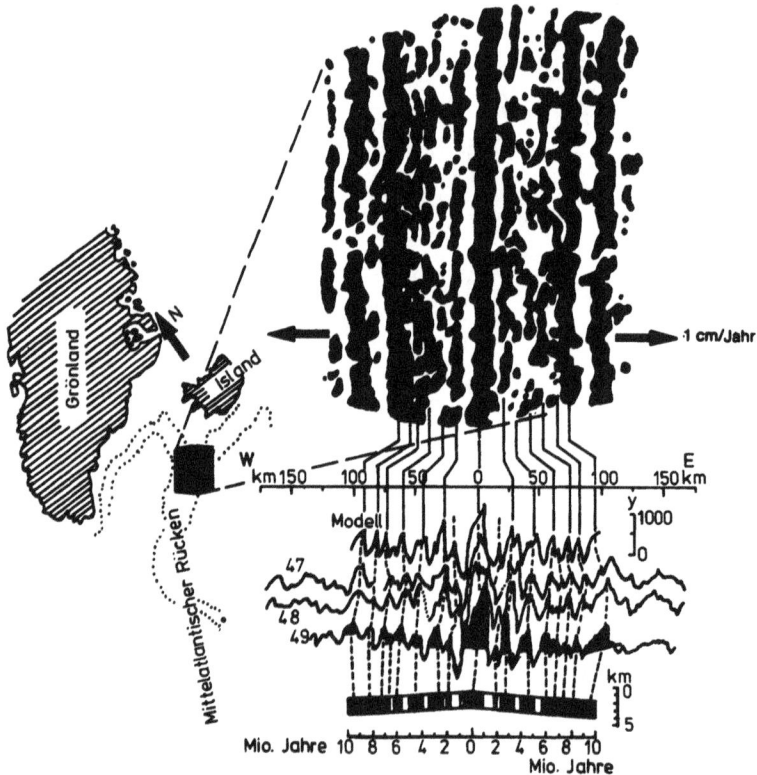

Abb. 188. Karte der erdmagnetischen Anomalien im Gebiet des Reykjanes-Rückens (nach STROBACH).
Symmetrisches Streifenmuster:
schwarz: positive, weiß: negative Anomalien. Position des Meßgebietes in der Skizze oben links. Unten: drei Meßprofile und ein theoretisches Profil, berechnet aus dem Krustenmodell mit positiv (schwarz) und negativ (weiß) magnetisierten Blöcken.

jeder Umpolung des Magnetfeldes der Erde erfuhren die neuen Schmelzen eine jeweils inverse Magnetisierung, so daß sich regelrechte „Anwachsstreifen" bildeten (s. Abb. 187). Radiometrische Zeitmessungen an Proben dieser symmetrisch zu den Rücken verlaufenden Basaltstreifen haben ergeben, daß die Ergußsteine um so jünger sind, je näher die einzelnen Magnetisierungsstreifen an den mittelozeanischen Rücken liegen (s. Abb. 188 u. 189). Diese Untersuchungsergebnisse lassen nur den Schluß zu, daß die Ozeanböden durch das Aufquellen von basischem Magma an den Zentralspalten der mittelozeanischen Rücken, den *Riftzonen*, in die Breite wachsen (s. Abb. 190), d. h. auseinanderdriften (*sea floor spreading* n. Hess, Dietz, Wilson u. a. 1961–1965).

Bei der Analyse von Basalten der mittelozeanischen Rücken wurde festgestellt, daß sich eisen- und titanreiche Laven abwechseln. Daraus folgt, daß der Vulkanismus an den mittelozeanischen Rücken in Schüben aufgetreten ist. Bevor diese begannen, waren unter dem Rücken jeweils neue Magma-Kammern entstanden, die sich dann fortentwickelten. In den gleichen Lava-Beständen findet man Hinweise darauf, daß der Meeresboden bald nach Extrusion der Laven abwechselnd Bereiche mit tiefreichenden Brüchen und mit flachen Gesteinsschichten aufwies. Demnach hat sich in gewissen Phasen der Meeresboden recht schnell ausgebreitet, während sonst der Vulkanismus, der neues Krustenmaterial lieferte, überwog.

Abb. 189. „Isochronen-Karte" des Nordatlantik-Bodens. Die Zahlen geben das Alter des in der Riftzone des Mittelatlantischen Rückens (R) gebildeten und sich seitwärts ausbreitenden Ozeanbodens in Jahrmillionen an (nach Ditman & Talwani, geändert).

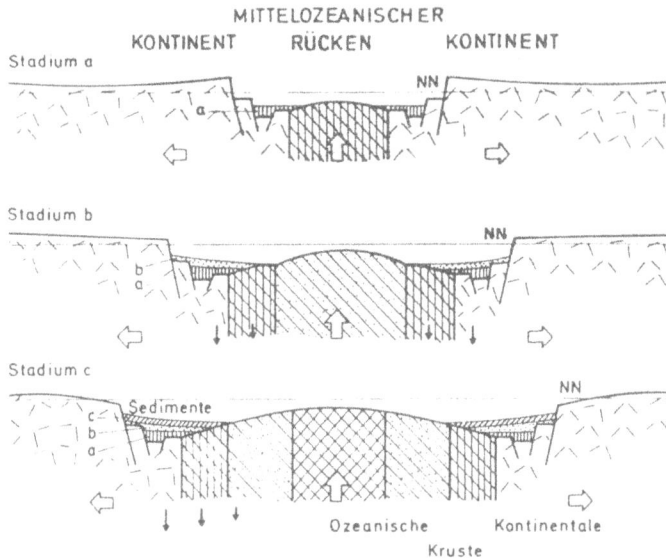

Abb. 190. Theorie des Auseinanderdriftens der Meeresböden (nach Seibold). 1. Auseinanderdriften: Durch aufdringendes Mantelmaterial (linksschräg schraffiert) wird nach dem
Aufreißen eines Kontinents und einer Absenkungsphase, die zu randlichen Verwerfungen führt, der mittelozeanische Rücken hochgehoben und neue Ozeanische Kruste
geschaffen. Dadurch entfernen sich die Kontinente voneinander (Stadium a–c).
Stadium a wäre beispielsweise mit dem heutigen Roten Meer vergleichbar. Durch
Abkühlung und sonstige Vorgänge in Kontinentnähe sinkt der Meeresboden landwärts
des Rückens ab. Dies und die Abtragung von oben her erniedrigen auch die
Kontinentalränder. 2. Polarisierung des erdmagnetischen Feldes: Während der Stadien
a–c wird der in die Nähe der Oberfläche aufdringende Basalt beim Abkühlen
magnetisiert; normal bei normalem, d. h. heutigen Erdfeld, umgekehrt bei einem
umgekehrten. Dieses Muster bleibt beim Auseinanderdriften erhalten. Da die Zeit-
abschnitte mit normalem und umgekehrtem Feld unterschiedliche Länge haben, lassen
sich damit die oberflächennahen Gesteine datieren. Landwärts nehmen ihre Alter zu.
3. Sedimente: Die Sedimente, die sich über diese Basalte legen, können mit mikropaläontologischen Methoden datiert werden. Das Alter der die Basalte direkt überlagernden Sedimente nimmt gleichfalls landwärts zu, ebenso die Gesamtmächtigkeit der
Sedimentdecke (Stadium c).

Die angeführten Beobachtungen waren die Grundlage für ein neues geotektonisches
Konzept, die von Wilson (1965), McKenzie & Parker (1967), Morgan (1968) sowie
Isacks, Oliver & Sykes (1968) entwickelte *Plattentektonik (plate tektonics)*, eine erste
globale Hypothese, die alle geodynamischen Erscheinungen (Erdbeben-Zonen und
Gebirgsbildung), Magmatismus, Lagerstätten-Bildung und die Anordnung der Ablagerungsräume von Sedimentgesteinen auf logische Weise einschließt. Die Plattentektonik
knüpft an die Wegenerschen Gedankengänge des Wanderns der Kontinente an. Freilich
pflügen in dieser neuen Vorstellung von den ständigen Veränderungen des Antlitzes der
Erde die Kontinente nicht mehr durch die Erdkruste; sie reisen vielmehr „huckepack"

auf mächtigen Lithosphärenplatten, die entscheidende Bausteine der Erdkruste sind. Die relativ steifen Platten umfassen neben den Kontinenten auch noch die Ozeanböden und „schwimmen" auf einem halbsteifen Untergrund, der Asthenosphäre (s. S. 11). Die Plattentektonik identifiziert sechs Großschollen von planetarischem Ausmaß und eine Anzahl kleinerer Platten, die insgesamt ein kompliziertes Lithosphärenmosaik bilden (s. Abb. 191). Die Platten können horizontale Bewegungen ausführen und sich dabei von ihren Nachbar-Platten entfernen (*divergente Plattengrenzen*) oder mit anderen Platten kollidieren (*konvergente Plattengrenzen*). Sie können auch nur aneinander vorbeigleiten (*konservierende Plattengrenzen*). Vielfach erzeugen Bewegungen an den Plattengrenzen Erdbeben. Bei Aufteilung größerer Platten in kleine Einheiten spricht man von *Mikroplatten*. Tektonische Ereignisse aller Art innerhalb der Platten werden als „*Intraplatten-Tektonik*" bezeichnet.

Der Motor für alle diese Bewegungen wird in *Unterströmungen* (s. S. 262) im Mantel (Asthenosphäre) gesehen. Nach heutiger Auffassung ordnen sich diese zu Walzen oder Konvektionszellen. Wärme im Erdinnern erzeugt den Auftrieb; bei Abkühlung der höheren Teile des strömenden säkular-plastischen Substrats werden diese dichter und sinken wieder ab. Die mittelozeanischen Rücken liegen anscheinend über einem aufwärts gerichteten Konvektionsstrom, welcher die ozeanische Lithosphäre über sich aufwölbt und sich dabei in zwei divergierende Strömungsäste aufgabelt. Diese bewegen sich unter die Kontinentalränder. Die Aufwölbung eines solchen mittelozeanischen Rückens läßt einen Scheitelgraben entstehen, durch den die Ozeanische Kruste tiefgründig gespalten und dem basaltischen Magma, d. h. Schmelzen aus der Asthenosphäre, der Weg an die Erdoberfläche geöffnet wird. Durch das ständige Aufreißen der insgesamt 70 000 km langen mittelozeanischen Rücken sind hier viele Gräben zu einem komplizierten System ineinander geschachtelt. Aus den Spalten fließen immer wieder große Basaltmengen, deren Ergüsse im Mittelatlantischen Rücken so mächtig waren, daß sie zur Bildung von Island führten. Auch Island reißt immer wieder an Spalten auf, so daß die Insel durchschnittlich 1 cm/a breiter wird.

Insgesamt läßt die Geburt neuer Ozeanischer Kruste im Bereich der mittelozeanischen Rücken Lithosphäre entstehen, die sich langsam von den Rücken fortbewegt. Verbunden damit ist das Auseinanderweichen der kontinentalen Platten beiderseits der Riftzonen. Durch das feststellbare Alter der magnetischen Streifen (s. S. 265) läßt sich die Geschwindigkeit des sea floor spreading und der Drift der Kontinente berechnen. Sie beträgt im Atlantik 3–6 cm/a.

Die sich ausbreitende ozeanische Lithosphäre fällt an anderen Stellen wieder dem Abbau anheim und zwar dort, wo das abgekühlte unterströmende Mantelmaterial absinkt. In solchen *Subduktionszonen* wird die ozeanische Lithosphäre schräg in die Tiefe gezogen („verschluckt") und schließlich aufgeschmolzen (s. Abb. 192, 193 u. 194). Man nimmt an, daß die Neubildung von Lithosphäre in den Riftzonen (*konstruktive Plattenränder*), ihre Ausbreitung und der anschließende Abbau im Bereich der Subduktionszonen (*destruktive Plattenränder*) sich einem größeren Kreislauf – vergleichbar einem Förderband – einfügen, der durch den Rückstrom abgebauter und wieder aufgeschmolzener Lithosphäre in Richtung zu den Riftzonen vervollständigt

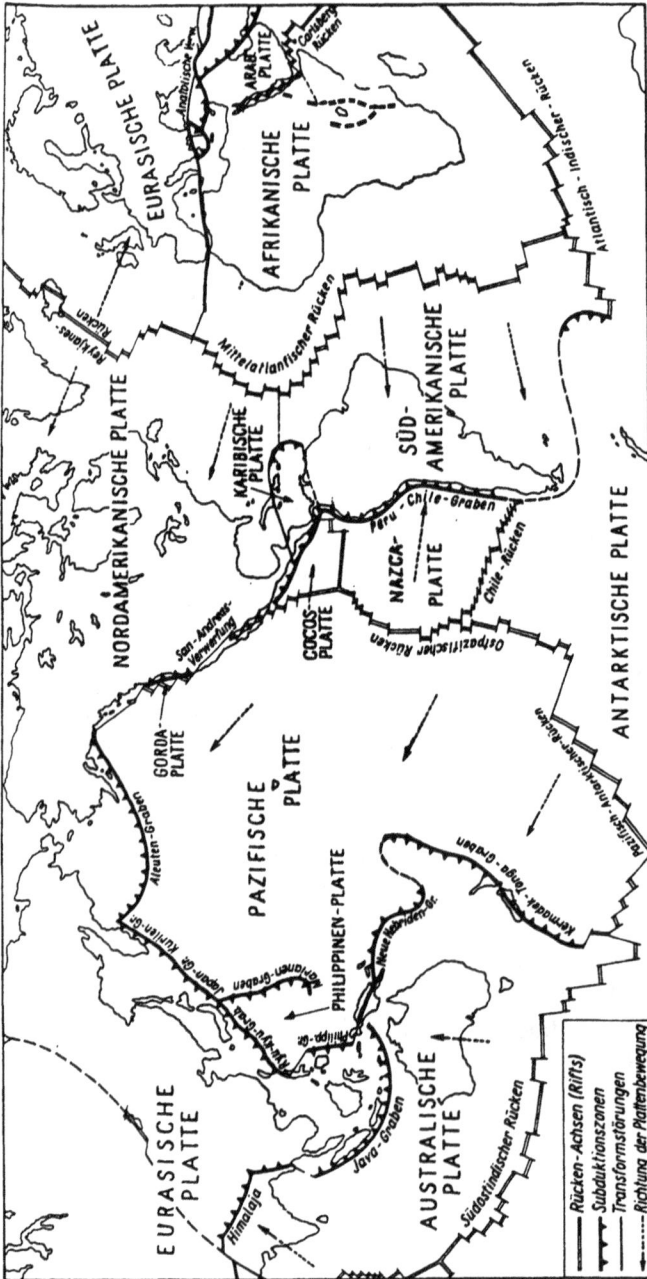

Abb. 191. Nach den Vorstellungen der ‚Neuen Globaltektonik' besteht die Lithosphäre der Erde aus einer Anzahl separater, gegeneinander grenzender ‚Platten', die einer ständigen Neubildung in den ozeanischen Riftzonen und einem Abbau in den Subduktionszonen unterliegen. An ihren Rändern, die Bewegungszonen erster Ordnung sind, konzentrieren sich Erdbeben und Vulkanismus. Transform-Störungen durchsetzen die mittelozeanischen Rücken (nach Dewey, geändert).

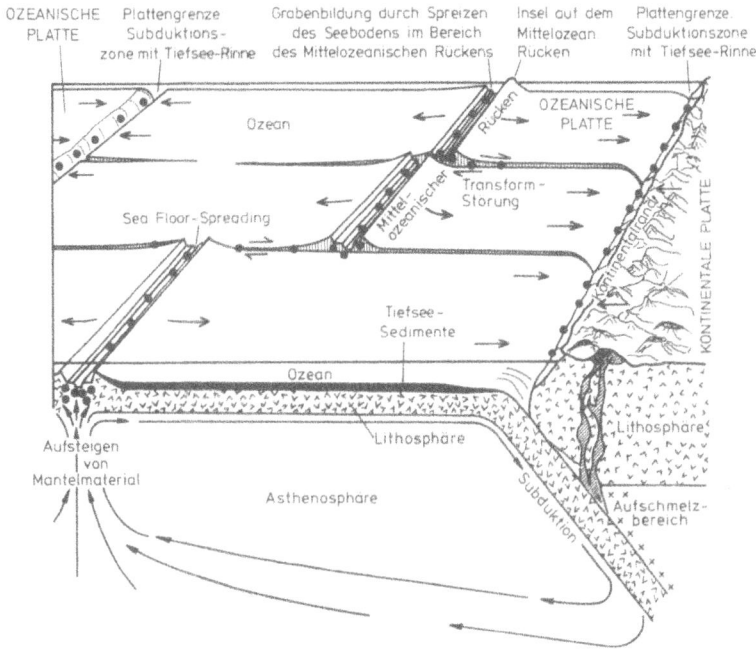

Abb. 192. Sea floor spreading und Subduktion einer ozeanischen Platte durch einen Konvektionsstrom als Grundprinzip der Plattentektonik (nach verschiedenen Autoren, stark geändert).

wird. Während große Flächen ozeanischer Lithosphäre im Laufe der Erdgeschichte mühelos „verdaut" worden sind, lassen sich kontinentale Krustenteile wegen der Auftriebskraft infolge ihrer relativ geringeren Dichte nicht so einfach in die Tiefe ziehen. Sie stellen konservative Elemente dar, deren Gesteins- und Strukturvielfalt eine lange und wechselvolle Krustenentwicklung belegt. Dies wird auch durch radiometrische Altersbestimmungen (s. S. 29f.) bestätigt, die für einige Bereiche der Kontinentalen Kruste (Kratone, s. S. 301) ein Alter von 3,5–4,2 Mill. Jahre ergaben. Die Ozeanische Kruste soll dagegen durch ständige Neubildung und Vernichtung etwa alle 200–250 Mio. Jahre eine Auswechslung erfahren.

Wenn zwei Platten nur horizontal aneinander vorbeigleiten, ohne daß es zu Neubildung oder Abbau an einer der beiden kommt, so entstehen Scherungsränder, wie z.B. die San Andreas-Störung (s. S. 172 u. 252) an der kalifornischen Küste.

Die Vorstellung von festen Kontinentalschollen, die im äußerst zähflüssigen Erdmantel-Gestein schwimmen, bedarf noch einer Korrektur, denn die Kontinente sind keineswegs so fest, wie dieses Modell unterstellt. Bereits in Tiefen von 20 km neigen auch die festesten Gesteine zu metamorphen Deformationen durch zunehmende Drücke und Temperaturen. Dabei entwickelt sich ein fließähnliches Verhalten. Wenn die unteren Partien der 30–70 km mächtigen Kontinentalschollen aus fließfähigem Material bestehen, müßten sie im Laufe der Erdgeschichte längst zerflossen sein. Da dies nicht

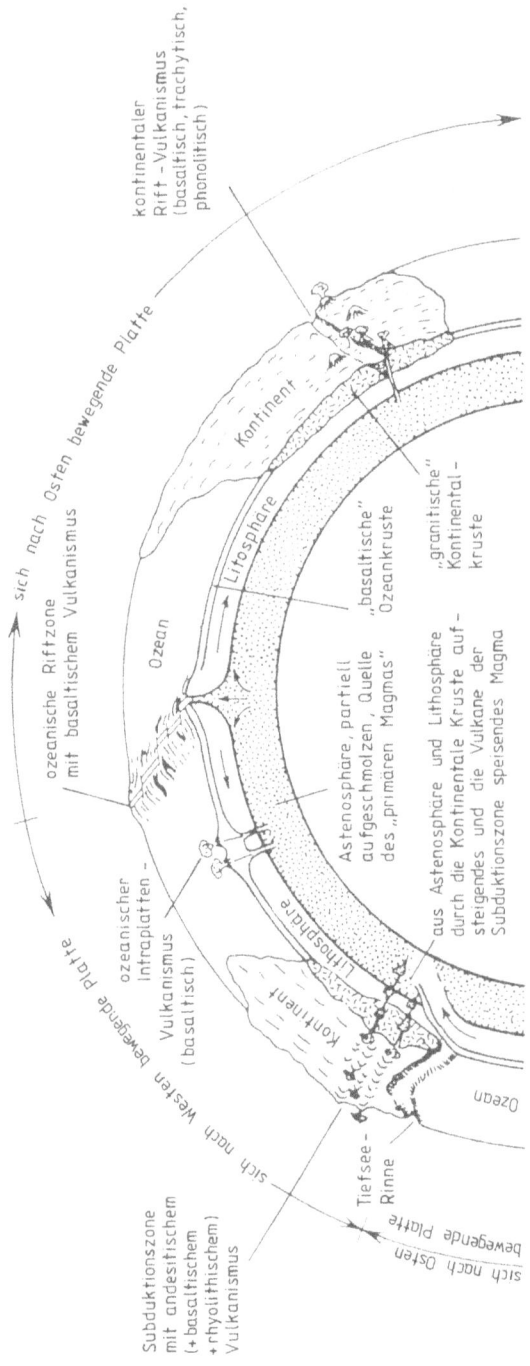

Abb. 193. Die Beziehung zwischen Lithosphäre und Asthenosphäre im Sinne der Plattentektonik (nach PRESS u. SIEVER, geändert).

eingetreten ist, müssen offenbar Kräfte wirken, welche die Kontinente zusammenhalten. Diese sind die unter den Riftzonen horizontal abgelenkten Konvektionsströme (s. S. 267), die von allen Seiten auf die Kontinente einwirken. Hieraus ergibt sich ein Bild höchster Dynamik, das sich nicht nur in der Drift der Kontinente, sondern auch in ihrer Existenz zeigt. Die isolierten Kontinente sind somit ein Indizienbeweis für die Konvektionsströmungen im Oberen Mantel.

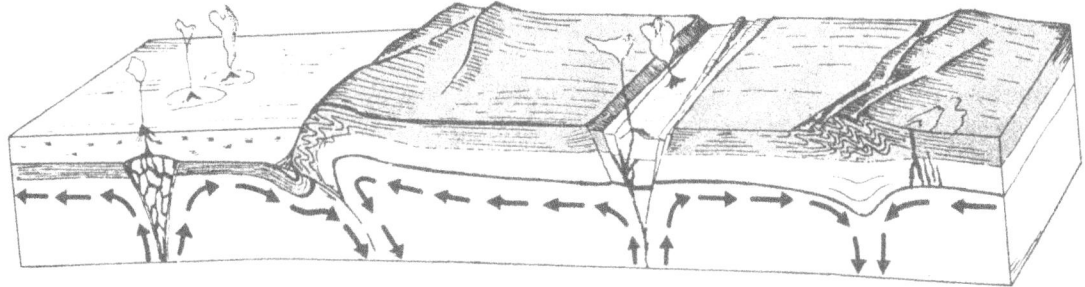

Abb. 194. Konvektionsströme im Erdmantel als Ursache tektonischer Bewegungsvorgänge der Erdkruste (nach WUNDERLICH). Rechts: Kontinentaler Krustenbereich mit zentraler Orogenzone über absteigendem Konvektionsbereich; kontinentale Dehnungszone mit Bruch- und Grabentektonik nebst zugehörigem Vulkanismus (Mitte rechts) über aufsteigendem Konvektionsbereich; randständiges Orogen an der Außenflanke des Kontinents (Mitte links) mit teilweiser Überschiebung der Ozeanischen Kruste. Links außen: mittelozeanischer Rücken über aufsteigendem Ast der Konvektionsströme; Dehnung und Aufreißen der Ozeanischen Kruste sowie Aufdringen von basaltischem Magma und Bildung vulkanischer Inseln.

Fast alle der heute existierenden Platten enthalten Bereiche mit Kontinentaler und Bereiche mit Ozeanischer Kruste. Dies gilt z. B. für die großen Platten beiderseits des Mittelatlantischen Rückens (s. Abb. 191). Aber auch die Australische Platte, die Antarktische Platte und mehrere kleine Platten enthalten beide Krustentypen. Dem gegenüber besitzt die riesige Pazifische Platte nur in Kalifornien und Neuseeland kleinere Anteile Kontinentaler Kruste. Daraus geht hervor, daß es zwei Arten von Kontinentalrändern gibt. Die Kontinentalhänge (s. Abb. 1) fallen im allgemeinen steil zu den Ozeanbecken ab: es handelt sich um die Ränder der Kontinente, an denen das leichte, sialische Krustenmaterial auskeilt. Die Kontinentalränder sind hier mit der Ozeanischen Kruste der angrenzenden Tiefsee fest verbunden, d. h. Kontinent und Ozeanbecken gehören der gleichen Platte an. Solche Kontinentalränder treten z. B. um den Atlantik auf und werden daher *Atlantischer Typ* genannt. Da an ihnen keine aktiven Bewegungen stattfinden, werden sie auch als *Passive Kontinentalränder* bezeichnet.

Aktive Kontinentalränder sind dagegen solche, bei denen zwischen Kontinent und Ozean eine Plattengrenze besteht; an ihr wird die ozeanische Platte unter die kontinentale Platte subduziert. Da dieser Typ von Kontinentalrändern rings um den Pazifik vorhanden ist, nennt man ihn den *Pazifischen Typ.*

Noch vor einigen Jahrzehnten fand man keine allgemein befriedigende Erklärung dafür, daß sich die tiefsten Stellen der Ozeane im Pazifik befinden und daß sie stets kaum mehr als etwa 165 km vor den Kontinentalrändern und den Inselketten liegen. Erst mit Hilfe der Plattentektonik ließen sich die ursächlichen Zusammenhänge erklären. Die Kollision eines Kontinentalrandes mit einer ozeanischen Platte führt dazu, daß der Ozeanboden in steilem Winkel tief in den Erdmantel hinuntergedrückt wird. Die dabei entstehenden Knickstellen der ozeanischen Platten bilden die Tiefsee-Rinnen (s. Abb. 192). Diese gewaltsame Subduktion, wie sie besonders um den Pazifik das Abtauchen der Pazifischen Ozeanplatte bewirkt, führt zu Aufschmelzvorgängen (s. S. 279). Brüche erlauben den Gesteinsschmelzen den Aufstieg. So entsteht weit hinter der von Tiefsee-Rinnen markierten Plattengrenze eine Vulkan-Reihe mit relativ zähflüssigen Laven von überwiegend intermediärem andesitischen bis saurem rhyolithischen Charakter (s. S. 279). Die Vulkan-Ketten von Alaska bis Feuerland, von Neuseeland bis zur sibirischen Halbinsel Kamtschatka beweisen die derzeitige gewaltige Unterpflügung der Ränder der Pazifischen Platte. Sie wird dabei zertrümmert und löst durch die ruckweise Reibung der aneinander entlang scheuernden Platten Erdbeben mit Tiefen bis zu 700 km aus (Benioff-Zonen). Diese Erdbeben-Tätigkeit entlang der Subduktionszonen zeigt, daß das kühle Material der ozeanischen Gesteinsplatte noch in großen Tiefen des Oberen Erdmantels bruchfähig ist, ehe es allmählich wieder zur Erdmantel-Materie umstrukturiert wird.

Eine besondere Art von Plattengrenzen sind die *Transform-Störungen* (s. S. 172), an denen Bewegungen stattfinden, ohne daß Kruste zerstört oder neu gebildet wird. Selbstverständlich läuft die Seitenverschiebung nicht ab, ohne ihre Spuren zu hinterlassen und so treten entlang dieser Störungszonen Gesteinsdeformationen insbesondere im kontinentalen Bereich ein. Transform-Störungen verbinden entweder zwei Abschnitte divergenter Plattenränder (*R-R[34]-Transform*), einen divergenten mit einem konvergenten Plattenrand (*R-T-Transform*) oder zwei konvergente Plattengrenzen (T-T-Transform). Der R-R-Typ ist der häufigste und tritt fast nur im ozeanischen Bereich auf, wo die mittelozeanischen Rücken in ziemlich geringen Abständen von Transform-Störungen unterbrochen und versetzt werden (Abb. 192). Durch die Bewegung neugebildeter ozeanischer Kruste in den Zentralzonen der Rücken kommt es entlang der Transform-Störungen zu einer Relativbewegung, die der Spreading-Geschwindigkeit zweier nebeneinander liegender Abschnitte entspricht. Transform-Störungen enden abrupt in einem Punkt, dem *Transformationspunkt*, in dem die seitenverschiebende Bewegung in eine divergierende oder konvergierende überleitet. Die ozeanischen Transform-Störungen und Bruchzonen bilden häufig submarine Rinnen oder Täler, die sie morphologisch deutlich hervortreten lassen. Oft sind sie durch Erdbeben und Vulkanismus gekennzeichnet.

Transform-Störungen, die mit konvergenten Plattengrenzen verknüpft sind, durchschneiden oft kontinentale Krustenstücke wie z. B. die San Andreas-Fault in Kalifornien (s. Abb. 191) oder die Alpine Fault in Neuseeland. Solche kontinentalen Seitenverschiebungen sind meist wesentlich komplizierter gebaut als ozeanische, da sie häufig von

---

[34] „R" steht für „ridge" = mittelozeanischer Rücken, „T" für „trench" = Tiefsee-Rinne.

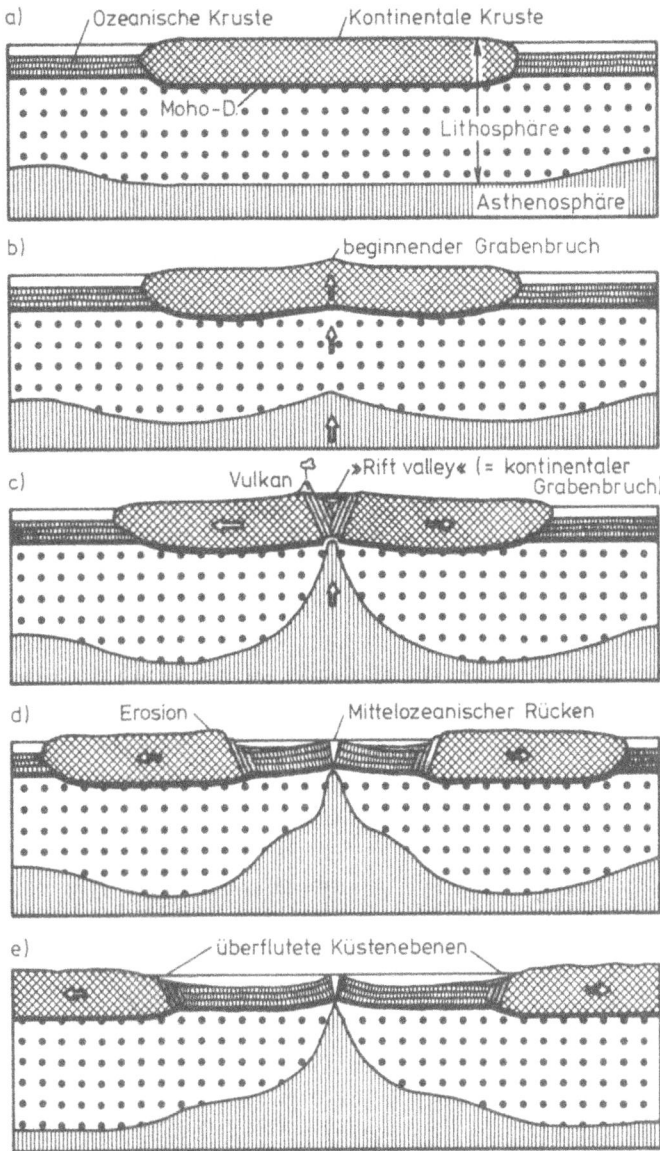

Abb. 195. Zerbrechen eines Kontinents und Entstehen eines Ozeans (nach JUDSON, DEFFEYES & HARGRAVES, geändert).

a) Kontinentaler Krustenblock.

b) Aufwölbung des Mantels und beginnendes Zerbrechen des Kontinents.

c) Dehnung des Kontinents und Bildung eines Grabens (rift valley).

d) Der mittelozeanische Rücken hat die Grabenschultern soweit gedehnt, daß sich eine Meeresstraße bildet.

e) Die Meeresstraße weitet sich zum Ozean aus. (Beispiels: Die Bildung des Atlantiks von der Trias bis heute).

zahlreichen weiteren Störungen unterschiedlichen Ausmaßes begleitet werden. Der Gesamtversatz entlang solcher Störungszonen kann sich im Laufe der Jahrmillionen zu großen Beträgen summieren. Für die San Andreas-Störung wird ein Verschiebungsbetrag von 1000 km seit ihrer Entstehung vor 25–30 Mio. Jahren angenommen.

Die Form und Größe der Kontinente waren im Laufe der geologischen Zeiten wesentlichen Veränderungen unterworfen (s. S. 257). Kontinente brachen auf; es bildete sich in diesem *embryonalen Stadium* eine Graben-Zone, ein *„embryonales Rift"* (s. Abb. 195). Ein solcher Rift-Vorgang mit Bildung kontinentaler Gräben (rift valleys) läßt sich heute beispielsweise am afrikanischen Graben-System beobachten, das sich auf dem Kontinent von Äthiopien bis zur geographischen Breite von Madagaskar erstreckt und das von den langgestreckten, aber verhältnismäßig schmalen Binnenseen (s. S. 86) Tanganyika- und Nyassa-See markiert wird. Das sich an dieses, auch durch aktive Vulkane infolge Aufstiegs von Schmelzen in der Riftzone gekennzeichnete Graben-System nach Osten anschließende Gebiet hat die Tendenz, sich vom afrikanischen Kontinent zu trennen und – wie die Arabische Halbinsel – ostwärts zu driften.

In dem sich anschließenden *jungen Stadium* ist ein Kontinent durch Spreading aufgerissen und Ozeanwasser eingedrungen (s. Abb. 195). Die beiden Bruchstücke trennen sich voneinander wie z. B. Afrika und Arabien im Bereich des Roten Meeres. Im *reifen Stadium* haben sich die beiden Platten noch weiter voneinander entfernt, so daß ein neuer Ozean entstanden ist. Durch Zufuhr von Schmelzen aus den Oberen Mantel wird stetig neuer Meeresboden produziert wie im Atlantik (s. Abb. 259).

Im *abnehmenden Stadium* findet der Abbau einer ozeanischen Platte durch Subduktion wie heute an den Pazifikrändern statt. Wird an einer Subduktionszone vor einem Kontinent mit der Ozeanischen Kruste ein anderer Kontinent herantransportiert, so kommt es zur *Kollision* der beiden Kontinente und damit zur Schließung des vorher gebildeten Ozeans (s. Abb. 196). Im völlig *geschlossenen Stadium* künden nur Gebirge und jüngere tektonische Strukturen von einer derartigen Entwicklung (s. S. 294 f.).

Im Karbon (s. Tab. 21) rückten die Kontinentalmassen der Nord- und Südhalbkugel so nah einander, daß sich vor rund 230 Mio. Jahren ein riesiger, fast einheitlicher Urkontinent, die *„Pangäa"* (s. Abb. 185) bildete. Beim Zerfall von Pangäa zerbrach diese längs mehrerer Risse (rifts) in Form kontinentaler Gräben (rift valleys). Mit zunehmender Breite der Senkungszonen bildeten sich aus den Gräben oder auch unmittelbar ohne Gräben große Meeresbecken (s. Abb. 195). Die weiter fortschreitende Zerteilung von Pangäa in sich voneinander entfernende Einzelkontinente ergab das heutige Bild der Oberflächengestalt der Erde.

> Ein junges rift valley dürfte der Oberrheintal-Graben zwischen Schwarzwald und Vogesen, Odenwald und Pfälzer Wald darstellen (s. Abb. 126). Man glaubt, daß hier die europäische Kontinentalscholle durch einen aufsteigenden Konvektionsstrom von unten angehoben wird, so daß sie reißt und ein Scheitelgraben einsinkt. Die Absenkung, die vor 45 Mio. Jahren begann, hält noch immer an. Die Senkungsgeschwindigkeit beträgt etwa bei Landau bis zu 1 mm/a. Erdbeben deuten ferner an, daß in der Oberrheintal-Senke keine intakte Erdkruste mehr besteht. In dieses Bild paßt auch, daß der Temperatur-Gradient (s. S. 13) im gesamten Oberrheintal größer als in den Nachbarbereichen ist und erheblich über dem mitteleuropäischen Normalwert liegt. Der

Oberrheintal-Graben gehört zu einem ausgedehnten Graben-System, welches durch das Rhône-Tal nach Süden bis in das Mittelmeer zieht und sich nach Norden über die Senkungszone der Niederrheinischen Bucht bis in den Nordsee-Bereich fortsetzt (s. S. 178). Die geophysikalischen Befunde deuten darauf hin, daß es sich bei diesem Graben-System um eine beginnende Rißnaht quer durch die europäische Kontinental-masse (s. S. 298f.) handeln könnte, d.h. um eine Vorstufe zu einer vulkanisch aktiven ozeanischen Riftzone.

Bei der heutigen Verteilung der Kontinentalmassen müßte sich die Rotationsachse der Erde stark verlagern, wenn diese als ausgewuchtete Kreisel rotieren sollte. Die Kräfte, die von den Konvektionsströmungen im Erdmantel ausgehen und die Großplatten mit den eingebetteten Kontinenten verschieben, sind rund 200mal stärker als die Pol-flucht-Kraft und unterdrücken letztere daher mit Leichtigkeit. Wenn die Kontinente auf ihren Lithosphärenplatten unablässig über die Oberfläche des Erdballs geschoben werden wie eine auf ihrer Unterlage bewegliche Haut, so verändern sich gleichermaßen auch ihre Abstände von den Polen (Prinzip der scheinbaren Polwanderung). Bruchteile des einstigen Urkontinents Pangäa sind aus polnahen südlichen Breiten in Äquatornähe gedriftet, andere Kontinentalmassen aus äquatornahen Zonen beispielsweise in Bereiche nördlich des Polarkreises gelangt (s. S. 257).

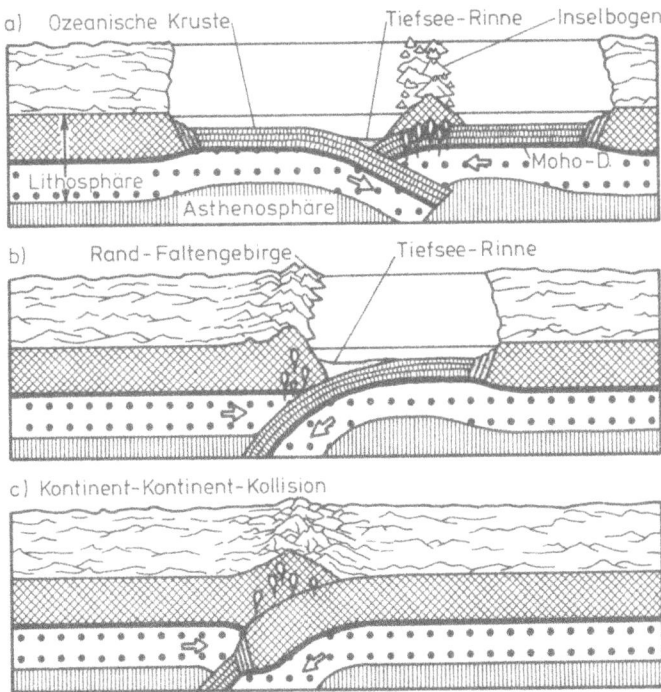

Abb. 196. Schließung eines Ozeans durch Konvergenz von Platten (nach JUDSON, DEFFEYES & HARGRAVES, geändert).
   a) Ozeanische Kruste taucht unter Bildung einer Tiefsee-Rinne und eines vulkani-schen Inselbogens unter Ozeanische Kruste ab.
   b Ozeanische Kruste taucht unter einem Kontinent unter Bildung eines Rand-Kettengebirges ab.
   c) Kollision der Kontinente durch fortschreitende Subduktion unter Bildung einer intrakontinentalen Gebirgskette.

Ozeanischer Rift – Vulkanismus (Mittelozeanische Rücken)

Durch die Hochlage der Asthenosphäre wird Mantelperidotit partiell aufgeschmolzen. Es kommt zur Abscheidung von tholeiitischem Basalt (=primärer Differentiations- prozeß); der aufsteigt und neue Ozeanische Kruste bildet.

Ozeanischer Intraplatten - Vulkanismus (Tiefsee - Bereiche)

An tiefreichenden Spalten steigen insbesondere über „hot spots" aus Aufschmelzbereichen des Oberen Mantels alkalibasaltische Magmen auf. Dieser Prozeß ver- ursacht eine zunehmende Verdich- tung der Ozeanischen Kruste und damit eine zunehmende Alkalinität der Schmelzen.

Vulkanismus der Subduktionszonen

Hier entstehen partielle Schmelzen in der abtauchenden ozeanischen Platte, im Mantelkeil und in dem tieferen Bereich der unterfahrenen Ozeanischen Kruste. Hinzu kommen sekundäre Differen- tiationsprozesse. Die aufsteigenden Schmelzen führen zu Bildung neuer Kontinentaler Kruste.

Kontinentaler Rift - Vulkanismus (Intrakontinentale Bereiche)

Über „hot spots" entstehen partielle Schmelzen im Oberen Mantel und in der Unterkruste verbunden mit primärer und sekundärer Differentiation. Die Magmen steigen an tiefreichen- den Spalten auf.

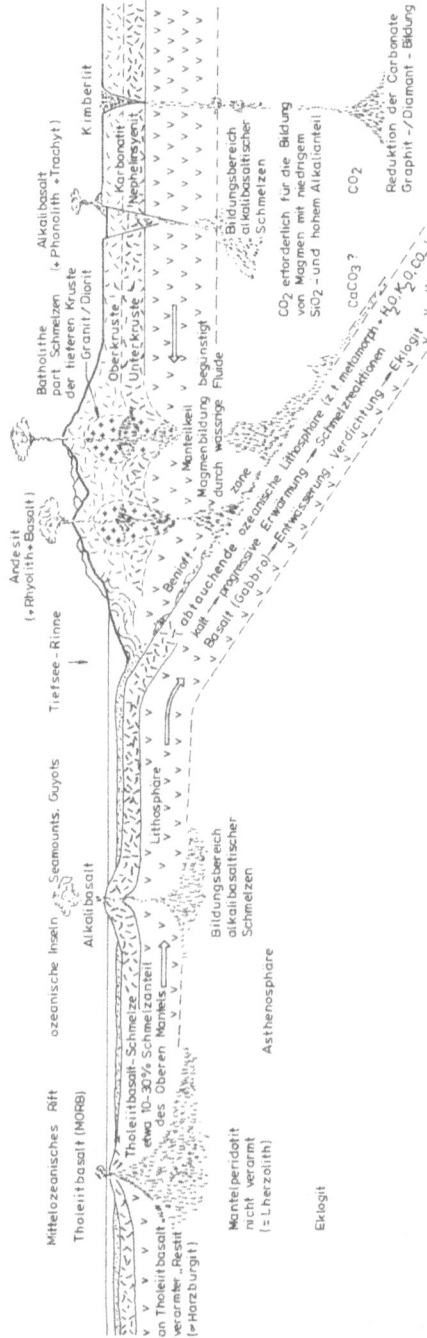

Abb. 197. Beziehungen zwischen vulkanisch-magmatischen Prozessen, Plattentektonik und Entwicklung der Erdkruste (nach RAST, geändert). „Harzburgit" (links) ist ein ultrabasisches Tiefengestein mit ca. 65 % Olivin-Gehalt; „Lherzolith" s. Fußnote 35.

Mit der Plattentektonik ist auch eine theoretische Grundlage geschaffen worden, welche die *kausalen Zusammenhänge zwischen Magmatismus und Bewegungen der Erdkruste* besser als bisher erklärt. Ordnet man die verschiedenartigen Erscheinungsformen des gegenwärtigen Vulkanismus in ihren Mechanismus ein, so lassen sich nach RAST (1980) folgende Gruppen unterscheiden (s. Abb. 193 u. 197):

1) *Der ozeanische Rift-Vulkanismus* ist der vorwiegend submarin-effusive tholeiit-basaltische Vulkanismus der mittelozeanischen Rücken sowie der darauf gelegenen Inseln (Island, Azoren). Aus der dort extrem hoch aufgedrungenen Asthenosphäre dringt die „primäre Schmelze" auf, die kaliumarm, jedoch relativ reich an Aluminium, Calcium und Silicium ist (s. Abb. 197). Sie wird als partielles Aufschmelzungsprodukt des Oberen Mantels von lherzolithisch[35]-perioditischer Zusammensetzung betrachtet. Dabei bleibt im Oberen Mantel ein Restprodukt zurück (s. S. 218), welches an tholeiitischer Schmelze verarmtes Ausgangsmaterial darstellt. Die primäre tholeiit-basaltische Schmelze dringt entweder bis zum Meeresboden empor und erstarrt oder speist die oberflächennahen Magma-Kammern unter den mittelozeanischen Rücken, wo die Kruste stellenweise nicht einmal 10 km dick ist. Tritt die Schmelze nicht direkt am Meeresboden aus, sondern kühlt sie bereits in der Magma-Kammer ab, so kommt es zur fraktionierten Kristallisation, d.h. Differentiation (s. S. 209). Die Minerale hoher Dichte sinken auf den Boden der Magma-Kammer ab, so daß sich die Zusammensetzung des Magmas fortlaufend ändert. Die Restschmelze weist schließlich einen erhöhten Gehalt an Mineralen niedriger Dichte und kondensierten Gasen auf. Die zum Meeresboden emporsteigenden Schmelzen sind dann keine Basalte, sondern intermediäre Gesteine. Die Basalte und/oder Differentiate erstarren am Meeresboden vorzugsweise in Form von Kissenlaven (s. S. 196) und bilden ständig neue Ozeanische Kruste (s. S. 267).

An den Spalten und Brüchen der Ozeanischen Kruste im Bereich der mittelozeanischen Rücken kann Meerwasser zirkulierend eindringen, das die Ozeanische Kruste nicht nur hydratisiert, sondern wegen seines Salzgehaltes mit dieser in einen intensiven Stoff-Austausch (Metasomatose) tritt. Das durch das aufsteigende Magma stark erhitzte Wasser löst dabei Minerale in den Rücken-Basaltgesteinen. Treten solche hydrothermale Lösungen wieder in heißen Quellen am Meeresboden über den Rücken aus, so bilden sich die auf S. 196 angeführten Erze.

2) Der *ozeanische Intraplatten-Vulkanismus* umfaßt den vorwiegend submarinen Vulkanismus der Tiefsee-Bereiche (Seamounts und Guyots, s. S. 195) sowie den Vulkanismus riftferner Inseln (z. B. Hawaii und Kapverdische Inseln). Durch das Auseinanderdriften an den mittelozeanischen Riftzonen wird die neugebildete Ozeanische Kruste nach beiden Seiten in Richtung auf die Subduktionszonen fortbewegt (s. Abb. 193). Dieser Intraplatten-Bereich ist daher von zahlreichen tiefreichenden Spalten durchsetzt, an denen Mantelschmelzen aufdringen können. Dies ist insbesondere über den im Mantel unter der Lithosphäre vorhandenen langlebigen (über 10 Mio. Jahre existierenden), durch starke Temperatur-Erhöhung bewirkten Aufschmelzungs-

---

[35] Lherzolith ist ein ultrabasisches Gestein mit jeweils 50% Olivin- und Pyroxen-Anteil.

bereichen mit Durchmessern von einigen 100 km der Fall. Solch beständigen „hot spots" sind durch Schwerehochs (s. S. 247) und höheren Wärmefluß (s. S. 13) ausgezeichnet. Sie entstehen über in der Asthenosphäre aufsteigenden, weniger viskosen Materialströmen, den Mantel-Diapiren (engl. mantle plumes), und machen sich an der Erdoberfläche durch Zonen starken Vulkanismus bemerkbar (Abb. 198). Schiebt sich eine Lithosphärenplatte über den „hot spot", so entstehen an immer neuen Stellen der Platte Bereiche vulkanischer Aktivität, die wie im Gebiet der Hawaii-Inseln in der Pazifischen Platte zu einer linienförmigen Kette von Vulkan-Zentren abnehmenden geologischen Alters von Nordwesten nach Südosten (heutiger aktiver Vulkanismus der Hauptinsel Hawaii) führen.

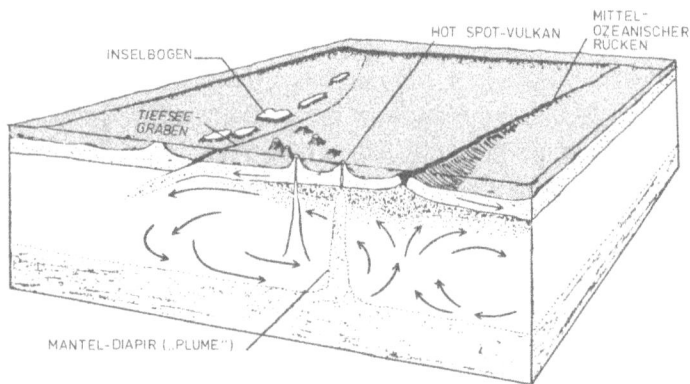

Abb. 198. Die Bildung eines Mantel-Diapirs über einem ‚hot spot'.

Durch den ozeanischen Intraplatten-Vulkanismus kommt es zur Verdickung der Ozeanischen Kruste. Dies bedeutet, daß die Magmen aus zunehmend tieferen Bereichen des Oberen Mantels stammen und damit unter sehr viel höheren Drücken als diejenigen des ozeanischen Rift-Vulkanismus gebildet werden, d. h. es entstehen keine tholeiit-, sondern alkalibasaltische Schmelzen (s. Abb. 197).

3) Der Vulkanismus der Subduktionszonen (s. S. 267) äußert sich gegenüber demjenigen der beiden ersten Gruppen wesentlich eindrucksvoller, da er sich nicht unter meist mächtiger Meeresbedeckung abspielt, sondern in oft dichtbevölkerten Randbereichen der Kontinente oder auf vorgelagerten Inselbögen. Es handelt sich um einen explosiv-effusiv gemischten Vulkanismus, der basisch bis sauer, vorwiegend intermediär ist. Hierzu gehören alle Vulkane der westamerikanischen bzw. ostasiatischen Kontinentalränder und der zugeordneten Inselbögen („Feuergürtel des Pazifiks") sowie die Mittelmeer-Vulkane. Die weitaus vorherrschenden Förderprodukte sind andesitischer Art. So ist bereits auf älteren geologischen Karten des Pazifiks die Grenze zwischen dem Vulkanismus der Subduktionszonen und dem Intraplatten-Vulkanismus als „Andesit-Linie" gekennzeichnet.

Die Magmen stammen einerseits aus der subduzierten Platte selbst, andererseits von dem über der Subduktionszone liegenden „Mantelkeil" (Asthenosphärenkeil). Dabei ergibt sich folgender Prozeß: Bei der Mobilisation der vom Meerwasser veränderten Gesteine der abtauchenden Ozeanischen Kruste in Eklogite (s. S. 239) werden wässerige Lösungen im fluiden Zustand (Wasser in Form einer überkritischen Gas-Phase) sowie Teilschmelzen frei, die reich an Silicium sind. Auch die Mobilisation der nicht abgeschürften subduzierten ozeanischen Sedimente trägt zu diesen Lösungen oder Schmelzen bei. Letztere steigen in den darüber liegenden Mantelkeil auf, sobald er von der Oberfläche der Subduktionszone erreicht wird, und vermischen sich mit Asthenosphärenmaterial. Dies führt zu weiteren Schmelzprozessen, da das Wasser den Schmelzpunkt der Gesteine erheblich erniedrigt. Die neugebildeten Schmelzen, die gegenüber den Mantelgesteinen eine geringere Dichte haben, bahnen sich den Weg nach oben. Beim Aufstieg der Magmen erfolgt ihre Veränderung durch Differentiation (s. S. 209), indem hochschmelzende Minerale als Kristalle ausfallen und zurückbleiben.

Durch die in einem länger anhaltenden Prozeß erfolgende Extraktion von Stoffen aus der abtauchenden Platte ändert sich die Zusammensetzung der Magmen auch mit zunehmender Tiefenlage der Benioff-Zone. Parallel dazu nimmt die Magma-Produktion ab, bis sie schließlich völlig versiegt. Diese Änderung mit der Tiefenlage der abtauchenden Platte zeigt sich beispielsweise darin, daß zunächst nahe der magmatischen Front kaliumarme, tholeiitisch betonte Magmen, dann in einer breiten Zone eine Kalkalkali-Serie, die den Hauptanteil der Vulkanite ausmacht, und in dem nach hinten ausklingenden Bereich alkalische Magmen gefördert werden. Junge Inselbögen, die Ozeanischer Kruste aufsitzen, fördern vorwiegend Basalte. Reife Inselbögen oder aktive Kontinentalränder, bei denen der Subduktionsprozeß schon lange andauert, sind durch das Vorherrschen intermediärer (andesitischer) bis saurer (rhyolithischer) Gesteinsglieder gekennzeichnet, die häufig auch krustalen Einfluß zeigen.

Auch die *Kontinentale Kruste* über dem Mantelkeil steht mit ihrem intermediären bis sauren Bestand als stoffliefernder Bereich zur Verfügung. Da durch sie die Aufstiegswege der Schmelzen führen, können sich in ihr Magma-Kammern (s. S. 185) ausbilden, in denen Veränderungen der Schmelzen durch Aufnahme (Assimilation, s. S. 212) bzw. Vermischung (Hybridisierung, s. S. 212) mit saurem, aufgeschmolzenem Material oder durch Differentiation (s. S. 212) möglich sind (Abb. 197).

4) Der *kontinentale Rift-Vulkanismus* ist effusiv-explosiv und tritt in Zonen der Krustendehnung mit weithin zu verfolgenden Spalten-Systemen auf (s. Abb. 194). An diesen werden alkalibasaltische Schmelzen gefördert, bei aufsteigenden Wärmefronten und Einbeziehung tieferer Krustenbereiche aber auch phonolithische und trachytische Schmelzen. Als Ursache der Aufschmelzungen unter kontinentalen Plattenbereichen mit entsprechend großen Mächtigkeiten der Lithosphäre werden „hot spots" (s. S. 278) angenommen. Das eindrucksvollste Beispiel für kontinentalen Rift-Vulkanismus von globalem Ausmaß ist das System der Ostafrikanischen Gräben bzw. rift valleys. Hierzu gehören auch die tertiären Vulkane Mitteleuropas (Auvergne, Eifel, Vogelsberg, Rhön).

Die *Bildung der Plutone* stellt sich im Sinne der Plattentektonik wie folgt dar. Granitoide des I-Typs (s. S. 219) sind für viele Inselbögen und aktive Kontinentalränder typisch. Sie bilden sich durch Differentiation aus Magmen, die durch Subduktionsvorgänge im Oberen Mantel entstanden sind und besitzen daher niedrige 87 Sr/86 Sr-Isotopenverhältnisse, wie sie für Mantelgesteine typisch sind. Granitoide des S-Typs (s. S. 219) weisen mit ihren hohen 87 Sr/86 Sr-Verhältnissen auf krustale Aufschmelzungen unter Einbeziehung von Sedimentmaterial hin. Sie entstehen vor allem bei der Kollision (s. S. 274) kontinentaler Krustenstücke.

> In der Sierra Nevada (USA) treten Granite des I-Typs in der Nähe des Kontinentalrandes und solche des S-Typs in größerer Entfernung von diesem auf. Die I-Granite müssen insgesamt einem subkrustalen Bereich entstammen, wurden aber kontinentalwärts in zunehmendem Maße von der aufgeschmolzenen alten Kontinentkruste abgelöst.

An die Subduktionszonen sind auch bedeutende *Erzlagerstätten* geknüpft. Es handelt sich vor allem um *Kupfer-Molybdän-* und um *Zinn-Lagerstätten*, deren Erze (Kupferkies, Buntkupfererz, Pyrit und Molybdänglanz) an intermediäre und saure Plutone und Subvulkane (s. Abb. 166) gebunden sind. Typisch dafür sind die Kupfer-Molybdän-Lagerstätten Nord- und Südamerikas. Die Zinn-Lagerstätten liegen innerhalb der magmatischen Bögen weiter kontinentalwärts als die Kupfer-Molybdän-Lagerstätten wie z.B. diejenigen Boliviens und Südostasiens, wo die Erze (Zinnstein) in den Dachregionen von Graniten (s. S. 205 u. 223) auftreten, die durch anatektische Aufschmelzung von Kontinentaler Kruste entstanden sind.

In das Konzept der Plattentektonik lassen sich auch die *Metamorphose-Arten* leicht einfügen. Bei der Subduktion gerät mit den – geologisch gesehen – erheblichen Geschwindigkeiten von 2–10 cm/a niedrigtemperiertes Gesteinsmaterial der abtauchenden Platte verhältnismäßig rasch in größere Tiefen von 100–200 km und teilweise noch tiefer. Infolge der geringen Leitfähigkeit der Gesteine und des Wärme-Verbrauchs beim Einsetzen der Metamorphose wird der Gesteinskomplex einem immer stärker werdenden Druck bei nicht oder nur langsam ansteigenden Temperaturen ausgesetzt, so daß die geologischen Bedingungen für eine *regionale Versenkungsmetamorphose* gegeben sind. Innerhalb der Subduktionszone liegen in der abtauchenden Gesteinsmasse folgende Mineralfazies (von oben nach unten) übereinander a) Lawsonit-Pumpellyit-Albit-Fazies, b) Glaukophan-Lawsonit-Pumpellyit-Fazies, c) Lawsonit-Jadeit-Fazies und d) Eklogit-Fazies (s. S. 229), bis das Gesteinsmaterial wieder im Mantel resorbiert wird, soweit nicht vorher bereits anatektische Schmelzen (s. S. 242) abgewandert sind (s. S. 243). Schließlich erfolgt auch in den mittleren und höheren Bereichen dieser Fazies-Zonen ein Ausgleich zwischen dem abtauchenden Gesteinsmaterial und seiner Umgebung, so daß sich zunächst die *Grünschiefer-Fazies* (s. S. 229) und dann die *Amphibolit-Fazies* (s. S. 230) einstellt. Gesteine einer solchen regionalen Versenkungsmetamorphose bleiben nur dann erhalten, wenn sie vor ihrer Aufheizung in ein seichteres Krustenstockwerk oder an die Erdoberfläche verfrachtet werden. Dies kann eintreten, wenn eine Subduktion endet und die gesamte Zone bei der Kollision (s. S. 274) unter tektonische Einengung gerät. Dann werden Teile der subduzierten Gesteinsmasse verschiedenen Alters und Metamorphose-Grades (von der Lawsonit-Pumpellyit-Albit-Fazies bis zur Eklogit-Fazies) sowie unterschiedlicher Herkunft (Sedimente einer Tiefsee-Rinne bzw. des Ozeanbodens sowie Ophiolithe (s. S. 296), herausgepreßt und in den Faltungsprozeß miteinbezogen. Dazu gehören auch die bei der Subduktion gebildeten Mélangen (s. S. 294).

Im Hangenden von Subduktionszonen kommt es meist zu einer Erhöhung des Wärmeflusses und zu tektonischer Kompression. Dies führt zu einer *Thermodynamo-Metamorphose.* In Abhängigkeit vom Temperatur-Gradienten entstehen entweder Metamorphite vom *Barrow-Faziestyp* oder *Abukuma-Faziestyp.* Ein gut bekanntes Beispiel bieten die japanischen Inseln. Die Abb. 199 zeigt die Zonen der regionalen Versenkungsmetamorphose mit p_{hoch} und der regionalen Thermodynamo-Metamor-

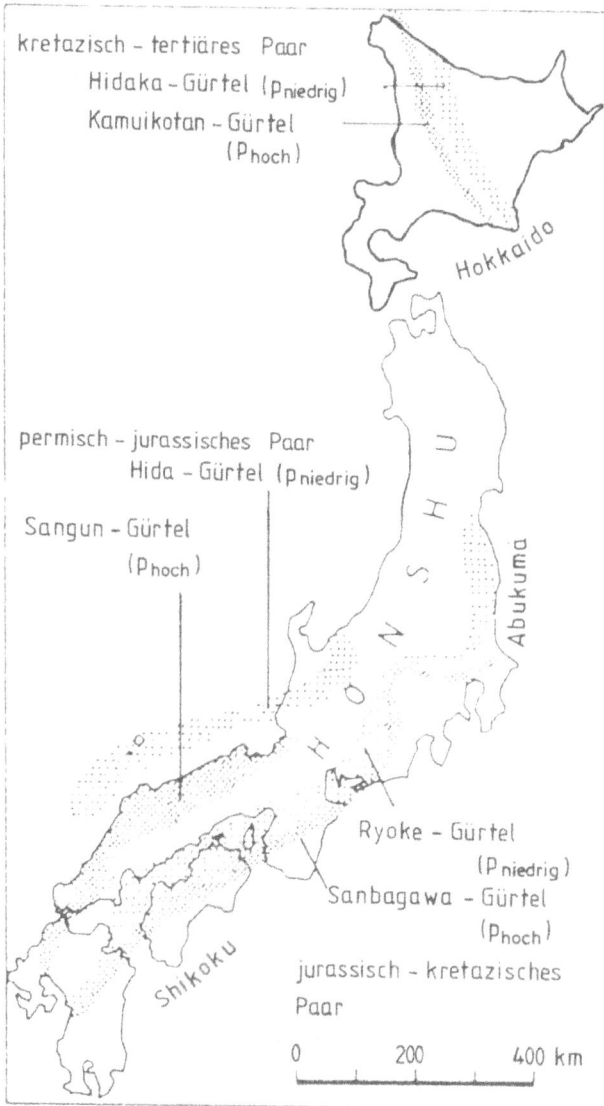

kretazisch - tertiäres Paar
Hidaka - Gürtel ($p_{niedrig}$)
Kamuikotan - Gürtel
(p_{hoch})

Hokkaido

permisch - jurassisches Paar
Hida - Gürtel ($p_{niedrig}$)

Sangun - Gürtel
(p_{hoch})

HONSHU

Abukuma

Ryoke - Gürtel
($p_{niedrig}$)
Sanbagawa - Gürtel
(p_{hoch})
jurassisch - kretazisches
Paar

Shikoku

0   200   400 km

Abb. 199. Die drei gepaarten Metamorphose-Gürtel in Japan (nach MIYASHIRO, geändert).

phose mit $p_{niedrig}$. Der nicht metamorphe Bereich zwischen beiden entspricht der Zone zwischen dem vulkanischen Inselbogen (s. S. 293) und der Tiefsee-Rinne. Der gesamte spät-mesozoische Abukuma-Ryoke-Gürtel gehört dem Abukuma-Faziestyp mit niedrigem Druck und hoher Temperatur an, während der nordwestlich davor gelegene permisch-jurassische Hida-Gürtel mehr zum Barrow-Faziestyp mit höheren Drücken tendiert. Eine solche parallele Anordnung von zwei Metamorphose-Gürteln unterschiedlicher Art ist typisch für die Kollision einer ozeanischen mit einer kontinentalen Platte.

An den von den meisten Geowissenschaftlern akzeptierten plattentektonischen Vorstellungen, die in überragender Weise stimulierend auf die geologische Forschung eingewirkt haben, wird auch *Kritik* geübt.

1. So ist der Mechanismus der Plattenbewegungen bis heute nicht befriedigend erklärt, da Größe und Anordnung der Konvektionsströme nicht erfaßt werden können. Während manche Forscher mit Konvektionsströmen im gesamten Erdmantel rechnen, nehmen andere Autoren an, daß diese nur bis in Tiefen von 700 km hinabreichen. Anhand von seismischen Aufzeichnungen wurden Dichte- und Temperatur-Unterschiede bis 600 km Tiefe in dreidimensionaler Form dargestellt, die ein sehr viel komplizierteres Bild der Konvektionsströme ergeben als das einfache Modell der bisher angenommenen Unterströmungen.

2. Die divergierenden und konvergierenden Platten sind nicht so einfach angeordnet, daß die Dehnung an einer divergierenden Plattengrenze durch Subduktion an einer konvergierenden Plattengrenze wieder kompensiert wird. Beispielsweise liegen im Westen und Osten vor Afrika der Mittelatlantische Rücken und der Mittelindik-Rücken, an dem sich die Dehnungsbewegungen vollziehen und unter denen aufsteigende Konvektionsströme als Motor für diese Vorgänge angenommen werden. Zwischen diesen divergierenden Plattengrenzen sind jedoch keine Subduktionszonen bekannt, an welchen die neugebildete Kruste wieder der Asthenosphäre zugeführt bzw. der Dehnungsbetrag kompensiert wird.

Aus diesen und anderen Gründen schlägt BISCHOFF (1984) ein neues Modell der Konvektionszellen im Oberen Mantel vor. Anstelle der unter jedem mittelozeanischen Rücken und jeder kontinentaler Riftzone vermuteten aufsteigenden Konvektionsströme nimmt BISCHOFF nur zwei große Strömungszentren mit aufsteigendem Mantelmaterial an, wobei das eine unter Afrika und das andere unter dem westlichen Pazifik liegen soll.

3. Beiderseits der Zentral- oder Scheitelgräben (s. S. 5 u. 264) der mittelozeanischen Rücken wurden an vielen Stellen unterschiedlich alte Sedimente gefunden. Dies widerspricht der Spreading-Hypothese.

4. Plattentektonische Vorstellungen sind aufgrund der sich seit etwa 200 Mio. Jahren öffnenden Ozeane (z. B. Atlantik) entwickelt worden. Damit stellt sich die Frage, ob angesichts dieser kurzen, nur ein Zwanzigstel der Erdgeschichte umfassenden Zeitspanne die Plattentektonik grundsätzlich auch auf die geologische Entwicklung der Kontinente, insbesondere der Alten Schilde (s. S. 137), deren Entwicklung in das Archaikum zurückreicht, übertragen werden kann (BELOUSSOV 1980). So lassen sich langanhaltende Vertikalbewegungen der Alten Schilde von der Plattentektonik nicht erklären.

5. Die Ozean-Bildung läßt sich nicht nur durch Rifting und horizontale Wanderung der an die Riftzonen angrenzenden Kontinentteile erklären. Nach BELOUSSOV kann basisches Magma aus dem Oberen Mantel in die Kontinentale Kruste aufsteigen, wodurch diese schwerer wird und absinkt. Als Beispiel werden das westliche Mittelmeer, der Golf von Mexiko und die Randmeere im westlichen Pazifik angeführt.

6. Aus paläontologischer Sicht war nach Kozur (1976) der Pazifik bereits in der Trias ein großer Ozean, der für viele Flachwasser-Organismen eine unüberwindliche Schranke bildete. Für das Aneinanderdriften ursprünglich zusammenhängender Kontinentalräume im Bereich des Atlantiks gäbe es keine mikropaläontologischen Beweise, allerdings auch keine Begründung dagegen. Zumindest Teile des Atlantiks seien alte für Perm und Trias nachweisbare Meeresbecken.

7. Der Wärmefluß ist im Bereich der Ozeane und Kontinente, deren Strukturen sich grundsätzlich unterscheiden, von lokalen Anomalien (s. S.14) abgesehen, etwa gleich. Letztere sind an die mittelozeanischen Rücken und Subduktionszonen gebunden. Der Wärmefluß der Kontinente soll auf die Anwesenheit radioaktiver Minerale in der Kruste, im Bereich der Ozeane im Oberen Mantel (Asthenosphäre) zurückgehen. Wenn sich nun kontinentale Lithosphäre-Platten über ein Gebiet schieben würden, in welchen zuvor ein Ozean vorhanden gewesen wäre, müßte nach Beloussov (1980) der Wärmefluß im Bereich dieser Lithosphäre stark zunehmen, was jedoch an keiner Stelle nachweisbar ist.

Trotz aller Einwände und vielen Unvollkommenheiten ist die Plattentektonik das derzeit am besten fundierte und am konsequentesten strukturierte global-tektonische Modell, das erhebliche Vorzüge gegenüber dem im Kapitel V 1.1 vorgestellten Konzeptionen aufweist, wenn auch Einzelfragen, vor allem in regionalen Bereichen noch zu klären sind und zu mancher Änderung an plattentektonischen Vorstellungen führen werden.

1.3 Hypothese des Mantel-Diapirismus

In jüngster Zeit wird die an die Undationshypothese anklingende Hypothese des *Mantel-Diapirismus* (van Bemmelen, Schuiling u.a.) vertreten, die von primär vertikalen Bewegungen sowie davon ausgeht, daß die gestaltenden Kräfte aus dem Orogen bzw. dem Randmeer („Rückland"), d.h. von innen her, kommen. Über einem lagestabilen „hot spot" (s. S.278) diapirartig nach oben aufdringende Schmelzmassen aus dem Mantel (*„mantle plume"*) lassen eine ausgedehnte Krustenaufbeulung entstehen, von der radial nach außen wandernde „orogene Wellen" ausgehen. Sie bewirken ozeanwärts vorgleitende Inselgebirgsbögen oder Orogene, die von „passiver" Subduktion des Ozeanbodens oder „Vorlandes" begleitet werden. Einbrüche der durch Dehnung und Ausdünnung geschwächten Kruste im Scheitel der Beule führen zur Bildung von Großbecken (z.B. des Ägäis-Meeresbeckens).

2 Die Orogenese (Gebirgsbildung)

Bei der Gebirgsbildung sind Tektonik, Magmatismus und Metamorphose in charakteristischer Weise verknüpft. Die Gebirge lassen sich nach ihren Bauformen in alpinotype und germanotype unterteilen (s. S.174ff.). Während die letzteren auf einem stabilen

Untergrund entstanden, gingen die *alpinotypen Gebirge* aus mobilen Bereichen der Erdkruste hervor. Sie zeigen daher einen sehr charakteristischen bogenförmigen und kettenartigen Verlauf. Unter dem begriff *Orogenese* wird heute meist nur der zur Bildung eines *Orogens*, d. h. alpinotypen Gebirges, führende Prozeß verstanden.

2.1 Der Ablauf der Orogenese auf der Grundlage der klassischen Geosynklinal-Lehre

Die komplizierte Entstehung von Orogenen umfaßt im wesentlichen drei Abschnitte: das *Geosynklinal-Stadium, die Tektogenese* und die Hebung des Orogens, die *Morphogenese*. Diese Orogen-Entwicklung auf der Grundlage der Geosynklinal-Lehre ist heute keineswegs überholt, wenn auch viele Geologen meinen, das Konzept der Plattentektonik (s. S. 263 ff.) lasse die Geosynklinal-Vorstellung „veraltet" erscheinen. Die Vorstellungen der Plattentektonik, die in den letzten drei Jahrzehnten basierend auf den Untersuchungen der Ozeanböden entwickelt wurde (s. S. 264 f.) und von anderen Voraussetzungen ausgeht, und die Vorstellungen der Geosynklinal-Lehre schließen sich jedoch keineswegs aus, sondern lassen sich sogar – zumindest teilweise – miteinander verbinden.

Neben den Orogenen mit Geosynklinal-Stadium gibt es einige Orogene, denen ein solches fehlt.

2.1.1 Der Ablauf der Orogenese von Gebirgen mit Geosynklinal-Stadium

Die *Orogenese der Gebirge mit Geosynklinal-Stadium* stellt einen langandauernden Zyklus mit drei Entwicklungsstadien dar: die *geosynklinale Frühzeit*, die *Haupttektogenese* und die *Spätzeit des Gebirges*. Der orogene Ablauf beginnt mit der (*ortho-*)*geosynklinalen Absenkung* eines meist einige 100 km bis über 1000 km breiten, langgestreckten und oft schon primär bogenförmig verlaufenden Krustenstreifens. Dieser säkuläre marine Senkungsraum liegt entweder am Rande eines Kontinents gegen den Ozeanboden oder zwischen zwei Kontinentalblöcken als Vor- und Rückland (s. Abb. 194).

Der entstehende Senkungstrog ist in der Regel mehrfach gegliedert, indem Schwellen mit verminderter Senkungstendenz Becken mit verstärkter Absenkung voneinander trennen. Dabei lassen sich mehr randliche *miogeosynklinale Teiltröge* mit reichlicher Sediment-Zufuhr von den inneren *eugeosynklinalen Zentraltrögen* unterscheiden, in denen die Ablagerung klastischen Materials zurücktritt, dafür aber der Vulkanismus (s. S. 196) eine wichtige Rolle spielt (s. Abb. 200). Senkung und Sedimentation halten in der Geosynklinale einander oft die Waage, insbesondere in miogeosynklinalen Bereichen, die häufig durch carbonatische Flachwasser-Ablagerungen ausgezeichnet sind. Ist das nicht der Fall, so entstehen Ablagerungen von tiefmeerischer Fazies. Durch die

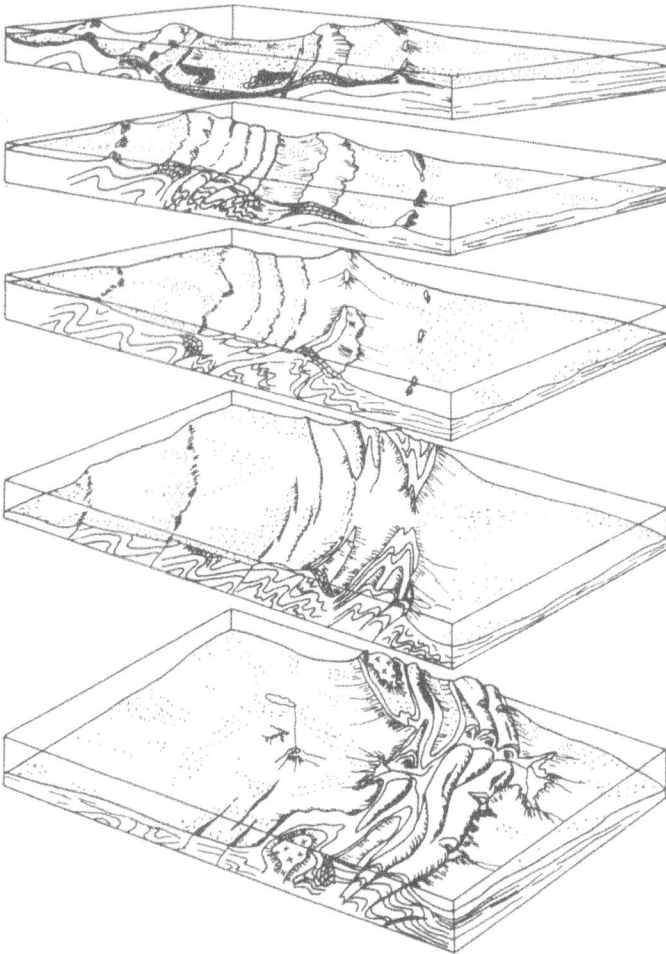

Abb. 200. Entwicklungsschema eines Orogens (nach WUNDERLICH). Von oben nach unten: Geosynklinal-Stadium mit zentralem Stammtrog (Eugeosynklinale mit Initialem Magmatismus) und randlichen Miogeosynklinaltrögen, durch Schwellen abgetrennt; fortschreitende Faltung der Tröge und Schwellenbereiche bis zur Ausbildung eines Falten- und Deckengebirges; Einsinken von Saumtiefen und Finaler Magmatismus.

andauernde Senkung der Geosynklinalböden werden die Voraussetzungen für die Entstehung jener mächtigen Gesteinsfolgen geschaffen, welche für die großen Kettengebirge so typisch sind.

Das frühe Geosynklinal-Studium ist meist mit einer Dehnung der Kontinentalen Kruste verknüpft, durch die es zum Aufreißen von Riftzonen (s. S. 265) kommt. Auf tiefreichenden Spalten steigt primäres tholeiitbasaltisches Magma aus dem Oberen Mantel auf und führt in den eugeosynklinalen Zonen zum *Initialen Magmatismus* (s. Abb. 201). Er äußert sich in untermeerischen Lava-Ergüssen oder Tuffiten, z. T. auch in gabbroiden oder noch basischeren Intrusiv-Körpern. Im Verlauf der Geosynkli-

1. *Geosynklinal–Stadium*
(Initialer Magmatismus)

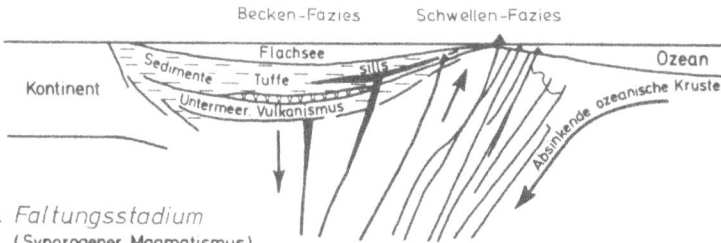

2. *Faltungsstadium*
(Synorogener Magmatismus)

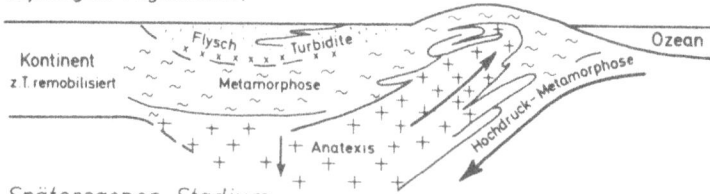

3. *Spätorogenes Stadium*
(Subsequenter Magmatismus)

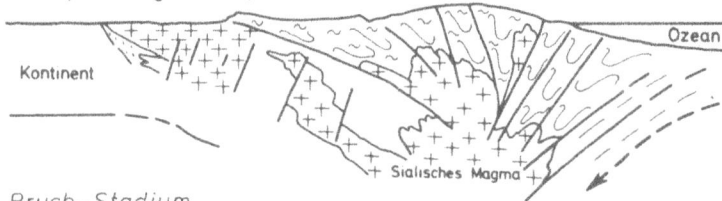

4. *Bruch–Stadium*
(Finaler Magmatismus)

Abb. 201. Schematische Darstellung des Magmas in der Orogenese (nach MEHNERT, geändert).

nal-Entwicklung kommt es zur Differentiation unter Bildung von Spiliten[36] und Keratophyren; solange der Initiale Magmatismus anhält, besteht in der Geosynklinale Dehnungstendenz. Sie weitet sich in diesem Stadium meist aus und ergreift immer neue benachbarte Krustenbereiche.

---

[36] Spilite sind submarine Vulkanite, die entweder durch Na-Aufnahme aus dem Meerwasser bzw. aus wasserreichen Sedimenten oder durch hydrothermale Natron-Metasomatose sekundär albitisierte Plagioklase aufweisen. Bei der Spilitisierung wird Si freigesetzt und führt zu dessen Anreicherung im Meerwasser; durch biogene Ausfällung können dann Radiolarite (s. S. 128) bzw. Kieselschiefer entstehen.

Ausgedehnte Massen von basischen und ultrabasischen Magmatiten in Kettengebirgen sind als *Ophiolithe* (s. S. 296) ein Hinweis auf ehemalige Ozeanische Kruste, die sich infolge der Dehnungsvorgänge im eugeosynklinalen Bereich durch „Ozeanisierung" neu bildete. Ein Beispiel hierfür ist der „Penninische Ozean" in der alpidischen Geosynklinale.

Der Übergang aus dem Geosynklinal-Stadium in das der *Tektogenese* ist unscharf und im einzelnen differenziert. Faltungsvorgänge erfolgen bereits zum Teil im inneren (eugeosynklinalen) Bereich während des weiteren Einsinkens. Dadurch kommt es meist zu einer sehr starken Gliederung des Meeresbodens; einzelne Teilbereiche können sogar über den Meeresspiegel gehoben werden. Die Fazies-Grenzen der einzelnen Teiltröge werden von diesen Hoch- (wenig unter oder über dem Meeresspiegel) oder Tiefschwellen (in größerer Wassertiefe) bestimmt (s. Abb. 202).

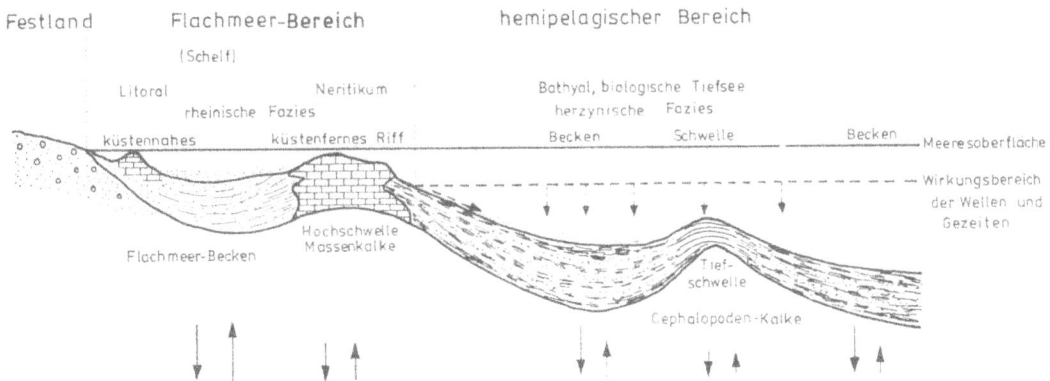

Abb. 202. Schematische Schwellen- und Becken-Gliederung des Nordteils der variszischen Geosynklinale (nach RABIEN).

Bei starkem Relief ergeben sich Abtragungen und Umlagerungen vorher gebildeter Sedimente (Resedimentation). Der synsedimentäre Initiale Magmatismus tritt nunmehr zurück. Insgesamt aber wirkt die Faltung wegen des sinkenden Untergrundes in die Tiefe, was zu einer besonders großen Anhäufung von sialischem Material in der Geosynklinale führt.

Durch die ständige Absenkung und tiefgründige Faltung sowie durch aufsteigende Wärmefronten kommt es in den inneren Bereichen der Geosynklinale zur *Metamorphose* und z. T. zur *Aufschmelzung von Teilen der Kruste* (samt den tieferen Teilen der auflagernden Sedimentgesteinsmassen). Es entstehen *palingene granitoidische Mobilisate*, die während des *Synorogenen Magmatismus* teils syntektonisch, teils bereits spät- oder auch posttektonisch in die neu entstandenen tektonischen Strukturen eindringen.

Die meist zuerst und am kräftigsten deformierten sowie von Metamorphose und Anatexis betroffenen Bereiche nennt man *Interniden*, an welche die miogeosynklinalen Zonen als *Externiden* im Verlauf der Tektogenese angegliedert werden.

Typische klastische Sedimentfolgen, die im engen genetischen Zusammenhang mit der Tektogenese stehen, sind der *Flysch*[37] und die *Molasse*[38]. Flysche bilden sich in rasch und tief einsinkenden Tiefsee-Trögen während der tektogenen Vorgänge. Die kausale Verknüpfung von Flysch-Sedimentation und Tektogenese drückt sich auch darin aus, daß sie im ganzen betrachtet, gleichsinnig mit der Tektogenese von „innen" nach „außen" wandert. Die Flysche sind vor ihrer Bildung nicht vorgezeichnet, sie stellen daher Sedimentationsstockwerke dar, deren Fazies von den faziellen Gegebenheiten des jeweiligen Untergrundes unabhängig ist. Meist handelt es sich um einige 100 bis mehr als 1000 Meter mächtige, oft rhythmische Wechselfolgen von Psammiten (Sandsteine, Kalk-Arenite) und Peliten (Tonmergel, Ton- und Schluffsteine). Die Flysch-Sedimentation endet zeitlich sehr unterschiedlich, wobei oft eine Verflachung des Troges sichtbar wird. Sedimentologisch zeichnet sich der Flysch durch *Turbidit-Abfolgen* (s. S. 108), *Strömungsmarken* (s. S. 115) und andere spezielle Merkmale wie *„Wildflysch"* (s. S. 289) und *Olisthothyrmmata* (s. S. 288) aus, d. h. durch Ablagerungen, welche die synsedimentären „tektogenen Unruhen" wie rasche Senkungen und Hebungen, Verstellungen sowie Relief-Umgestaltungen des Meeresbodens widerspiegeln.

Die durch Flüsse in das Meer transportierte schlammreiche Detritusfracht setzte sich bevorzugt an den Rändern eines Flyschtroges als wassergesättigtes, labiles unverfestigtes Sediment ab. Dieses glitt, ausgelöst durch relativ geringfügige Erschütterungen (Erdbeben, Stürme oder Meeresspiegel-Schwankungen), hangabwärts und bildete bei zunehmender Geschwindigkeit flächenhafte *turbulente Suspensionsströme* (turbidity currents), die sich Hunderte von Kilometern über den Tiefsee-Boden ausbreiteten, bevor sie endlich zur Ruhe kamen. Bei Abnahme der Geschwindigkeit und damit der Transportkraft sanken die gröbsten Partikel der Suspension zuerst zu Boden, dann immer kleinere, während die tonigen Restsubstanzen sich oft nur sehr langsam absetzten. Dadurch entstand die für viele Flysch-Sandsteine (Turbidite) so charakteristische *gradierte Schichtung* mit dem gröbsten Sandmaterial unten und den feinsten Korngrößen oben (s. S. 108 u. 114).

Die *Turbidite* wiederholen sich meist rhythmisch in Hunderten von Bänken, deren jede einzelne einem Suspensionsstrom entstammt (s. Abb. 203). Noch bevor es zum Absatz des Sandmaterials kam, wurden die obersten, vom vorhergehenden Suspensionsstrom abgelagerten feinkörnigen Schichten teilweise durch den neuen Trübestrom weggefegt und auf der so entstandenen Oberfläche des Schlamms Auskolkungen oder Schleifspuren durch feste, von der Strömung mitgeführte Gegenstände (etwa wassergesättigtes Holz) eingeprägt, die der Sand der sich absetzenden neuen Suspensionswolke ausfüllte, zudeckte und damit konservierte. Die Analyse dieser sich heute auf den Unterseiten der Psammitbänke befindlichen *Sohlmarken* wie *Strömungskolk*-(flute casts) oder *Schleif-*

---

[37] Die Bezeichnung „flîsch" (schweiz. = fließen) für tonige, bei Durchfeuchtung „fließende" Gesteine stammt aus dem Simmental.

[38] Der Name „Molasse" (frz. schlaff, sehr weich) für weiche Sandsteine stammt aus der Westschweiz und ist heute eine allgemeine Bezeichnung für Sedimente der Rand- (Außenmolassen) und Innensenken (Innenmolassen) von Orogenen.

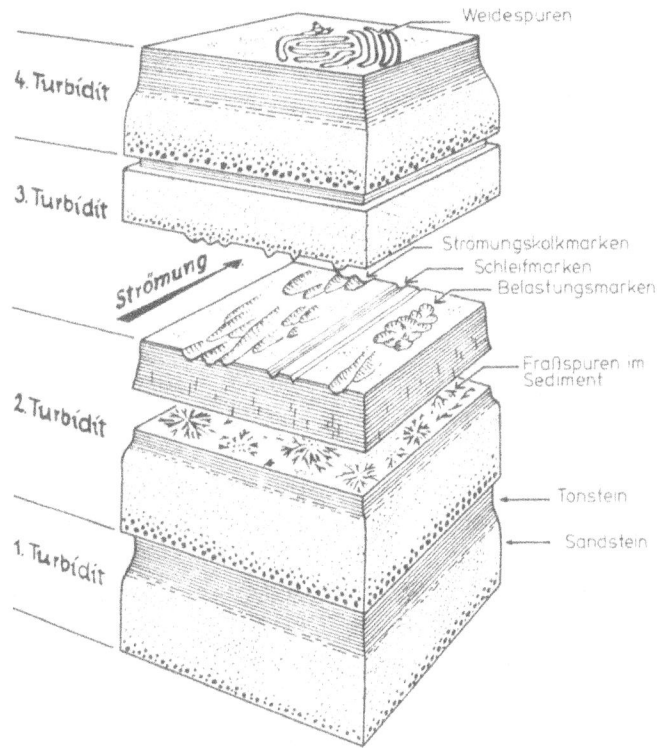

Abb. 203. Schematische Darstellung der wichtigsten Sedimentstrukturen und Lebensspuren im
Flysch (nach SCHOLZ & SCHOLZ).

marken (groove casts) und die Verbreitung von *Schwermineralen* geben Auskunft über
die Richtungen, aus der die sedimentbringenden Suspensionsströmungen kamen (s.
Abb. 203). Dabei zeigt sich, daß die Hauptmasse der Sedimente von trogparallelen
Paläoströmungen am Boden des Flyschtroges über seine gesamte Länge verfrachtet und
verteilt wurde.

> Typisch ist die *Fossilarmut* der Flysch-Sandsteine. Wenn auch die autochthonen
> pelagischen Tonpelite der einzelnen Turbidit-Folgen wegen der oft unter der
> Kalk-Kompensationstiefe erfolgten Ablagerung sehr arm an stratigraphisch signifi-
> kanten Mikrofossilien sind, so blieben doch in den schnell eingetragenen allochthonen
> Kalkpeliten planktonische Foraminiferen und Nannofloren als Reste erhalten und
> erlaubten in den letzten Jahren genaue Altersbestimmungen vieler Flysch-Abfolgen. In
> den längeren Pausen zwischen der Sandstein-Ablagerung, die unter Umständen
> Jahrtausende dauern konnten, wurde der Schlamm von einer spärlichen Bodenfauna
> durchwühlt. Häufig sind daher spezifische *Lebensspuren* (Ichnofossilien) wie Kriech-
> fährten sowie Wühl-, Fraß- und Weidespuren z. B. von Chondriten und Helminthoiden.

Gelegentlich treten innerhalb normaler Flysch-Sedimente *„chaotische" Gleitmassen*
(*„Wildflysch"*) verschiedener Entstehung auf. Sie bildeten sich z. B., wenn sich
ausgedehnte Schollen von der Stirn einer gravitativ in den Flyschtrog eingleitenden
Decke lösten und als Einzelschollen voraneilten, bis sie mangels Gefälle in „normalen"

Flysch-Schichten steckenblieben und einsedimentiert wurden. Dabei erlitten die noch nicht diagenetisch verfestigten Flyschsedimente vor und unter den Gleitschollen eine meist starke Durchbewegung und Verformung. *Olisthostrome* sind das versteinerte Ergebnis von sich im Gegensatz zu den Suspensionsströmen langsam bewegenden *submarinen Schlamm-Massen*, die durch das Abrutschen von größeren, noch unverfestigten, überwiegend pelitischen Sedimentstapeln, oft mit Einlagerungen von kleineren und größeren Geröllen, an den Trogrändern entstanden. Mehr oder minder verfestigte Schichten in der olisthostromatischen Ausgangsabfolge oder in ihrem Liegenden bzw. Hangenden zerbrachen beim Rutschvorgang und bilden – zusammen mit den Geröllen – im Olisthostrom eingeschlossene Fragmente und Blöcke bis zur Hausgröße, die *Olistholithe*. Die Mächtigkeit der Olisthostrome kann einige 100 m erreichen, ihr Wanderweg beträgt oft viele Zehnerkilometer und gelegentlich sogar über 100 km.

Zu den Olisthostromen im weiteren Sinne können auch *murartige Schuttströme* von steilen Küsten gerechnet werden, die sich proximal (am Rand des Flyschtroges) als Fächer ablagerten und heute als tonig-sandige Sedimente mit regellos eingelagerten Brekzien, Konglomeraten und Gesteinsblöcken vorliegen.

Olisthothyrmmata stellen Riesenblöcke und -schollen bis zu Kilometergröße dar, die in jüngeren Sedimenten eingebettet sind. Sie entstanden durch Abbruch von einem Steilrelief, das sich während der Tektogenese durch rasche Hebung von Schwellen in der Geosynklinale sowie im Bereich aufsteigender Küstenzonen formte.

Gegen Ende der geosynklinalen und der tektogenen Entwicklung bilden sich Senkungströge im Vor- und Rückland des Kettengebirges, das jetzt tektonisch seine volle Gestaltung nahezu erreicht hat und aufzusteigen beginnt. Diese *Molasse-Tröge*, deren Senkungsachse sich im Laufe ihrer Geschichte meist noch in Richtung auf das Vor- bzw. Rückland verlagert, werden mit dem *Abtragungsschutt* des sich hebenden Gebirges aufgefüllt. Infolge der ständigen Senkungstendenz der Tröge erreichen die Molasse-Mächtigkeiten sehr hohe Werte, die z. B. nördlich der Alpen über 4000 m hinausgehen. Ihre Absenkung ist meist so stark, daß sie die Sedimentation kompensiert. Infolgedessen liegt der Sedimentspiegel nur wenig unter, zeitweise auch über dem Meeresspiegel. Charakteristisch für Molasse-Senken ist daher der *mehrfache Wechsel von mariner und limnischer Fazies* wie z. B. die nordalpine Untere Meeres- und Untere Süßwasser- sowie Obere Meeres- und Obere Süßwasser-Molasse. Dadurch entstehen neben brackischen und marinen Flachwasser-Serien auch fluvio-terrestrische und limnische Gesteine. Während der limnisch-terrestrischen Sedimentation kann es in Molasse-Becken zur Bildung von Sumpfwäldern kommen, aus deren Torfsubstanz später Kohle hervorgeht (s. S. 129 ff.). Zum Schluß werden die Molasse-Tröge noch in die Faltung des Orogens einbezogen und häufig randlich überschoben, wie z. B. die Vortiefe am Alpen-Nordrand. Das sinkende Becken wird also nicht nur sedimentär, sondern auch tektonisch aufgefüllt.

Sedimentologisch erscheinen in der Molasse neben Tonsteinen, Mergeln und Sandsteinen auch Konglomerate (Nagelfluh, s. S. 118); der grobe Abtragungsschutt breitet sich in Form ausgedehnter Schotterfächer vor den jeweiligen Austrittspunkten größerer Flüsse am Gebirgsfuß aus.

Nicht selten entwickeln sich Molasse-Senken aus Flyschtrögen: Die Flysch-Sedimentation geht zeitlich (Südalpen, Dinariden) und z. T. auch seitlich (Karpaten) in die
Molasse-Sedimentation über.

In verschiedenen Orogenen setzt in diesem spätorogenen Stadium ein starker
Subsequenter Magmatismus als Folge beginnender Bruchbildung ein. Die Spalten
reichen bis in die tiefe Kruste, wo Magmenkörper noch flüssig sind (Abb. 201).
Schmelzen steigen auf und führen zu einem Plutonismus granitischer Zusammensetzung, der in einen rhyolithischen bis andesitischen Vulkanismus überleiten kann.

Durch die während der langen Geosynklinalzeit erfolgte Anhäufung leichter sialischer
Sedimentmengen und die zusätzliche Krustenverdickung durch die Tektogenese wird im
Orogenbereich ein *Massendefizit* erzeugt, das sich auch geophysikalisch, wie z. B. in den
Alpen, nachweisen läßt (s. Abb. 4). Unter dem Orogen hat sich ein Wulst leichteren
Gesteins gebildet, der als „*Gebirgswurzel*" tief hinunter in den Erdmantel reicht.
Dadurch werden Auftriebskräfte wirksam, welche den durch Sedimentation und
Einengung verdickten Krustenstreifen emportragen. Diese Wölbungsbewegungen, die
bereits während der Molasse-Bildung einsetzten, lassen jetzt erst allmählich während der
Morphogenese das *geographische Gebirge* entstehen. Wie hoch ein Gebirge aufsteigen
kann, wird im allgemeinen anhand des Faltungstiefganges (s. S. 152) in der früheren
Geosynklinale zu schätzen sein. Die unausgesetzt aktiven Abtragungsvorgänge schaffen
nun die Hochgebirgsformen, deren Zerstörung und Wiedereinebnung synchron verläuft. Erst in diesem Stadium der Orogenese entwickelt sich im geomorphologischen
Sinne das „Gebirge", das erdgeschichtlich nur von kurzer Dauer ist.

Der isostatische Auftrieb erlahmt, wenn das Gebirge so hoch aufgestiegen ist, daß der
orogene Krustenstreifen trotz seines leichteren Materials nicht mehr leichter ist als seine
(gelegentlich noch niedrigere) Umgebung. Eine Lockerung der Gesteinsverbände
schließt sich an, teils weil oben jetzt eine Stütze fehlt, teils, weil der orogene Block durch
seinen Auftrieb entlang tiefgreifender Bruchstörungen von Vor- und Rückland abreißt.
In diesem letzten orogenen Zeit-Abschnitt kommt es daher zum *Finalen Magmatismus*
des orogen-magmatischen Zyklus. Er äußert sich am Außensaum sowie im Vor- und
Rückland des Gebirges, wo an den Brüchen Magma aus dem Oberen Mantel aufsteigen
kann, meist unter starker Assimilation und Differentiation (s. S. 212 u. 279). Es
entstehen Vulkanite wie Alkalibasalte, Phonolithe und Trachyte. Im Alpenraum
gehören hierzu die Euganeen (Po-Ebene) und der Hegau-Vulkanismus.

2.1.2 Gebirge nicht-geosynklinaler Entstehung

Der Bildungsort der Gebirge nicht-geosynklinaler Herkunft ist der stabile kontinentale
Schelf, der durch eine normale, meist carbonatische Sedimentation ohne Vulkanismus
charakterisiert ist. Ihre Entstehung ist an das Vorkommen von leicht verformbaren
Schichten, oft Salzlagern, im Untergrund gebunden. Sie haben daher im Gegensatz zu
Gebirgen mit Geosynklinal-Stadium keinen Tiefgang und an ihrem Faltenbau sind nur
verhältnismäßig geringmächtige Schichtenpakete beteiligt, wie z. B. im Faltenjura mit

1200–3000 m. Bei der Faltung ist häufig eine Abscherung vom Untergrund eingetreten, der selbst Schuppenbau oder ähnliches aufweist. Sie erfolgt im Gegensatz zu den „Geosynklinal-Orogenen" über Wasser, so daß vorher vorhandene Flußsysteme in antezedenter Form (s. S.71) erhalten bleiben.

Typisch für diese Gruppe von Gebirgen, zu denen auch der Hoch- und Sahara-Atlas gehören, sind ungefaltete Gebiete mit flachliegenden Schichten, die inmitten der Faltenketten Hochplateaus bilden, wie z.B. im Faltenjura Delsberg, Ornans und Champagnols mit vielen 100 km².

Ein eigenständiger Struktur-Typ sind die *Uplifts* der östlichen Rocky Mountains von Wyoming bis New Mexico. Diese Teile des morphologischen Gebirges bilden bis 4000 m hohe, lange und breite kofferfaltenähnliche Beulen (s. S. 145), in denen der paläozoische sowie präkambrische kristalline Untergrund mit hochgewölbt ist (s. Abb. 92). Zwischen den Uplifts liegen weite Becken, die Hochplateaus bilden, welche im Verlauf der Gebirgsbildung bis auf 2000 m gehoben wurden. Die Grenzen der Uplifts gegen die „basins" bilden meist große, tiefreichende Längsbrüche, an denen alkalibasaltische Laven (Atlantische Sippe) aufgedrungen sind. Die Tektogenese der Uplifts ist ebenfalls über Wasser erfolgt. Magmatische Massen-Verlagerungen in der Erdkruste dürften der Motor für ihre Entstehung gewesen sein.

2.2 Die Orogenese auf der Grundlage der Plattentektonik

Orogenesen (Gebirgsbildungen) sind Prozesse, die mit der Subduktion in ursächlichem Zusammenhang stehen. Man kann verschiedene Arten der Orogenese unterscheiden, den *Kordilleren-Typ (Anden-Typ)*, den *Inselbogen-Typ* und den *Kollisionstyp (Himalaya-Typ)*. Taucht eine ozeanische Platte unter einen aktiven kontinentalen Plattenrand ab, so werden die davor angehäuften kontinentalen Abtragungsprodukte, d.h. die marinen Sedimente, zusammengepreßt, der Front des Kontinents angefaltet und teilweise deckenartig aufgeschoben (s. Abb. 204). Es entstehen Kettengebirgsstränge wie z.B. die Anden (*Kordillieren-* oder *Anden-Typ*). Diese sind durch sehr aktiven Vulkanismus ausgezeichnet.

Beim *Inselbogen-Typ* erfolgt der Abtauch-Prozeß – wie am Westrande des Pazifiks – schon in einiger Entfernung vor dem Kontinent. Die Subduktion wird zu Beginn dieser

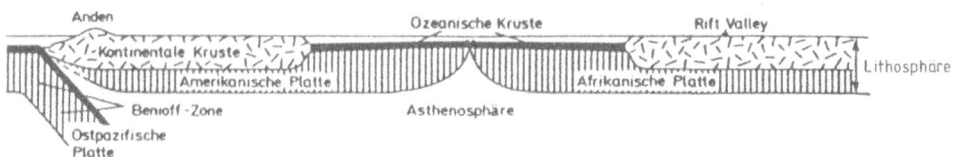

Abb. 204. Der Kordilleren-Typ der Orogenese am Beispiel der Anden: Subduktion der Ostpazifischen (Nazca-)Platte unter die Südamerikanische Platte (nach DEWEY & BIRD, geändert).

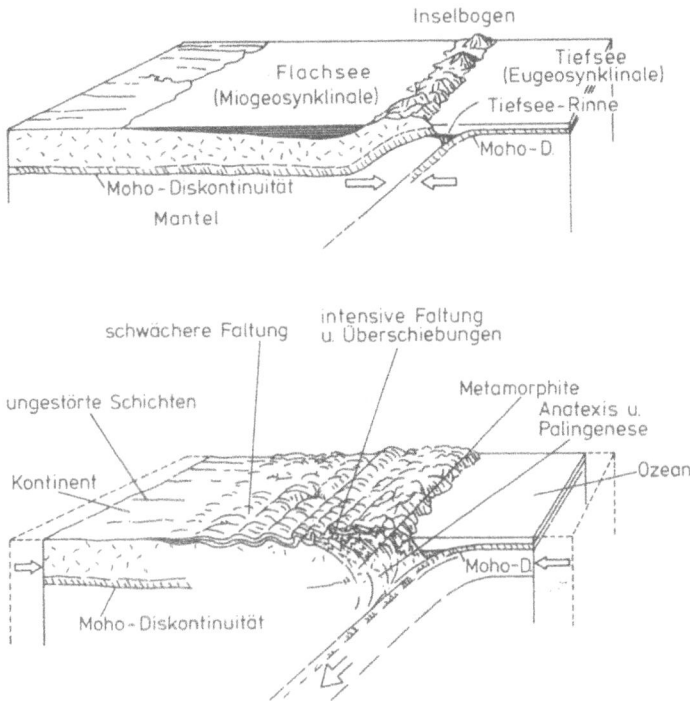

Abb. 205. Gebirgsbildung am Rande eines Kontinents durch Abtauchen einer ozeanischen Platte unter diesen. Der sich zunächst bildende Inselbogen trennt die Eu- von der Mio-geosynklinale. Im weiteren Verlauf der Subduktion entsteht ein Falten- und Deckenge-birge (Neuguinea-Typ), dessen tiefste Bereiche der Anatexis und Palingenese unterlie-gen (nach STRAHLER, geändert).

Entwicklung im allgemeinen durch die Dichte der gealterten ozeanischen Lithosphäre eingeleitet („freie Subduktion"). Dabei bilden sich durch ein Randmeer vom Kontinent abgetrennte Inselbögen (s. Abb. 196). Durch die langanhaltende magmatische Tätigkeit wird kontinentales Krustenmaterial neu gebildet. Oft entstehen auch kettenförmig aneinandergereihte, ausschließlich vulkanische Inseln. Schließlich kollidiert der Inselbo-gen mit dem Kontinentalrand. Die vor und hinter dem Inselbogen abgelagerten Sedimente werden dabei zusammengepreßt, gefaltet und samt dem Inselbogen auf den Kontinentalrand aufgeschoben und zum Gebirge umgestaltet (s. Abb. 205) und so der Gegenplatte angegliedert (*Neuguinea-Typ*).

Bewegen sich im Raum eines Inselbogens eine kontinentale und eine ozeanische Platte aufeinander zu, wobei die ozeanische sich unter die kontinentale schiebt wie in Ostasien, so liegt der *Japan-Typ* vor. Hierzu gehört auch der Transhimalaya.

Wird vor einem kontinentalen Plattenrand eine ozeanische Lithosphärenplatte zum Abtauchen gezwungen, so können sich mächtige Sedimentstapel anhäufen. Dabei handelt es sich teils um Abtragungsmaterial des Kontinents, das – oft in Form von Flysch-Abfolgen (s. S. 288 ff.) – die vorgelagerten langgestreckten Randdepressionen, die Tiefsee-Rinnen, füllt, teils um Sedimente, die mit der ozeanischen Lithosphärenplatte herangetragen werden. Werden Anteile solcher Sedimente noch ein beträchtliches Stück unter den kontinentalen Plattenrand gepreßt, so können sie bei relativ geringer thermischer Einwirkung, aber hohem Pressungsdruck eine *Hochdruck-Metamorphose* in sogenannte *Blauschiefer* (*Glaukophan-Schiefer*, s. S. 229) erleiden. In der unterfahrenen kontinentalen Platte kommt es zu ozeanwärts gerichteten Faltungen und Überschiebungen. Durch die tektonische Mischung von Gesteinen der abtauchenden Platte (Sedimente, basaltische Gesteine und Pyroklastika) mit den Sedimenten der kontinentalen Platte ergibt sich die große Mannigfaltigkeit der Gesteine an solchen Konvergenzrändern. Auch Mélangen sind Kennzeichen für derartige Plattengrenzen. Als *Mélange* bezeichnet man eine durch intensive Zerscherung, chaotische Lagerung sowie zahlreiche autochthone und allochthone Gesteinsfragmente verschiedener Dimension und unterschiedlicher Art (Sedimente, Vulkanite und gelegentlich auch Metamorphite) bestehende tektonische Masse von erheblichem Ausmaß, die durch das Hinabpressen unter den kontinentalen Plattenrand beim Subduktionsvorgang entsteht.

Stoßen kontinentale Platten aufeinander, so entstehen Gebirge wie Ural, Alpen oder Himalaya (s. Abb. 206). Bei ihrer Kollision erfolgt eine gewaltige Einengung. Beispielsweise wanderte der indische Subkontinent im Laufe der letzten 100 Mio. Jahre nach Nordosten in Richtung der asiatischen Kontinentalmasse (Eurasische Platte), bis es zur

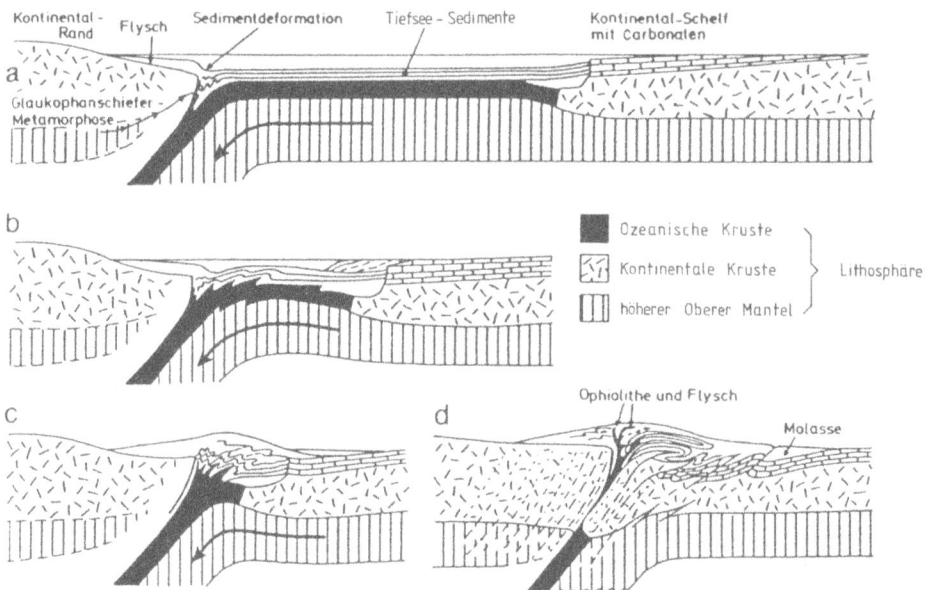

Abb. 206. Der Himalaya-Tip der Gebirgsbildung. Zusammenstoß zweier kontinentaler Platten unter Subduktion einer ozeanischen Platte mit Aufpressung ophiolithischer Gesteine (nach DEWEY & BIRD, geändert).
    a) Beginnende Subduktion und Flysch-Sedimentation
    b) Fortgeschrittene Subduktion.
    c) Kollision
    d) Ende der Tektogenese und Molasse-Sedimentation

Kollision kam. Nur ein schmaler eingeschuppter Streifen ozeanischer Lithosphäre, die *Indus-Ophiolithzone*, weist auf den einst zwischen beiden Kontinenten bestehenden, heute verschwundenen Meeresraum der „Tethys" (s. S. 298) hin. Durch die Kollision wurden die im Meer angehäuften Sedimente zum Kollisionsgebirge des Himalaya (*Kollisionstyp, Himalaya-Typ*) zusammengeschoben, das die „Schweißnaht" bildet, mit der Indien an den Großkontinent angeheftet ist. Die zahlreichen schweren Erdbeben in diesem Gebiet sind als Folge der ruckartigen Ausgleichsbewegungen zwischen unter hohem Druck stehenden, von tiefreichenden Brüchen zerteilten Kontinentalkrustenteilen leicht zu verstehen. Parallelvorgänge führten zur Bildung der Alpen, die durch die Bewegung der Afrikanischen Platte bzw. einer von dieser abgespalteten Adriatischen Platte entstanden. So bilden alle Kettengebirge von den Alpen bis zu den östlichen Ausläufern des Himalayas eine geophysikalische Einheit, die auch hinsichtlich der Erdbeben-Aktivität fast um die Hälfte des Erdballs reicht. Eine Zunahme der Spreading-Raten zog verstärkte Subduktion und tektogene Aktivität an den Plattenrändern nach sich, während Verzögerungen des sea floor spreading als Perioden relativer tektonischer Ruhe erscheinen.

In diese Vorstellungen läßt sich auch die Konzeption der Entstehung und Entwicklung der Geosynklinalen ohne Schwierigkeit einfügen. So werden die *Eugeosynklinalen* als das Ergebnis einer Dehnung mit Aufspaltung (Rifting) Kontinentaler Kruste (s. S. 274f. u. Abb. 195) verstanden, wobei es zur Neubildung von Ozeanischer Kruste, d. h. ozeanischer Becken mit ihrer ophiolithen Basis (s. S. 296ff.), kommt. Im Subduktionsstadium gelangen die Ozeanboden-Sedimente in die Tiefsee-Rinne und werden hier oft von mächtigen Flysch-Folgen (s. S. 288) überlagert. Das Flysch-Stadium bildet im allgemeinen den Abschluß der Sedimentation, da der Sedimentstapel im nächsten Stadium unter den Rand der Oberplatte subduziert wird. Die *Miogeosynklinalen*, die man als eigene, parallel zur Eugeosynklinale verlaufende Sedimenttröge betrachtet, bilden sich auf Kontinentaler Kruste. Im Falle des oben dargelegten Inselbogens mit Kontinentaler Kruste läßt sich das Randmeer als Miogeosynklinale (Abb. 205) und der Meeresbereich vor ihrem Außenrand als Eugeosynklinale bezeichnen.

Im Laufe der Erdgeschichte fand an verschiedenen Stellen ein mehrfacher Wechsel zwischen der Bildung neuer Ozeane und der anschließenden Subduktion des eben erst entstandenen Ozeanbodens statt. Riß ein neuer Ozean auf, begannen die angrenzenden Schelfbereiche der Kontinentalränder als Miogeosynklinalen unaufhörlich einzusinken und wurden in gleichem Maße mit gewaltigen Sedimentmengen beladen, dem Abtragungsschutt der dahinterliegenden Kontinente (s. Abb. 190). Schloß sich der Ozean wieder und kollidierten die früher schon einmal miteinander verbundenen Kontinentalränder schließlich (s. Abb. 196), so wurden die Sedimente gefaltet und in Decken übereinander gestapelt. Dabei entstanden Falten-Vergenzen (s. S. 174) und Decken-Überschiebungen vorwiegend in Richtung zum passiven Kontinentalrand = Vorland (bei den Alpen z. B. nach Norden). Die Ränder kollidierender Kontinente wurden oft zu *Mikroplatten* zerstückelt, die als eingeklemmte starre Blöcke den Verlauf der Kettengebirge beeinflußten.

Die Zonen der Gebirgsbildung wandern durch die Drift der Kontinente über die Erde.

Bewegungsrichtungen und -geschwindigkeiten sind verantwortlich für Stärke und Dauer der Gebirgsbildungsprozesse, die Zeiträume von einigen 10 Mio. bis zu 100 Mio. Jahren einnehmen können (s. Tab. 21). Ein neuer Gebirgszyklus beginnt mit der Entstehung von Inselbögen oder Küstenkordilleren und kann sich in einer Zusammenschweißung solcher Strukturen mit passiven Kontinentalrändern zu Kollisionsgebirgen fortsetzen. So sind im Laufe der Zeit die komplizierten Orogene entstanden, die heute auf der Erdoberfläche zu finden und deren einzelne Entwicklungsphasen schwer voneinander abzugrenzen sind. Die Gebirgsbildung kommt erst dann zur Ruhe, wenn die Relativbewegung der aneinandergrenzenden Platten sich verändert oder aufhört. Solche Änderungen leiten dann gewöhnlich an anderer Stelle einen neuen Gebirgsbildungsprozeß ein.

Sowohl in Gebirgen vom Kordilleren-Typ als auch vom Kollisionstyp kann basische bis ultrabasische vulkanische bzw. intrusiv-magmatisch gebildete ozeanische Lithosphäre in letzten Resten vorhanden sein. Aufgrund ihrer höheren Dichte gegenüber dem „sauren" kontinentalen Gesteinsmaterial, dem auch die ozeanische Sedimentdecke zuzurechnen ist, wird sie zwar zum Abtauchen in der Subduktionszone gezwungen und leistet somit keinen wesentlichen Beitrag zu dem entstehenden Kettengebirge, dennoch werden bei der ungeheuren Pressung in der Subduktions- bzw. Kollisionszone einzelne Späne oder auch größere Schollen der ozeanischen Lithosphäre gleichsam abgehobelt und deckenartig auf den Rand der Kontinentalen Kruste aufgeschoben. Diesen Vorgang nennt man *Obduktion* (COLEMAN 1971). Derartige Abkömmlinge der ozeanischen Lithosphäre, die als Fremdkörper in den Gebirgssträngen der Kontinente zu finden sind, werden als *Ophiolithe* (s. S. 287) bezeichnet. Man wertet sie als letzte Zeugen verschwundener Ozeane (s. Abb. 206).

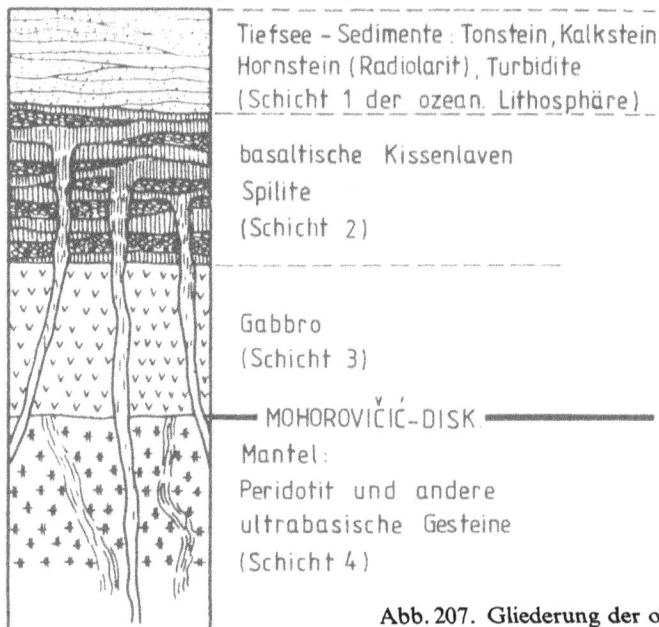

Tiefsee - Sedimente : Tonstein, Kalkstein
Hornstein (Radiolarit), Turbidite
(Schicht 1 der ozean. Lithosphäre)

basaltische Kissenlaven
Spilite
(Schicht 2)

Gabbro
(Schicht 3)

MOHOROVIČIĆ-DISK.

Mantel :
Peridotit und andere
ultrabasische Gesteine
(Schicht 4)

Abb. 207. Gliederung der ozeanischen Lithosphäre (nach HUTCHINSON, geändert).

Solche Ophiolith-Folgen können die gesamte Variationsbreite des Gesteinsinhaltes ozeanischer Lithosphäre umfassen (s. Abb. 207). Diese gliedert sich in eine noch zum Erdmantel gehörende *basale Zone ultrabasischer Peridotit-Gesteine* (Schicht 4), eine *Gabbro-Schicht* (Schicht 3), eine darüberfolgende *basaltische Schicht* (Schicht 2), die im unteren Teil aus vertikalen Gängen als verfestigten Ausfüllungen ehemaliger Zufuhrkanäle und im oberen Teil aus übereinanderliegenden Strömen von Kissenlaven (s. S. 196) besteht, sowie die *oberste Schicht* (Schicht 1) aus angehäuften Tiefsee-Sedimenten (s. S. 106 ff.) in Verbindung mit Vulkaniten. Die basischen und ultrabasischen Gesteine der Ophiolith-Folgen haben oft in den Rücken- oder Riftzonen teils durch thermische

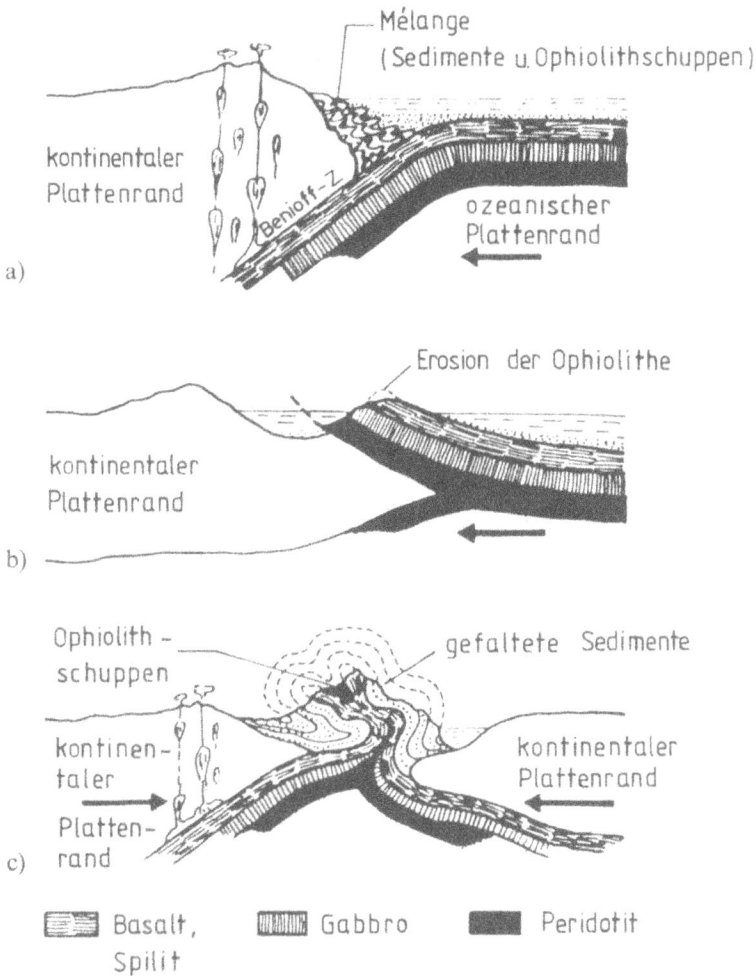

Abb. 208. Erscheinungsformen von Ophiolithen (nach HUTCHINSON, geändert)
  a) Entstehung einer Mélange mit Ophiolithschuppen vor einem kontinentalen Plattenrand (bzw. einem Inselbogen) beim Subduktionsvorgang.
  b) Obduktion ozeanischer Lithosphäre auf einen kontinentalen Plattenrand.
  c) Die Kollision zweier kontinentaler Plattenränder verursacht die Faltung der ozeanischen Sedimente mit eingeschuppten Ophiolithen.

Metamorphose, teils durch Einwirkung des Meerwassers in Verbindung mit Stoff-Austausch (Metasomatose) Umwandlungen zu Serpentiniten und Spiliten (s. S. 286) – gleichsam „verwässerte" Peridotite und Basalte – erfahren.

Reste ozeanischer Lithosphäre werden in den Kettengebirgen in sehr unterschiedlicher Position angetroffen. Bei der Kollision zweier Kontinente wird der zwischen ihnen vorhandene Ozean zunehmend eingeengt und schließlich geschlossen (s. Abb. 208). Im Endstadium dieses Vorganges, d.h. bei der Faltung der Sedimente, werden Ophio-lith-Fetzen und -Schollen an der „Naht" zwischen beiden Kontinenten eingepreßt wie z. B. in der Indus-Zone im Himalaya. Auch eine bei der Subduktion entstandene Mélange (s. S. 294) kann reich an Ophiolith-Schuppen sein. Durch die Obduktion (s. S. 296) kann eine mehr oder weniger vollständige Ophiolith-Folge über den Meeresspie-gel herausgehoben werden, wie beispielsweise im Troodos-Gebirge auf Zypern.

3 Die geotektonische Gliederung der Erdoberfläche

Sieht man von den ältesten, nur schwer zu analysierenden weltweiten Gebirgsbildungen der erdgeschichtlichen Frühzeit ab, so lassen sich die späteren Orogenesen zu vier größeren geotektonisch-magmatischen Zyklen zusammenfassen (s. Tab. 21):
die jung-algonkische *Assyntische Orogenese*,
die alt-paläozoische *Kaledonische Orogenese*, deren Haupttektogenese in Europa im Silur und an der Wende Silur/Devon lag;
die jung-paläozoische *Variszische Orogenese* mit der Haupttektogenese im Karbon;
die meso- bis käno- oder neozoische *Alpidische Orogenese*, deren Haupttektogenese sich in der Kreide und im Tertiär ereignete und die bis heute noch nicht abgeschlossen ist.
   Im Verlaufe aller dieser Orogenesen wurden die Kettengebirge nacheinander dem angrenzenden Widerlager der Kontinentalblöcke angeschweißt. So bestand z. B. *Ur-Europa* aus einer alten Festlandmasse, dem *Fennosarmatischen Block* (s. Abb. 209), der Südnorwegen, Schweden, Finnland und den größten Teil Rußlands bis zum Ural umfaßte. Im Westen dieser Masse bildete sich die Kaledonische Geosynklinale, deren Kettengebirge (Norwegen, Schottland, Wales, Brabant) im Silur zum Anwachsstreifen wurden. An Ur-Europa schweißte sich also *Paläo-* oder *Pal-Europa* an (s. Abb. 209). Im Devon bildete sich die neue Variszische Geosynklinale mit Ost/West-Richtung als breite Zone zwischen dem damaligen Europa und der alten Masse Afrika. Durch die Variszische Faltung wurde Europa um *Meso-Europa* nach Süden vergrößert. Im Osten entstand der Ural als verbindendes Gebirge zu Asien. Bereits kurz nach der Variszischen Orogenese bildete sich eine neue Geosynklinale noch weiter im Süden und wurde zur mediterranen Tethys, aus der die jungen Kettengebirge im Süden Europas als

Neo-Europa hervorgingen (s. Abb. 210). Die kaledonischen, die variszischen und alpidischen Kettengebirge in Europa wurden also zu *Anwachsstreifen* am jeweiligen

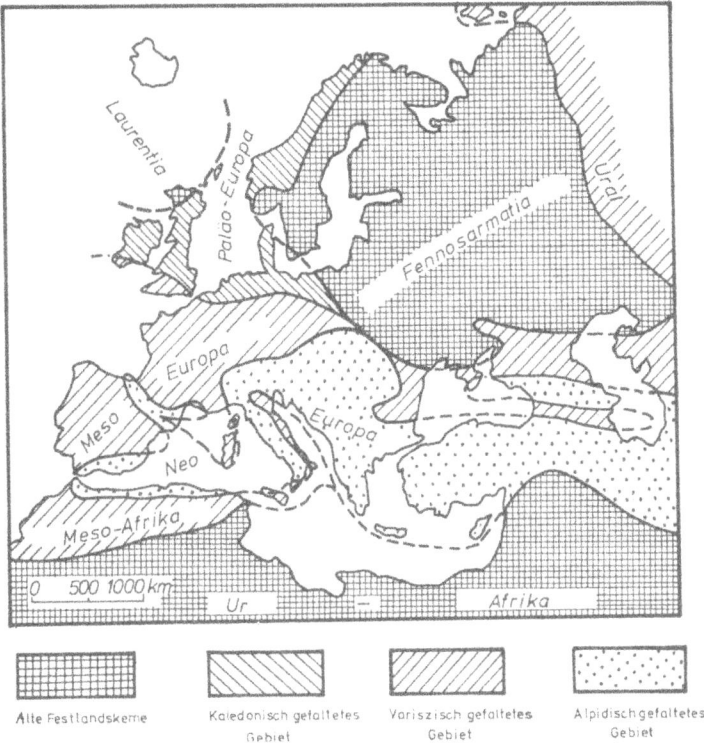

Abb. 209. Geotektonische Gliederung Europas (nach STILLE).

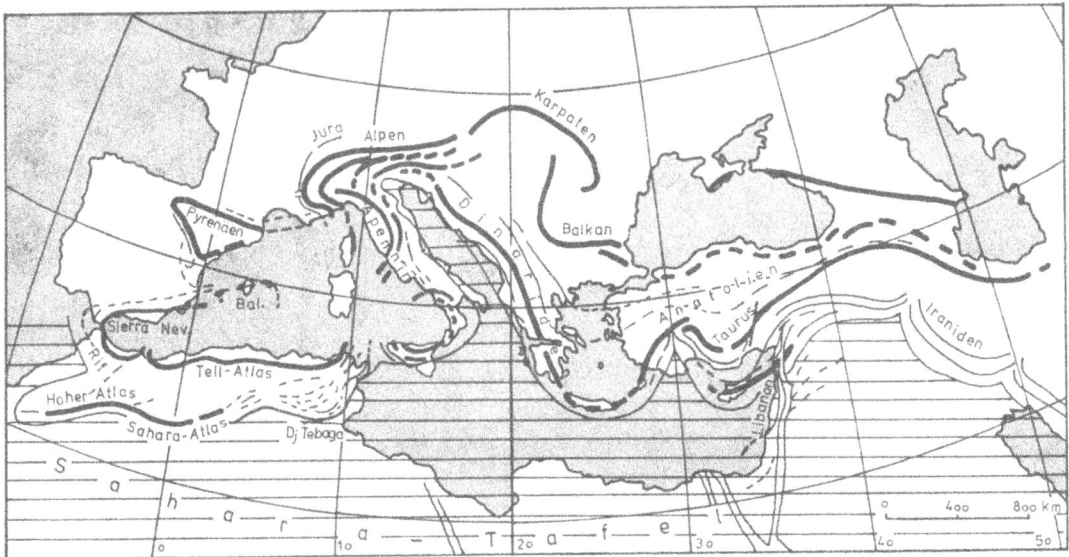

Abb. 210. Bögen der alpidischen Gebirge im Bereich des Mittelmeeres.

Tabelle 21. Erdgeschichtliche Zeit-Tafel. (Die Darstellung der Leitfossilien erfolgte in Anlehnung

Zeit-alter	Periode	Epoche	Gebirgs-bildungen	Eis-zeiten	Einige Leitfossilien der Perioden. Darstellungen nicht maßstabsgetreu
KÄNOZOIKUM	QUARTÄR	Holozän			Fauna und Flora der heutigen ähnlich
		Pleistozän			
	TERTIÄR	Jung-Tertiär — Pliozän			
		Jung-Tertiär — Miozän			Pecten, Veneri-cardia, Melanopsis, Cassis
		Alt-Tertiär — Oligozän			
		Alt-Tertiär — Eozän			Clypeaster, Cerithium, Conus, Arca
		Alt-Tertiär — Paleozän			
70					
MESOZOIKUM	KREIDE	Ober-Kreide	Alpidische Tektogenese		Aequipecten, Nautilus, Inoceramus, Belemnites
		Unter-Kreide			Macro-scaphites, Schloenbachia, Echinocorys
	JURA	Malm			Exogyra, Cosmoceras, Phylloceras, Harpagodes
		Dogger			
		Lias			Trigonia, Nerinea, Gryphea, Arietites, Thecosmilia
	TRIAS	Keuper			Voltzia, Ceratites, Terebratula
		Muschelkalk			
220		Buntsandstein			Lima, Avicula, Encrinus
PALÄOZOIKUM	PERM	Zechstein	Variszische Tektogenese		Spirifer, Productus
		Rotliegendes			Walchia, Palaeoniscus
	KARBON	Ober-Karbon			Pterinopecten, Goniatites, Cardiopteris, Lepido-dendron
		Unter-Karbon			Zaphrentoides, Fusulinen, Calamites, Spheno-phyllum
350					
	DEVON	Ober-Devon			Spirifer, Cupressocrinus, Calceola, Phacops
		Mittel-Devon			
400		Unter-Devon			Pleurodictyum, Mantico-ceras, Stringo-cephalus, Clymenia

Außensaum des Fennosarmatischen Blockes. Dabei führten alle diese Anwachsstreifen nicht mehr zu einer solchen Konsolidierung, wie sie die ursprüngliche Masse von Ur-Europa durch die Erdgeschichte hindurch bewies. Die neugebildete Kruste Europas blieb daher für Bruchfalten und Verwerfungen zugänglich; Teile des Kaledonischen Orogens wurden von der Variszischen Geosynklinale und Bereiche des Variszischen Gebirges von der Alpidischen Geosynklinale verdaut und aufbereitet sowie einer neuen Tektogenese unterworfen (Regeneration).

an BISCHOFF)

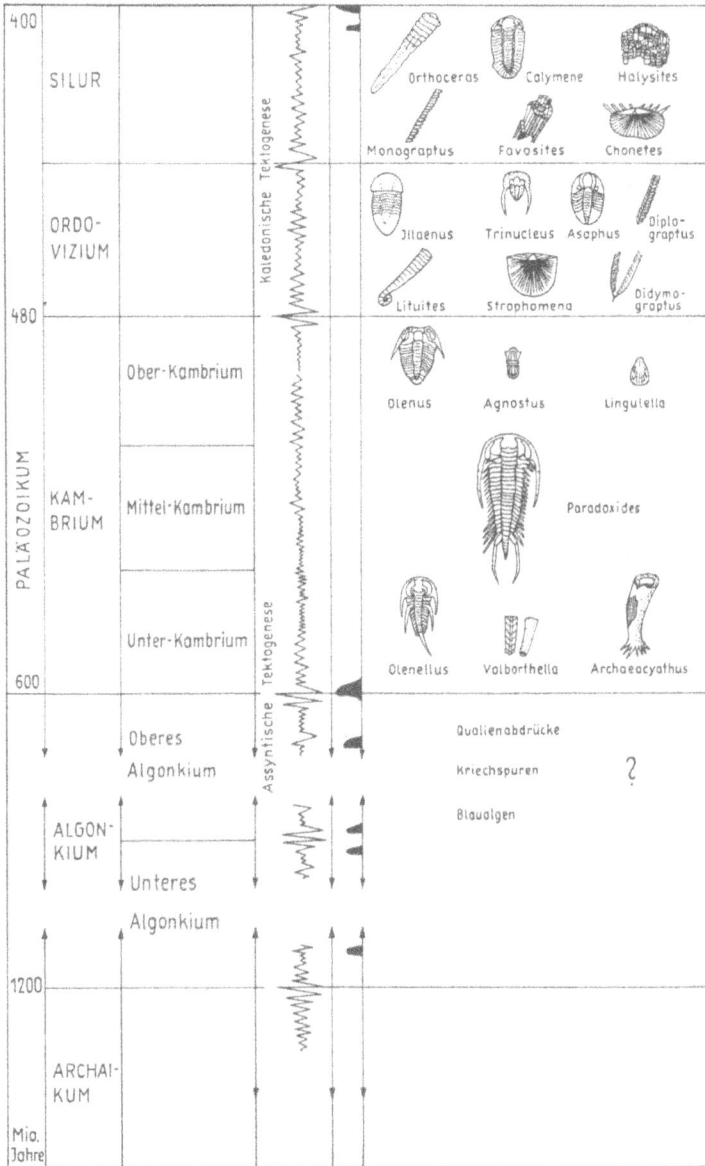

Zu den alten Massen (*Kratonen*), die sich während der Erdgeschichte als sehr stabil erwiesen und von tektonischen Angriffen verschont blieben, gehören außer *Fennosarmatia* der *Kanadische Schild*, die *Sibirische Masse* sowie große *Teile von Afrika, Südamerika* und *Australien*.

Die Kerne der Kratone sind tief, teilweise sogar bis in etwa 400 km Tiefe verwurzelt, wie geophysikalische Untersuchungen der jüngsten Zeit gezeigt haben. Die weit hinunterreichenden „*Kraton-Wurzeln*" gehören bereits dem Erdmantel an und haben die Bezeich-

nung „*Kiele der Kratone*" erhalten. Unter den Kratonen fehlt die Asthenosphäre (s.
S. 11), die sich sonst unter der Lithosphäre befindet. Kontinentaler Rift-Vulkanismus (s.
S. 279) tritt in den Kraton-Kernen nicht auf. Statt dessen ereignen sich im Gebiet der
„Alten Schilde" bisweilen Gas-Explosionen (s. S. 194), die Gesteinsbrocken des
Erdmantels aus einer Tiefe bis 200 km an die Oberfläche fördern; sie führen u. a.
Diamanten (s. S. 195).

Für den Südafrikanischen Schild ließ sich mit den Gesteinsproben, die durch Explosion
an die Oberfläche gebracht wurden, die Abfolge der Gesteine bis weit in den Erdmantel
hinein erkunden. Im sogenannten Kaapvaal-Kraton befindet sich unter einer etwa
40 km mächtigen Erdkruste eine 10 bis 15 m dicke Schicht aus Spinell-Peridotit (s.
Tab. 13 a). Unterhalb dieser Zone besteht der Kiel des Kratons aus Granat-Peridotit, in
dem der Spinell durch Granat ersetzt ist.

Diese eigentümliche Schichtung des Erdmantels in den Kielen der Kontinentalkerne ist
nicht durch plattentektonische Driftvorgänge entstanden. Geochemische Untersuchungen zeigen, daß das Material der Spinell- und der Granat-Peridotite weitgehend gleich
ist, das eine Gestein also offenbar aus dem anderen hervorgegangen ist oder beiden ein
gemeinsames Urmaterial zugrunde liegt.

Die Kratone und ihre Wurzelzonen sind anscheinend seit ihrer Entstehung stabil
geblieben. Darauf deuten Analysen der Geschwindigkeiten hin, mit denen sich
Erdbeben-Wellen im Kanadischen Schild ausbreiten.

Durch ihre Stabilität wurden die Kratone zu ruhigen Blöcken im tektonischen Auf und
Ab und stellen heute auch die erdbebenärmsten Teile der Erdkruste dar. Um die alten
Massen herum schlingen sich Geosynklinalen bzw. die aus ihnen hervorgegangenen
Kettengebirge, wobei die jungen alpidischen Faltenzüge als Hochgebirge die Kontinente
säumen oder durchziehen. Kettengebirge älterer Epochen liegen wegen ihrer Abtragung
meist als Rumpfgebirge vor und sind vorwiegend in isolierte Stücke zerbrochen.
Verschiedentlich werden diese Rumpfgebirge auch von mächtigen jüngeren Sedimentge-
steinsmassen bedeckt. Bei späterer Hebung erfolgt oft eine Schrägstellung dieser
Krustenteile und es entstehen Schichtstufen-Landschaften (s. Abb. 28), wie sie der
Schwäbisch-fränkische Jura und das Colorado-Plateau in Nordamerika darstellen.

VI. Der Mensch als geologischer Faktor

Der Mensch hat im Laufe der fortschreitenden Evolution eine ständige Erhöhung seiner physiologischen Leistungsfähigkeit und damit eine immer größer werdende Unabhängigkeit von den gegebenen Umweltbedingungen erreicht. Er erlangte reflektives Bewußtsein und damit die Fähigkeit, seine Umwelt planvoll zu nutzen. So wurde das Zeitalter der Sammler und Jäger von der Epoche der Ackerbauer und Viehzüchter abgelöst, der schließlich die der Stadtkultur und Industrialisierung folgte. Dieser sich beschleunigende Prozeß sprengte den bisherigen Rahmen langfristiger organischer Entwicklung vollständig.

Der Mensch hat dank seiner Kenntnisse so nachhaltig in den natürlichen Prozeß der Auslese eingegriffen, daß er unter einer riesigen, ständig wachsenden, sehr alt werdenden Bevölkerung zu leiden beginnt. So hat sich die Zahl der Menschen noch nie so schnell vergrößert wie in diesem Jahrhundert. Eine halbe Mio. Jahre, bis 1800, dauerte es, bis die Menschheit eine Mrd. zählte. Von 1900 bis heute aber hat sich die Zahl der Menschen fast vervierfacht. Das Bevölkerungswachstum beschleunigt sich immer mehr: 1900 gab es 1,65 Mrd. Menschen, 1950 waren es bereits 2,6 Mrd., 1987 lebten schon fünf Mrd., gegenwärtig zählt man 5,4 Mrd. Bis zum Jahr 1650 waren 14000 Generationen nötig, um die Zahl der Menschen zu verdoppeln. Heute reicht dafür etwa eine Generation. So wird es im Jahr 2025 bereits 8,5 Mrd. Menschen geben. Dieser Bevölkerungsdruck zerstört das auf der Erde bisher herrschende ökologische Gleichgewicht, denn es zwingt den Menschen zu einer Ausbeutung der Natur, die durch den Einsatz immer wirksamerer Mittel die Grenze zum Raubbau längst überschritten hat. Pflanzendecken werden durch Besiedlung und Straßenbau zerstört, Wälder durch „sauren Regen" vernichtet, fruchtbare Zonen durch Überweiden, Überkultivierung oder Rodung in Wüsten verwandelt. Die intensive Bodennutzung führt zu verstärkter Abtragung und Sedimentation. Der Mensch kann seine irdische Umwelt, insbesondere die Biosphäre, abtöten, was heute in erschreckender Weise geschieht. So ist er unmittel- oder mittelbar für das Aussterben allein von mehr als 450 Säugetier-Arten verantwortlich. Auf die Entwicklung des Lebens hat er jedoch kaum Einfluß, denn diese Vorgänge dauern Millionen von Jahren.

Viele natürliche Prozesse werden durch die menschliche Tätigkeit bedrohlich verstärkt. Durch das Abholzen der Wälder in den mittleren und subtropischen Breiten, in zunehmendem Maße auch in den tropischen Gebieten, nimmt die Hangabspülung weithin so stark zu, daß nicht nur der natürliche Boden zerstört wird, sondern bereits völlig veränderte Oberflächen-Formen entstanden sind (z. B. badlands, s. S. 67). Ähnlich negative Folgen zeigt die Abblasung auf überweideten oder ackerbaulich genutzten Flächen in Steppengebieten. Hier wurden die einst geschlossenen Vegetationsdecken vernichtet, so daß der Boden seit langem ungeschützt der Wind-Denudation ausgesetzt ist.

Das Eingreifen des Menschen in das natürliche Gleichgewicht von Locker- und Festgesteinen verursacht häufig Rutschungen (s. S. 62) und andere Massenbewegungen, die

oft katastrophale Ausmaße annehmen (s. S. 62). Zu diesen gehören auch die Bö-
schungs-, Kippen- und Haldenrutschungen, die bisher nicht nur viele Menschenleben
gekostet, sondern auch schwere ökologische Schäden verursacht haben.

Leben und Wasser sind untrennbar, nicht nur vom Menschen aus betrachtet. Mit dem
Wasser-Kreislauf (hydrologischer Zyklus, s. Abb. 26) sind die biologischen Kreisläufe
verflochten, ähnlich wie der geologische Kreislauf der Stoffe auf der Erde (s. Abb. 14).
So benötigen die Pflanzen CO_2 und H_2O zur Photosynthese, die Tiere (und der Mensch)
Wasser für ihren gesamten Stoffwechsel. In den Wasser-Kreislauf geraten unmittelbar
und unkontrolliert Abwässer aller Art, so z. B. in die Flüsse, in die Seen und das
Grundwasser. Der stark anwachsende Wasserbedarf hat heute vielfach die Leistungsfähigkeit der Grundwasser-Reserven überschritten, so daß der unterirdische Wasser-
Kreislauf beschleunigt und der Abtransport gelöster Stoffe verstärkt werden. Das Meer
wird teils durch Nachlässigkeit, teils auch bewußt als großer Mülleimer benutzt, obwohl
die Menschheit auf die im Meer vorhandenen Nahrungsreserven angewiesen ist.

Mit der Beschleunigung und Globalisierung industrieller Wirtschaft- und Lebens-
weisen wird die ökologische Ausstattung unseres Planeten schneller verbraucht als sie
wiederhergestellt werden kann. Die Weltwirtschaft ist heute zwanzigmal, die industrielle
Produktion sogar fünfzigmal größer als zur Jahrhundertwende. Allein vier Fünftel
dieses Wachstums entfallen auf die Zeit nach 1950. Die 5,4 Milliarden Menschen, die
heute auf der Erde leben, verbrauchen bereits mehr als vierzig Prozent der durch
Photosynthese an Land erzeugten organischen Materie. Mehr als fünfzig Prozent der
Schädigungen, die in den letzten drei Jahrhunderten an den globalen Öko-Kreisläufen
(Atmosphäre, Wasser-Haushalt, Böden, Arten-Vielfalt und Nährstoff-Versorgung)
festgestellt wurden, entfallen auf die vergangenen drei Jahrzehnte. Rund vierzig Länder
der Erde können sich in absehbarer Zeit nicht mehr selbst ausreichend mit Wasser
versorgen. Eine Fläche so groß wie der afrikanische Kontinent ist von der Ausbreitung
der Wüsten bedroht. Zur Zeit nimmt die Dürre jährlich um sechs Millionen Quadratkilometer zu. Bei einer anhaltenden Rodung wird der Regenwald – die grüne Lunge der
Erde mit ihrem unermeßlichen biologischen Reichtum – in rund fünfzig Jahren
vernichtet sein. Durch den Raubbau und die Vergeudung von fossiler Energie (Kohle,
Erdöl und -gas) drohen die in vielen Jahrmillionen gespeicherten Reserven rasch zu
erschöpfen. Die Energie wird aber nicht einfach verbraucht, sondern lediglich umgewandelt, und zwar bei den meisten technischen Prozessen mit einem sehr geringen
Wirkungsgrad. Die Energie-Abfuhr führt vor allem in den Ballungsgebieten zur
Anreicherung von Schadstoffen in der Luft (Abgase von Kohle-Kraftwerken, Hei-
zungsanlagen und Kraftfahrzeugen), im Boden, im Wasser und damit auch in
Nahrungsmitteln.

Der unkontrollierte Ausstoß von Kohlendioxid und anderen Spurengasen – insbesondere von Fluor-Chlor-Kohlenwasserstoffen (FCKWs) und Methan – kann den schüt-
zenden, natürlichen Treibhaus-Effekt der Atmosphäre in gefährlicher Weise verändern
(s. S. 37). Dabei ist die Verbrennung fossiler Brennstoffe, also von Kohle, Öl und Erdgas,
das größte Problem. Käme es zu einer globalen Erwärmung, so würden die Gletscher
abschmelzen und Staaten wie Bangladesch überflutet werden, fruchtbare Gebiete in

subtropischen Ländern versteppen und die natürlichen (borealen) Wälder des hohen Nordens absterben. Um einer solchen Klima-Katastrophe zu entgehen, sollte der Verbrauch fossiler Energien in den nächsten 50 Jahren weltweit auf ein Drittel abgesenkt werden. Dabei müssen die Industrie-Nationen – ein Fünftel der Menschheit – eine Vorreiter-Rolle übernehmen, denn sie sind verantwortlich für die Hälfte der CO_2-Emission und den Großteil der Emission von FCKWs.

Ohne die Ozon-Schicht (s. S. 37) würden Pflanzen, Tiere und Menschen einer ständigen verheerenden UV-Strahlung (mit ca. 300 nm Wellenlänge) unterworfen sein. Diese Strahlung ist in der Lage, die DNA-Eiweißmoleküle im Zellkern zu zerstören, die alle Erbinformationen für den Bau und den Stoffwechsel eines Organismus enthalten. Viele Landpflanzen würden langsamer wachsen, verkrüppeln und schließlich aussterben und – von riesigen landwirtschaftlichen Schäden abgesehen – damit die der Abtragung widerstehende Vegetationsdecke (s. S. 67) vermindern. Die Strahlenschäden für Tiere und Menschen (z. B. Hautkrebs) sind heute noch nicht abzuschätzen. Inzwischen wurden durch Satelliten-Beobachtungen über der Antarktis und über dem Nordpol jeweils „Ozon-Löcher" festgestellt, die durch FCKWs verursacht werden. Aus den von der Erde aufgestiegenen FCKW-Molekülen bildet sich im Winter über den Polen an feinen Eiskristallen der Stratosphärenwolken Chlormonoxid, das im Frühjahr mit zunehmender Sonnenstrahlung Ozonmoleküle zerstört, und zwar in einer Art Kettenreaktion, an deren Ende jedesmal wieder Chlormonoxid steht ($Cl + O_3 \rightarrow ClO + O_2$; $ClO + O \rightarrow Cl + O_2$; $Cl + O_3 \rightarrow ClO + O_2$ usw.).

Insgesamt ist der Mensch in geschichtlicher Zeit zu einem geologisch wirksamen Faktor geworden, der die Biosphäre, die Lithosphäre und vielleicht auch die Atmosphäre schneller und tiefgreifender verändert, als es die endogenen und exogenen Kräfte allein vermögen. Er besitzt die Mittel, seine ökologische Grundlage und damit sich letztlich selbst zu vernichten. Falls die Menschheit dieses nicht begreift, wird sie sich selbst ein nicht sehr fernes Ende bereiten. Die Erde fiele in prämenschliche geologische Abläufe zurück. Die Erde ist dem Menschen nicht vererbt, sondern nur anvertraut; er ist sittlich und moralisch verpflichtet, sie unverletzt an die jeweils kommende Generation weiterzugeben. Dabei können die geowissenschaftlichen Erfahrungen und Methoden zur Lösung der drängenden ökologischen Probleme beitragen.

Weiterführende Literatur

Bender, E. (Hrsg.): Angewandte Geowissenschaften, Bd. 1, 647 S., Verlag Enke, Stuttgart 1981.

Brinkmann, R.: Abriß der Geologie. Bd. 1: Allgemeine Geologie. – Neubearbeitet v. *W. Zeil*, 14. Aufl., 278 S., Verlag Enke, Stuttgart 1990.

– (Hrsg.): Lehrbuch der allgemeinen Geologie. – Bd. I–III, Verlag Enke, Stuttgart 1967–1974.

Brockhaus (Autorenkollektiv): Die Entwicklungsgeschichte der Erde. Nachschlagewerk Geologie. – 5. Aufl., 703 S., Verlag W. Dausien, Hanau/Main 1981.

Cloos, H.: Einführung in die Geologie. Ein Lehrbuch der inneren Dynamik. – 503 S., Verlag Borntrager, Neudruck Berlin 1963.

Correns, C. W.: Einführung in die Mineralogie (Kristallographie und Petrologie). 2. Aufl., 458 S., Verlag Springer, Berlin 1968.

Frisch, W. & Loeschke, J.: Plattentektonik. – 190 S., Wissensch. Buchgesellschaft, Darmstadt 1986.

Füchtbauer, H.: Sedimente und Sedimentgesteine. – 4. Aufl., 1141 S., Verlag E. Schweizerbart, Stuttgart 1988.

Gwinner, M. (Hrsg.): Sammlung geologischer Führer im Verlag Borntraeger, Berlin und Stuttgart (ca. 50 Bände der verschiedensten in- und ausländischen Gebiete aus der Feder fachkundiger Bearbeiter), Bd. 1–36 vor 1945 erschienen und vergriffen; Band 37ff. seit 1958 herausgegeben und ab Band 80 in Vorbereitung.

Krejci-Graf, K.: Erdöl. – 2. Aufl. (Verst. Wissensch.), 165 S., Verlag Springer, Berlin 1955.

Leser, H. & Panzer, W.: Geomorphologie. – Das Geographische Seminar, 216 S., Westermann Verlag, Braunschweig 1981.

Lotze, F.: Steinsalz und Kalisalze. – 2. Aufl., 465 S., Verlag Borntrager, Berlin 1957.

Louis, H. & Fischer, K.: Lehrbuch der Allgemeinen Geomorphologie, Bd. 1: Allgemeine Geomorphologie. – 4. Aufl., 322 S., Verlag Walter de Gruyter, Berlin 1979.

Metz, K.: Lehrbuch der tektonischen Geologie. – 2. Aufl., 294 S., Verlag Enke, Stuttgart 1967.

Murawski, H.: Geologisches Wörterbuch. – 8. Aufl., 281 S., Verlag Enke, Stuttgart 1983.

Putnam, W. C.: Geologie. – 559 S., Verlag Walter de Gruyter, Berlin 1969.

Rast, H.: Vulkane und Vulkanismus. – 3. Aufl., 236 S., Verlag Enke, Stuttgart 1987.

Richter, D.: Grundriß der Geologie der Alpen. – 213 S., Verlag Walter de Gruyter, Berlin 1974.

Rittmann, A.: Vulkane und ihre Tätigkeit. – 3. Aufl., 336 S., Verlag Enke, Stuttgart 1981.

Scheffer, F. & Schachtschabel, P.: Bodenkunde. – 10. Aufl., 312 S., Verlag Enke, Stuttgart 1979.

Schmidt, K.: Erdgeschichte. – Neubearbeitet v. *R. Walter*, Slg. Göschen, Bd. 2616, 4. Aufl., 294 S., Verlag Walter de Gruyter, Berlin 1990.

Schneiderhöhn, H.: Erzlagerstätten. Kurzvorlesungen zur Einführung und Wiederholung. – 4. Aufl., 371 S., Verlag G. Fischer, Stuttgart 1962.

Schwarzbach, M.: Das Klima der Vorzeit. – 3. Aufl., 380 S., Verlag Enke, Stuttgart 1974.

– Alfred Wegener und die Drift der Kontinente. – 160 S., Verlag Enke, Stuttgart 1980.

Spektrum der Wissenschaft: Ozeane und Kontinente. – 2. Aufl., 248 S., Spektrum-der-Wissenschaft-Verlagsges., Heidelberg 1984.

– Vulkanismus. – 207 S., Spektrum-der-Wissenschaft-Verlagsges., Heidelberg 1985.

Wagner, G.: Einführung in die Erd- und Landschaftsgeschichte. – 3. Aufl., 694 S., Verlag Hohenlohesche Buchhandlung, Öhringen 1960.

Winkler, H. G. F.: Petrogenesis of Metamorphic Rocks. – 5. Aufl., 348 S., Verlag Springer, Berlin – Heidelberg – New York 1979.

Wedepohl, K. H.: Geochemie. – Slg. Göschen, Bd. 1224 (a, b), 221 S., Verlag Walter de Gruyter, Berlin 1967.

Woldstedt, P.: Das Eiszeitalter – 3 Bde. zus. 1140 S., Verlag Enke, Stuttgart 1954–1965.

Worterklärungen

Ablation von auferre [ablatus] (lat.)
= wegtragen, wegnehmen

Abrasion von abradere (lat.) = abkratzen

Abyssaler Bereich von abyssos (griech.)
= grundlos

Achat nach dem Fluß Achates (griech.) in
Sizilien benannt

adhäsiv von adhaerere (lat.) = anhaften, z.B.
durch Oberflächen-Kräfte

Adsorption von adsorbere (neulat.)
= ansaugen

Äolische Sedimente nach Aiolos, der
griechischen Sage zufolge Beherrscher der
Winde

Äquipotential von aequus (lat.) = gleich und
potentia (lat.) = Kraft, Wirksamkeit

Ästuar von aestuarium (lat.) = Bucht,
buchtartige Flußmündung

Akkumulation von accumulare (lat.)
= ansammeln

Aktinolith von aktina (griech.) = Strahl und
lithos (griech.) = Stein

Albit von albus (lat.) = weiß

allochemisch von allos (griech.) = anders,
fremd

allochthon von allos (griech.) = anders und
chthon (griech.) = Erde

Almandin nach dem Ort Alabanda benannt,
wo im Altertum Steine geschliffen wurden

Amphibol von amphibolos (griech.)
= zweideutig

amorph von amorphos (griech.) = gestaltlos

anaërob von an (griech.) = un, nicht und aeras
(griech.) = Luft

Anatexis von anatexis (griech.)
= Aufschmelzung

Anchimetamorphose von anchi (griech.)
nahebei, s. weiter unter „Metamorphose"

Andalusit nach Andalusien benannt

Andesin nach den Anden benannt

Andesit nach den Anden benannt

Anhydrit von anhydritos (griech.) = wasserfrei

Anisotropie von an (griech.) = nicht, isos
(griech.) = gleich und tropos (griech.)
= Art, Weise, Wesen

Anomalie von anomalia (griech.)
= Regelwidrigkeit

Anorthit von an (griech.) = nicht und orthos
(griech.) = gerade

Anthrazit von anthrax (griech.) = Kohle

Antezedenz von antecedere (lat.)
= vorausgehen

Antikline von anti (griech.) = entgegen und
klinein (griech.) = neigen

Antiklise von anti (griech.) = entgegen und
klisis (griech.) = Neigung

Antipoden von antipous (griech.)
= Gegenfüßler

antithetisch von antithesis (griech.)
= Gegensatz

Aplit von haploos (griech.) = einfach

apomagmatisch von apo (griech.) = nach, von,
weg; siehe weiter unter Magma

Archaikum von archaios (griech.)
= uranfänglich, alt

arid von aridus (lat.) = trocken

Arterit von arteria (lat.) = Schlagader

aschist von aschistos (griech.) = ungespalten

Assimilation von assimilatio (lat.)
= Annäherung, Ähnlichmachen,
Gleichstellen

Asthenolith von asthenes (griech.) = kraftlos,
schwach und lithos (griech.) = Stein

Asthenosphäre von asthenes (griech.)
= kraftlos, schwach und sphaira (griech.)
= Kugel

Atmosphäre von atmos (griech.) = Dampf und
sphaira (griech.) = Kugel

Atoll von atoll (malaiisch) = Riff

Augit von auge (griech.) = Glanz, Schimmer

Aulakogen von aulax (griech.) = Furche und
genesis (griech.) = Erschaffung, Entstehung

autochthon von autochthonos (griech.)
= bodenständig

Basalt von basanites (griech.) = Stein von
Basan in Syrien

Batholith von bathos (griech.) = Tiefe und
lithos (griech.) = Stein

bathyal von bathys (griech.) = tief

Bauxit nach Beaux bei Arles (Provence)
benannt

Benthos von benthos (griech.) = Tiefe

Biochronologie von bios (griech.) = Leben und
chronos (griech.) = Zeit, Jahr

biogen von bios (griech.) = Leben und -genes
(griech.) = -bürtig, stammend

Bioherm von bios (griech.) = Leben und herma
(griech.) = Klippe, Riff, Hügel

Bioklast von bios (griech.) = Leben und klasis
(griech.) = Zerbrechen

Biolith von bios (griech.) = Leben und lithos
(griech.) = Stein

Biosphäre von bios (griech.) = Leben und
sphaira (griech.) = Kugel

Biostrom von bios (griech.) = Leben und
stroma (griech.) = Schicht

Biotit nach BIOT (Physiker) benannt

Biotop von bios (griech.) = Leben und topos
(griech.) = Ort, Stelle

Bitumen von bitumen (lat.) = Erdpech

Blastese von blastesis (griech.) = Wachsen,
Sprossen

Boghead nach einem Ort in Schottland benannt

Boudin von boudin (franz.) = Blutwurst

Brachyantiklinale von brachys (griech.)
= kurz; siehe weiter unter Antikline

Brekzie von breccia (ital.) = Geröll.

Caldera von caldera (span.) = Kessel, Begriff
von der Kanareninsel Palma stammend

Carnallit nach CARNALL (Berghauptmann)
benannt

Chalcedon von chalkedon (griech.)
= Edelstein

Chlorit von chloros (griech.) = grün

Chlorophyll von chloros (griech.) = grün und
phyllon (griech.) = Blatt

Chromosphäre von chroma (griech.) = Farbe
und sphaira (griech.) = Kugel

Clarain von clarus (lat.) = hell, glänzend

Clarit von clarus (lat.) = hell, glänzend

Cordierit nach CORDIER (Geologe) benannt

Dacit von Dacia (lat.) = Ungarn und
Rumänien

Deflation von deflare (lat.) = herabblasen

Deklination von declinare (lat.) = abweichen

Delta nach Form des griech. Buchstabens
Δ benannt

Dendrochronologie von dendron (griech.)
= Baum und chronos (griech.) = Zeit, Jahr

Denudation von denudare (lat.) = entblößen

Desquamation von desquamare (lat.)
= abschuppen

Detersion von detergere (lat.) = abstreifen,
zerbrechen

Detraktion von detrahere (lat.) = herabziehen

Detrituskalke von detritus (lat.) = zerrieben

Diabas von diabainein (griech.)
= hindurchtreten

Diagenese von dia (griech.) = durch, hindurch
und genesis (griech.) = Erschaffung,
Entstehung

Diaphthorese von diaphtheirein (griech.)
= verderben, zerstören

Diapir von diapirein (griech.) = durchstechen,
durchstoßen

Diaschist von diaschizein (griech.)
= zerspalten

Diatexis (griech.) = Durchschmelzung

Differentiation von differentia (lat.)
= Verschiedenheit

Diopsid von dis (griech.) = zwei, zweimal und
opsis (griech.) = Erscheinung

Diorit von dihorizein (griech.) = unterscheiden

disharmonisch von dis (lat.) = auseinander
und harmonia (lat.-griech.) = Einklang

diskordant von discordans (lat.) = nicht
übereinstimmend

Diskrepanz von discrepantia (lat.)
= Nichtübereinstimmung, Uneinigkeit

Dislokation von dislocatio (neu-lat.)
= Verlagerung, Störung

dispers von dispergere (lat.) = zerstreuen,
ausbreiten, verteilen

Dissoziation von dissociare (lat.) = trennen

Disthen von disthenos (griech.) = zweierlei
hart

Dolerit von doleros (griech.) = trügerisch

Doline von dolina (slaw.) = kleines Tal

Dolomit nach DOLOMIEU (Mineraloge)
benannt

Drucksuturen von sutura (lat.) = Naht

Drumlin von druman (irisch) = Rückenberg

Dunit nach den Dun Mountains in Neuseeland
benannt

Durain von durus (lat.) = hart

Durit von durus (lat.) = hart

Dynamik von dynamis ((griech.) = Kraft

Dynamometamorphose von dynamis
(griech.) = Kraft; siehe weiter unter
Metamorphose

Dysodil von dys (griech.) = schwer, schlecht und odme (griech.) = Duft, Geruch
dystroph von dys (griech.) = schwer, schlecht und trophe (griech.) = Nahrung

Ekliptik von ekleipein (griech.) = verschwinden, schwinden
effusiv von effundere (lat.) = ausgießen, ausschütten
Eklogit von eklektos (griech.) = auserlesen
Eluvial-Horizont von eluvies (lat.) = Ausspülung
endogen von endos (griech.) = innerhalb und -genes (griech.) = -bürtig, stammend
Epidot nach epidosis (griech.) = Leistung, Rekord
epigenetisch von epi (griech.) = danach und genesis (griech.) = Erschaffung, Entstehung
Epirogenese von epeiros (griech.) = Festland und genesis (griech.) = Erschaffung, Entstehung
Epizentrum von epi (griech.) = oberhalb, oben und centrum (lat.) = Mitte
Epizone von epi (griech.) = oberhalb, oben und zone (griech.) = Gürtel, Zone
erodieren von erodere (lat.) = ausnagen
erratisch von errare (lat.) = irren
Eruption von erumpere (lat.) = ausbrechen, auswerfen
eugeosynklinal von eu (griech.) = gut, richtig; siehe weiter unter Geosynklinale
eustatisch von eustatikos (griech.) = feststehend
eutektisch von eutektos (griech.) = leicht schmelzbar
eutroph von eu (griech.) = gut und trophe (griech.) = Nahrung
euxinisch von pontos euxeinos (griech.) = gastliches Meer = Schwarzes Meer
Evaporite von e, ex (lat.) = aus und vapor (lat.) = Dampf
Evolution von evolutio (lat.) = Entwicklung
Exaration von exarare (lat.) = auspflügen
Exhalation von exhalare (lat.) = ausatmen, ausdünsten
Exkrement von excrementum (lat.) = Ausscheidung
exogen von exo (griech.) = außen und -genes (griech.) = -bürtig, stammend

exotherm von exo (griech.) = außen, heraus und thermos (griech.) = warm, heiß
Extrusion von extrudere (lat.) = herausdrängen
Exzentrizität von excentricum (neulat.) = außerhalb der Mitte liegend

Fanglomerat von fan (engl.) = Fächer und glomerare (lat.) = zusammenhäufen
Fazies von facies (lat.) = Gesicht, Aussehen, Form, Beschaffenheit
Flexur von flexura (lat.) = Verkrümmung, Biegung
Fluidaltextur von fluidus (lat.) = fließend und textum (lat.) = Gewebe
fluviatil von fluvium (lat.) = Fluß
Foraminiferen von foramen (lat.) = Loch und ferre (lat.) = tragen
Formation von formatio (lat.) = Bildung
Fossilien von fossilis (lat.) = ausgegraben
Fumarole von fumo (ital.) = Rauch, Rauchen
Fusain von fusus (lat.) = gegossen, geschmolzen

Gabbro (ital.) nach einer toscanischen Steinmetz-Bezeichnung
Geantiklinale von ge (griech.) = Erde, anti (griech.) = gegen und klinein (griech.) = neigen
Gel von gelu (lat.) = Erstarrung
Geoid von geoeidis (griech.) = erdartig
Geologie von ge (griech.) = Erde und logos (griech.) = Lehre, Wissenschaft
Geosynklinale von ge (griech.) = Erde, syn (griech.) = zusammen und klinein (griech.) = neigen
Geysir von geysa (isländ.) = wild strömen
Glaukonit von glaukos (griech.) = bläulich glänzend
Glaukophan von glaukos (griech.) = bläulich glänzend und phanos (griech.) = Laterne
glazigen von glacies (lat.) = Eis und genere (lat.) = erzeugen
Goethit nach GOETHE benannt
Granat von granatus (lat.) = gekörnt
Granit von granito (ital.) = körnig
Granulit von granulatus (lat.) = gekörnt
Graphit von graphein (griech.) = schreiben

Gravimetrie von gravitas (lat.) = Schwere und metrein (griech.) = messen

Gravitation von gravitatio (neu-lat.) = Schwerkraft

gravitativ von gravitas (lat.) = Schwere

Hämatit von haima (griech.) = Blut

Hämin von haima (griech.) = Blut

Halmyrolyse von halmyros (griech.) = salzig und lyein (griech.) = lösen

Halokinese von halokinesis (griech.) = Salzbewegung

Hammada von hammadi (arab.) = Fels- oder Steinwüste

hemipelagisch von hemi (griech.) = halb und pelagos (griech.) = Meer

Heulandit nach HEULAND (Mineraloge) benannt

Hexaeder von hexi (griech.) = sechs und edra (griech.) = ebene Fläche

hexagonal von hexagonos (griech.) = sechseckig

homogen von homos (griech.) = gleich und -genes (griech.) = -bürtig, stammend

homothetisch von homos (griech.) = gleich und thesis (griech.) = Lage, Platz

humid von humidus (lat.) = feucht

Humus von humus (lat.) = Erdboden, Erde

hyalophitisch von hyalos (griech.) = Quarz, Glas phitein (griech.) = hervorbringen

hybrid von hybrid (lat.) = von zweierlei Herkunft, zwitterhaft, mischlingsartig

Hydratation von hydor (griech.) = Wasser

Hydrolyse von hydor (griech.) = Wasser und lyein (griech.) = lösen

Hydrosphäre von hydor (griech.) = Wasser und sphaira (griech.) = Kugel

hydrostatisch von hydor (griech.) = Wasser und stasis (griech.) = Stellung

hydrothermal von hydor (griech.) = Wasser und thermos (griech.) = warm, heiß

Hypersthen von hyper (griech.) = über und sthenos (griech.) = hart

Hypothese von hypothesis (griech.) = unbewiesene erklärende Annahme

Hypozentrum von hypo (griech.) = unter und centrum (lat.) = Mitte

Hypsographische Kurve von hypsos (griech.) = Höhe und graphein (griech.) = schreiben, beschreiben

Idioblast von idios (griech.) = eigen und blastein (griech.) = wachsen, sprossen

idiomorph von idios (griech.) = eigen und morphe (griech.) = Gestalt

Ignimbrite von ignis (lat.) = Feuer und nimbus (lat.) = Wolke

Illuvial-Horizont von illuvies (lat.) = Überschwemmung

induktiv von inducere (lat.) = hineinführen

Inertit von inertia (lat.) = Trägheit

Ingression von ingredere (lat.) = hineinschreiten

inhomogen von in (lat.) = nicht, un-, homos (griech.) = gleich und -genes (griech.) = -bürtig, stammend

Inklination von inclinare (lat.) = neigen

Insolationsverwitterung von insolare (lat.) = einstrahlen

intergranular von inter (lat.) = zwischen, dazwischen und granum (lat.) = Korn

intermediär von inter (lat.) = zwischen, dazwischen und medius (lat.) = mitten

intersertal von inter (lat.) = zwischen und serere (lat.) = säen, ausstreuen

intramontan von intra (lat.) = innerhalb und montanus (lat.) = im Gebirge

Intrusiva von intrudere (lat.) = hineindrängen

Inversion von inversio (lat.) = Umkehrung

invers von inversus (lat.) = umgekehrt

Ionosphäre von ion (griech.) = Ion (= Wanderer) und sphaira (griech.) = Kugel

Isoanomale von iso- (griech.) = gleich und anomalia (griech.) = Regelwidrigkeit

Isobase von iso- (griech.) = gleich und basis (griech.) = Grundlage, Basis

Isogone von iso- (griech.) = gleich und gonia (griech.) = Winkel

isoklinal von iso- (griech.) = gleich und klinein (griech.) = neigen

isometrisch von iso- (griech.) = gleich und metrein (griech.) = messen

Isopachen von iso- (griech.) = gleich und pachos (griech.) = Dicke, Mächtigkeit

Isoseiste von iso- (griech.) = gleich und seistos (griech.) = erschüttert

isostatisch von iso- (griech.) = gleich und stasis (griech.) = Stellung, Stand

Isotop von iso- (griech.) = gleich und topos (griech.) = Ort, Stelle

Isotropie von iso- (griech.) = gleich und tropos (griech.) = Art, Weise, Wesen

Jadeit von Jade (Halbedelstein)
juvenil von juvenilis (lat.) = jugendlich

Kännelkohle von candle (engl.) = Kerze
Kainit von kainos (griech.) = neu
Kaledonische Orogenese nach Caledonia (lat.)
= Schottland benannt
Kalk von calx (lat.) = Kalkstein
Kalk-Arenit von arena (lat.) = Sand
Kalk-Lutit von lutum (lat.) = Ton
Kalk-Rudit von rudus (lat.) = Schutt
Kalk-Siltit von silt (engl.) = Schlamm
Kalotte von kalott (arab.) = Kappe, Dach
Kaolinit von kaou-ling (chin.) = Gebein
Kapazität von capacitas (lat.)
= Aufnahmevermögen, Fassungskraft
kapillar von capillus (lat.) = Haar
Karst von krst (serbokroatisch) = Fels
kataklastisch von kata (griech.) = gänzlich und
klasis (griech.) = Zerbrechen
Katalysator von katalysis (griech.)
= Auflösung
Katavothra (neugriechisch) = Erdtrichter
Katazone von kata (griech.) = nieder, herunter
und zone (griech.) = Gürtel, Zone
Keratophyr von keraton (griech.) = Horn und
phyrein (griech.) = begießen
Kerogen von keros (griech.) = Wachs und
genesis (griech.) = Erschaffung, Entstehung
klastisch von klasis (griech.) = Zerbrechen
Koeffizient von coefficiens (lat.) = zusammen-
wirkend
Koerzitivkraft von coercitio (lat.)
= Zwangsmittel
kolloidal von kolla (griech.) = Leim, Klebstoff
Kompaktion von compactio (lat.)
= Zusammenfügung
kompetent von competere (lat.) = fähig sein
Komplement von complementum (lat.)
= Ergänzung
Konfiguration von configere (lat.)
= zusammenfügen
Konglomerat von conglomerare (lat.)
= zusammenballen
kongruent von congruere (lat.)
= übereinstimmen, zueinander passen
Konkordanz von concordans (lat.)
= übereinstimmend
Konkretion von concretio (lat.) = Verdichtung
konnat von connatus (lat.) = angeboren

konsolidiert von consolidare (lat.)
= befestigen, zusammenschließen
Kontraktionstheorie von contractio (lat.)
= Zusammenziehung
Konvektion von convectio (lat.)
= Zusammenführung, Mitführung
konvergieren von convergere (lat.)
= zusammenlaufen, sich nähern
konzentrisch von concentrus (neulat.)
= gleichmittig, mit gemeinsamen
Mittelpunkt
Konzeption von conceptio (lat.) = Aufnahme,
Auffassung, Entwurf
Koordination von co-ordere (lat.)
= zusammenordnen
Korrasion von corradere (lat.)
= zusammenscharren
korrelieren von correlare (neu-lat.) = einander
wechselseitig erfordernd, ergänzen
Korund, Mineral-Bezeichnung aus dem
Indischen
Krater von kratre (griech.) = Kessel
Kraton von kratein (griech.) = herrschen,
dauerhaft sein
Kristall von kristallos (griech.) = Eis

Lagune von laguna (ital.) = kleiner See
Lahar (javan.) = vulkanischer Schlammstrom
Lakkolith von lakkos (griech.) = Grube,
Zisterne und lithos (griech.) = Stein
laminar von lamina (lat.) = dünne Platte
Lamprophyr von lampros (griech.) = glänzend
und phyrein (griech.) = begießen
Lapilli (ital.) = Steinchen
Laterit von later (lat.) = Ziegelstein
Laumontit nach LAUMONT (Mineraloge)
benannt
Lava (neapolit.) = Regenbach
Lawine von Lavina (rätoroman.) = Gleitmasse
Lawsonit nach LAWSON (Mineraloge) benannt
Leptit von leptos (griech.) = dünn, schlank
Leucit von leukos (griech.) = hell
Leukokrat von leukos (griech.) = hell und
kratein (griech.) = herrschen, vorherrschen
Leukosom von leukos (griech.) = hell und
soma (griech.) = Körper
limnisch von limne (griech.) = See, Teich
Limonit von limona (spätlat.) = Zitrone
Lineament von lineamentum (lat.) = Strich,
Umriß, Linie

Liparit nach Insel Lipari von liparos (griech.)
= hellglänzend

Liptit von lipos (griech.) = Fett

Liquation von liquidus (lat.) = flüssig

Lithosphäre von lithos (griech.) = Gestein und
sphaira (griech.) = Kugel

litoral von litus (lat.) = Meeresufer, Küste

Lopolith von lopos (griech.) = Schale und
lithos (griech.) = Gestein

Maceral von macerare (lat.) = auflösen

Magma von magma (griech.) = Teig, knetbare
Masse

Makrogefüge von makros (griech.) = groß

marin von mare (lat.) = Meer

Marmor von marmairein (griech.)
= schimmern, funkeln

Medium von medium (lat.) = Mitte,
Zwischenliegendes

Mélange (franz.) = Mischung, Vermischung

melanokrat von melanos (griech.) = schwarz
und kratein (griech.) = herrschen,
vorherrschen

Melaphyr von melas (griech.) = schwarz,
dunkel und phyrein (griech.) = begießen

Meridian von meridianus (lat.) = mittäglich

Mesosphäre von mesos (griech.) = mittel und
sphaira (griech.) = Kugel

mesotyp von mesos (griech.) = mittel und
typos (griech.) = Art, Gepräge, Typ

Mesozoikum von mesos (griech.) = mittel und
zoon (griech.) = Lebewesen

Mesozone von mesos (griech.) = mittel und
zone (griech.) = Gürtel, Zone

Metablastese von meta (griech.) = nach,
danach und blastesis (griech.) = Wachsen,
Sprossen

Metamorphose von meta (griech.) = nach,
. danach und morphe (griech.) = Gestalt

Metasomatose von meta (griech.) = nach,
danach und soma (griech.) = Körper

Metatexis von metatexis (griech.)
= Umschmelzung

Meteorologie von meteoros (griech.) = in der
Luft schwebend und logos (griech.) = Lehre,
Wissenschaft

Migma von meigma (griech.) = Gemisch,
Mischung

Migration von migratio (lat.) = Wanderung

Mineral von mineralis (spätlat.) = zum
Bergbau gehörend

Mineralogie von minera (spät-lat.)
= Bergwerk, Erzgrube [abgeleitet von mina
(lat.) ursprünglich mna (kelt.) = Schacht]
und logos (griech.) = Lehre, Wissenschaft

miogeosynklinal von meion (griech.)
= weniger; siehe weiter unter Geosynklinale

Mofette von mofetta (ital.) = Ausdünstung

Monokline von monos (griech.) = einzig, allein
und klinein (griech.) = biegen, beugen

monomikt von monos (griech.) = allein, einzig
und miktos (griech.) = gemischt

Montmorillonit nach der franz. Stadt
Montmorillon benannt

Monzonit nach dem Berg Monzoni (Südtirol)
benannt

Moräne von moraine (franz.) = urspr. Hügel,
Geröllhaufen

Morphogenese von morphe (griech.) = Gestalt
und genesis (griech.) = Entstehung, Werden

Mure (bayr.-tirol.) für mürbe, morsch

Muscovit von vitrum muscoviticum (lat.)
= Moskauer Glas

Mutation von mutatio (lat.) = Veränderung

Mylonit von mylos (griech.) = Mühle

Neosom von neo (griech.) = neu und soma
(griech.) = Körper

Neozoikum von neo (griech.) = neu und zoon
(griech.) = Lebewesen

Nephelin nach nephele (griech.) = Wolke

Neritischer Bereich nach dem Meergott Nereus

nivaler Bereich von nivalis (lat.) = beschneit

nomenklatorisch von nomenclator (lat.)
= Namennenner

Obduktion von obducere (lat.) = hinführen,
bedecken

Ökologisch von oikologia (griech.) = Lehre
von den Beziehungen der Lebewesen zur
Umwelt

Oligoklas von oligos (griech.) = wenig und
klasis (griech.) = Spalten, Zerbrechen

oligotroph von oligos (griech.) = wenig, gering
und trophe (griech.) = Nahrung

Olistholith von olistholithos (griech.)
= Gleitstein

Olisthostrom von olisthostroma (griech.)
= Gleitschicht
Olisthothrymma von olisthothrymma (griech.)
= Gleitscherbe
Olivin von oliva (lat.) = Olive
Omphacit von omphax (griech.) = unreife
Traube
Ooid von oon (griech.) = Ei und eidos (griech.)
= Gestalt
Oolith von oon (griech.) = Ei und lithos
(griech.) = Stein
opak von opacus (lat.) = nur
durchschimmernd, undurchsichtig
Opal von opalus (griech.-lat.) aus upala
(sanskr.) = Edelstein
Ophiolith von ophis (griech.) = Schlange und
lithos (griech.) = Stein
ophitisch von ophitikos (griech.)
= schlangenartig
Organismus von organismos (griech.)
= lebendiges Ganzes, Lebewesen
Orientierung von oriens (lat.)
= Sonnenaufgang
Orogenese von orogenesis (griech.)
= Gebirgsbildung
Orthogeosynklinale von orthos (griech.)
= gerade, siehe weiter unter Geosynklinale
Orthogestein von orthos (griech.) = gerade
Orthoklas von orthos (griech.) = gerade und
klasis (griech.) = Spalten, Zerbrechen
Oszillation von oscillatio (lat.) = Schwingung
Ozean nach Okeanos, der griechischen Sage
zufolge Gott der Meere

Paläontologie von palaios (griech.) = alt und
ontos (griech.) = Lebewesen sowie logos
(griech.) = Lehre, Wissenschaft
Paläosom von palaios (griech.) = alt und soma
(griech.) = Körper
Paläozoikum von palaios (griech.) = alt und
zoon (griech.) = Lebewesen
palingen (griech.) = wiedergeboren
Paragenese von para (griech.)
= nebeneinander und genesis (griech.)
= Entstehung
Parageosynklinale von para (griech.) = neben,
nebeneinander, siehe weiter unter
Geosynklinale

Paragestein von para (griech.) = neben
parakristallin von para (griech.) = neben und
kristallos (griech.) = Eis
paralisch von paralos (griech.) = am Meer
gelegen
Paraphore von paraphorein (griech.)
= aneinander vorbeitragen
Pegmatit von pegma (griech.)
= Festgewordenes
pelagisch von pelagos (griech.) = Meer
Pelit von pelos (griech.) = Schlamm
periglaziär von peri (griech.) = um, herum,
nahe und glacies (lat.) = Eis, d.h. Bereiche
vor dem Rand von Eiskörpern bzw. Gebiete
mit Frostwechsel-Erscheinungen
Perihel von peri (griech.) = um, herum, nahe
und helios (griech.) = Sonne
perimagmatisch von peri (griech.) = um,
herum, nahe; siehe weiter unter Magma
Periode von perihodos (griech.) = Umlauf
Petrographie von petra (griech.) = Stein und
graphein (griech.) = Schreiben, beschreiben
Petrologie von petra (griech.) = Stein und
logos (griech.) = Lehre, Wissenschaft
Phonolith von phone (griech.) = Klang, Ton
und lithos (griech.) = Stein
Photosphäre von phos (photos) (griech.)
= Licht, im Licht und sphaira (griech.)
= Kugel
phreatisch von phrear (griech.) = Brunnen
Phrenit von phrenitikos (griech.) = frenetisch
Phyllit von phyllon (griech.) = Blatt
Phyllonit, Wortvereinigung von Phyllit (s. d.)
und Mylonit (s. d.)
Phytoplankton phyton (griech.) = Planze und
planktos (griech.) = umhergetrieben
Pikrit von pikros (griech.) = bitter
Pläner aus „Plauener Stein" entstanden
Plagioklas von plagios (griech.) = schräg,
schief und klasis (griech.) = Spalten,
Zerbrechen
Plankton von planktos (griech.)
= umhergetrieben
Pleistozän von pleistos (griech.) = am meisten
und kainos (griech.) = neu
Plutonismus nach Pluto, griechischer Gott der
Unterwelt
pneumatolytisch von pneuma (griech.)
= Dampf, Hauch, Geist und lyein (griech.)
= lösen
Podsolboden von podsol (russ.) = unter Asche

Poljen von polje (slaw.) = Feld
polygonal von polygonos (griech.) = vieleckig
Polymerisation von poly (griech.) = viel,
vielfach und meros (griech.) = Teil, Anteil
polymetamorph von poly (griech.) = viel,
vielfach, siehe weiter unter Metamorphose
polymikt von poly (griech.) = viel, vielfach,
vielfältig und miktos (griech.) = gemischt
Ponor von ponor (slav.) = Schlund, Abgrund
Porphyr von porphyros (griech.)
= purpurfarben
Porphyroblast von blastein (griech.)
= wachsen, sprossen; siehe weiter unter
Porphyr (s. S.216), d.h. größere
Kristall-Neubildung
Präzession von praecedere (lat.) = vorgehen,
vorrücken
progressiv von progredere (lat.)
= fortschreiten, vorrücken
Prospektion von prospicere (lat.)
= vorhersehen, besorgen, verschaffen
proximal von proximus (lat.) = sehr nahe
Psammit von psammos (griech.) = Sand
Psephit von psephos (griech.) = Steinchen
Pseudomorphose von pseudos (griech.)
= unwahr und morphe (griech.) = Gestalt
Ptygmatische Falten von ptyche (griech.)
= Falte
Pumpellyit nach PUMPELLY (Mineraloge)
benannt
Pyrit von pyrites (griech.) = Feuerstein
Pyrophyllit von pyr (griech.) = Feuer und
phyllon (griech.) = Blatt
Pyropissit von pyr (griech.) = Feuer und pissa
(griech.) = Pech
Pyrop von pyropathis (griech.) = durch Feuer
verändert
Pyroxen von pyr (griech.) = Feuer und xenos
(griech.) = fremd

Quarz von querch (niederd.) = Zwerg

Radiolarien von radiolus (lat.) = kleiner Strahl
radiometrisch von radiare (lat.) = strahlen und
metrein (griech.) = messen
Reflexionsseismik von reflectere (lat.)
= zurückwerfen und seismos (griech.)
= Erdbeben

Refraktionsseismik von refringere (lat.)
= brechen und seismos (griech.)
= Erdbeben
Regelation von regelatio (lat.)
= Wiederauftauen
Regeneration von regeneratio (lat.)
= Wiedererzeugung
regional von regio (lat.) = Land
Regression von regredere (lat.)
= zurückschreiten
regressiv s. Regression
Reliktboden von relictio (lat.) = Verlassen,
Aufgeben
remanent von remanere (lat.) = zurückbleiben
Residualboden von residuum (lat.) = Rest
Resinit von resina (lat.) = Harz
Resorption von resorbere (lat.) = wieder
einschlürfen
retrograd von retrogradus (lat.)
= zurückgehend
rezent von recens (lat.) = frisch, jung, neu
Rhomboeder von rhombos (griech.)
= Rhombus und edra (griech.) = ebene
Fläche
Rhyolith von rhysis (griech.) = Fließen und
lithos (griech.) = Stein
Rift, Riftzone, Rifting von rift (engl.) = Riß,
Sprung, Spalte
Ring-Dike von dike (engl.) = Gang
Rudit von rudus (lat.) = Geröll
rupturell von rumpere (lat.) = zerreißen
Rutil von rutilus (lat.) = rötlich

säkular von saeculum (lat.) = Jahrhundert,
langer Zeitraum
saiger (bergmänn.) = senkrecht
Saltation von saltatio (lat.) = Tanz, Springen
Sanidin von sanis (griech.) = Tafelleisten
Sapropel von sapros (griech.) = faul und pelos
(griech.) = Schlamm
saxonisch von Saxonia (lat.) = Sachsen
(Niedersachsen)
Schlick (niederdeutsch) = Schlamm
Sediment von sedimentare (lat.) = absetzen
Seismograph von seismos (griech.)
= Erdbeben und graphein (griech.)
= schreiben, beschreiben
selektiv von selectivus (lat.) = ausgewählt
semihumid von semi (lat.) = halb und humidus
(lat.) = feucht

Septarien von septum (lat.) = Scheide
Serpentin von serpens (lat.) = Schlange
Sessil von sessilis (lat.) = zum Sitzen geeignet
Sillimanit nach SILLIMAN (Mineraloge)
  benannt
Skarne (schwed.) = Lichtschnuppen
Sklerosphäre von skleros (griech.) = spröde
  und sphaira (griech.) = Kugel
Sol von solutus (lat.) = gelöst
Solfatare von solfatara (ital.) = Schwefelgrube
Solidus-Kurve von solidus (lat.) = fest,
  massig
Solifluktion von solum (lat.) = Erdboden und
  fluere (lat.) = fließen
Somma von somma (ital.) = Gipfel
Sorptionsvermögen von sorbere (lat.)
  = verschlucken
Sparit von spar (engl.) = Spat
Spilit von spilos (griech.) = Fleck
Spinell von spinellus (lat.) = dornig, stachelig
Stalagmit von stalagma (griech.) = Tropfen
Stalaktit von stalaktos (griech.) = tröpfelnd
Stilpnomelan von stilpnos (griech.) = glänzend
  und melane (griech.) = Tinte
Staurolith von stauros (griech.) = Kreuz und
  lithos (griech.) = Stein
stöchiometrisch von stoicheion (griech.)
  = Element, Bestandteil und metrein
  (griech.) = messen
Stratigraphie von stratum (lat.) = Schicht und
  graphein (griech.) = schreiben, beschreiben
Stratovulkan von stratum (lat.) = Schicht
Stylolithen von stylos (griech.) = Säule, Stiel
  und lithos (griech.) = Stein
Subduktion von subducere (lat.)
  = hinunterziehen, wegnehmen
Subrosion von subrodere (neu-lat.) = nach
  unten nagen
Suspension von suspendere (lat.) = schweben
  lassen
Suszeptibilität von suscipere (lat.)
  = aufnehmen
Syenit nach Syene (griech. Gründung in
  Ägypten) benannt
Sylvin nach SYLVIUS (Mineraloge) benannt
Symmetrie von symmetria (griech.)
  = Ebenmaß
Syneklise von syn (griech.) = zusammen und
  klisis (griech.) = Neigung
Synkline von synklinein (griech.)
  = zusammenneigen

tautozonale Flächen von tautos (griech.)
  = wieder, noch einmal und zone (griech.)
  = Gürtel, Zone
Tektogenese von Tekto(nik) und genesis
  (griech.) = Erschaffung, Entstehung
Tektonik von tektonikos (griech.) = auf den
  Bau bezogen
telemagmatisch von tele (griech.) = fern; siehe
  weiter unter Magma
Teleskoping von telescope (engl.) = sich
  ineinander schieben
Tephra von tephra (griech.) = Asche
Terra rossa (ital.) = Roterde
terrestrisch von terra (lat.) = Erde
Tethys nach Tethys, der griechischen Sage
  zufolge Gattin des Okeanos
Tetraeder von tetra (griech.) = vier und edra
  (griech.) = ebene Fläche
Teufe (bergmänn.) = Tiefe
Textur von textum (lat.) = Gewebe
thermisch von thermos (griech.) = warm, heiß
Thermokonvektion von thermos (griech.)
  = warm, heiß und convectio (lat.)
  = Zusammenführung, Mitführung
Thixotropie von thixis (griech.) = Berührung
  und trope (griech.) = Wendung,
  Umwandlung
Tholeiit, tholeiitischer Basalt nach der
  Ortschaft Tholey (Saargebiet) benannt
Trachyt von trachys (griech.) = rauh
Transgression von transgressio (lat.)
  = Hinüberschreiten
Translation von translatio (lat.) = Versetzung
Transversalschiefrigkeit von transversus (lat.)
  = quer, schief, schräg
Trass von tyrass (niederl.) = Kitt
Tremolit nach dem Val Tremola am St.
  Gotthard benannt
Tropopause von tropos (griech.) = Art, Weise,
  Wesen, Verfahren und pausis (griech.)
  = Ruhe, Pause
Troposphäre von tropos (griech.) = Art,
  Weise, Wesen, Verfahren und sphaira
  (griech.) = Kugel
Tuff von tufo (ital.) bzw. tofus (lat.) bzw. tofos
  (griech.) = Tuffstein
turbulent von turbulentus (lat.) = wirbelartig
  unruhig
Turgor von turgere (lat.) = geschwollen sein
Turmalin, Mineral-Bezeichnung aus dem
  Singhalesischen

Tsunami von tsu-nami (jap.) = Große Woge im
  Hafen

unda (lat.) = Welle

vados von vadosus (lat.) = seicht
Variszisches Gebirge nach den keltischen
  Variskern, die um Curia Variscorum (Hof in
  Bayern) wohnten, benannt
vergent von vergere (lat.) = sich neigen
Vesuvian nach dem Vesuv benannt
Vitrinit von vitreus (lat.) = glänzend
Vitrit von vitreus (lat.) = glänzend
Vulkan, Vulkanismus nach Volcanus, der
  römischen Sage zufolge Gott des Feuers

Wolframit von Wolfram (chem. Element), die
  deutsche Übersetzung von lupi spuma (lat.)
  = Wolfsmilch
Wollastonit nach WOLLASTON (Mineraloge)
  benannt

Xenolith von xenos (griech.) = fremd und
  lithos (griech.) = Stein

Zeolith von zeein (griech.) = kochen und lithos
  (griech.) = Stein
Zooplankton von zoon (griech.) = Tier und
  planktos (griech.) = umhergetrieben
Zyklothem von kyklos (griech.) = Kreis, Ring
  und thema (griech.) = Sache, Thema,
  Stamm

Sachregister

Quellenverzeichnis der Abbildungen

Abb. 94 aus:	Adler et al.: Mit einem Beitrag von Hoyer, K.-P.: Einige Grundlagen der Tektonik I., Clausthaler Tektonische Hefte 1, 1965
Abb. 130 aus:	Adler et al.: Statistische Methoden in der Tektonik II. Das Schmidt'sche Netz und seine Anwendung im Bereich des makroskopischen Gefüges. Clausthaler Tektonische Hefte 4, 1969
Tab. 21 aus:	Bischoff: Der Griff ins Erdinnere. Praktische Geologie Safari-Verlag, Berlin 1961
Abb. 23, 29, 83, 125 aus:	Brinkmann: Abriß der Geologie, 1. Bd. Ferdinand Enke Verlag, Stuttgart 1961
Abb. 144 aus:	Brockhaus (Autorenkollektiv): 5. Auflage, Verlag Dausien, Hanau/Main 1981
Abb. 71, 97, 98, 116, 117, 124, 142, 150, 153, 155 aus:	Cloos: Einführung in die Geologie. Ein Lehrbuch der inneren Dynamik. Verlag Borntraeger, Berlin 1936
Abb. 179 aus:	Earth, The (Autorenkollektiv): Its shape, internal structure and composition, Open University Press, London 1961
Abb. 90, 137, 171 aus:	Flick/Quade/Stache: Mit Beiträgen von Wellmer, F. W.: Einführung in die tektonischen Arbeitsmethoden, Clausthaler Tektonische Hefte 12, 1972
Abb. 70, 78 aus:	Fürchtbauer/Müller: Sedimente und Sedimentgesteine. Teil II. E. Schweizerbart'sche Verlagsbuchhandlung, Stuttgart 1970
Abb. 33, 51, 53, 58 aus:	German: Studienbuch der Geologie, Klett Studienbücher. Ernst Klett Verlag, Stuttgart 1970
Abb. 19 aus:	Kugler/Billwitz: Geomorphologie – Bodengeographie Teil II: Geomorphologie – Bodengeographie. Lehrmaterial zur Ausbildung von Diplomlehrern, Potsdam 1977
Abb. 3, 44, 69 aus:	Leser/Panzer: Geomorphologie. Verlags-GmbH Höller und Zwick. Braunschweig 1982
Abb. 1, 50 aus:	Louis/Fischer: Allgemeine Geomorphologie Band 1, Verlag Walter de Gruyter, Berlin 1979
Abb. 183 aus:	National Geography aus Negendank: Geologie, die uns angeht. Bertelsmann Lexikon Verlag, Gütersloh 1978
Abb. 159 aus:	Niggli: Das Magma und seine Produkte. Verlag Jaenecke, Leipzig 1937
Abb. 67 aus:	Pape: Leitfaden zur Gesteinsbestimmung. Ferdinand Enke Verlag, Stuttgart 1981

Abb. 42, 143, 145, Tab. 12, Abb. 197 aus:	Rast: Vulkane und Vulkanismus, 3. Auflage. Verlag Teubner, Leipzig 1987
Abb. 89, 107 aus:	Schmidt-Thomé: Tektonik, Lehrbuch der Allgemeinen Geologie, Band II. Ferdinand Enke Verlag, Stuttgart 1972
Abb. 203 aus:	Scholz/Scholz: Das Werden der Allgäuer Landschaft. Verlag für Heimatpflege, Kempten 1981
Abb. 18 aus:	Schumann: Grundlagen des Geologischen Wissens für Techniker. Vandenhoeck & Ruprecht, Göttingen 1962
Abb. 2 aus:	Sieberg: Erdbebenkunde. Fischer Verlag, Jena 1932
Abb. 15, 49, 205 aus:	Strahler: Planet Earth: Its physical systems through geological time. Harper & Row Publishers, New York, San Francisco, London 1972
Abb. 188 aus:	Strobach: Geodynamik: Fortschritte und Probleme. Umschau 74, Frankfurt 1974
Abb. 30, 31, 34, 35, 40, 43, 45, 55, 79, 80, 88, 165 aus:	Wagner: Einführung in die Erd- und Landschaftsgeschichte. Verlag der Hohenlohe'schen Buchhandlung. F. Rau, Öhringen 1950
Abb. 168 aus:	Winkler: Petrogenesis of Metamorphic Rocks. 5. Auflage. Springer Verlag, 1979
Tab. 4, Tab. 10, Abb. 173, Tab. 15 aus:	Zeil: Allgemeine Geologie. Brinkmanns Abriß der Geologie, 1. Bd. Ferdinand Enke Verlag, Stuttgart 1984

www.ingramcontent.com/pod-product-compliance
Lightning Source LLC
Chambersburg PA
CBHW081527190326
41458CB00015B/5481